U0396821

峡江水利枢纽工程鸟瞰（一）

峡江水利枢纽工程鸟瞰（二）

峡江水利枢纽工程鸟瞰（三）

峡江库区防护工程吉水县城路堤结合工程

峡江水利枢纽库区抬田工程

峡江水利枢纽工程抬田区高标准农田

峡江水利枢纽工程抬田区荷塘种植

峡江水利枢纽工程鱼类增殖站

峡江水利枢纽工程设计与实践

主　编：江　凌　张建华
副主编：刘　波　廖冬芽　张　冬

中国水利水电出版社
www.waterpub.com.cn
·北京·

内 容 提 要

　　本书为江西省水利规划设计研究院组织编写的"峡江水利枢纽工程系列专著"之一，是对峡江水利枢纽工程规划设计成果的总结。全书共13章，包括：绪论，工程气象、水文、泥沙，工程地质，工程规模分析论证，工程布置及主要建筑物设计，水力机械设计，电气工程设计，金属结构设计，施工导流设计及优化，库区防护工程设计，建设征地移民设计，环境保护与水土保持设计，建筑方案设计等内容。

　　本书可供水利水电工程规划设计领域的相关技术人员借鉴，也可供大专院校相关专业师生参考。

图书在版编目（CIP）数据

峡江水利枢纽工程设计与实践 / 江凌，张建华主编
. -- 北京：中国水利水电出版社，2018.6
ISBN 978-7-5170-6495-4

Ⅰ．①峡… Ⅱ．①江… ②张… Ⅲ．①峡江—水利枢纽—水利工程—设计 Ⅳ．①TV632.56

中国版本图书馆CIP数据核字(2018)第147670号

书　　名	**峡江水利枢纽工程设计与实践** XIAJIANG SHUILI SHUNIU GONGCHENG SHEJI YU SHIJIAN
作　　者	主　编　江　凌　张建华 副主编　刘　波　廖冬芽　张　冬
出版发行	中国水利水电出版社 （北京市海淀区玉渊潭南路1号D座　100038） 网址：www. waterpub. com. cn E - mail：sales@waterpub. com. cn 电话：（010）68367658（营销中心）
经　　售	北京科水图书销售中心（零售） 电话：（010）88383994、63202643、68545874 全国各地新华书店和相关出版物销售网点
排　　版	中国水利水电出版社微机排版中心
印　　刷	北京印匠彩色印刷有限公司
规　　格	184mm×260mm　16开本　19印张　454千字　2插页
版　　次	2018年6月第1版　2018年6月第1次印刷
印　　数	0001—1000册
定　　价	**110.00元**

《峡江水利枢纽工程设计与实践》
编撰人员名单

主　编　江　凌　张建华
副主编　刘　波　廖冬芽　张　冬

主要撰稿人

章　名	主要撰稿人
绪论	江　凌　张建华　詹寿根
第1章　工程气象、水文、泥沙	詹寿根　胡苑成
第2章　工程地质	黄明新　王义兴　吴学林 吴　平　郑文晓　袁　荣
第3章　工程规模分析论证	詹寿根　胡苑成
第4章　工程布置及主要建筑物设计	张建华　刘芸华　廖冬芽　万小明 付典龙　张　冬　邹大胜
第5章　水力机械设计	刘润根　陈　华　熊少辉 曾庆志　刘　翔
第6章　电气工程设计	陈　岱　邹晓勇　秦　冲　王　希 李垚飞　王百新　李沐华
第7章　金属结构设计	徐　强　饶英定　徐礼锋
第8章　施工导流设计及优化	邓　彪　许韵木　冯华斌
第9章　库区防护工程设计	刘　波　翟泽冰　杨平荣　刘文标 蔡方昕　刘祥睿　陈　卫
第10章　建设征地移民设计	胡建军　李长孙　薛　斌　程世炎
第11章　环境保护与水土保持设计	黄立章　张子林　龚　新
第12章　建筑方案设计	宁国平　张　煌　熊哈利

赣江是江西省最大河流、长江第七大支流，先秦时期称扬汉（杨汉）、汉代称湖汉，古代赣亦称"灨"。赣江位于长江中下游南岸，源出赣闽边界武夷山西麓，自南向北纵贯江西全省，从河源至赣州为上游，称贡水；在赣州市城西纳章水后始称赣江。自河源至吴城全长 766km，外洲水文站以上流域面积 80948km²，自然落差 937m，多年平均流量为 2130m³/s，水能理论蕴藏量为 3600MW。峡江水利枢纽工程是 172 项节水供水重大水利工程之一，是一座具有防洪、发电、航运、灌溉等综合效益的大（1）型水利枢纽工程。

工程位于赣江中游峡江县老县城巴邱镇上游约 6km 处，处赣江中游河段，20 世纪 80 年代批复的《江西省赣江流域规划报告》中将该工程列为近期开发项目。由于建设条件复杂、技术难度大、淹没耕地人口多，江西省水利规划设计研究院（以下简称"江西院"）为实现工程任务目标，前期论证长达 30 余年。进入 21 世纪后，江西院全面主持峡江水利枢纽工程设计工作，经过长期艰苦的规划设计和广泛深入研究论证，直到 2008 年基本确定工程采取"小水下闸蓄水兴利调节径流，中水分级降低水位运行减少库区淹没，大水控制泄量为下游防洪，特大洪水开闸敞泄洪水以保闸坝运行安全"的水库动态调度运行方式，结合工程开挖弃渣堆放抬田约 2.4 万亩以保护耕地资源、并总结编制《水利枢纽库区抬田工程技术规范》（DB36/T 853—2015），采用超大直径贯流式机组集成设计及稳定运行控制技术，采用全二次冷却系统对电站发电机机组和机组轴承进行冷却，设计鱼道让鱼类顺利洄游，结合文物保护进行库区防护工程设计等。江西院与国内许多一流科研院所的专家一道解决了工程设计、建设过程中一系列工程技术难题，并付诸实践。

2009 年 9 月工程奠基建设，2013 年 7 月工程首台机组并网发电，2015 年 7 月工程基本建成完工。峡江水利枢纽工程建成是江西水利界的大事，2017 年 12 月工程进行了竣工验收技术鉴定并顺利通过竣工验收。竣工验收技术鉴定专家组强调："特别是对灯泡贯流机组、抬田、鱼道、外观打造和船闸基础处理等技术亮点，要好好提炼，形成可推广、可复制的经验。"竣工验收委员会认为：峡江水利枢纽工程已按设计和批复要求完成，实现了进度提前、质量优良、投资可控、安全生产无事故、移民与工程建设同步的建设目标，同意峡江水利枢纽工程通过竣工验收。验收委员会指出，工程开工以来，建设者们始终高标准、高质量、高水平建设目标，周密组织，精心施工，科学管理，打造出很多工程技术亮点，为我国大型水利工程建设提供了"峡江方案"和"峡江经验"。

截至 2017 年年底，峡江水利枢纽分别于 2015 年、2016 年和 2017 年，对 12 次中等洪水进行了拦蓄，较好地发挥了水库蓄、滞洪水的作用；累计发电量超过 30 亿 kW·h；发挥了通航效益；鱼道运行效果好，鱼道运行期间日均过坝数千尾鱼。工程试运行以来，防洪、发电等综合效益显著，社会效益与经济效益兼济，为当地经济社会发展提供了坚实的水利支撑和保障。

历经 30 余年，江西院几代工程技术人员栉风沐雨、坚持不懈、攻坚克难，绘就宏伟蓝图，"天开玉峡新，人和枢纽惊"。借改革开放东风，江西院践行治水新理念，引进先进技术，不断消化、吸收与创新，进一步发展水库动态调度技术，总结提出了库区大规模抬田设计参数及超大直径贯流式机组集成设计及稳定运行控制技术等，峡江水利枢纽工程关键技术研究和工程实践的一系列创新成果，可供国内同类工程建设借鉴。

为总结峡江水利枢纽工程建设技术创新和相关研究成果，丰富水利水电工程知识宝库，江西院组织项目组技术人员编写了"峡江水利枢纽工程系列专著"，包括《峡江水利枢纽工程设计与实践》《峡江水利枢纽工程关键技术研究与应用》和《峡江水利枢纽工程经验总结与体会》。该系列专著既包括现代水利水电工程设计的基础理论、设计方案论证内容，也包含新时代治水思路下工程设计应采用的新思路、新技术和新方法，系列专著各书自成体系，资料数据丰富翔实，充分展现了工程建设过程中的技术研究成果和工程实践效果，具有较重要的参考借鉴价值。

是为序。

江西省水利厅党委书记、厅长

2018 年 1 月

　　江西省峡江水利枢纽工程位于赣江中游峡江县老县城巴邱镇上游约 6km 处，是一座具有防洪、发电、航运、灌溉等综合效益的大（1）型水利枢纽工程，是赣江干流梯级开发的主体工程和江西省大江大河治理的关键性工程，也是国务院确定的 172 项节水供水重大水利工程之一。防洪方面：工程建成后，经合理调度和水库调节，并与泉港分蓄洪区配合使用，可使坝址下游的南昌市昌南城区和昌北主城区的防洪标准由 100 年一遇提高到 200 年一遇，赣东大堤和南昌市昌北单独防护的小片区防洪堤由抗御 50 年一遇洪水提高到抗御 100 年一遇洪水；降低赣江洪水位，减轻南昌市和赣东大堤保护区的洪灾损失，经济效益和社会效益十分显著。发电方面：峡江水电站靠近江西省负荷中心，为大（2）型水电站，装机容量 360MW，多年平均年发电量为 11.44 亿 kW·h，水库具有一定的调节性能，是江西电网中的骨干水电站。航运方面：可渠化峡江库区航道 77km（基本可与上游石虎塘航电枢纽航道衔接），使之能畅通航行千吨级船舶，并增加坝址下游的枯水流量，改善赣江中下游航道的航运条件，提高航运保证率。同时水库的 2.14 亿 m³ 兴利库容，可作为特枯年份为赣江中下游补水的应急水源，若 2.14 亿 m³ 水量均匀补给到最枯的 10 天，可使赣江下游连续 10 天枯水期的平均流量增大 248m³/s。

　　2003 年起，江西省水利规划设计研究院（以下简称"江西院"）开展峡江水利枢纽工程前期设计工作，2008 年国务院批准立项，2009 年工程奠基，2015 年 7 月工程基本建成，2017 年 12 月 24 日工程竣工验收。江西院在峡江水利枢纽工程规划、勘测、设计中遇到了一系列技术难题，例如：为实现防洪目标如何降低淹迁指标的调度方式、低水头大流量机组选型、保证抬田后耕地不减产的工程设计参数选择问题、厂房大体积混凝土防裂设计、泄水闸基础深层抗滑问题、设置过鱼建筑物以解决赣江鱼类洄游等。针对这些工程建设中的技术难题，江西院在现有设计标准和规范的基础上，敢于借鉴他人经验和教训，敢于探索和创新，攻克了系列技术难关，包括在设计阶段提出蓄水动态调度方式、库区大规模抬田并编制地方抬田标准、水轮发电机组转轮直径 7.8m（国内最大）、右岸鱼道过鱼效果良好等，部分设计指标达到了世界先进水平，工程实施取得显著的经济效益、生态效益、社会效益，工程规划设计达到先进水平。工程开工以来，建设者们始终坚持高标准、高质量、高水平的建设目标，周密组织，精心施工，科学管理，打造出很多工程技术亮点，为我国大型水利工程建设提供了"峡江方案"和"峡江经验"。

为总结江西省峡江水利枢纽工程规划设计方面的经验和教训，丰富水利水电工程建设资料宝库，为水利水电规划设计人员提供参考，江西院组织编撰了"峡江水利枢纽工程系列专著"，包括《峡江水利枢纽工程设计与实践》《峡江水利枢纽工程关键技术研究与应用》《峡江水利枢纽工程经验总结与体会》。

本书为系列专著之一，是对峡江水利枢纽工程规划设计成果的总结，主要由江西院从事该工程设计的相关人员参加编写。全书共13章，包括绪论，工程气象、水文、泥沙，工程地质，工程规模分析论证，工程布置及主要建筑物设计，水力机械设计，电气工程设计，金属结构设计，施工导流设计及优化，库区防护工程设计，建设征地移民设计，环境保护与水土保持设计，建筑方案设计。

本书引用了大量的峡江水利枢纽工程设计研究成果和相关研究文献资料。在此，向水利部水利水电规划设计总院、江西省峡江水利枢纽建设总指挥部等单位，以及指导、关心和参与研究的专家、学者表示衷心的感谢！

限于编者水平，书中难免有不妥之处，敬请同仁和读者们批评指正。

编　者

2018 年 1 月

绪 论

　　赣江是江西省的第一大河流，峡江水利枢纽工程位于赣江中游下端，是赣江干流梯级开发的主体工程，也是江西省大江大河治理的关键性工程。工程以防洪、发电、航运为主，兼顾灌溉等综合利用，无论从赣江中下游地区的吉安市和南昌市的社会经济发展角度，还是从江西全省的经济发展和社会安全稳定角度分析，兴建峡江水利枢纽工程都是非常必要和十分迫切的。1990年江西省人民政府正式批复的《江西省赣江流域规划报告》中，将峡江水利枢纽工程作为赣江干流中游河段综合利用效益较为显著的骨干工程，推荐为近期开发项目。为此，江西水利人上下奔走，多方求索，于20世纪60年代起开展工程前期的规划、勘测工作。2003年，江西院在"非典"期间起启动项目建议书工作，2008年11月，国家发展和改革委员会批复立项；2009年9月，峡江水利枢纽工程奠基建设。

　　自项目建议书阶段起，江西院规划、勘测设计工程技术人员收集了大量翔实的基础资料，进行了认真的分析论证，分析细致，勇于创新，精心设计，成果质量高，有效地推进了项目前期工作进程，确保了工程建设顺利进展和工程质量安全。工程已于2013年9月首台机组并网发电，2015年9台机组全部投入商业运营。目前，工程建设已基本完成，发挥了较好社会和经济效益。峡江水利枢纽工程的推进、建设凝聚着数以百计的工程技术人员数年，有的甚至是数十年的不懈努力，包含了规划、设计、施工等阶段开展的多项科学技术研究成果。在这些科学技术成果中，有多项达到国际国内领先水平，如：设计阶段蓄水位采取动态控制减少上游淹没和防护区内采取抬田措施增加区内安全度等做法为国内、省内首次采用，并处于国际领先地位。针对工程选址、洪水调度、淹没处理、机组选型、施工导流等问题进行了专题研究，拟定多方案并通过技术经济分析论证后，提出的设计方案得到了水利部水利水电规划设计总院、中国水电工程顾问集团公司、国家投资项目评审中心等上级主管部门、机构的肯定、好评。

0.1　工程位置与流域概况

0.1.1　工程位置

　　峡江水利枢纽工程位于赣江中游峡江县老县城巴邱镇上游约6km处，是一座具有防洪、发电、航运、灌溉等综合效益的枢纽工程。

　　赣江是长江流域鄱阳湖水系的第一大河流，位于长江中下游南岸，地理位置在东经113°30′～116°40′，北纬24°29′～29°11′之间。流域东部与抚河分界，东南部以武夷山脉与福建省分界，南部连广东省，西部接湖南省，西北部与修河支流潦河分界，北部通鄱阳湖在湖口连长江。流域东西窄、南北长，略似斜长方形。外洲水文站以上流域面积为

80948km²，峡江坝址控制流域面积为 62710km²。

0.1.2　水系与河道特征

赣江发源于江西、福建两省交界处的石寮崠（石城县境内），自东向西流经瑞金、会昌县境，在会昌县先后汇入支流湘水和梅江，在赣县又先后纳入平江和桃江，至赣州市章水汇入后始称赣江；赣江流出赣州后，折向北流，经万安县城后纳入遂川江、至泰和县境内纳入蜀水，经泰和县城后于吉安市河东区境内纳入孤江；在吉安市吉州区上游约 5km 处加入禾水后，再经吉安市城区，在吉水县城接纳乌江，至樟树市城区上游约 4km 处纳入袁河，过丰城市城区至南昌县市汊加入锦河后，流经南昌市城区，然后分主（西）、北、中、南四支注入鄱阳湖，其中主支在永修县吴城镇与修水汇合后注入鄱阳湖。

赣江自河源至吴城全长 766km。赣州八境台以上为上游，贡水为河源，河长 255km，平均比降为 0.22‰～0.52‰，上游地区多为山地；赣州八境台至新干县城为中游，长约 303km，比降为 0.15‰～0.28‰，中游地区为山区和丘陵谷地，河宽 400～800m；新干县城至吴城为下游，河长 208km，比降为 0.06‰～0.10‰，河宽约 1000m，河道蜿蜒于冲积平原上，两岸筑有堤防；南昌市八一桥以下为尾闾地区，地势低洼，受本流域洪水及鄱阳湖高水位顶托的双重影响，经常发生洪涝灾害。

0.1.3　流域特点

赣江流域上游与各主要支流之间多山，山间与河侧盆地发育，流域北有九岭山，南有大庾岭、九连山，东有广昌、乐安、南丰山地，西有罗霄山脉、诸广山，东南有武夷山。流域边缘及南部多为山地，一般高程约为海拔 400m，主峰约在 1000m 以上；中部为丘陵与盆地相间，较大的盆地有吉泰盆地；北部以冲积平原为主，为赣抚平原。

赣江流域地处低纬度，气候四季变化分明，春季温暖多雨，夏季炎热温润，秋季凉爽少雨，冬季寒冷干燥，具有亚热带湿润气候特征。

赣江是鄱阳湖水系的第一条大河，流域面积约占江西省总面积的一半。赣江流域水系发达，支流众多，集水面积大于 1000km² 的支流就有 14 条。赣江干流纵坡平缓，流域内盆地发育，人口和耕地较多。流域水资源丰富，多年平均年降水量为 1400～1800mm，但降水、径流在年内和年际间分配极不均匀，洪枯流量变化大。

0.1.4　流域资源

赣江流域自然资源丰富，为农业生产提供了优越的自然条件。赣江流域控制站外洲水文站以上流域土地总面积为 80948km²，占江西全省土地面积的 48.5%，耕地面积占全省的一半，居住人口也占全省的 50%，流域内水力资源和矿产资源都较丰富。

赣江流域水能理论蕴藏量为 3600MW，占全省水能理论蕴藏量的 52.8%；可开发的 500kW 以上水电站 313 座，装机容量达到 3437.5MW，占全省的 67.3%；多年平均年发电量为 117.7 亿 kW·h，占全省的 61.7%。其中赣江干流有 9 座，总装机容量达 2267MW，多年平均年发电量为 78.27 亿 kW·h。

赣江流域矿产资源丰富，在江西省经济建设中处于极其重要的地位，其中钨、铀、钽等稀有金属和稀土矿产资源丰富，潜力很大，岩盐矿产储量巨大；煤炭、铅锌、建筑材料及其他非金属矿等有一定的储量。

0.1.5 现有水利工程

江西省的现有水利工程包括赣江干流万安水利枢纽工程、赣江支流水库工程和泉港分蓄洪垦殖工程等。

（1）赣江干流万安水利枢纽工程。该工程位于赣江中游上段，坝址坐落在万安县城以上约 2km 处，控制流域面积为 $36900km^2$，是一座以发电为主兼顾防洪、航运、灌溉等综合利用枢纽工程。最终规模的水库正常蓄水位为 98.11m（黄海高程，下同），初期运行水位为 94.11m，总库容为 22.14 亿 m^3。

（2）赣江支流水库工程。赣江支流上建有大型水库 15 座，中型水库 102 座，控制流域面积为 $54624km^2$，总库容为 78.85 亿 m^3，其中滞洪库容 24.63 亿 m^3，水库多以灌溉或发电为主兼顾防洪等综合利用，电站总装机容量为 767.5MW，总灌溉耕地面积为 465.4 万亩。峡江坝址以上赣江支流建有大型水库 9 座，中型水库 57 座，共控制面积 $20200km^2$，总库容为 34.16 亿 m^3，其中兴利库容 20.87 亿 m^3。

（3）泉港分蓄洪垦殖工程。该工程位于赣江下游西岸的樟树、丰城、高安三市境内，由进洪闸和粮洲堤组成，是一座为赣江发生超标准洪水时分蓄水量以降低赣江下游沿江洪水位、保障赣东大堤和南昌市防洪安全的分蓄洪垦殖工程。该工程于 1958 年建成，并于 2001—2003 年进行了改建，改建后的新闸设计防洪标准为 100 年一遇，设计最大分洪流量为 $2000m^3/s$，分蓄洪区的蓄洪面积为 $151km^2$，对应于设计分洪水位 32.13m 时的总容积为 6.93 亿 m^3。

（4）赣江干流、支流堤防工程。赣江流域现建有保护省会南昌市及赣抚平原的富大有堤和赣东大堤等两条高等级圩堤、保护 10 万亩以上耕地的圩堤 7 座、5 万亩以上圩堤 10 座、1 万～5 万亩圩堤 47 座，此外沿江各城镇均建有堤防保护其防洪安全。

0.1.6 通航现状

赣江干流各河段现状航道等级不一。赣州以上河段航道等级为Ⅶ级或等外级；赣州至湖口河段按通航现状可分为赣州—万安、万安—吉安、吉安—樟树、樟树—南昌、南昌—湖口 5 段。

（1）赣州—万安河段现状航道等级为Ⅲ～Ⅵ级，属于库区航道。

（2）万安—吉安河段现状为Ⅵ级航道，该河段位于万安电厂下游，受电站调峰发电影响较大。

（3）吉安—樟树河段经整治后目前已达Ⅴ级航道。

（4）樟树—南昌河段现状航道已达到Ⅲ级标准。

（5）南昌—湖口段现状为Ⅲ级航道，其中吴城—湖口属鄱阳湖区航道，现基本达到Ⅱ级航道标准。

0.2 工 程 开 发 任 务

0.2.1 工程开发任务的研究过程

（1）项目建议书阶段确定的工程开发任务。2003 年江西院在编制工程项目建议书时根据原国家计委批复的《赣江流域规划报告》和江西省国民经济快速发展对水资源综合利用的要求，提出工程开发任务是以防洪、发电为主，兼顾航运、灌溉等综合利用，水利部水利水电规划设计总院（以下简称水规总院）于 2004 年 1 月对《江西省峡江水利枢纽工程项目建议书》审查时认可了该工程的开发任务。此后，鄱阳湖区、赣江及其他河道中的大量砂石被采，同时，赣江的航运发展迅速。2008 年 6 月，中国水电工程顾问集团公司对峡江项目建议书评估后，在评估意见中提出：鉴于峡江枢纽工程对实现赣江航运规划目标具有难以替代的作用，船闸按Ⅲ级航道、通行千吨级船舶和船队设计，评估建议将工程开发任务确定为防洪、发电、航运，兼顾灌溉等综合利用要求。

（2）可行性研究阶段确定的工程开发任务。2008 年江西院在编制工程可行性研究报告时，根据赣江航运发展情况及峡江项目建议书的评估意见，将峡江水利枢纽工程的开发任务调整为：以防洪、发电、航运为主，兼顾灌溉等。水规总院于 2009 年 1 月对《江西省峡江水利枢纽工程可行性研究报告》进行了审查，并在审查意见中肯定了峡江可研报告中提出的工程开发任务。2009 年 12 月上旬，国家投资项目评审中心对峡江可研报告进行了评估，认为：可行性研究报告符合《江西省赣江流域规划报告》和《江西省水利发展"十一五"规划报告》的要求，确定的工程建设任务是合适的。但在国家发展和改革委员会的批文中，对工程开发任务，增加了"水资源调配"的内容。

（3）初步设计阶段根据用水部门要求，对工程开发任务进行复核。2011 年年初，经调查发现，近几年赣江中下游的防洪、灌溉和航运要求基本未变，江西电网内电力电量仍然短缺，有区别的是，赣江下游的自来水厂近几年枯水季节在赣江中取水困难。"水资源调配"是每座水利枢纽工程各种兴利功能的总称，包括航运、发电、灌溉、供水等综合利用功能。峡江可研报告中的工程开发任务已含航运、发电和灌溉，而未包括供水。因此，初步设计阶段按照用水部门的要求对赣江下游水厂近几年枯水季节取水困难的原因进行分析，并复核峡江水库有无能力解决，以确定峡江水利枢纽的工程开发任务。

经分析研究认为：赣江下游的自来水厂近几年枯水季节取水困难的主要原因不是缺水，而是由于河道的疏浚和采砂，使得赣江下游的河床下切、水位降低所致。峡江水库调节性能较差，在枯水季节仅能为赣江下游适当地补充水量，若要使赣江下游沿江两岸的自来水厂能在枯水季节顺利取水，则是峡江水库无法办到的，需采取其他措施予以解决。

0.2.2 最终确定的工程开发任务

峡江水库枯水季节为下游补充的水量无法解决赣江下游自来水厂近几年由于水位降低而造成枯水季节取水困难的问题。因此，峡江水利枢纽工程的开发任务最终定为：以防洪、发电、航运为主，兼顾灌溉等。

0.3 工程建设规模

峡江水利枢纽工程是一座具有防洪、发电、航运、灌溉等综合利用功能的大（1）型水利枢纽工程，包括厂坝区枢纽工程以及库区防洪和治涝工程两部分。

0.3.1 厂坝区枢纽工程规模

（1）水库特征水位和库容。峡江水库正常蓄水位为 46.00m，相应库容为 7.02 亿 m^3；

死水位为 44.00m，相应库容为 4.88 亿 m^3；防洪高水位（$P=0.5\%$）、设计洪水位（$P=0.2\%$）、校核洪水位（$P=0.05\%$）均为 49.00m，总库容为 11.87 亿 m^3（校核洪水位以下容积），防洪库容为 6.0 亿 m^3（45.00~49.00m 容积），调洪库容为 7.87 亿 m^3（43.00~49.00m 容积），调节库容为 2.14 亿 m^3（44.00~46.00m 容积）。

（2）电站装机及其特征参数。峡江水电站安装 9 台水轮发电机组，总装机容量为 360MW；水轮机单机设计流量为 524.8m^3/s，机组最大引用流量为 4720m^3/s；机组额定水头 8.60m，加权平均净水头为 10.93m，最大发电水头为 14.80m，最小发电水头为 4.25m；水轮机型号为 GZ（XJ）-WP-780，单机额定出力为 41MW；发电机型号为 SFWG40-84/8400，单机额定出力为 40MW；多年平均年发电量为 11.44 亿 kW·h（考虑受万安水库初期运行影响），$P=90\%$ 保证出力为 44.09MW，装机年利用小时数为 3177h。

（3）大坝、船闸和泄水闸尺寸。大坝为混凝土闸坝，全长 845m，坝顶高程为 51.20m，最大坝高为 30.5m；船闸闸室尺寸为 180m×23m×3.5m（长×宽×门槛水深），渠化坝址上游航道 77km；设置 18 孔泄水闸，每孔净宽 16m，泄水闸总净宽为 288m。

0.3.2 库区防洪和治涝工程规模

峡江水利枢纽工程库区有筑堤防洪保护区、抬田保护区。为了减少淹没损失，保护土地资源，对库区内的同江、上下陇洲、金滩、樟山、柘塘、槎滩和吉水县城等 7 个区域进行了筑堤防护。各防护区除高水导排外，其他地势低洼区域采取电排方式解决区内发生暴雨时产生的内涝，7 个防护区共设置 15 座电排站。

（1）防洪堤长度。7 个防护区防洪堤设计堤线总长度为 57.809km。其中：同江防护区堤线 14.393km（同赣隔堤 3.703km，阜田堤 3.840km，万福堤 6.850km），吉水县城防护区堤线 7.562km（南堤 3.200km，北堤 3.317km，连接段 1.045km），上下陇洲防护区堤线 4.480km，柘塘防护区堤线 4.420km（柘塘北堤 3.020km，柘塘南堤 1.400km），金滩防护区堤线 5.594km，樟山防护区堤线 18.360km（樟山堤 8.760km，燕家坊堤 2.350km，落虎岭堤 2.810km，奶奶庙堤 4.440km），槎滩防护区堤线 3.000km。

（2）导排渠长度。7 个防护区导排渠设计渠线总长度为 51.692km，其中：同江防护区渠线 31.186km（同南河 16.385km，磨场双山水 1.200km，同北渠东段 7.041km，同北渠西段 6.560km），上下陇洲防护区渠线 2.416km，槎滩防护区渠线 1.285km，樟山防护区渠线 2.640km，柘塘防护区渠线 11.990km（南导排渠 0.300km，北导排渠 3.550km，凌头水 2.800km，柘塘水 5.340km），吉水县城防护区排洪涵长度 1.395km（城北排洪涵 0.650km，原排洪涵接长部分 0.745km），金滩防护区排洪涵长度为 0.780km。

（3）排涝站装机容量。7 个防护区的 15 座电排站共 50 台水泵，总装机容量为 17715kW，其中：同江防护区 3 座电排站装机容量 9116kW（罗家 3 台共 396kW，坝尾 4 台共 720kW，同江出口 4 台共 8000kW），吉水县城防护区 3 座电排站装机容量为 1720kW（小江口 5 台共 850kW，城南 2 台共 150kW，城北 4 台共 720kW），上下陇洲防护区的下陇洲电排站 3 台装机容量共 465kW，柘塘防护区 2 座电排站装机容量 2990kW（南园 4 台共 2240kW，柘口 3 台共 750kW），金滩防护区的白鹭电排站 3 台水泵装机容量共 465kW，樟山防护区 4 座电排站装机容量 1539kW（舍边 4 台共 1120kW，燕家坊 2 台共 150kW，落虎岭 2 台共 74kW，庙前 3 台共 195kW），槎滩防护区的窑背电排站 4 台装机容量共 1420kW。

0.4 工程综合利用效益

0.4.1 防洪效益

峡江水利枢纽工程的首要开发任务是为坝址下游的南昌市和赣东大堤保护区防洪，提高其防洪标准。

南昌市是江西省省会。2006 年，城市建设用地面积为 109.0km^2，总人口为 221.32 万人；工业总产值为 738.68 亿元，地区生产总值为 812.67 亿元，社会消费品零售总额为 307.49 亿元，固定资产投资额为 507.93 亿元。至 2020 年，城区总面积将达为 350km^2，人口达到 350 万人。赣东大堤保护区除南昌市昌南城区外，还有南昌县城区、丰城市城区、樟树市城区及 3 县（市）的 46 个乡、镇（场），总面积为 2126km^2，其中直接受赣东大堤保护的面积为 1344km^2，总人口 244 万人（不含南昌市城区，下同），耕地 116 万亩；区内人烟稠密，城镇遍布，工厂林立，交通便利，经济发达，有向塘、樟树、洪都 3 座机场，京九、浙赣、向乐 3 条铁路和 105 国道、305 国道、320 国道、316 国道等重要设施。

峡江水利枢纽工程建成后，经合理调度和水库调节，并与泉港分蓄洪区配合使用，可使南昌市昌南城区和昌北主城区的防洪标准提高到 200 年一遇，赣东大堤和南昌市昌北单独防护的小片区防洪标准提高到 100 年一遇；降低赣江洪水位，减轻南昌市和赣东大堤保护区的洪灾损失，经济效益和社会效益十分显著。

经分析计算，赣东大堤保护区和南昌市多年平均可减少直接损失为 62240 万元，考虑 20% 的间接损失，则峡江水利枢纽工程的多年平均防洪效益为 74687 万元。

0.4.2 发电效益

峡江水利枢纽工程的第二开发任务是为江西电网供电区域的国民经济发展和人民生活水平的提高提供电力保障。

江西是一次能源缺乏省份，煤炭资源蕴藏量少，由于经济技术、水库淹没等问题，丰富的水力资源开发利用程度较低。峡江水电站是江西省流域规划中仅有的几座大型水力发电站之一，电站接入江西电网运行。峡江水电站的兴建将对江西省的能源供应产生重大的影响。峡江水电站靠近江西省负荷中心，为大（2）型电站，装机容量为 360MW，多年平均年发电量为 11.44 亿 kW·h，保证出力为 44.09MW，且水库具有一定的调节性能，将成为江西电网中的骨干电站。工程建成运行后，可参与江西电网的调峰，缓解江西电网的电力供需紧张状况。

按《水利建设项目经济评价规范》（SL 72—1994）规定取影子电价，并对电量实行按质论价对影子电价进行调整。依据上网电量及调整后的影子价格计算发电效益。经分析计算，峡江水电站多年平均年发电效益为 36635 万元。

0.4.3 航运效益

峡江水利枢纽工程的另一个开发任务是渠化坝址上游航道，为坝址下游增加枯水期流量，提高赣江航运保证率。

赣江流域社会经济发展需运输大量的大宗散装货物，航运为大宗散装货物的运输提供了便利条件。航运要求建设峡江水利枢纽工程，使赣江赣州以下航道在 2020 年全线基本建成千吨级航道标准的目标得以实现。峡江水利枢纽工程建成运行后，可渠化峡江库区航道 77km，并增加坝址下游的枯水流量，提高赣江中下游的航运保证率。

按照有无项目对比分析，依据货物流量、货物运输成本及本工程渠化的航道长度，计算各水平年的航运效益。经分析计算，峡江水利枢纽工程多年平均航运效益为 12788 万元。

0.4.4 灌溉效益

峡江水利枢纽工程还有一个开发任务是为坝址下游沿江两岸耕地提供充足的灌溉水源，使该区域的农田高产稳产。

峡江坝址以下沿江两岸区域内缺乏骨干蓄水工程，仍有部分农田靠天赐水，稍遇干旱就会受到减产歉收的威胁，严重阻碍着农业生产的发展。峡江水利枢纽工程建成后，从水库引水至峡江县、新干县、樟树市 18 个乡（镇、场）辖区内 32.95 万亩农田进行灌溉，新增灌溉面积 11.69 万亩，改善灌溉面积 21.26 万亩，使该区域有了可靠的水量保障，促进了农业生产的稳步发展。

灌溉效益按有无项目对比法计算增产值，采用分摊系数法计算灌溉效益。经分析计算，峡江水利枢纽工程的多年平均灌溉水源效益为 2360.5 万元。

0.5 工程设计主要创新与体会

（1）优化水库调度运行方式，使库区内大量耕地得到了保护。经多方案水库调度运行方式的比选，工程采取了"小水下闸蓄水兴利调节径流，中水分级降低水位运行减少库区淹没，大水控制泄量为下游防洪，特大洪水开闸敞泄洪水以保闸坝运行安全"的水库调度运行方式，在国内首次于设计阶段提出蓄水位进行动态控制，使库区内 21000 余亩肥沃且宝贵的土地资源（耕地）经抬田工程措施后得到保护，降低工程投资 4 亿余元，提高了工程实施的可行性。

（2）防护区抬田。为保护耕地资源，工程设计中将防护区外的沙坊、八都、桑园、水田、槎滩、金滩、南岸、醪桥、乌江、水南背、葛山、砖门、吉州区、禾水、潭西等 15 个区域进行抬田处理。抬田总面积为 2.4 万亩，抬田后得到耕地 1.9 万亩；对防护区内约 1.3 万亩耕作条件较差的耕地，结合工程开挖弃渣堆放进行抬田，降低了浸没影响，改善了耕地耕作条件。通过与河海大学、江西省灌溉试验站等科研院所合作，进行抬田的土层结构（含基础层、保水层、耕作层等厚度、压实度等指标）、水力及肥力等多项研究，保证大规模抬田工程实施科学性，并于 2009 年选择吉水县沙坊 206 亩耕地进行抬田试验，取得良好效果，3 年内恢复至原产量水平甚至产量略有提高。如此大规模抬田处理在国内水利工程中实施尚属首次。

（3）经多家调研，合理选型，优化水轮发电机组参数，为提高工程效益奠定了良好基础。峡江水电站为低水头大流量发电站，机组台数受坝址位置的河床宽度限制（须留一定泄流宽度），水轮机转轮直径大，机组制造难度大、投资占枢纽投资的比重大。在设计过程中，充分考虑枢纽的总体布置，并通过对国内外多家知名厂家的调研，结合本电站水文特性和所在地区电网特性，在确保安全、经济的前提下科学合理地选择水轮发电机组参数和单机容量，推荐采用 9 台单机容量 40MW 的灯泡贯流式机组。该机组水轮机额定水头为 8.57m、转轮直径为 7.8m，为目前国内最大的灯泡贯流式机组，它具有能量指标高、空化性能好、过流量大、运行稳定性强等特点，为提高经济指标和工程效益奠定了良好的基础。机组采用二次冷却方式，是世界上采用该冷却方式的单机容量最大的灯泡贯流式机组。

机组水轮机模型试验在瑞士洛桑联邦理工学院的水力机械试验室（国际中立试验台）进行，并通过了模型试验验收，机组主要性能达到世界先进水平。2013 年 9 月第一台机组并网发电，至今运行状态良好。

（4）优化施工导流方案，合理控制库区的临时淹没，有效地提前了电站发电受益时间。受地形限制，峡江水利枢纽工程坝址处河道较窄，施工导流困难，如何控制施工期库区水位壅高、减少库区临时淹没和有效提前电站发电受益时间是施工组织设计中的难点。设计中通过多方案比选，推荐采用分三期的施工导流方式，并在一期先围右岸厂房，使电站第一台机组发电时间提前了一年，增加经济效益 1 亿余元，同时保证施工期堰前设计最高水位控制在水库正常蓄水位以下，有效地减少了施工期库区的临时淹没。

（5）库区采取迁防结合、筑堤和抬田防护措施，保护了耕地，降低了工程投资和实施难度。该工程位于赣江中游干流河段上，库区河道平缓、地势开阔，水库淹没损失和影响大。设计时根据地形条件，结合水库的调度运行方式，库区采取迁防结合的工程措施，合理设置防护区。通过多方案的技术经济分析论证，对人口稠密、耕地集中的 7 个区域和无筑堤防护条件的 15 个区域分别采取筑堤防护和抬田防护措施，减少移民搬迁人口近 10 万人，减少淹没耕地 7 万多亩，降低了工程投资和实施难度，并为移民就近安置和维护移民社会稳定创造了有利条件。

第1章 工程气象、水文、泥沙

1.1 气 象

峡江水利枢纽工程位于赣江中游，赣江流域属亚热带湿润气候区，气候特征为：春寒夏热，秋凉冬冷，四季分明。春夏多梅雨，秋冬降雨少，春秋季短，冬夏季长。

赣江流域降水量丰沛，据流域内各水文站（会昌、宁都、赣州、万安、吉安、峡江、永新、宜春、丰城、万载、南昌等）资料统计，多年平均年降水量在 1400～1800mm 之间，降水量年内分配不均匀，4—6 月多年平均年降水量占全年的 41%～51%，最大日降水量多出现在 4—9 月，5—6 月以锋面为主，暴雨集中，7—9 月受台风影响产生暴雨。

流域内各水文站多年平均年蒸发量在 1294～1765mm 之间，多年平均气温为 17.2～19.3℃，极端最高气温为 41.6℃（1953 年 8 月 16 日出现在宜春站），极端最低气温为 −14.3℃（1991 年 12 月 29 日出现在丰城站），多年平均相对湿度为 76%～82%，多年平均风速为 1.1～2.9m/s，最大风速为 20m/s（1965 年 5 月 9 日出现在吉安站），相应风向为南风。多年平均年日照小时数为 1628～1875h，多年平均年无霜期为 252～285d。

据峡江站资料统计：多年平均气温为 17.7℃，极端最高气温为 40.6℃，极端最低气温为 −9.1℃；多年平均风速为 1.8m/s，最大风速为 19m/s，相应风向为偏东风，年最大风速多年平均值为 14m/s。据库区吉水站资料统计：多年平均气温为 18.3℃，极端最高气温为 41.3℃，极端最低气温为 −7.6℃；库区多年平均风速为 2.1m/s，最大风速为 17m/s，相应风向为西南风，年最大风速多年平均值为 11.8m/s。

1.2 水 文

1.2.1 坝址径流

1.2.1.1 峡江坝址径流

1. 年、月、旬径流系列

峡江坝址下游设有峡江水文站，坝址与水文站集水面积接近，仅相差 0.2‰（14km²），因此，峡江坝址年、月、旬径流直接采用峡江站径流资料推求。

峡江站具有 1957 年至今的实测径流资料。1953—1956 年无流量资料，但有水位观测成果，该时段的旬、月平均流量采用本站水位查 20 世纪 50 年代末本站综合水位流量关系曲线推求。上游万安水库 1992 年截流、1993 年下闸蓄水，1992 年以后的峡江径流受万安水库调蓄影响，采用万安水库入、出库径流差对峡江站年、月、旬径流进行还原。

初步设计阶段采用峡江坝址 1953—2008 年共 56 年不受万安水库调蓄影响的径流系列，多年平均流量为 1640m³/s，多年平均径流量为 517.5 亿 m³，多年平均径流深为 823.5mm，多年平均径流模数为 26.10L/(km²·s)。坝址年、月径流系列见表 1.2-1。

表 1.2-1　　　　　　　　　　　　　　峡江坝址年、月径流成果表　　　　　　　　　单位：m³/s

年份	1月	2月	3月	4月	5月	6月	7月	8月	9月	10月	11月	12月	全年
1953	658	1740	2830	3800	5320	4720	1630	1030	1540	996	1260	2170	2310
1954	1070	860	912	3710	4280	7310	2520	1280	748	425	313	393	1980
1955	313	566	566	1390	2370	4030	1570	1330	1090	356	436	298	1190
1956	398	611	1810	1440	4770	3190	713	611	275	284	313	227	1220
1957	207	866	1710	2540	3720	3160	662	792	676	1120	803	475	1390
1958	369	958	1190	1680	4770	2790	1280	675	688	516	241	175	1280
1959	226	1670	1880	1790	2160	7160	2010	1150	1860	471	581	436	1770
1960	483	292	1330	2050	3810	3140	757	2020	974	560	498	533	1370
1961	400	843	2060	4300	2630	6360	1180	2590	5840	1440	895	798	2440
1962	672	395	989	2170	4910	8240	3880	766	814	825	794	455	2080
1963	311	399	673	767	831	869	849	305	244	204	562	310	527
1964	982	1090	1590	2560	1860	7410	1140	923	635	677	371	260	1620
1965	219	235	472	2050	3410	2820	812	787	298	671	847	614	1110
1966	528	635	689	2450	1980	3950	2440	628	389	481	404	377	1240
1967	275	763	901	2340	2920	1570	905	562	474	256	259	240	955
1968	185	362	882	1980	1890	7310	4540	936	570	467	380	317	1650
1969	556	883	1810	1740	2820	1860	1160	1850	459	1360	621	342	1290
1970	426	712	2000	3570	5680	3530	2610	1050	2490	2170	936	1530	2230
1971	713	657	911	576	1950	2420	541	1020	660	416	352	323	879
1972	336	590	409	1870	3010	2170	478	1440	564	608	835	822	1090
1973	1450	888	1070	6570	6060	4710	3160	2010	1650	1290	868	504	2520
1974	413	1080	743	888	1700	2810	2730	1380	445	715	902	563	1200
1975	854	1750	3190	3710	7580	3980	1480	2150	1030	2260	1810	1180	2590
1976	691	677	1500	3550	3040	5240	3990	1470	845	1140	819	475	1950
1977	638	572	344	1540	3600	6370	1950	1230	785	709	375	312	1540
1978	595	447	1260	3010	3350	3350	904	991	506	411	356	239	1290
1979	263	562	1960	2230	2070	2100	1100	730	1480	537	315	262	1130
1980	264	747	2180	4120	5480	1550	1390	1340	1430	769	468	364	1680
1981	389	632	1850	6660	2590	3340	1600	1060	1330	1350	1440	706	1910
1982	470	1350	1980	1950	3110	5870	1620	1170	1010	816	1480	1370	1850
1983	1540	2680	5730	4530	4670	3990	1310	931	873	740	439	290	2310
1984	342	407	756	4340	3740	4160	1040	1040	2590	847	556	473	1680

年份	1月	2月	3月	4月	5月	6月	7月	8月	9月	10月	11月	12月	全年
1985	448	1930	3340	2660	1770	2870	1380	1350	1700	895	593	522	1620
1986	393	654	1150	2720	1540	2530	1740	603	481	292	439	300	1070
1987	229	198	1220	2140	2600	1520	1610	1110	673	1520	1430	936	1270
1988	577	1030	3590	3400	3790	2310	810	792	1640	561	451	267	1600
1989	1320	1280	811	1990	4040	2750	2190	720	512	421	322	236	1380
1990	547	954	1590	3690	1920	2700	1470	1700	1960	1060	1290	672	1630
1991	988	854	2220	2700	2150	1170	505	719	970	874	534	461	1180
1992	875	2150	5210	5040	3800	4220	3830	1160	1010	550	414	452	2390
1993	564	429	1120	1630	3640	4140	2400	1420	846	774	885	532	1540
1994	482	1300	1750	3270	3570	6470	2660	2190	1200	1110	612	1690	2190
1995	1280	1930	2060	2590	2760	4610	2960	1980	960	947	593	489	1930
1996	466	370	1140	3790	2200	2270	1470	3390	1380	740	566	506	1530
1997	488	1230	1420	3090	2300	3070	4780	4540	2750	1900	1190	1690	2380
1998	2510	3710	6060	2310	2980	4770	1720	1010	940	496	457	472	2280
1999	320	316	799	2050	2990	2660	2400	2700	2830	967	660	543	1610
2000	551	548	1720	3300	1930	2660	681	1920	1500	1950	1270	783	1570
2001	1040	1100	1890	3730	4090	3950	2060	1940	1950	667	815	609	1990
2002	634	801	1120	1890	2330	3800	4000	4280	2080	2470	3040	1910	2370
2003	1590	1490	1560	2380	3510	2060	517	738	540	388	360	342	1290
2004	244	364	961	2070	2210	1870	1530	882	1100	439	407	395	1040
2005	515	1320	1040	1840	5450	4830	1460	1180	1220	743	687	495	1730
2006	567	467	2170	2780	3340	5650	2790	1790	1210	613	1060	886	1950
2007	690	895	1820	1960	1420	4050	897	2010	1600	606	449	416	1400
2008	475	1050	1150	2360	1850	3650	2720	1370	933	783	869	449	1470
平均	626	952	1700	2740	3220	3790	1830	1410	1200	851	731	605	1640

2. 径流系列特性

从表 1.2-1 可知，坝址控制流域内径流量较丰富，多年平均径流深为 823.5mm。从坝址径流系列可看出，径流年际年内变化较大，最大年平均流量为 2590m³/s，是最小年平均流量 527m³/s 的 4.91 倍。径流年内分配极不均匀，汛期连续 5 个月（3—7 月）径流量占全年的 67.7%，以 6 月最大，占全年的 19.5%；枯水期连续 5 个月（10 月至次年 2 月）径流量仅占全年的 19.1%，12 月径流量最小，占全年的 3.05%，最大月平均流量 8240m³/s，是最小月平均流量 175 m³/s 的 47.1 倍。

3. 径流系列代表性

坝址径流系列中包含有枯水年、平水年和丰水年，如 1963 年、1967 年、1971 年为枯水年，1968 年、1980 年、1990 年为平水年，1961 年、1973 年、1992 年为丰水年。坝址上游吉安站有 1931—2008 年共 78 年长系列年降水量实测资料。经分析，吉安站 1931—2008 年长系列和 1953—2008 年短系列年降水量统计参数均值分别为 1489mm 和 1480mm，变差系数均为 0.20。吉安站长短系列年降水量相差很小，变差系数相同，各频率设计值相差很小，且 1997 年以后的坝址多年平均流量稳定在一个很小的幅度内波动，误差小于 1.2%。因此，可认为峡江坝址 1953—2008 年的年、月径流系列具有较好的代表性。

4. 年径流及枯水时段径流频率分析计算

对峡江坝址 56 年年径流及枯水期时段平均流量系列进行频率分析计算，频率计算采用目估适线，频率曲线线型采用 P-Ⅲ型，适线参数初值由矩法计算而得。峡江坝址年平均流量及枯水期时段平均流量频率计算成果见表 1.2-2。

表 1.2-2　　峡江坝址年平均流量及枯水期时段平均流量频率计算成果

时 段	资料系列	统计参数			各频率设计值/(m³·s⁻¹)				
		均值/(m³·s⁻¹)	C_v	C_s/C_v	$P=10\%$	$P=25\%$	$P=50\%$	$P=75\%$	$P=90\%$
日历年	1953—2008 年	1640	0.32	2.0	2340	1960	1580	1260	1010
水利年	1953—2008 年	1640	0.31	2.0	2320	1950	1590	1270	1030
10 月至次年 2 月	1953—2008 年	752	0.54	3.0	1290	937	649	456	352
11 月至次年 1 月	1953—2008 年	653	0.54	3.0	1210	821	526	350	268

5. 径流成果合理性

对峡江坝址上下游万安坝址、栋背站、石虎塘坝址、吉安站、峡江站（坝址）、石上站同期资料的年径流成果进行分析，得到的年径流特征参数见表 1.2-3。由表 1.2-3 可知，峡江坝址径流深及径流模数与其上下游各站及工程坝址径流深和径流模数相差很小，且各站（坝址）的统计参数也符合一般规律，因此，可认为峡江坝址年、月径流成果是合理的。

表 1.2-3　　峡江坝址上下游水文站及万安、石虎塘坝址年径流特征参数

坝址及站名	集水面积/km²	资料系列	均值/(m³·s⁻¹)	C_v	C_s/C_v	年径流深/mm	径流模数/(L·km⁻²·s⁻¹)
万安坝址	36900	1953—2008 年	953	0.34	2.0	815.0	25.83
栋背站	40231	1953—2008 年	1060	0.34	2.0	831.5	26.35
石虎塘坝址	43770	1957—2006 年	1150	0.34	2.0	828.9	26.27
吉安站	56223	1953—2008 年	1490	0.33	2.0	836.3	26.50
峡江站（坝址）	62724	1953—2008 年	1640	0.32	2.0	826.4	26.19
石上站	72760	1953—2008 年	1880	0.31	2.0	815.4	25.84

6. 设计代表年日径流

由于峡江水库调节性能较差，工程航运水位计算需根据日平均流量或水位进行，因

此，需分析坝址设计代表年日径流。设计代表年选择根据水利年年平均流量和枯水时段平均流量频率计算成果进行，选取年平均流量接近设计值的 1994—1995 年、1981—1982年、1996—1997 年、1989—1990 年和 2003—2004 年 5 个时段为丰水年、偏丰年、平水年、偏枯年和枯水年。经分析，上述 5 个时段的年平均流量、枯水时段平均流量与各设计频率的设计值相差不大，且年内分配具有一定的代表性，因此，坝址设计丰水年、偏丰年、平水年、偏枯年和枯水年的日径流直接采用坝址上述 5 个时段的逐日平均流量。不受万安水库调蓄影响的峡江坝址设计年及其枯水时段平均流量与典型年的年平均流量、枯水时段平均流量见表 1.2－4。

表 1.2－4　　　　峡江坝址设计年及其枯水时段平均流量与典型年的年平均流量、

枯水时段平均流量成果

频率/%	设计时段平均流量/(m³·s⁻¹)			设计代表年	时段平均流量/(m³·s⁻¹)		
	水利年	10 月至次年 2 月	11 月至次年 1 月		水利年	10 月至次年 2 月	11 月至次年 1 月
10	2320	1290	1210	1994—1995	2320	1310	1200
25	1950	937	821	1981—1982	1970	1060	868
50	1590	649	526	1996—1997	1600	659	498
75	1270	456	350	1989—1990	1290	488	369
90	1030	352	268	2003—2004	1090	331	281
平均	1630	737	635	平均	1650	770	643
峡江坝址 1953—2008 年全系列平均值					1640	752	653

7. 枯水径流

峡江站每年最枯流量一般出现在 12 月至次年 2 月，以 12 月至次年 1 月出现年最枯流量的年数最多。在峡江站 56 年实测径流资料中，实测最小流量为 147m³/s，出现在 1968年 1 月 19 日。根据《内河通航标准》（GB 139—2004）、《船闸总体设计规范》（JTJ 305—2001）以及《江西省赣江流域规划报告》《江西省内河航运发展规划》，要求赣江赣州以下航道在 2020 年前达到Ⅲ级航道标准，峡江的通航设施按Ⅲ级航道标准设计。峡江船闸设计最低通航水位的相应流量采用综合历时曲线法和保证率频率法计算确定。采用综合历时曲线法和保证率频率法推求得到峡江坝址 98％和 95％保证率的各频率枯水流量值见表1.2－5。

表 1.2－5　　　　　　　　　峡江坝址枯水流量频率计算成果

计算方法	保证率/%	均值/(m³·s⁻¹)	C_v	C_s/C_v	各频率设计值/(m³·s⁻¹)					
					$P=75\%$	$P=80\%$	$P=90\%$	$P=95\%$	$P=98\%$	$P=99\%$
保证率频率法	98	290	0.36	3.5	213	202	179	163	149	143
	95	332	0.39	3.5	237	224	196	179	164	158
综合历时曲线法					525	475	341	281	221	209

1.2.1.2 万安坝址年、月、旬径流

万安水利枢纽工程坝址位于峡江坝址上游，控制集水面积 36900km²。万安坝址下游设有万安水文站，该站 1984 年开始施测流量。棉津水文站位于万安坝址上游，控制集水面积 36818km²，1953—1984 年有实测流量资料，因其面积与万安水文站相差仅为 0.2%，并经 1984 年比测，两站径流资料相当接近，因此，万安坝址 1953—1983 年径流直接采用棉津站资料；而万安坝址 1992 年以后的年、月、旬径流采用万安入库径流。

经两站资料衔接后，万安坝址具有 1953—2008 年共 56 年的年、月、旬径流系列，全系列多年平均流量为 953m³/s，多年平均径流深为 815.0mm，多年平均径流模数为 25.83L/(km² · s)。

1.2.2 坝址洪水

1.2.2.1 暴雨洪水特性

1. 暴雨特性

赣江流域是江西省多雨区之一，受季风影响，降水期主要为每年 4—9 月，3 月和 10 月偶尔会发生暴雨。暴雨类型有锋面雨，也有台风雨。一般每年从 4 月开始，降水量逐渐增加；5—6 月，西南暖湿气流与南下的冷空气交绥于长江中下游一带，强烈的辐合上升运动，形成大范围暴雨区。赣江流域正处在该范围锋面雨中，此时期本流域降水量剧增，降水时间长，且降水强度大；7—9 月，常受台风影响，既有锋面雨，也有台风雨。暴雨历时一般 4~5d，最长达 7d，最短仅 2d。锋面雨历时长，台风雨历时短。绝大多数的暴雨出现在 4—8 月，以 5 月、6 月出现次数最多，此时期往往形成持续性梅雨天气。

2. 洪水特性

赣江为雨洪式河流，洪水由暴雨形成，洪水季节与暴雨季节一致。每年自 4 月起，开始出现洪水，但峰量不大；5 月、6 月是出现洪水的主要季节，尤其是 6 月，往往由暴雨产生峰高量大的洪水；7—9 月受台风影响，会出现短历时中等洪水，3 月和 10 月偶尔发生中等洪水。因此，本流域 4—6 月洪水由锋面雨形成，峰高量大，7—9 月洪水一般由台风形成，洪水过程较尖瘦。一次洪水过程为 7~10d；最长达 15d，最短仅 5d。一次洪水总量主要集中在 7d 之内。

3. 洪水地区组成

赣江流域暴雨地区组成复杂，常见有"九岭山南麓""雩山""井冈山"和"武夷山北麓"暴雨中心。因此，流域内洪水地区组成也较复杂，大致分为三类：第一类，以中上游来水为主，下游相应，该类洪水较为常见，如 1962 年、1968 年、1994 年和 1998 年洪水等；第二类，中上游发生大洪水，下游来水较小，该类洪水发生概率较小，如 1959 年、1964 年和 2002 年洪水；第三类，洪水发生于中下游，上游来水较小，该类洪水很少发生，如 1982 年洪水。

1.2.2.2 历史洪水及其重现期

长办❶第二勘测队（1956 年）、吉安水文站（1956 年）、江西省交通厅（1959 年）以

---

❶ 长办指原长江流域规划办公室，现为水利部长江水利委员会。

及长办水文处（1965年）先后对吉安河段（长3100m）进行过4次洪水调查，调查到最大洪水为1915年，次大洪水为1876年。

据有关资料记载，1876年"赣江、抚河大水，夏秋之间，赣江、抚河流域发生近百年来的特大洪水。赣江干流，洪水盛发于万安县……沿河各堤均冲决"。1915年"赣江大洪水，尤以上游洪水，绵亘千里，酿成巨灾。该场洪水……，是跨流域特大洪水，号称'华南大水'"。经分析推算，峡江站1915年洪水洪峰流量为21400m³/s，1876年为21300m³/s。以上两场历史洪水量级相当，按平均排序计算，1915年洪水是1876年以来132年中的第1.5位，则1915年洪水重现期约为88年。另据《江西省洪水调查资料》，1876年洪水仅供参考，若不考虑1876年洪水，则1915年洪水为自1915年以来最大洪水，重现期为94年。经分析，峡江水利枢纽工程设计暂不考虑1876年洪水，且将1915年洪水重现期确定为90年。

1.2.2.3 坝址设计洪水

1. 设计洪峰流量、洪量

峡江坝址下游4.5km处设有峡江水文站，存有1957年至今50余年实测洪水资料。峡江坝址与水文站控制流域面积相差很小，因此，直接采用峡江站洪水资料推求坝址设计洪水。

峡江站水文上游约172km处建有万安水力发电厂，该电厂是赣江干流上建成的第一座大型枢纽工程。水库设计正常蓄水位98.11m，调节库容10.1亿m³；初期运行正常蓄水位94.11m，调节库容7.65亿m³，为不完全年调节水库。万安水库坝址控制流域面积36900km²，占峡江坝址以上流域面积的58.7%。万安水库的调节作用使峡江站洪水系列资料基础不一致，为使资料具有一致性，采用马斯京根法将万安入库、出库洪水流量差过程演算至峡江站，并与峡江站对应的实测洪水过程叠加，对受万安水库影响年份的峡江站大洪水进行还原计算。

经延长和还原计算，得到峡江坝址1953—2008年共56年的年最大洪峰流量和时段洪量连序系列，将实测洪水系列与1915年调查历史洪水组成不连序系列，对各洪水系列进行频率分析计算，采用P-Ⅲ型线型目估适线法，求得峡江坝址洪水统计参数和各频率设计洪峰流量及时段设计洪量值。对个别时段洪量较大的年份，在频率分析计算时，提出作特大值处理。峡江坝址年最大洪峰流量和各时段年最大洪量频率计算成果见表1.2-6。

表1.2-6　　峡江坝址年最大洪峰流量和各时段年最大洪量频率计算成果

项 目		洪峰流量/(m³·s⁻¹)	时段洪量/亿 m³		
			72h	168h	360h
均值		11500	26.58	51.32	85.00
C_v		0.38	0.40	0.43	0.45
C_s/C_v		2.5	2.5	2.5	2.5
各频率设计值	$P=0.02\%$	35200	85.42	176.79	306.31
	$P=0.05\%$	32800	79.39	163.70	282.98
	$P=0.1\%$	31000	74.74	155.09	267.64

续表

项 目		洪峰流量 /(m³·s⁻¹)	时段洪量/亿 m³		
			72h	168h	360h
各频率设计值	$P=0.2\%$	29100	70.06	143.56	247.08
	$P=0.5\%$	26600	63.69	129.83	222.70
	$P=1\%$	24600	58.69	119.12	203.77
	$P=2\%$	22500	53.59	108.03	184.07
	$P=5\%$	19700	46.57	92.97	157.48
	$P=10\%$	17400	40.83	80.89	136.26
	$P=20\%$	14800	34.66	67.76	113.21

2. 设计洪峰、洪量合理性分析

为了分析峡江坝址设计洪水峰量成果的合理性，将坝址设计洪水成果与上、下游水文站设计洪水成果列于表 1.2-7 中。从表 1.2-7 中可以看出，洪峰流量、时段洪量统计参数存在明显规律，均值自上而下随集水面积的增加而递增，时段洪量随统计时段的加长而增大；C_v、C_s 值自上而下随集水面积的增加而递减，并随统计时段的增长而增大。呈现以上变化规律是由于峡江处在赣江流域中下游河段，集水面积较大，洪水组成复杂，且河道具有一定的调蓄能力，洪水过程多表现为矮胖、复峰及多峰型，短时段洪量变幅小、长时段洪量变幅大。因此，峡江坝址设计洪水成果符合流域中下游洪水变化规律，是合理的。

表 1.2-7　　　　　　　　　　峡江坝址及上、下游各站设计洪水参数成果比较表

断面名称	集水面积 /km²	项 目	单位	均值	C_v	C_s/C_v
吉安站	56223	洪峰流量	m³/s	10700	0.39	2.5
		72h 洪量	亿 m³	23.67	0.42	2.5
		168h 洪量	亿 m³	45.27	0.45	2.5
		360h 洪量	亿 m³	79.00	0.48	2.5
峡江坝址	62710	洪峰流量	m³/s	11500	0.38	2.5
		72h 洪量	亿 m³	26.18	0.40	2.5
		168h 洪量	亿 m³	51.32	0.43	2.5
		360h 洪量	亿 m³	85.00	0.45	2.5
石上站	72760	洪峰流量	m³/s	11800	0.37	2.5
		72h 洪量	亿 m³	28.08	0.38	2.5
		168h 洪量	亿 m³	56.90	0.39	2.5
		360h 洪量	亿 m³	96.50	0.40	2.5

3. 设计洪水过程线

峡江坝址设计洪水过程线采用峰、量同频率控制放大（缩小）法推求。选择峰高、量大、常遇、峰型集中及对工程安全不利的 1968 年 6 月和 1994 年 6 月峡江站实测洪水过程

作为典型洪水过程进行控制缩放而得。

1.2.2.4　整体防洪设计洪水

经分析，选择石上水文站作为峡江枢纽工程为下游防洪的控制站。该站具有1955—1998年共44年实测洪水资料，上游樟树站（占石上站集水面积的98%）具有1999—2008年共10年实测洪水资料，据此洪水资料采用水文比拟法转换后求得石上站1955—2008年共54年连序洪水系列，加上1915年和1924年的调查历史洪水组成不连序洪水系列。对石上站洪水系列采用P-Ⅲ型线型目估适线法进行频率分析计算，求得防洪控制断面石上站设计洪水。石上站洪水由峡江坝址洪水和峡江坝址至石上站区间洪水组成。由于赣江流域范围大，暴雨区域分布不均，赣江中下游地区洪水组成复杂多变。因此，峡江枢纽工程整体防洪设计洪水采用典型洪水组成法和同频率洪水组成法拟定。

1. 典型洪水组成法

（1）典型洪水选择。从石上站实际发生的大洪水中，选择1962年、1964年、1968年、1973年、1982年、1992年、1994年和1998年大洪水为典型，其中：1973年和1998年大洪水属坝址、区间来水比较均匀的洪水；1962年、1964年、1968年和1992年大洪水属峡江坝址来水相对较大的洪水，1964年和1968年洪水在石上站表现为双峰型洪水，1964年主峰在前，1968年主峰在后；1982年和1994年大洪水属峡江坝址至石上区间来水相对较大的洪水。以上8年大洪水基本代表了赣江中下游实际发生大洪水的恶劣组合、不同洪水来源和峰型。

（2）整体防洪设计洪水推求。采用设计防洪控制站洪量放大系数放大本控制断面、上游坝址断面和区间同一典型年份的洪水过程推求赣江中下游整体防洪设计洪水，对单峰、多峰型洪水分别采用72h、168h洪量放大系数。

2. 同频率洪水组成法

（1）典型洪水选择。选择1968年和1994年洪水分别作为复峰型和单峰型洪水典型。

（2）整体防洪设计洪水推求。设计根据需要推求了坝址同频率区间相应和区间同频率坝址相应两种组合的整体防洪设计洪水。

1）坝址同频率区间相应整体防洪设计洪水。峡江坝址和石上站设计洪水过程根据本断面典型洪水过程分别用各自洪峰流量和72h或168h洪量同频率放大求得，单峰型洪水采用72h洪量控制，双峰型洪水采用168h洪量控制；区间相应洪水过程依据石上站设计洪水过程与由相同频率峡江坝址洪水采用马斯京根法演算至石上站设计洪水过程相减求得。

2）区间同频率坝址相应整体防洪设计洪水。石上站设计洪水过程的推求方法及成果与坝址同频率区间相应整体防洪设计洪水成果相同；峡江坝址至石上站区间设计洪峰流量和时段洪量采用地区综合法推求，峡江坝址设计洪水过程先由石上站设计时段洪量减去区间设计时段洪量求得峡江坝址相应时段洪量，再用峡江坝址相应时段洪量与典型洪水时段洪量之比放大典型洪水过程求得峡江坝址的相应洪水过程；区间设计洪水过程，由石上站设计洪水过程减去峡江坝址相应洪水过程演算到石上站求得。

1.2.3　水位-流量关系

峡江站水位-流量关系曲线采用峡江站历年水位流量关系点据分析绘制。峡江初设阶段推荐坝址较可研阶段下移了170m。两坝线相距很近，区间无大支流汇入，因此初设阶段峡江坝址水位-流量关系曲线依据可研阶段推荐坝址水位-流量关系曲线采用水面比降法移植而得。可研阶段峡江坝址水位-流量关系曲线中低水部分依据峡江站水位-流量关系采用移植法分析绘制，其中水位采用蒋沙站（可研阶段坝址）与峡江站水位相关求得，流量直接采用峡江站流量；高水部分依据坝址实测大断面采用史蒂文森法延长。

坝址下游防洪控制断面石上站和坝址上游回水控制断面吉安站的水位-流量关系曲线采用本站历年水位-流量关系点据分析绘制。

峡江坝址、石上站和吉安站的水位-流量关系成果见表1.2-8。

表 1.2-8　　　　　峡江坝址、石上站、吉安站水位-流量关系成果表

峡 江 坝 址				石 上 站		吉 安 站	
水位 /m	流量 /(m³·s⁻¹)	水位 /m	流量 /(m³·s⁻¹)	水位 /m	流量 /(m³·s⁻¹)	水位 /m	流量 /(m³·s⁻¹)
31.30	129	39.50	9280	18.70	212	41.52	248
31.50	211	40.00	10200	19.70	671	42.52	811
32.00	446	40.50	11170	20.70	1380	43.52	1620
32.50	727	41.00	12210	21.70	2320	44.52	2640
33.00	1050	41.50	13300	22.70	3450	45.52	3870
33.50	1420	42.00	14450	23.70	4760	46.52	5290
34.00	1840	42.50	15650	24.70	6230	47.52	6870
34.50	2300	43.00	16920	25.70	7960	48.52	8760
35.00	2810	43.50	18250	26.70	10120	49.52	10960
35.50	3360	44.00	19640	27.70	12680	50.52	13440
36.00	3950	44.50	21150	28.70	15640	51.52	16190
36.50	4590	45.00	22860	29.70	19010	52.52	19220
37.00	5280	45.50	24680	30.70	22780	53.52	22530
37.50	6010	46.00	26590	31.70	26950	54.52	26110
38.00	6790	46.50	28590				
38.50	7600	47.00	30690				
39.00	8420	47.50	32890				

1.2.4　库区防护区水文

1.2.4.1　防护区设计洪水

防护区设计洪水主要是分析计算导排沟和导排渠的设计洪水，即导排沟和导排渠沿山体一定高程通过时，山体坡面及小溪（河）汇入沟、渠的洪水。

由于大部分导排沟和导排渠所经过的小溪（河）集水面积不大，且无实测水文资料，因此一般小溪（河）入沟、渠的设计洪水，分别采用暴雨途径的瞬时单位线和推理公式法计算，其中：集雨面积大于30km²的采用瞬时单位线法推求，集雨面积小于30km²的采用推理公式法计算。集水面积稍大的万福夹堤首和樟山防护区桥头夹堤首断面设计洪水依据鹤洲水文站设计洪水成果采用水文比拟法计算而得。防护区设计洪水

计算时，依据实地调查资料充分考虑导排沟和导排渠上游水库对坝址以上流域洪水的调蓄作用。

根据江西省以往防洪堤内排涝工程的实践经验，采用瞬时单位线法和推理公式法计算的设计洪水洪峰流量一般偏安全，而小溪（河）设计洪水过程往往比较尖瘦，如果直接采用计算的设计洪峰流量进行导排沟、渠的设计，势必使得导排沟、渠过水断面偏大，工程量及投资太大，造成浪费。峡江防护区通过对典型防护区拟定导排沟、渠截住的水量全部由导排沟、渠导排入江和留小部分水量由排涝站抽排入江两种排水方式进行比选后确定各导排沟、渠的设计流量。设计阶段对同江防护区的同北导排渠和上下陇洲防护区导排渠拟定将 30%、40%、50% 和 60% 的洪峰流量作为导排沟、渠的设计流量进行技术经济比较，经分析论证，最终确定：同北导排渠将 40% 设计洪峰流量作为导排渠设计流量，其他导排渠的设计流量取 50% 的设计洪峰流量；槎滩和柘塘单边堤、夹堤将 50% 设计洪峰流量作为设计流量，其他单边堤和夹堤的设计流量取设计洪峰流量。

各防护区导排设计流量成果见表 1.2-9。

表 1.2-9　　　　　　　　各防护区导排设计流量成果表

防护区名称		断面位置	集水面积/km²	设计流量/(m³·s⁻¹)		防护区名称		断面位置	集水面积/km²	设计流量/(m³·s⁻¹)	
				$P=5\%$	$P=10\%$					$P=5\%$	$P=10\%$
同江	同南河上游	磨场夹堤首	116	266	204	金滩		金滩排洪涵首	9.57	60.0	44.8
		万福堤首	621	849	663	樟山	文石河主支	桥头	320	545	425
		山背汇合口	642	867	676			奶奶庙夹堤首	334	561	437
	同南河	同南河入口	780	987	770			下沪田汇入后	345	573	447
		南塘	813	1020	792			钱岗汇入后	351	580	453
		下院	859	1050	822			燕家坊汇入后	356	585	457
		墙背	877	1070	833		支流	水北周家堤首	12.7	70.3	52.3
		钟家塘	883	1070	837			下沪田夹堤	8.24	50.1	37.4
		同南河出口	883	1070	837			钱岗夹堤	6.07	52.7	39.4
	同北渠（西）	泥田	39.7	175	136			仁和店（燕家坊）	3.30	30.4	22.8
		盘岭	53.0	225	176		南导排渠	坳上	1.13	8.60	6.60
		西出口	54.5	225	176			芹子塘南	1.55	10.3	7.70
	同北渠（东）	上塘	4.77	51.7	39.4	柘塘	凌头水	芹子塘北	31.0	107	78.7
		江背坑	6.68	51.7	39.4			白竹溪	35.5	134	98.9
		路边	9.79	57.9	43.1			山原	61.9	247	193
		东出口	11.7	57.9	43.1		柘塘水	大水田	67.3	265	207
上下陇洲		陂上渠首	0.98	10.2	7.76			养猪场夹堤首	103	348	272
		陂上	4.75	43.1	32.3		北导排渠	王坑	0.54	11.7	9.40
		上陇洲	6.96	59.9	44.6			周坑	1.77	26.9	20.6
		上符山出口	8.57	69.2	51.6			大湖山	2.62	38.8	29.4
槎滩		下汗洲渠首	24.1	89.0	66.3			焦公山	3.96	51.4	39.5
		磨下汇合口	54.1	252	197			北导出口	4.33	49.9	38.3
吉水县城		城北排洪涵首	13.9	25.1	19.0						

1.2.4.2　排涝站设计流量

（1）排涝设计标准。吉水县县城排涝标准为 10 年一遇一日暴雨一日排至不淹主要建筑物高程，其他防护区排涝标准为 10 年一遇三日暴雨三日排至农作物耐淹深度。

（2）排涝设计流量。各排涝站设计流量主要计算由降雨产生的涝水量、导排沟（渠）导排能力以上的洪水水量以及防洪堤渗漏水量所需要提排的流量。由暴雨所形成的涝水流量依据各防护区不同设计标准的设计暴雨计算；超导排能力洪水水量根据各导排沟（渠）的设计洪水过程和导排能力计算，并按平均排除法折合成泵站的提排流量；圩堤渗漏水量很小，本设计忽略不计。各防护区排涝设计流量成果见表 1.2-10。

表 1.2-10　　　　　　　各防护区排涝设计流量成果表

防护区名称	排涝片名称	排涝站名称	排涝面积/km²	排涝设计流量1/(m³·s⁻¹)	排涝模数1/(m³·s⁻¹·km⁻²)	导排面积(扣水库)/km²	排涝设计流量2/(m³·s⁻¹)	排涝模数2/(m³·s⁻¹·km⁻²)
同江	同江口	同江河口	77.99	54.9	0.70	62.71	66.7	0.86
	万福	罗家	4.93	4.23	0.86		4.23	0.86
		坝尾	12.4	10.6	0.85		10.6	0.85
上下陇洲	下陇洲	下陇洲	3.73	3.12	0.84	8.30	4.56	1.22
柘塘	柘塘	南园	8.45	7.07	0.84	71.38	19.5	2.31
	柘口	柘口	4.04	3.38	0.84	27.31	8.12	2.01
金滩	金滩	白鹭	3.81	3.01	0.79	9.04	4.57	1.20
槎滩	槎滩	窑背	7.40	6.42	0.87	40.48	13.5	1.82
樟山	樟山	舍边	14.98	12.3	0.82		12.3	0.82
	燕家坊	燕家坊	1.53	1.26	0.82		1.26	0.82
	落虎岭	落虎岭	0.72	0.59	0.82		0.59	0.82
	奶奶庙	庙前	2.80	2.29	0.82		2.29	0.82
吉水县	城北区	城北	3.38	5.92	1.75		5.92	1.75
	老城区	小江口	2.58	4.57	1.77		4.57	1.77
		城南	0.71	1.26	1.78		1.26	1.78
备注				不承担排除超导排沟排水能力水量			承担排除超导排沟排水能力水量	

1.3　泥　　沙

赣江的泥沙主要来源于雨洪对表土的侵蚀。赣江流域水土流失不严重，赣江及其支流均属少沙河流。

1.3.1　工程泥沙特性

峡江坝址上、下游设有吉安水文站和峡江水文站。峡江站和吉安站分别于 1958 年和 1956 年开始实测悬移质泥沙，依据吉安站和峡江站的实测泥沙资料分析峡江水利枢纽工程的入、出库泥沙情况。吉安站、峡江站不同时段水文泥沙特征值见表 1.3-1。

表 1.3-1 　　　　　吉安站、峡江站不同时段水文泥沙特征值比较表

站名	集水面积 /km²	系 列 年 份	年平均流量 /(m³·s⁻¹)	年平均输沙率 /(kg·s⁻¹)	年平均输沙量 /万t	输沙模数 /(t·a⁻¹·km⁻²)	年平均含沙量 /(kg·m⁻³)
吉安	56223	1956—2008	1459	232	725	129	0.155
		1956—1992	1405	291	908	162	0.200
		1993—2008	1572	95.4	301	53.5	0.059
		1993年后与1992年前特征值之比值	1.119	0.328	0.331	0.331	0.295
		1993年后与全系列特征值之比值	1.078	0.412	0.415	0.415	0.380
峡江	62724	1958—2008	1644	248	776	124	0.149
		1958—1992	1587	309	964	154	0.189
		1993—2008	1767	115	363	57.9	0.063
		1993年后与1992年前特征值之比值	1.113	0.373	0.377	0.377	0.335
		1993年后与全系列特征值之比值	1.075	0.464	0.468	0.468	0.423

　　由表 1.3-1 可知，万安水库 1993 年建成蓄水后，拦截了一部分泥沙。万安水库蓄水后吉安站和峡江站所测的悬移质泥沙比万安水库蓄水前减少约 60%，而多年平均流量则较万安建库前增大约 10%。万安水库的兴建改变了峡江河段的来水来沙情况。

　　据赣江各水文测站泥沙资料统计分析，赣江悬移质泥沙年际年内变化规律与径流基本一致，丰水丰沙，枯水少沙，泥沙主要集中在主汛期 4—6 月，该时期输沙量占全年沙量的 60%～70%。

1.3.2　坝址泥沙量

　　峡江坝址悬移质泥沙采用峡江站实测悬移质泥沙资料进行分析计算，推移质泥沙依据赣江中上游棉津、峡山、翰林桥、居龙滩、坝上等 5 个水文站 1972—1987 年共 1588 次实测推移质泥沙测验资料分析得到的推悬比估算。

　　据峡江站 1958—2008 年、吉安站 1956—2008 年的实测悬移质泥沙资料统计分析，由于 20 世纪 90 年代以后赣江流域中上游植被恢复较好，水土流失减轻，以及万安水库拦截上游大量泥沙，自万安水库建成后其坝址下游泥沙明显减少，且万安水库还将继续拦沙，但随着万安水库淤积量增多，拦沙率将减少。由此推测，峡江坝址多年平均年悬移质输沙量可能比采用峡江站 1993 年以后的泥沙系列统计值大，又比采用峡江站 1992 年以前的泥沙系列统计值小。可研阶段峡江坝址悬移质输沙量依据峡江站 1993—2007 年实测泥沙系列统计值的 1.5 倍进行估算得 563.4 万 t。设计阶段将泥沙系列延长至 2008 年后，分析得到的成果较可研阶段略小，从工程运行安全考虑，设计阶段峡江坝址多年平均年悬移质输沙量仍采用可研阶段成果。

经分析，峡江坝址多年平均年推移质输沙量依据万安坝址—峡江坝址区间多年平均年悬移质输沙量 205.0 万 t 和推悬比 0.15 估算得 30.8 万 t。

因此，峡江坝址多年平均年总输沙量为 594.2 万 t。

1.3.3　泥沙颗粒级配

据吉安站 1970—2007 年共 38 年悬移质泥沙颗粒分析资料可知，峡江水库悬移质泥沙颗粒不大，实测最大粒径为 1.55mm，平均粒径为 0.046mm，中数粒径为 0.016mm，粒径小于 0.10mm 的悬移质沙量占悬移质总沙量的 89.5%。吉安站多年平均年悬移质泥沙颗粒级配见表 1.3-2。从表 1.3-2 中可知，1993 年万安水库下闸蓄水后，吉安站悬移质泥沙粒径明显减小，说明在万安水库下闸蓄水后，坝址以上粗沙基本被拦截淤积在万安水库内。

表 1.3-2　　　　　　　　　吉安水文站多年平均年悬移质泥沙颗粒级配表

时　段	平均小于某粒径的沙重百分数/%									中数粒径/mm	平均粒径/mm	最大粒径/mm
	粒　径　级											
	0.007mm	0.010mm	0.025mm	0.050mm	0.100mm	0.250mm	0.500mm	1.000mm	2.000mm			
1970—2007 年	31.69	41.49	60.87	75.61	89.48	95.99	99.46	99.98	100.00	0.016	0.046	1.55
1970—1992 年	31.29	39.05	56.90	71.50	88.12	96.06	99.43	99.97	100.00	0.019	0.050	1.55
1993—2007 年	32.32	45.23	66.95	81.93	91.55	95.89	99.49	100.00		0.012	0.040	0.894

第2章 工 程 地 质

2.1 区 域 地 质

2.1.1 地形地貌

峡江水利枢纽工程区地貌单元以构造剥蚀低山丘陵和河流侵蚀堆积地貌为主。赣江自南往北流经本区，流域地势总体呈周高中低，自南向北，由边及里徐徐倾斜，地形切割深度一般数十米。赣江河谷平缓开阔，河床宽数百米至千余米间，漫滩遍布。两岸大部分布有一级、二级不对称阶地，一级阶地高程一般为40.00～48.00m；二级阶地高程一般为46.00～60.00m，形态较完整。三级、四级阶地形态不全，后期多受侵蚀切割，形成波状丘陵。区内植被较好，第四系覆盖层较厚，次级支流水系较发育。

2.1.2 地层岩性

区内出露地层有震旦系、寒武系、泥盆系、石炭系、二叠系、三叠系、侏罗系、白垩系、第三系、第四系及印支-华力西晚期侵入岩。其中震旦系地层分布最广，构成区域褶皱基底；白垩系地层亦较集中出露，主要分布于吉安市至吉水县白沙一带；第四系地层则主要分布赣江及其支流水系两岸阶地。各地层岩性简述如下：

(1) 震旦系（Z）：千枚岩、绢云母千枚岩、变质砂岩、铁锰质砂岩等。

(2) 寒武系（∈）：砂岩、板岩等。

(3) 泥盆系（D）：砂岩、粉砂岩夹页岩、粉砂质泥岩、石英砂砾岩及石英砾岩等。

(4) 石炭系（C）：石英砂岩、砂岩、粉砂岩夹炭质页岩、粉砂质泥岩和煤线等。

(5) 二叠系（P）：灰岩、白云岩、硅质页岩、钙质页岩等。

(6) 三叠系（T）：灰岩、白云质灰岩、页岩、粉砂岩等。

(7) 侏罗系（J）：砾岩、砂砾岩、凝灰质砂岩、凝灰岩等。

(8) 白垩系（K）：砾岩、砂砾岩夹砂岩等。

(9) 第三系（E）：长石石英砂岩、粉砂岩、砾岩、砂砾岩等。

(10) 第四系（Q）：黏土、壤土、砂卵砾石、网纹土夹碎石等。

(11) 印支-华力西晚期侵入岩：花岗闪长岩，中粒似斑状二云母花岗岩等。

2.1.3 地质构造及地震

工程区位于华南褶皱系、赣中南褶隆、赣西南坳陷之武功山-玉华山隆断束构造单元中部，该构造单元周围为深、大断裂围限，为一断裂隆起地块，先后历经加里东期、华力西-印支期、燕山期和喜山期等多次构造运动。控块断裂发育方向呈北东向、北北东向及北西向，距工程坝址区25～40km。挽近期以来，控块断裂活动不明显，近场区孕育强震的可能性小。

工程场区断裂主要以北东向、北西向断裂为主，延伸一般数千米至十几千米，仅南东侧赣江大断裂规模大，为区域性断裂。据《福建江西地震强、弱震震中分布图》，沿工程场区断裂无历史震中分布。工程区赣江同级河谷阶地无显著高差，第四系沉积厚度无显著差异，晚更新世（Q₃）以来形成的二级阶地无错动痕迹。综合判定工程场区断裂无活动性。

据《江西省历史地震目录》，自公元 304 年以来，峡江县境未发生地震。邻近吉安、永丰和安福县发生地震 11 次，其中安福县 1792 年（5 级）、1854 年（4.75 级）发生破坏性地震两次，距工程区 60km 以上，工程场区未有破坏影响。

根据《中国地震动参数区划图》（GB 18306—2015）的界定，工程区地震动峰值加速度等于 0.05g，对应地震基本烈度等于Ⅵ度，地震动反应谱特征周期为 0.35s。区域构造稳定性好。

2.1.4　水文地质条件

本区地下水类型主要为基岩裂隙水，局部发育松散岩类孔隙水、构造承压水及岩溶水。水化学类型一般为低矿化重碳酸钙型水。

（1）基岩裂隙水。主要赋存于基岩断裂破碎带和风化裂隙中，接受大气降水补给，于沟谷或斜坡地带以泉水的形式排泄于地表。

（2）松散岩类孔隙水。主要分布于赣江及其支流第四系冲积砂砾石层中，水位埋深较浅。水文地质条件受含水层厚度、颗粒级配以及地貌条件影响，有较明显的差异。

（3）岩溶水。主要赋存于二叠系灰岩中，局部零星分布。

2.2　坝区工程地质

2.2.1　坝区工程地质条件

2.2.1.1　地形地貌与物理地质现象

坝区两岸山体雄厚，地形基本对称，正常蓄水位 46.00m 处河谷宽为 730～750m，平水期河床宽为 540～580m，河床底高程一般为 27.00～31.00m，河流流向约为 N24°W，河床深槽居中偏右。左岸山顶高程为 150.00m 以上，山体坡角为 20°～30°，地形较缓。左岸一级阶地宽 0～230m，阶面高程为 39.00～41.00m；二级阶地主要发育于坝址上游，宽 0～200m，部分剥蚀，阶面高程为 42.00～46.00m。右岸坝肩山顶高程为 147.00m，山体坡角为 20°～35°，平均坡角为 27°。右岸一级阶地宽度一般为 0～100m，自下游向上游尖灭，阶面高程为 40.00～43.00m，二级阶地不发育。左岸北西西向冲沟、右岸北东东向及近东西向冲沟发育，切割较深。

两岸一级阶地前缘因受河流水力侵蚀，河岸多存在塌岸现象。两岸冲沟虽发育，但洪积物少见，泥石流及其他不良物理地质现象不发育。

2.2.1.2　地层岩性

坝区地层岩性有泥盆系上统中棚组、三门滩组，石炭系下统梓山组，第四系中更新统和全新统地层。按岩性特点和组合对坝区岩体从老至新进行工程岩组划分如下。

1. 泥盆系上统（D_3）

（1）中棚组（D_3z）。出露闸坝左岸下游，小型褶皱发育，单幅宽度一般数米至十余米，岩层产状变化较大，总体走向为北东，倾向南东，倾角一般为 $40°\sim70°$，可划分为第一、第二岩组：

1）第一岩组（D_3z^1）：出露左岸下游引航道，岩性为中厚—厚层状紫红、灰紫、灰色细砂岩、石英砂岩、绢云粉砂岩，厚度大于 100m。

2）第二岩组（D_3z^2）：出露于左岸下游引航道，岩性为青灰、灰绿色变余砂岩、变余粉砂岩，夹条带状灰质白云岩，厚度约 300m。上与石炭系地层呈断层接触。

（2）三门滩组（D_3s）。岩性为厚层紫灰、灰、灰黑色绢云粉砂岩、粉砂质泥岩，局部相变为绢云千枚岩，厚度不详。出露坝址右岸上游，上与石炭系地层呈断层接触。

2. 石炭系下统梓山组（C_1z）

坝区分布广泛，厂坝枢纽建筑物主要坐落于该地层。处向斜核部，根据岩性组合，自核部向两翼依次划分为 C_1z^4、C_1z^3、C_1z^2、C_1z^1 四个岩组。

（1）第一岩组（C_1z^1）。岩性为紫红、青灰色石英砂岩、含砾石英砂岩，夹千枚状绢云粉砂岩、炭质千枚岩，出露左岸下闸首及下游。

（2）第二岩组（C_1z^2）。岩性主要为中厚—厚层灰黑色变余炭质粉砂岩、浅灰绿色变余粉砂岩，夹薄层炭质绢云千枚岩。局部夹条带状灰质白云岩、灰黑色含钙炭质变余泥质粉砂岩。揭露于左岸重力坝段、船闸和河床泄水闸坝段。

（3）第三岩组（C_1z^3）。岩性为灰、青灰色厚层石英砂岩，揭露于河床 14 号、15 号泄水闸段，厚度十余米。

（4）第四岩组（C_1z^4）。岩性为灰绿、灰黑色绢云千枚岩，可分上、下两层：下层为灰黑色炭质绢云千枚岩（C_1z^{4-1}）；上层为灰绿色砂质绢云千枚岩（C_1z^{4-2}）。揭露于河床右侧泄水闸、厂房和右岸重力坝段。

3. 第四系（Q）

（1）中更新统冲积层（alQ_2）。分布左岸上游二级阶地，上部为棕红色网纹状黏土，下部为灰白色砾石、含细粒土砾石，层厚一般 $2\sim4m$。

（2）全新统冲积层（alQ_4）。分布于两岸一级阶地及河床。河床为砂、砂卵砾石，厚 $0.2\sim7.1m$，河床左侧薄，右侧厚。两岸阶地具二元结构，上部为粉质黏土和壤土，可塑状；下部为砂、砂卵砾石。左岸阶地冲积层厚 $5.8\sim9.8m$，右岸冲积层厚 $8.35\sim10.8m$。

（3）全新统坡积层（dlQ_4）。分布于左、右岸坡及冲沟，多呈条带状展布，由砾质粉质黏土、壤土夹碎石等组成，呈硬可塑—硬塑状，厚度 $2.0\sim8.6m$。

2.2.1.3 地质构造

坝区地层历经多期次构造运动，褶皱、断层和节理裂隙发育，地质构造复杂，基坑开挖揭示构造形迹多呈北东、北东东向及北西、北北西向。

1. 褶皱

坝区地层呈北东东向斜构造，向斜轴位于厂坝上游，与右岸坝轴线相交，轴向为

N60°～70°E，轴面产状大致为 N60°～70°E/NW∠70°～90°。向斜核部地层为石炭系梓山组（C_1z），两翼依次为泥盆系上统三门滩组（D_3s）与中棚组（D_3z）地层。

右岸向斜核部石炭系地层基本对称，倾向相反，且倾角大致相等。左岸向斜西北翼受一系列北东—北东东向平移逆冲断层切割，地层不对称。受断层滑移牵引，核部石炭系地层次级褶皱极发育，产状紊乱多变。据基坑开挖揭露，厂坝地基岩层褶皱单幅宽度一般为数米至十余米，局部呈紧密线形，褶皱轴向为 N50°～70°E，向北东倾伏，倾伏角为5°～13°。

2. 断层

坝区北东东向、北东向、北西西向断层发育，开挖揭露规模较大的断层分述如下：

（1）F_2平移正断层。该断层由两条近平行的 F_{2-1}、F_{2-2} 断层组成断裂带，水平错距约为60m。自 13 号泄水闸上游齿槽以北东—北东东向，斜穿至 18 号泄水闸和主厂房 1 号机组基坑，产状变化较大，上游倾角缓，下游倾角陡。F_{2-1}断层产状为 N30°～60°E/SE∠25°～70°，断层带宽为 10～40cm，窄处由断层泥充填，宽处两侧为厚 1～7cm 的黑色断层泥（泥夹岩屑），中部以黑色片状岩、碎块岩为主，弱上风化。F_{2-2} 断层产状为 N30°～70°E/SE∠25°～50°，断层带宽为 3～20cm，窄处由断层泥充填，宽处两侧为厚 1～3cm 的黑色断层泥（泥夹岩屑），中部为强风化黑色糜棱岩或石英脉夹泥。两条断层组成的断裂带宽为 0.9～4.5m，带中构造岩为片理化岩和碎裂岩，呈弱上风化为主。

（2）F_3正断层。该断层揭露于坝肩边坡和右岸重力坝 1 号坝段，上宽下窄，水平错距近 10m。右岸重力坝 1 号坝段断层产状为 N71°～78°E/SE∠75°～80°，带宽为 0.1～5m，两侧充填宽 1～5cm 断层泥，中部为弱上风化碎裂岩，延伸长。右坝肩边坡断层带宽为6～9.1m，产状为 N70°～75°E/SE∠56°～63°，两侧为断层泥，中部为糜棱岩、碎裂岩，沿断层见地下水渗出。

（3）F_5断层。该断层属压性断层，上盘向南西移动，水平错距数米。自 4 号泄水闸室齿槽以北东东向延伸 9 号闸室，产状为 N65°～75°E/SE∠56°～77°，断层水平宽度为0.2～4.4m，断层带两侧为断层泥、弱上片理化岩，宽 1～30cm，中部为弱下风化碎块岩，硅质胶结为主。10 号闸护坦至 17 号闸海漫段断层产状为 N60°～70°E/SE∠40°～70°，带宽为 2～30cm，断层泥、断层角砾岩充填。该断层闸室段两侧岩体呈紧密褶皱，硅化明显。海漫段该断层与 F_6 断层形成宽 2～10m 的断裂破碎带，在下游厂坝导墙处与 F_6 断层汇合为宽 1.0～1.2m 的断层。

（4）F_6断层。该断层产状为 N45°～50°E/SE∠45°～58°，平移逆断层，上盘向南西移动，自 11 号闸墩齿槽处以北东向延伸 18 号闸海漫下游，带宽为 0.2～3.2m，断面见宽 2～3cm 断层泥，内侧为宽 10～30cm 强风化糜棱岩，中部为强—弱上碎块岩。11 号闸墩齿槽处宽 3.2m，闸室段带宽为 0.8～2.6m，护坦段带宽为 0.4～3.2m，17 闸海漫段宽为20～40cm。

（5）F_7 断层。该断层自上闸首由 F_{7-1}、F_{7-2} 两条分支断层以北东向交汇于门库坝段，延伸至 5 号泄水闸海漫末端。上闸首 F_{7-1} 产状为 N43°E/SE∠70°，带宽为 10～30cm，构造岩为灰黑色断层泥、泥质胶结的断层角砾岩。F_{7-2}产状为 N58°E/SE∠70°～80°，宽为20～30cm，构造岩为灰黑色断层泥、泥质胶结的断层角砾岩。船闸与门库交汇部断层带宽达 3m，两侧为宽 1～3cm 黑色断层泥，中部为弱上风化片理化岩、碎块岩。F_7 断层在门库坝段以北东向斜穿下游，产状为 N40°～50°E/SE∠60°～75°，断层带宽度为 0.2～0.55m，构造岩主要为断层泥，局部夹片理化岩及碎块岩，上盘岩体呈强风化，与 f_{172}、f_{177} 断层平行发育，形成宽十余米的强风化槽。

（6）F_8 断层。该断层为压扭性断层，产状为 N52°～73°W/SW∠50°～70°。上闸首主、辅导墙开挖揭露该断层，断层构造岩由糜棱岩、角砾岩和碎裂岩组成，强风化至弱上风化，糜棱岩遇水易软化呈含砾黏土状，角砾岩为岩屑及泥质物胶结，胶结差，极破碎。下盘影响带岩体劈理极发育，岩体破碎，呈碎裂结构。左岸重力坝 2 号坝段地基揭露该断层，产状为 N63°～75°W/SW∠63°～65°，带宽为 2～4m，上、下盘断面平整，充填 10～15cm 的断层泥，中部充填片状岩、碎裂岩，泥质胶结，呈弱上风化，遇水易软化，下盘变余粉砂岩呈劈理化，上盘变余粉砂岩硅化强烈。

（7）F_9 断层。该断层为压性断层，走向为北东 45°～50°，倾北西，倾角约为 60°，带宽一般为 1～5m，带内主要为圆化角砾岩、片理化岩，该断裂上盘逆冲，北西侧泥盆系岩层有牵引褶曲现象。下游引航道边坡带宽约 0.6m。

（8）F_{11} 断层。该断层为层间错动带，揭露于主厂房 4～6 机组基坑，产状为 N30°～35°E/SE∠8°～15°。4 号机组坝轴线处宽为 1.4～1.6m，下游宽为 0.10～0.60m，沿炭质绢云千枚岩夹层错动，构造岩为断层泥、强风化糜棱岩，局部含圆化断层角砾。

（9）F_{12} 断层。该断层为揭露于下闸首和 10 号闸室，宽为 2～3m，断层产状为 N56°～67°E/SE∠53°～56°，张性。断层带两侧为厚数厘米的断层泥、糜棱岩，中部为角砾岩，泥质胶结，强风化，切割 F_{13} 断层。

（10）F_{13} 断层。该断层为揭露于船闸 6～10 号闸室段（船纵 146～210、船左 24.5～船右 24.5），为厚 9.5m 左右的巨厚层间剪切带。带内岩性为粉砂质泥岩，呈强风化，岩层呈舒缓波状，轴向北东，倾角约为 10°～20°，于 10 号闸室为 F_{12} 断层切割，断层带内粉砂质泥岩呈黄色硬塑黏土状，含少量角砾，少数有压圆现象，砾径多以 2～10cm 为主。

（11）F_{14} 断层。该断层为产状为 N68°～90°E/NW 或 SE∠55°～70°，压扭性断层，揭露厂房 6～9 号机组地基，带宽为 10～40cm，充填片状岩、糜棱岩，弱上风化，泥质胶结，断面有泥膜。南西侧为 F_{11} 断层切割。

（12）F_{15} 断层。该断层为产状为 N57°E/SE∠37°～63°至 N75°W/SW∠37°～40°，揭露厂房 6～9 号机组地基，向南西 6 号机尖灭，南西顺层，宽为 2～5cm，充填糜棱岩、片状岩，泥质胶结，断面有泥膜。北东侧切层，向 9 号机延伸，宽为 0.15～1.5m，两侧为宽 2～5cm 断层泥，中部为弱风化碎块岩。

（13）F_{16} 断层。该断层为产状为 N60°～80°E/SE∠33°～70°，正断层，揭露厂房 6～9 号机组地基，带宽为 5～40cm，两侧为厚 1～3cm 的断层泥，中部为强风化碎块岩，上盘向南西滑落，向 5 号、9 号机尖灭。

厂坝地基岩体除发育上述规模较大的断层外，裂隙性断层、层间错动带极发育。裂隙性断层达 200 余条，宽度一般为 0.5～5cm，少数为 5～40cm，延伸长度十余米至数十米，基本充填断层泥，少数间夹石英脉、片状岩，断层倾角一般为 60°以上，极少数中陡倾角。层间剪切错动带多达 100 条以上，一般宽为 2～50mm，少数为 5～40cm，带内一般为弱上片理化炭质绢云千枚岩，局部间夹石英脉和泥质，少数界面有泥膜或中间夹泥线。

3. 节理裂隙

闸坝地基节理裂隙极发育，按其发育方向有 6 组，其中以北东东向 J_1、北北西向 J_2 节理最为发育，北西向 J_3、北西西向 J_4 节理次之。该 4 组节理部分张开为粗大裂隙，宽度一般为 5～50mm，充填硅质、泥质物，延伸长。

第一组（J_1）。产状 N60°～75°E/NW 或 SE∠65°～85°，闭合，面较平直，延伸长，裂隙间距一般为 10～20cm，局部为 5～10cm，与第二组节理呈共轭关系。F_6 断层影响带该组节理走向为 N45°～60°E，发育间距为 2～5cm。

第二组（J_2）。产状为 N10°～30°W/SW∠75°～80°，少数倾北东，闭合，面较平直，延伸长，裂隙间距一般为 10～20cm，局部为 5～10cm。

第三组（J_3）。产状为 N40°～50°W/SW∠60°～85°，微张—闭合，面较平直，延伸长，裂隙间距一般为 10～30cm，局部为 2～5cm。

第四组（J_4）。产状为 N70°～80°W/SW∠60°～85°，少数走向为 N60°～70°W，或近东西向，微张—闭合，面较平直，延伸长，裂隙间距一般为 10～30cm。

第五组（J_5）。产状为 N10°～20°E/NW 或 SE∠60°～85°，微张—闭合，面较平直，延伸长，裂隙间距一般为 10～30cm，局部零星发育。

第六组（J_6）。产状为 N55°～65°E/SE∠35°～50°，微张—闭合，面较平直，延伸较短，裂隙间距一般为 10～30cm。局部零星发育。

上述节理均为剪性，强风化及弱上风化岩体中以微张为主，充填黄色泥质或黄红色氧化铁薄膜。弱下及微新岩体中裂隙多闭合、无充填，少数为黄红色氧化铁浸染。

4. 劈理

闸坝地基岩体挤压极强烈，轴面劈理（Pj1）极发育，劈理间距一般为 0.5～2cm，密集部位 2～5mm，产状一般为 N50°～70°E/NW 或 SE∠70°～90°，局部倾角为 50°～60°，褶皱核部最为发育，多形成挤压破碎带，带内主要为碎块岩，碎屑胶结，胶结差，遇水易软化崩解。

2.2.1.4　水文地质条件

坝区地下水类型主要有基岩裂隙潜水、第四系孔隙潜水，局部存在裂隙和岩溶承压水。

1. 基岩裂隙潜水

主要受控于岩体风化深度、裂隙和断裂发育程度及其连通情况，一般赋存于强—弱上风化岩体裂隙风化带、断层破碎带，接受大气降水补给，以泉水形式排泄于沟谷洼地或河流。钻孔揭露左岸地下水水位一般为 41.00～51.00m，右岸地下水水位一般为 40.00～59.00m，两岸坝肩部位地下水水位一般在 50.00m 以上，高于水库正常蓄水位。

坝区岩体渗透性总体上具有随埋深增加，透水性由强渐弱的分布规律。一般两岸强风化岩体及部分弱上风化岩体透水率大于 10Lu，具中等透水性；弱下至微风化岩体透水率基本小于 10Lu，具弱—微透水性。

根据《混凝土重力坝设计规范》（SL 319—2005），本枢纽坝基岩体相对不透水层按 $q \leqslant 5Lu$ 控制。统计前期勘察 530 段钻孔压水试验成果，其中：岩体透水率 $q > 10Lu$ 的试验段有 31 段，占总段数 5.8%；$5Lu \leq q < 10Lu$ 的试验段有 28 段，占总段数 5.3%；$1Lu \leq q < 5Lu$ 的试验段有 293 段，占总段数 55.3%；$q < 1Lu$ 的试验段有 178 段，占总段数 33.6%。坝基岩体以弱—微透水性为主，中等透水岩体主要分布在两岸强风化带、河床基岩表部或断层破碎带、裂隙密集带附近。

基坑开挖揭露闸坝地基岩体透水性微弱，仅见 F_3、F_6、F_{11} 断层及少量建基面裂隙有裂隙性潜水出渗现象。

2. 第四系孔隙潜水

坝区孔隙潜水主要赋存两岸阶地和河床砂和砂砾石层中，其埋深、水量受赣江水影响明显。在赣江水位较高时，阶地下部孔隙潜水受河水侧向补给，受上部黏性土层阻隔，常具承压性。

3. 裂隙承压水和岩溶承压水

前期部分勘察钻孔揭露，基岩局部赋存有裂隙承压水，水量不大，承压水头小。主要沿断层破碎带分布，出水量为 $1 \sim 1.9L/min$，随出水时间延长，出现水头下降，水量减小现象。厂坝基坑开挖未揭露裂隙承压水，分析埋藏较深。

岩溶承压水赋存于灰质白云岩和含钙炭质变余泥质粉砂岩（$C_1 z^2$）岩溶管道中，2号、3号泄水闸护坦 A 块基坑开挖，发现有 3 处溶洞，其中两处有承压水，最大涌水量为 $1833L/min$。

4. 环境水对混凝土腐蚀性影响

前期勘察坝区对 4 组赣江水和左岸 2 组、右岸 1 组地下水进行了水化学简分析。根据《水利水电工程地质勘察规范》（GB 50487—2008）判定，赣江水对混凝土具分解类重碳酸型弱腐蚀性，两岸地下水对混凝土具重碳酸型中等腐蚀性，赣江水和两岸地下水对钢结构具有弱腐蚀性。

2.2.1.5 岩溶发育状况

据闸坝基坑开挖揭露，闸坝建筑物地基灰质白云岩、含钙炭质变余泥质粉砂岩局部地段有岩溶发育，岩溶类型有溶洞、溶槽、溶孔，发育状况如下：

2号、3号泄水闸（坝纵 $0+197 \sim 0+244$ 段）A 块护坦发育 3 个溶洞，洞径为 $0.5 \sim 1.2m$，均位于 F_7 断层上盘。经开挖揭露，1号溶洞走向北北西向，内充填黄色砾质黏土、全强风化碎块岩；3号溶洞呈椭圆落水洞状，内充填黄色砾质黏土、全强风化碎块岩。在挖除 1号、3号溶洞充填物时，有少量地下水渗出。2号溶洞洞径为 $0.5m$，无充填物，有股状地下水涌出。施工时对 3 处溶洞进行封堵导排处理时，下游全强风化槽出现了上升泉，说明该溶洞管道与下游全强风化槽内岩溶管道相通。

溶槽分布于 12号、13号泄水闸护坦河床表部，发育于弱上含钙炭质变余泥质粉砂岩地层中，无充填，长 $1 \sim 9m$，宽 $10 \sim 50cm$，深 $10 \sim 40cm$。

溶孔分布于 12号、13号泄水闸护坦 A 块河床基岩面，数量较少，径 $1 \sim 8cm$，深数厘米，无充填，施工时进行了清洗、回填混凝土处理。

2.2.1.6 坝基岩体物理力学性质

1. 岩体物理力学性质

闸坝地基岩性主要为石炭系下统砂、炭质绢云千枚岩（$C_1 z^4$）、石英砂岩（$C_1 z^3$）、变余炭质粉砂岩等（C_1z^2）。工程对坝基岩石进行了大量室内岩块物理力学试验和原位物探声波测试，坝基岩体质量情况如下：

（1）坝基浅表部弱上风化岩体。岩体节理裂隙发育，岩体纵波速为 2.3～3.6km/s，完整系数为 0.21～0.49，饱和抗压强度一般低于 15MPa。

（2）弱下—微风化砂质绢云千枚岩（C_1z^{4-2}）。饱和抗压强度为 40.6～49.7MPa，岩体纵波速为 3.55～4.01km/s，完整系数为 0.49～0.62，结构面发育，但闭合为主。

（3）弱下—微风化炭质绢云千枚岩（C_1z^{4-1}）。饱和抗压强度为 14.9～37.3MPa，岩体纵波速为 3.67～4.18km/s，完整系数为 0.53～0.68，结构面发育，但闭合为主。

（4）弱下—微风化石英砂岩（C_1z^3）。弱下岩体饱和抗压强度为 38.8～42.5MPa，属中硬岩，微风化岩体属中硬至坚硬岩；岩体纵波速为 3.79～4.31km/s，完整系数为 0.57～0.72，结构面发育，但闭合为主。

（5）弱下—微风化变余炭质粉砂岩（C_1z^2）。饱和抗压强度为 29.5～70.7MPa，岩体纵波速为 3.77～4.26km/s，完整系数为 0.56～0.70，结构面发育，多闭合。

施工图设计阶段，根据基坑开挖揭示，厂坝地基岩体以弱下—微风化为主，仅两岸重力坝部分坝段和泄水闸 F_6 断层及其影响带岩体呈弱上风化，属软岩—中硬岩，岩体结构面极发育，呈碎裂结构，岩体工程地质类别基本属 C_{IV}～B_{IV} 类。左岸重力坝地基局部弱上绢云千枚岩、变余粉砂岩岩体为 C_{IV}～C_V 类。

2. 层间软弱夹层物理力学性质

基坑开挖揭示闸坝地基层间剪切带、层间软弱夹层很发育。剪切带厚度一般为 2～50mm，少数为 50～400mm，带内一般为弱上片理化炭质绢云千枚岩，局部间夹石英脉和泥质，少数界面有泥膜或中间夹泥线。层间软弱夹层类型可划分两类：岩屑夹泥型、泥夹岩屑，纯泥型夹层极少。

施工图设计阶段，在 18 号泄水闸地基对层间软弱夹层（泥夹岩屑型）进行了原位剪切试验，层间软弱夹层的抗剪强度：$f=0.23$，$c=50kPa$。

2.2.2 枢纽主要建筑物工程地质

枢纽主要建筑物沿坝轴线从左至右依次为：左岸挡水坝（长 88.0m）、船闸（长 47.0m）、门库坝段（长 26.0m）、泄水闸（长 358.0m）、厂房坝段（长 274.3m）、右岸挡水坝（长 99.7m），坝轴线总长 830.5m，设计坝顶高程为 51.2m。

2.2.2.1 左岸混凝土重力坝

左岸重力坝总长 88m，分 5 个坝段，长度从左至右分别为 20m、16m、13m、19m、20m。

（1）2 号坝段。该坝段设计建基面高程为 40.90m，实际局部超挖 0.5～1.0m。开挖后的建基岩体为千枚状变余炭质粉砂岩（C_1z^2），呈弱上风化，岩层产状变化大。F_8 断层以北西向斜穿坝基，宽 2～4m，构造岩为断层泥及弱上片状岩、碎裂岩，性极软，遇水极易软化。坝基岩体北东东向劈理 Pj1 和北北西向 J_2 陡倾角节理极发育，属 C_{IV}～C_V 类岩。

（2）3 号、4 号坝段。3 号、4 号坝段设计建基面高程分别为 37.60m、34.10m，4 号坝段超挖，较设计建基面高程低 0.55～1m。开挖后的建基岩体主要为变余炭质粉砂岩夹炭质绢云千枚岩（C_1z^2），基本呈弱上风化，局部硅化明显，仅 4 号坝段局部呈弱下风化。地基岩层呈轴向北东 $60°$ 的紧密褶皱构造，地基范围内发育 4 条层间剪切夹层，宽度为 $1\sim 5cm$，泥夹岩屑型，倾角为 $21°\sim 41°$，产状、起伏变化较大。坝基岩体北东东向劈理 Pj1 和北东东 J_1、北北西 J_2、北西西向 J_4 陡倾角节理发育，切割破碎，呈碎裂结构，属 C_{IV} 类岩。

（3）5 号、6 号坝段。5 号、6 号坝段设计建基面高程为 29.10m，实际开挖建基面高程一般为 $27.30\sim 29.00m$，6 号坝段与船闸连接段为 19.20m 高程。开挖后的建基岩体为石炭系梓山组第二岩组下部绢云千枚岩（C_1z^2），基本呈弱上风化，仅 6 号坝段与船闸连接段呈弱下风化。地基岩层呈轴向北东 $70°$ 的紧密褶皱构造，岩体挤压极破碎，发育 6 条北东东、北西西向断层，断层宽度窄者为 $1\sim 3cm$，宽者为 $10\sim 20cm$，充填断层泥、强风化糜棱岩，倾角一般为 $60°$ 以上。坝基岩体北东东向劈理 Pj1 和北东东 J_1、北北西 J_2、北西向 J_3 陡倾角节理发育，尤以北东东向劈理 Pj1 最为发育，岩体片理化严重，切割破碎，呈碎裂结构，属 $C_{IV}\sim C_V$ 类岩。

2.2.2.2 船闸

1. 上闸首

上闸首设计建基面高程为 $26.50\sim 19.20m$，实际建基面一般超挖 $10\sim 20cm$，开挖后的建基岩体为中厚—厚层千枚状变余炭质粉砂岩夹绢云千枚岩（C_1z^2），呈弱下风化，岩层呈轴向北东东背斜构造，两翼岩层倾角一般为 $30°\sim 50°$。地基范围内发育有 F_{7-1}、F_{7-2}、f_{174}、f_{243}、f_{172} 等 5 条北东向断层，以及北北东向 f_{245} 和北西向 f_{244} 弧形断层，断层带宽者为 $20\sim 30cm$，窄者为 $1\sim 2cm$，构造岩主要为断层泥、泥质胶结的断层角砾岩。地基岩层发育 9 条层间剪切带，带宽为 $0.5\sim 10cm$，带内为片状岩夹泥（岩屑夹泥型）充填，倾角为 $30°\sim 45°$。地基岩体 J_1、J_2 陡倾角节理和北东东向 Pj1 劈理极发育，局部 J_3、J_4 陡倾角节理较发育。地基岩体多组结构面发育，切割破碎，呈碎裂结构，属 C_{IV} 类岩。

2. 闸室

开挖后的闸室基岩岩性以 F_{13} 断层为界，上游为石炭系下统梓山组第二岩组变余炭质粉砂岩、绢云千枚岩（C_1z^2），呈弱风化；下游为石炭系下统梓山组第一岩组变余石英砂岩、绢云粉砂岩（C_1z^1），受 F_{12}、F_{13} 断层影响，下游闸室岩体风化严重，强风化—弱上风化。施工时 $6\sim 10$ 号闸室调整为整体式结构。

（1）$1\sim 5$ 号闸室。设计建基面高程为 $20.15\sim 21.05m$，两侧闸墙设计建基面高程为 26.65m，实际建基面一般超挖 $0\sim 20cm$。闸室和两侧闸墙基础基本置于弱—微风化岩体之上，地基范围内岩层呈舒缓波状褶皱，层间软弱夹层发育，并发育 3 条北东向裂隙性断层，宽度一般为数厘米。施工时对地基软弱夹层和断层进行了刻槽回填混凝土处理。由于 $1\sim 5$ 号闸室两侧闸墙节理裂隙发育，加之岩体爆破质量较差，施工时对闸墙地基进行了固结灌浆处理。

（2）$6\sim 10$ 号闸室。设计建基面高程为 17.70m。F_{13} 断层为厚 9.5m 左右的巨厚层间剪切带，带内岩性为粉砂质泥岩，呈强风化，岩层呈舒缓波状，于 10 号闸室为 F_{12} 断层切割，断层带内泥岩呈黄色硬塑黏土状，揭露于船闸纵 $146\sim 210$ 段、船闸左 $24.5\sim$ 船闸右

24.5 段部位。F_{12} 断层揭露于下闸首和 10 号闸室，宽为 2～3m，断层带两侧为厚数厘米的断层泥，中部为角砾岩，泥质胶结，强风化。F_{13} 断层上游为灰黑色千枚状变余炭质粉砂岩和炭质千枚岩，呈弱上风化，碎裂结构，属 C_{IV} 类岩。F_{13} 断层及下游 C_1z^1 岩体呈强风化，属 C_V 类岩。施工时 6～10 号闸室建基面下挖至 17.70m 高程，换填厚 1m 的 C15 素混凝土后，采用钢筋混凝土置换处理至 23.20m 高程。

3. 下闸首

下闸首设计建基面高程为 19.15m。开挖后的闸基为石炭系下统梓山组第一岩组紫红、紫灰色石英砂岩和灰黑色炭质千枚岩，呈弱上风化。地基范围内岩层呈舒缓波状褶皱，轴向北东，岩层倾角一般为 7°～30°，发育有 F_{12} 断层及北东东、北北西和近东西向节理，F_{12} 断层宽为 2～3m，断层产状为 N56°～67°E/SE∠53°～56°，断层带两侧为厚数厘米的断层泥和糜棱岩，中部为角砾岩，泥质胶结，强风化，揭露下闸首地基东南角。地基岩体呈碎裂结构，基本属 C_{IV} 岩，F_{12} 断层及其影响带属 C_V 类岩。

2.2.2.3　门库坝段

门库坝段设计建基面高程为 22.50～24.50m，实际建基面高程为 21.90～24.30m。开挖后的坝基岩体为中厚—厚层千枚状变余粉砂岩（C_1z^2），呈弱下风化。F_7 断层在该坝段以北东向斜穿下游，倾南东（上游），倾角为 66°～70°，断层带宽度为 0.2～0.55m，船闸与门库结合部宽达 3m，两侧为宽 1～3cm 黑色断层泥，中部为弱上风化片理化岩、碎块岩。

F_7 断层上盘千枚状变余粉砂岩（C_1z^2）夹 1 层条带状硅化白云岩，白云岩层厚 2～3m，岩性较坚硬，硅化强烈，未见岩溶发育。岩层总体走向北东，倾南东，倾角一般为 40°～60°，多见褶曲，发育 Jc69、Jc70 两条层间软弱夹层，为弱上片理化岩，夹泥，厚 2～15cm。其中 Jc69 夹于白云岩与千枚状炭质粉砂岩界面，连续性好，倾角一般为 36°～50°，为弱上片理化岩，夹含石英角砾、泥质物，上游窄，下游宽 11～15cm，于 1 号泄水闸切层，与 f_{177} 断层为同一支。

F_7 断层下盘千枚状变余粉砂岩（C_1z^2）呈背斜构造，轴向北东，上游南东翼岩层倾角 30°～60°，下游西北翼岩层倾角为 20°～40°。岩层间夹 Jc71、Jc72 两条层间软弱夹层，为弱上片理化岩，夹泥，厚度一般为 2～6cm，延伸短。地基岩体发育北东—北东东、北西向七条小断层，断层带一般宽为 0.5～4cm，局部为 10～25cm，主要充填断层泥，局部充填弱上片状岩，除 f_{172} 倾角为 35°～36°外，其余断层呈陡倾角。主要发育 J_1、J_2、J_4 三组陡倾角节理，呈碎裂结构，属 B_{III}～C_{IV} 类岩体。

门库护坦段建基面岩体为弱下风化千枚状变余粉砂岩，岩层总体呈向斜构造，轴向北东，两翼岩层倾角为 20°～50°。主要发育 J_1、J_2、J_4 三组节理，呈碎裂结构，属 C_{IV} 类岩体。

2.2.2.4　泄水闸

1. 闸室段

（1）1～4 号闸墩段（坝纵 0+175.5～0+245.5）。该段闸坝建基面高程为 22.50～24.50m，一般超挖 10～30cm。经开挖揭露，该段闸坝位于 F_7 断层上盘、F_5 断层下盘，地基岩体呈弱下风化，岩性为中厚—厚层千枚状变余炭质粉砂岩夹条带状灰质白云岩（C_1z^2），灰质白云岩厚约 5m,分布于 2 号、3 号闸室。地基岩层呈轴向北东 70°的背斜构造,背斜轴位于闸室下游 22.50m 高程的水平段。下游西北翼岩层走向北西西,倾角为 20°~30°;上游南东翼岩层走向为 N30°~45°E,倾向南东(上游),倾角一般为 45°~75°。该闸段发育 F_7 断层和 f_{171}、f_{177}~f_{187} 等 12 条裂隙性断层,F_7 断层自 1 号闸室下游西北角通过,带宽为 0.2~0.3m,充填黑色断层泥夹片状岩。其他裂隙性断层延伸长度为 10~30m,一般带宽为 1~5cm,仅 f_{183} 断层宽为 5~40cm,多为断层泥充填,宽处中部夹片状岩。千枚状变余炭质粉砂岩中炭质绢云千枚岩薄夹层极发育,地基岩层多沿夹层发生层间剪切错动,形成层间软弱夹层,多达 40 余条,带宽为 0.5~3cm,少数宽为 5~15cm,带内主要为片理化弱上炭质绢云千枚岩,夹泥质物,局部石英脉充填,属岩屑夹泥或泥夹岩屑型。该段闸坝发育的主要裂隙有 5 组,即 J_1、J_2、J_3、J_4 节理和 Pj1 劈理。

该段闸坝岩体断层、层间软弱夹层和节理裂隙发育,岩体呈碎裂结构,属 C_{IV} 类岩。地基岩体呈弱下风化,仅 2 号、3 号闸室下游与护坦结合部灰质白云岩属弱上风化,属较软岩。闸室分布灰质白云岩基本呈弱下风化,未见岩溶发育。

(2) 5~10 号闸墩段(坝纵 0+245.5~0+362.5)。该段闸基岩性为灰黑色变余炭质粉砂岩夹薄层炭质绢云千枚岩(C_1z^2),呈弱下风化。F_5 断层揭露于 4~9 号闸室,产状为 N70°~75°E/SE∠56°~77°,自上游(坝横 0-1、坝纵 0+245.5)北东东向延伸至下游(坝横 0+49、坝纵 0+343),向上、下游渐窄,宽度 0.2~4.4m,断层带两侧为断层泥、片理化岩,宽为 1~30cm,中部为弱下风化碎块岩,硅质胶结为主。F_5 断层上盘岩层总体走向北东东,倾北西,倾角一般为 50°~70°,局部褶曲,倾角稍缓。F_5 断层下盘岩体呈紧密褶皱,轴向北东—北东东,单幅宽度一般为 1~3m,倾角一般为 30°~80°,个别倒转。上下盘岩体均见层间软弱夹层发育,局部密集部位每隔 15~40cm 发育 1 条,夹层主要为强—弱上片理化炭质绢云千枚岩,夹泥或面见泥膜,厚度为 2~50mm,个别厚 5~8cm,以泥夹岩屑为主,岩屑夹泥次之。除 F_5 断层外,闸基岩体另发育 6 条北东东、北北西向小断层,一般带宽为 2~5cm,倾角为 60°以上,带内充填断层泥或泥质胶结的角砾岩。闸基发育的主要裂隙有 5 组,即 J_1、J_2、J_3、J_4 节理和 Pj1 劈理,岩体呈碎裂结构,属 C_{IV} 类岩体。

闸基层间软弱夹层连续性好,抗剪强度低,但由于地基岩层呈紧密褶皱构造,岩层起伏差较大,且层间软弱夹层倾角一般为 50°~70°,未发现其他缓倾上、下游的软弱结构面,该段闸基基本不存在深层抗滑问题。

(3) 11~15 号闸墩段(坝纵 0+362.5~0+460.0)。开挖后的闸基岩性为千枚状变余炭质粉砂岩(C_1z^2)及石英砂岩(C_1z^3),F_6 断层自 11 号闸墩上游齿槽处以北东向斜穿 13 号闸室下游分缝处(坝纵 0+421),断层带宽为 0.8~2.6m。F_6 断层下盘闸基岩性为千枚状变余炭质粉砂岩(C_1z^2),建基岩体呈弱风化,岩层总体走向北东东至近东西向,倾向北西,倾角一般为 20°~40°,因受 F_6 断层滑移牵引,局部呈舒缓波状褶皱。地基层间软弱夹层发育,多达 15 条,带宽为 0.5~5cm,少数局部宽为 5cm 以上,带内主要为片理化弱上炭质绢云千枚岩,夹泥质物,局部石英脉充填,以岩屑夹泥或泥夹岩屑型为主。该段闸坝发育的主要裂隙有 4 组,即 J_1、J_2、J_3、J_4 节理,其中 J_1、J_2 节理极发育,发育间距为 2~5cm。发育 f_{210}、f_{211} 两条延伸短的陡倾角裂隙性断层。

F_6 上盘闸基岩性为千枚状变余炭质粉砂岩及石英砂岩,揭露建基面岩体呈弱风化,岩层受 F_6、F_2 断层滑移牵引,产状变化较大,呈舒缓波状褶皱,褶皱轴向北东东,一般岩层倾角一般为 $10°\sim30°$,局部为 $30°\sim45°$。F_2 断层自上游 13 号泄水闸齿槽以北东向斜穿 14 号闸趾,由两条近平行的 F_{2-1}、F_{2-2} 断层组成断裂带,上游倾角缓,下游倾角陡,产状为 $N30°\sim45°E/SE\angle25°\sim50°$,2 条断层组成的断裂带宽为 $0.9\sim4.5m$,带中为弱上片理化岩和碎裂岩。F_6 断层上盘岩体层间软弱夹层发育,带宽一般为 $0.5\sim5cm$,少数局部宽可达 15cm,带内主要为片理化弱上炭质绢云千枚岩,两壁夹泥膜,以泥夹岩屑型或岩屑夹泥或为主,软弱夹层多为 F_2 断层错断。F_6 断层上盘岩体发育的主要裂隙有 5 组,即 J_1、J_2、J_4、J_5 节理以及 Pj1 劈理,裂隙性断层和 J_{1A} 粗大裂隙发育。F_6 断层与 F_2 断层之间岩体挤压极破碎,片理化、硅化现象明显。

(4) 16~18 号闸墩段(坝纵 $0+460.0\sim0+510.5$)。该段闸坝地基岩性为厚层石英砂岩(C_1z^3)及中厚—厚层砂质、炭质绢云千枚岩(C_1z^4),岩体呈弱下风化。地基岩层总体呈轴向北东 $70°$ 的背斜构造,背斜轴位于闸室中部斜坡段。下游西北翼岩层走向北西西,倾角一般为 $14°\sim25°$;上游南东翼岩层总体走向为 $N45°\sim60°E$,倾向南东(上游),倾角一般为 $20°\sim40°$。闸室上游岩层局部褶曲,呈舒缓波状。该闸段发育 $f_{218}\sim f_{214}$ 等 6 条裂隙性断层,带宽 $0.2\sim6cm$,充填黑色断层泥或泥质胶结的角砾岩,延伸长度为 $10\sim60m$。石英砂岩、砂质绢云千枚中发育炭质绢云千枚岩夹层,岩层多沿夹层发生层间剪切错动,形成层间软弱夹层,多达 7 条以上,带内主要为片理化弱上炭质绢云千枚岩,壁面夹泥质物(泥夹岩屑型),宽度一般为 $2\sim3cm$。该段闸坝发育的主要裂隙有 4 组,即 J_1、J_2、J_4 节理和 Pj1 劈理。J_{1A}、J_{4A} 等粗大裂隙发育,一般张开 $1\sim3cm$,硅质、泥质充填。

(5) 18 号闸室段(坝纵 $0+510.5\sim0+533.5$)。该闸段建基岩体为石炭系下统梓山组第四岩组砂、炭质绢云千枚岩(C_1z^4),灰黑、灰绿色,呈弱下风化,厂房左边坡下部为微风化,属软质岩。地基岩层呈背斜构造,背斜轴部位于闸室中部,轴向 $N82°E$,向厂房基坑倾伏,倾伏角 $7°\sim8°$。上游岩层倾南东,倾角一般为 $22°\sim37°$;下游岩层倾北西,倾角一般为 $3°\sim12°$。地基岩体主要发育有 J_1、J_2、J_3、J_4 组节理裂隙、Pj1 劈理及 f_{222} 裂隙性断层,断层产状 $N56°E/SE\angle60°$,压性,面平直较光滑,带宽 $2\sim5cm$,带内为断层泥及片理化岩,胶结差。地基岩层层间剪切带发育,带宽 $0.5\sim15cm$。软弱夹层可分两类:一类为泥化夹层,为纯泥型,性状同软可塑黏土,性极黏手;另一类为片理化岩,母岩为强—弱上风化炭质绢云千枚岩,两侧与壁岩接触带均分布泥膜,泥膜厚为 $2\sim5mm$,属泥夹岩屑型。

2. 护坦段

(1) 1~9 号闸护坦(坝纵 $0+175.5\sim0+343$)。上游闸趾坝纵 $0+175.5\sim0+177$ 与下游齿槽坝纵 $0+175.5\sim0+244$ 区域护坦位于 F_7 断层下盘,设计建基面高程为 $24.50\sim25.50m$,一般超挖 $10\sim30cm$,地基岩性为炭质绢云千枚状、千枚状变余炭质粉砂岩,局部夹变余石英砂岩,呈弱风化,岩层呈舒缓波状,总体走向北西西,倾向北东东,倾角一般为 $12°\sim30°$。发育 $f_{190}\sim f_{195}$ 等 6 条小断层,断层宽度一般为 $1\sim5cm$,f_{190}、f_{191} 断层带局部宽为 $5\sim15cm$,带内断层泥或断层泥夹片状岩充填。护坦上游炭质绢云千枚岩中层间剪切软弱夹层发育,有 Jc73~Jc79 等 7 条夹层,宽度一般为 $2\sim30cm$,带内主要为片理化弱上炭质绢云千枚岩，局部壁面见泥膜，属岩屑夹泥型。该闸段护坦发育的主要裂隙有 3 组，即 J_1、J_2 节理和 Pj1 劈理。护坦地基岩体断层、层间软弱夹层和裂隙发育，岩体呈碎裂结构，属 C_{IV} 类岩体。

上游闸趾坝纵 0+177~0+197 与下游齿槽坝纵 0+244~0+262 区域，护坦位于 F_7 断层上盘影响带，发育有 F_7 断层等 4 条走向北东—北东东、倾南东的压性断层，F_7 断层宽为 0.2~0.4m，其余断层宽为 1~15cm，构造岩主要为断层泥。上盘岩性主要为千枚状含钙炭质变余泥质粉砂岩、灰质白云岩，抗风化能力差，4 条断层于此部位交汇，形成一条宽约 20m 强风化槽。强风化槽岩性软弱，呈黄色黏土状。

上游闸趾坝纵 0+197~0+343 与下游齿槽坝纵 0+262~0+343 区域，护坦地基岩性主要为千枚状含钙炭质变余泥质粉砂岩、变余炭质粉砂岩，仅 7 号、8 号闸护坦 C 块为石英砂岩，呈弱风化。设计建基面高程为 24.50~25.50m，一般超挖 10~30cm。地基岩层呈轴向北东 60°~70°的褶皱构造，一般呈舒缓波状，倾角为 10°~30°，5~9 号闸 A 块护坦岩层因受 F_5 断层滑移牵引，呈紧密褶皱状。地基层间软弱夹层极发育，多达 40 余条，带宽为 0.5~5cm，少数宽为 5~20cm，带内主要为片理化弱上炭质绢云千枚岩，夹泥质物，局部石英脉充填，属岩屑夹泥或泥夹岩屑型。地基岩体发育 f_{200}~f_{205}、f_{225}、f_{226} 等 9 条小断层，断层带宽度一般为 1~10cm，仅 f_{200} 断层带宽为 10~40cm，带内断层泥或泥质胶结的角砾岩充填。该段闸坝发育的主要裂隙有 4 组，即 J_1、J_2、J_4 节理和 Pj1 劈理。护坦地基岩体断层、层间软弱夹层和裂隙发育，岩体呈碎裂结构，属 C_{IV} 类岩体。

（2）9~18 号闸护坦（坝纵 0+343~0+533.5）。左侧护坦（上游坝纵 0+343~0+421、下游坝纵 0+343~0+480）位于 F_6 断层下盘，该段护坦地基岩性为千枚状变余炭质粉砂岩，局部相变含钙炭质变余泥质粉砂岩（C_1z^2），岩体呈弱风化，岩层总体走向北东东，倾向北西，倾角一般为 20°~30°，呈舒缓波状。护坦地基发育 F_6、F_5、f_{208}、f_{229}、f_{230} 等 5 条断层。F_6 断层带宽为 0.4~3.2m，断面见 2~3cm 断层泥，内侧为 10~30cm 强风化糜棱岩，中部为强—弱上碎块岩；F_5 断层带宽为 10~30cm，黑色断层充填；其他 3 条断层延伸较短，断层宽度一般为 2~5cm，断层泥充填，f_{208} 断层带局部宽为 5~15cm，带内断层泥或泥质胶结的断层角砾岩充填。F_5、F_6 断层之间岩体呈碎裂结构，弱上风化，硅化严重。护坦地基层间软弱夹层发育，带内主要为片理化弱上炭质绢云千枚岩，局部壁面见泥膜，属岩屑夹泥型或泥夹岩屑型，宽度一般为 1~6cm，Jc23 厚度为 10~40cm。该段护坦地基发育的主要裂隙有 5 组，即 J_1、J_2、J_3、J_4 节理和 Pj1 劈理。

右侧护坦（上游坝纵 0+421~0+533.5、下游坝纵 0+480~0+533.5）位于 F_6 断层上盘，该段护坦地基岩性为砂、炭质绢云千枚状（C_1z^4），石英砂岩（C_1z^3），呈弱风化。该段护坦地基发育 F_2 断层和 f_{223}、f_{231}~f_{237}、f_{241}、f_{242} 等 10 条小断层。F_2 由两条近平行的 F_{2-1}、F_{2-2} 断层组成断裂带，带宽 1.4~4.5m，两侧为宽 2~40cm 断层泥、强风化糜棱岩等，中部为弱上片状岩、碎块岩；其他 10 条小断层宽 1~10cm，带内断层泥或泥质胶结的断层角砾岩充填。F_2 断层上盘岩层呈北东东向褶皱构造，倾角一般为 20°~30°，呈舒缓波状；F_6、F_2 断层之间挤压带岩层呈紧密褶皱，褶皱轴呈弧状，岩层产状变化大，倾角为 30°~45°。该段护坦地基发育的主要裂隙有 4 组，即 J_1、J_2、J_4 节理和 Pj1 劈理。

护坦地基岩体断层、层间软弱夹层和裂隙发育，岩体呈碎裂结构，属 C_{IV} 类岩体。

2.2.2.5 厂房坝段

1. 主厂房

主厂房设计建基面高程为 6.30～11.30m，实际超挖 10～20cm。开挖后的建基岩体为砂质、炭质绢云千枚岩（C_1z^4），微风化，岩层呈轴向北东的褶皱构造，倾角缓，一般为 10°～30°，呈舒缓波状，局部为 40°～60°。地质构造以走向北北西、北西、北东东、近东西向的断层、节理和北东东向劈理为主。

主厂房地基断层极发育，近达 90 条，规模较大的有 F_2、F_{11}、F_{14}、F_{15}、F_{16} 断层，其中 F_{11} 为倾角 8°～15° 的缓倾角断层，为层间错动带，自上游至下游贯穿厂房地基，坝轴线处宽为 1.4～1.6m，厂房基坑内宽为 0.10～0.60m，构造岩为黑色断层泥、强风化糜棱岩，局部含断层角砾，该断层在 4 号、5 号机组部位已基本挖除，6 号机组部位隐伏建基面之下。其他为裂隙性断层，断层带宽一般为 1～5cm，一般充填灰色断层泥，少数充填角砾岩、糜棱岩，延伸长度一般十余米至数十米，错距一般数厘米至数十厘米。除上述断层外，厂房 1 号、2 号、6 号机组地基发育有 3 条炭质绢云千枚岩层间剪切带，延伸较长，但未贯穿整个机组地基，带宽为 3～50cm，带内充填泥质物和弱上风化片理化岩。主厂房地基发育的主要裂隙有 5 组，即 J_1、J_2、J_3、J_4 节理和 Pj1 劈理，J_5、J_6 节理零星分布。

主厂房地基岩体呈碎裂结构，总体属 C_{IV} 岩体，局部为 B_{III} 类岩体。

2. 安装间

安装间开挖后的建基岩体为砂、炭质绢云千枚岩（C_1z^4），呈轴向北东的紧密褶皱构造。坝纵 0+761 以左为斜坡段（主厂房右侧临时边坡），建基面高程为 6.30～30.00m，微—弱下风化；坝纵 0+761 以右为水平段，建基面高程为 28.00～30.00m，建基岩体以弱下为主，局部弱上风化。

建基岩体发育有多条断层，其中 f_{159}、f_{163}、f_{167} 断层带宽为 5～20cm，f_{163} 断层局部宽 90cm，其他断层均为宽约数厘米的裂隙性断层。地基发育有一条宽为 0.6～0.9m 的 Jc4 层间剪切带，带宽为 0.5～0.9m，带内为强风化绢云千枚岩，泥化严重，呈黏土状。地基岩体裂隙极发育，主要有 4 组，一类为北北西 J_2、北东东 J_1、近东西向 J_4 陡倾角节理，另一类为北东东向陡倾角劈理 Pj1。

安装间地基岩体切割破碎，呈碎裂结构，属 C_{IV} 类岩。

2.2.2.6 右岸混凝土重力坝

右岸重力坝总长 99.7m，分为 6 个坝段。

（1）1 号、2 号坝段。1 号、2 号坝段分别长 16.7m、20.5m，1 号坝段设计建基面高程为 33.50～49.20m，2 号坝段设计建基面高程为 30.00～33.50m，实际超挖深度 10～30cm。开挖后的建基岩体为弱风化砂、炭质绢云千枚岩（C_1z^4），发育有 F_3、f_{160}、f_{161}、f_{162}、f_{169} 断层。其中 F_3 断层规模较大，为正断层，产状为 N71°～78°E/SE∠75°～80°，带宽为 0.1～5m，两侧充填 1～5cm 断层泥，中部为弱上碎裂岩，局部充填石英脉，延伸长，1 号坝段水平建基面宽为 0.1～3m，右侧斜坡段宽为 3～5m。f_{160}、f_{161}、f_{162} 和 f_{169} 断层为裂隙性断层，呈北东东、北西西向，倾角 60° 以上，带宽为 1～5cm，断层泥充填。节理裂隙呈陡倾角，以北北西 J_2 节理、北东东 J_1 节理及 Pj1 劈理为主，呈闭合状，另发育多条北西向泥质充填的粗大裂隙（J_{3A}），张开宽度 5～20mm。

建基岩体以弱下风化为主，仅 F_3 断层及影响带呈弱上风化。坝基岩体陡倾角断层、节理裂隙发育，岩体工程地质类别属 C_{IV} 类。

（2）3～6 号坝段。4 个坝段总长 62.5m，各坝段长 15.625m。3～5 号坝段设计建基面高程为 30.00m，6 号坝段与主厂房相接，设计建基面高程为 10.55～30.00m，实际建基面超挖 0～30cm。

经开挖揭露，该段挡水坝地基岩层呈轴向北东 75° 的背斜构造，背斜轴位于 5 号、6 号坝段，背斜两翼岩层倾角为 45°～50°，3～5 号坝段岩层倾向上游，倾角为 29°～61°。地基岩性为砂、炭质绢云千枚岩（C_1z^4），呈弱下—微风化，发育有 9 条层间剪切带，带宽一般为 5～20mm，带内物质为泥夹岩屑，连续性好。3 号、6 号坝段地基岩体各发育两条裂隙性断层（f_{148}、f_{169}），断层宽度为 1～15cm，充填断层泥，走向北北西、近东西向，倾角为 75°～85°。地基岩体裂隙以北北西向 J_2 节理、北东东 J_1 节理及 $Pj1$ 劈理为主，呈闭合状，倾角陡直；另零星发育两条北北西向、近东西向泥质充填的陡倾角粗大裂隙（J_{2A}、J_{4A}），张开度为 5～20mm。

该段地基岩体呈弱下—微风化，属较软—中硬岩，陡倾角断层、节理裂隙发育，且发育多条软弱夹层，坝基岩体工程地质类别属 C_{IV} 类。

2.2.3 边坡工程地质

1. 左坝肩边坡

左坝肩人工边坡高约 60m（自坝顶高程 51.20m 计），边坡走向 N43°W，坡顶以上自然坡比为 1∶4。人工边坡由于切坡较高，分别于 66.00m、81.00m、96.00m 高程设有马道，马道宽度 2m。66.00m 马道以上设计坡比为 1∶1.25，66.00m 马道以下设计坡比为 1∶1.00。

开挖后的坝肩边坡属岩质边坡，边坡岩体为千枚状变余炭质粉砂岩（C_1z^2），基本呈强风化，仅高程 51.20～66.00m 坡段中部揭示为弱风化岩体。边坡岩层呈轴向北东 70° 的背斜构造，背斜轴位于该边坡中部，轴向与边坡走向交角约为 70°，两翼岩层倾角为 35°～45°。边坡岩体主要发育 J_1、J_2、J_3、J_5 四组节理及 $Pj1$ 劈理。开挖达设计坡比后，地下水出逸高程为 65.00～67.00m。

该边坡岩体 J_5 节理面倾向坡外，但倾角大于坡角；J_2、J_3 节理面走向与边坡近平行，倾向坡内；J_1 节理、$Pj1$ 劈理和岩层走向与边坡走向呈大角度相交。从各结构面组合分析，左坝肩边坡基本稳定。

2. 右坝肩边坡

右坝肩人工边坡切坡高度约为 70m，边坡走向为 N0°～30°W，平面上略呈弧状。于 61.00m、71.00m、81.00m、96.00m 高程设有马道，71.00m 高程处马道宽度 5m，其余马道宽度 2m。

开挖后的坝肩边坡基本属岩质边坡，边坡岩性为砂、炭质绢云千枚岩（C_1z^4），岩层呈轴向北东 70° 的褶皱构造。F_3 断层自右坝头斜向北东东向延伸，至坡顶桩号 K0＋030，断层带宽度为 6～9.1m，上宽下窄，产状为 N70°～75°E/SE∠56°～63°，两侧为断层泥，中部为糜棱岩、碎裂岩。F_3 下盘岩体除坡顶覆盖 $3 \sim 5m$ 覆盖土层外，其余基本为弱上风化岩体，褶皱两翼岩层倾角为 $30° \sim 50°$。F_3 断层上盘岩层呈向斜构造，西北翼岩层产状为 $N70°E/SE \angle 40° \sim 47°$，南东翼岩层呈舒缓波状，产状为 $N70°E/NW$ 或 $SE \angle 10° \sim 25°$，风化强烈，全强风化带深厚，自坡面垂直厚度为 $16 \sim 30m$，上游为冲沟切割。坝肩岩体主要发育 J_1、J_2、J_6 三组节理和 $Pj1$ 劈理。

由于 F_3 断层上盘岩体呈向斜构造，发育有缓倾角层间软弱夹层，施工过程中，F_3 断层上盘边坡体沿层间软弱夹层发生剪切滑移，施工及时采取了加固处理。

2.2.4　主要工程地质问题及处理

1. 泄水闸基抗滑稳定问题

泄水闸地基第四岩组炭质、砂质绢云千枚岩（C_1z^4）及第二岩组变余炭质粉砂岩（C_1z^2）中发育有层间软弱夹层，连续性好，夹层宽度一般为 $2 \sim 5cm$，个别为 $20 \sim 40cm$，夹层物质主要为泥化或片理化炭质绢云千枚岩，强风化或弱上风化，多为岩屑夹泥、泥夹岩屑型，抗剪强度低。

$11 \sim 16$ 号泄水闸地基岩层褶皱呈舒缓波状，层间软弱夹层发育。11 号、12 号、16 号闸墩段闸基层间软弱夹层缓倾下游，倾角为 $4° \sim 26°$，于闸基深部可能构成单滑面。14 号、15 号闸墩段闸基层间软弱夹层呈向斜构造，上游夹层倾角为 $12° \sim 18°$，下游夹层倾角为 $15° \sim 21°$，于闸基深部可能构成双滑面。在水平推力作用下，上述闸墩可能沿层间软弱夹层产生深层滑动破坏。

施工图设计阶段，根据基坑开挖揭露的地质条件，设计对 $11 \sim 16$ 号泄水闸墩进行了深层抗滑稳定复核，并相应地进行了工程处理，主要处理措施为：闸室底板与护坦 A 块联成整体，闸室与护坦 A 块加强固结灌浆，并增设锚筋桩，固结灌浆孔兼作锚筋孔。

2. 厂坝地基变形问题

厂坝建基岩体基本属弱下风化或微风化岩体，允许承载力及变形特性可满足建中低混凝土重力坝要求。但厂坝地基断层发育，断层带和挤压破碎带构造岩强度低，变形特性差，必须进行工程处理。

施工过程中，对厂坝挡水建筑物及船闸范围内规模较大的 F_8、F_3、F_5、F_6 等 10 条中陡倾角断层破碎带采取了挖槽、回填混凝土塞处理，混凝土塞深采用 $1.0 \sim 1.5$ 倍的断层带宽度。对宽度小于 $20 \sim 30cm$ 以下的陡倾角软弱断层及挤压破碎带也采取了掏槽、回填混凝土塞处理。对主厂房建基面以下埋深 $1m$ 的 F_{11} 缓倾角断层及其上盘岩体进行了挖除，回填混凝土处理。松动的裂隙密集带进行了撬挖处理。

船闸下游 $6 \sim 10$ 号闸室遭遇 F_{13} 断层（缓倾角巨厚层间剪切带），闸室由原设计的分离式结构变更为整体式结构，基础采用了扩挖、置换钢筋混凝土处理。

由于坝基岩体破碎，呈碎裂结构，左右岸重力坝和泄水闸地基采用了固结灌浆处理。

3. 坝基渗漏与绕坝渗漏问题

坝址区弱下—微风化岩体透水率基本小于 5Lu，大部分地段弱下—微风化岩体透水性满足坝基防渗要求。仅局部地段，如左右岸重力坝段以及上闸首、门库坝段、泄水闸局部建基面附近浅部岩体透水率大于 5Lu，存在坝基渗漏问题。工程于厂坝地基坝轴线附近

（坝横 0－002.6～0＋001.0）采取了单排封闭式帷幕灌浆处理，帷幕设置范围为坝纵 0＋000～0＋864，灌浆孔距为 2.0m。

泄水闸 F_6、F_2 断层带和两侧影响带岩体破碎，F_6 断层与壁岩接触带见渗水现象。施工时对两断层带之间的闸基（坝纵 0＋362.5～0＋420.5 段）增加了一排帷幕灌浆。下游帷幕（坝横 0＋002 处）灌浆孔深为 8.0m，间距为 2.0m，灌浆孔与上游帷幕灌浆孔按梅花形布置。

坝肩钻孔地下水位观测成果揭示坝肩山体地下水位高于水库正常蓄水位，坝基帷幕两端延伸至坝肩以内山体，不存在绕坝渗漏问题。

4. 坝基裂隙承压水顶托问题

坝区部分钻孔揭露基岩局部赋存有裂隙承压水，主要沿断层破碎带或岩体挤压破碎带发育，出水量约为 1.0～1.9L/min。钻孔揭露的承压水随出水时间的延长，出现水头下降和水量减小现象，说明富水量不大，承压水头不高。

施工图设计阶段，基坑开挖揭示裂隙承压水埋藏较深，对厂坝建筑物稳定影响不大。

5. 泄水闸护坦岩溶问题

坝址建筑物场区局部地段分布有可溶岩，岩溶稍发育。施工中在 12 号、13 号泄水闸护坦部位的含钙炭质变余泥质粉砂岩中发现较多溶槽、溶孔，施工时对该段护坦强风化岩体进行了挖除，对发育于弱风化上部岩体中的溶槽、溶孔进行了清洗，并回填混凝土处理。

在 2 号、3 号泄水闸护坦部位的灰质白云岩中揭露 3 个洞径 0.5～1.2m 的溶洞，其中 3 号泄水闸护坦（坝纵 0＋220、坝横 0＋49.5 处）2 号溶洞有岩溶水涌出。施工时对护坦建基面浅部岩溶进行了挖除、回填混凝土处理；2 号溶洞泉眼处设一导排管（直径 300mm 钢管）进行导排处理。

经观察和分析，这些溶洞、溶槽均发育于护坦强风化和弱风化上部岩体中。泄水闸部位分布有小范围弱下风化的可溶岩，施工揭示闸基范围内未发育岩溶。局部护坦部位的岩溶发育范围有限，不会对挡水建筑物的稳定性造成危害。

6. 边坡稳定问题

左右坝肩永久人工边坡高度为 60～70m，按地质构造与边坡走向的关系，基本为横向坡。左坝肩边坡岩层呈背斜构造，轴向与边坡走向交角大，边坡整体稳定性较好。

右坝肩边坡与 F_3 断层近于直交，F_3 断层上盘岩体风化强烈，砂、炭质绢云千枚岩层呈向斜构造，施工过程中边坡体沿向斜构造的层间软弱夹层发生剪切滑移，边坡存在失稳问题。该段边坡在达到设计坡比后，采取了预应力锚索加固、增设边坡深层排水孔处理。

2.3　库区工程地质

2.3.1　库区地质概况

峡江水库正常蓄水位为 46.00m 时，回水至吉安市井岗山大桥下游约 5.0km 处。库区地貌单元以构造剥蚀低山丘陵和河流侵蚀堆积地貌为主，不良物理地质作用主要表现为河流侵蚀引起的塌岸。赣江两岸一般分布多级阶地，其中一级、二级阶地发育较完好，三级、四级阶地因后期侵蚀作用，发育不全，一般残留于丘岗顶部。一级、二级阶地后缘接低山丘陵，山体低矮起伏，山顶高程一般为 80.00～250.00m。

区内出露主要地层有前震旦系、震旦系、泥盆系、石炭系、二叠系、三叠系、侏罗系、白垩系、第三系、第四系及印支-华力海西晚期侵入体。其中以震旦系地层分布最广，构成工程区褶皱基底，白垩系地层亦较集中出露。第四系冲积层分布于赣江及支流两岸阶地，一般具二元结构或多层结构，厚度一般为数米至 30 余米，同江深槽区厚度可达 100m。

库区位于武功山-玉华山隆断束构造单元中部，构造形迹基本为第四系地层掩盖。据出露基岩观测，岩层褶皱较强烈，轴向以北东向为主。断裂主要发育三组：北东—北北东向、近东西向和北西向，主要为印支期-燕山期活动产物，库区外围延伸长度一般为数千米至数十千米以上，库区内多为第四系地层掩盖。

库区地下水类型主要以基岩裂隙水、松散岩类孔隙水为主，局部有岩溶水分布。基岩裂隙水主要赋存于断裂破碎带和风化裂隙中，于沟谷或斜坡地带以下降泉的形式排泄于地表。松散岩类孔隙水主要赋存于赣江及其支流第四系冲积砂卵砾石层中，水位埋深较浅，部分地带具承压性，与外河水联系紧密。岩溶水主要赋存于二叠系灰岩中。

2.3.2 水库渗漏

库周阶地后缘低山丘陵地带山体雄厚，不存在低矮垭口，地形封闭条件好，地下水分水岭与地形分水岭一致，且高于水库正常蓄水位。分布于库区的四条区域性断裂规模大，延伸长，斜贯库区至库外，但因其生成较早，属压扭性断裂，断裂带一般胶结较好，被其切割的分水岭雄厚，渗径长。据库区调查，库周沿线低山丘陵地带泉眼、民井和山塘水库，其水位均高于水库正常蓄水位，两岸地下水分水岭高程远高于水库正常蓄水位，基本上不存在以上库区段的水库永久渗漏问题。

同江防护区为宽缓的复式向斜构造区，第四系下伏二叠系和石炭系碳酸盐岩，岩溶十分发育，是区内岩溶水的聚集径流区，天然状态下岩溶地下水排泄于同江河和赣江。水库建成后正常蓄水位为 46.00m，高于同江河天然水位（同江河口电排站起排水位为 38.00m，同江河水位为 36.00m），存在库水向同江防护区渗漏问题。其余防护区同样存在库水向区内低洼地带的渗漏问题。

据以上水库地质条件分析，水库蓄水后存在向同江防护区和其他防护区的渗漏问题，采取相应的工程防渗措施是必要的。其余库区段不存在永久性渗漏问题。

2.3.3 水库淹没与浸没

2.3.3.1 水库淹没与防护

峡江水利枢纽库区位于吉泰盆地，水库影响范围内赣江干流及其支流黄金江、同江河、柘塘水、文石河（樟山水）、乌江两岸为冲积阶地，地势平坦，土地肥沃，人口和耕地集中，沿江现有少量堤防，防洪标准低，洪涝灾害严重，水库淹没损失大。为了减小库区淹没损失，保护库区土地资源，降低淹没投资，研究采取工程措施与非工程措施相结合的方式减少峡江库区淹没是必要的。非工程措施是通过研究和优化水库的调度运行方式，降低峡江坝址上游的洪水位，减少库区淹没范围，以达到减少库区淹没的目的。工程措施则是根据库区内的水系分布、地形地势条件，采取筑堤防护或抬田等工程措施，保护库区沿江两岸的村庄和耕地，以减少库区淹没。

峡江库区防护工程措施分为两大部分：①对库区人口密集、土地集中的临时淹没区、浅淹没区、淹没影响区等淹没补偿投资大、但具备防护条件的淹没区，采取修筑堤防的防护工程措施，可防止土地淹没；②对浅淹没区采取抬田工程措施，以减少因水库蓄水而造成的土地淹没。

根据库水淹没影响程度，峡江库区防护工程分为同江、吉水县城、上下陇洲、金滩、柘塘、樟山、槎滩共7个防护区和沙坊、八都、桑园、水田、槎滩、金滩、南岸、醪桥、乌江、水南背、葛山、砖门、吉州、禾水、潭西共15片抬田区。此外，对7个防护区内及周边部分洼地也进行抬田处理。各抬田区均为赣江干流及其支流一级阶地，具二元结构，上部是相对隔水的第四系冲积黏土、壤土、砂壤土层，下部为含透水性较好的砂及砾卵石层，地下水普遍具承压性，不存在不良物理地质现象。

据调查了解，库区淹没区没有可开采价值的重要矿产资源。

2.3.3.2 水库浸没

库周及防护区、抬田区均位于赣江干流及其支流冲积阶地上，地层为第四系河流冲积层，具二元结构，上部为黏土、壤土，为相对隔水层，局部缺失；下部为含透水性较好的砂类土及砾卵石层，地下水普遍具承压性，与赣江干流及其支流水力联系紧密。各防护区地面普遍低于或稍高于水库正常蓄水位，水库蓄水之后，一方面防护区内因降雨形成的地表径流直接进入防护区；另一方面仍有部分库水渗入防护区，两股水量将造成防护区内的地表水和地下水位上升，产生浸没影响。处于水库蓄水位以上0~2m的江岸和抬田区局部存在浸没，主要分布在库水影响范围内赣江沿岸及其支流中下游一级阶地上。

（1）地下水壅高计算方法。目前国内计算地下水壅高模式主要有三种：

1）单一土层结构模式，采用宾杰曼公式（2.3-1）计算地下水上升高度：

$$y = \sqrt{d^2/4 + y_1^2 + h^2 - h_1^2 + d(h + h_1 - y_1)} - d/2 \qquad (2.3-1)$$

式中：h、h_1 为水库蓄水前在断面1、2处的地下水含水层厚度；y、y_1 为地下水壅高后在各断面处的含水层厚度；d 为两断面隔水层高差，当基岩面水平时，d 以0计。

2）二元结构潜水模式，采用卡明斯基公式（2.3-2）计算地下水上升高度，见图2.3-1。

$$K_1 M(h - h_x) + K_2(h^2 - h_x^2)/2 = K_1 M(y - y_x) + K_2(y^2 - y_x^2)/2 \qquad (2.3-2)$$

式中：K_1 为下层含水层渗透系数，m/d；K_2 为上层含水层渗透系数，m/d；y 为水库正常蓄水位，m；y_x 为地下水壅高后，计算断面上的含水层厚度，m；M 为下层含水层厚度，m；h、h_x 分别为水库蓄水位提高前在断面1、n 处的含水层厚，m。

工程实践表明，对南方河槽型水库的一级阶地，按照上述方法计算地下水壅高得出的预测结果偏大。为此国内有些工程对此类情况一般采用经验方法，把正常蓄水位线以上1m（以内）定为农田浸没范围。

3）二元结构具承压水模式计算地下水壅高，采用式（2.3-3）计算初见水位：

$$T = H_0/(I_0 + 1) \qquad (2.3-3)$$

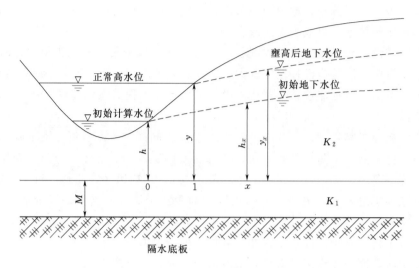

图 2.3-1　二元结构潜水模式示意图

式中：T 为初见水位距下伏含水层顶板距离；H_0 为由含水层顶板起算的下伏含水层测压水位高度；I_0 为起始水力坡度。

（2）毛细水上升高度 H_k 的确定。浸没土层主要为黏性土，根据计算并结合当地工程经验判定，黏性土毛细水上升带的一般高度 $H_k = 0.8\text{m}$。

（3）浸没安全超高 ΔH 的确定。根据当地易渍区宜种植水稻的情况，水稻晒田期的安全超高 $\Delta H = 0.4 \sim 0.6\text{m}$，考虑浸没区是水库长期不间断蓄水的实际情况，故取安全超高 $\Delta H = 0.6\text{m}$。根据民房地基埋深调查和工程经验，农村民房的安全超高值 $\Delta H = 1.0\text{m}$，城镇民房的安全超高值 $\Delta H = 1.2\text{m}$，公路安全超高值 $\Delta H = 1.2\text{m}$。

（4）浸没临界地下水位埋深 H_{cr} 的确定。H_{cr} 按公式（2.3-4）计算。

$$H_{cr} = H_k + \Delta H \tag{2.3-4}$$

经计算，水稻浸没临界地下水埋深 $H_{cr} = 1.4\text{m}$；农村民房浸没临界地下水埋深 $H_{cr} = 1.8\text{m}$；城镇民房浸没临界地下水埋深 $H_{cr} = 2.0\text{m}$。

（5）浸没范围及处理措施。

1）采用垂直防渗全封闭的防护区，基本截断了防护区内与库水的直接水力联系，区内沟渠水位作为防护区内浸没的分析计算水位，电排站抽排水位的高低决定了防护区的浸没影响范围。目前对同江、陇洲、柘塘、金滩、吉水城防城南片等防护区均采取垂直防渗措施，防护区内采用水渠导排、泵站抽排等措施来抽排降水，可降低区内地表水和降低地下水位，沟渠水位普遍低于现状地面 $1 \sim 2\text{m}$，以达到防治浸没的目的，基本上不再产生浸没影响。局部低洼地带采用抬田处理，以减少防护区内浸没影响范围。但防护区部分区域抬田后的高程仍然普遍低于水库正常蓄水位 $1 \sim 4\text{m}$，实际防浸没效果取决于防护堤垂直防渗效果、沟渠导排和泵站抽排能力。

2）采用抬田或局部采用垂直防渗等的防护区，由于未能隔绝防护区内地下水与库水的直接水力联系，库水将经堤基砂砾卵石层径流并向表层黏性土层顶托形成承压水，采用库水位作为防护区内浸没的分析计算水位，电排站抽排水位的高低仅仅影响防护区的浸没程度。目前对槎滩防护区采取防护区内抬田处理；同江防护区万福堤片、樟山防护区三防护片（樟山堤、燕家坊堤、落虎岭堤）采取局部抬田、局部堤段采取垂直防渗措施。防护区内普遍采用水渠导排、泵站抽排等措施来抽排降水，有限地降低区内地表水和局部降低地下水位，不能达到防治浸没的目的。部分区域内的现状地面高程仍然普遍低于水库正常蓄水位 0～2.00m，因此，该区域抬田后的实际效果取决于黏性土铺盖防渗效果、库水渗入防护区抬高地下水位的幅度。

3）对于防护区外抬田区，地面高程普遍高于水库正常蓄水位及回水 0.80m，库水将经覆盖层中砂砾卵石层径流并向表层黏性土层顶托形成承压水，采用库水位作为防护区内浸没的分析计算水位。主要有沙坊、八都、桑园、水田、槎滩、金滩、南岸、醪桥、乌江、水南背、葛山、砖门、吉州、禾水、潭西 15 片抬田区以及同江麻塘、陇洲上下符山、樟山井头 3 片抬田区。该区域抬田后的实际效果取决于黏性土铺盖防渗效果、库水渗入抬田区抬高地下水位的幅度。

4）对于其他非淹没江岸地带，主要为赣江及其支流黄金江、同江河、文石河、住歧水、乌江中下游，地面普遍高于水库正常蓄水位及其回水位 1～2m，基本不存在大的浸没问题，但不排除局部存在小范围的浸没影响。

以上防止浸没的工程措施成功实施后，分析认为可以达到减小浸没范围和减轻浸没危害的目标，但也有待于工程运行后的实践检验。

工程防护区采取了垂直防渗工程措施，或多或少地改变了防护区天然地下水的补排关系，新的环境地质问题在所难免，需要予以充分重视，进一步针对具体问题寻求解决方案，研究和落实处理措施。

2.3.4　库岸稳定

2.3.4.1　干流坝址至潭西段

自推荐坝址至潭西（赣 CS10 水文断面），库段长 23.5km。

（1）岩质岸坡库岸长度占本库岸段长度的 1/4。该段左岸基岩库岸长 11.1km，不连续，山体低矮较缓，主要集中在坝址—吉水县盘谷镇同江村，大部分地段山体较缓，局部山体雄厚，岩体强度较高，抗浪蚀、抗冲刷能力强，库岸稳定性好。右岸基岩库岸场约 3km，山体低矮，坡度较缓，库岸稳定性好。

（2）土质边坡主要为赣江两岸一级、二级阶地，库岸长约为 36.0km。一级阶地阶面高程为 40.00～44.00m，宽度一般为 300～3500m。二级阶地受剥蚀，平缓起伏，阶面高程一般为 46.00～54.00m。当水库正常蓄水位为 46.00m，死水位为 44.00m，除同江防护区、陇洲防护区和水田抬田区外的一级阶地基本被淹没，其余库段现有居民点均后迁，库岸由坡度平缓低矮岗丘组成，稳定性较好。

2.3.4.2　干流潭西至库尾段

各防护区及抬田区组成岸坡土层为第四系冲积层，具二元结构，上部为黏土、壤土，局部为砂壤土或粉细砂等，下部为砂及砂卵砾石。岸坡土层水下稳定坡角按 15°～20°计，预测蓄水后一级阶地水下塌岸宽度为 22.0～26.0m，危及抬田区安全，该段库岸蓄水前需做护岸处理。

干流左岸塌岸段主要集中在：吉水县金滩镇柘塘村至吉水县赣江大桥，长度约为 9.0km；吉水县赣江大桥至吉州区文石村，长度约为 8.0km；吉安市码头往上游至吉安市井冈山大桥，长度约为 3.0km。右岸塌岸段主要集中在：吉水县醪桥镇槎滩村一带，长度为 4.5km；吉水县醪桥镇元石村至吉水县县城，长度约为 11.0km；吉水县文峰镇水南背一带，长度约为 2.0km；吉水县文峰镇砖门村上游至吉安市井冈山大桥，全长约 11.0km。

2.3.4.3　库区防护区岸坡段

库区各防护堤及抬田区地处赣江一级阶地，组成岸坡土层为第四系冲积层，其二元结构，上部为黏土、壤土，局部为砂壤土或粉细砂等，下部为砂及砾卵石。岸坡土层水下稳定坡角按 $15°\sim20°$ 计，预测蓄水后一级阶地水下塌岸宽度为 22～26m，危及防护区和抬田区安全，建议此类库岸段蓄水前作护岸处理。防护区堤防则位于库水位变幅区，河道两岸将由堤防组成，存在稳定问题，设计考虑了堤防工程的护坡固脚处理，可以满足稳定要求。

库区支流河段的防护区堤基岸坡存在浪蚀作用破坏的区段，按干流防护区同类岸坡考虑采取护岸工程措施，可以满足稳定要求。

2.3.4.4　主要支流库岸

（1）同江河岸段。同江河回水长度为 17.54m。组成岸坡土层为粉质黏土、重壤土，局部为砂壤土或粉细砂等，底部一般为砂卵砾石。塌岸主要存在吉水县阜田镇至吉安县万福镇汗背头村一带长约 3km 的同江河两岸。其余河岸坡度较缓，基本不存在库岸稳定问题。

（2）樟山文石河段。文石河回水长度约 8.0km。岸坡上部为粉质黏土、重壤土，局部为砂壤土或粉细砂等，底部一般为砂卵砾石。赣江河口至庙前村左岸上段设有燕家坊堤和落虎岭堤，堤防位于库水位变幅区，存在稳定问题；下段为岩质缓坡，基本不存在库岸稳定问题。右岸设置樟山堤，堤防位于库水位变幅区，存在稳定问题，应对堤防进行护坡、固脚处理。庙前村至樟山镇两岸须设堤防，预测蓄水后水下塌岸宽度为 20.0～24.0m，危及两岸堤防安全，蓄水前须作护岸处理。

（3）乌江河段。乌江河回水长度为 7.5km，阶地上部为粉质黏土、重壤土，局部为砂壤土或粉细砂，底部一般为砂卵砾石。目前两岸设有炉下、井头、鱼梁等防护堤，堤外滩地宽为 5～30m。预测蓄水后水下塌岸宽度为 10.0～15.0m，危及两岸堤防安全，蓄水前须做护岸处理。

2.3.5　水库诱发地震

库区分布地层较全，晚古生代以来泥盆系至第三系地层均有发育，以震旦系、寒武系地层为基底。地层岩性主要以浅变质岩、砾岩、砂岩、粉砂岩和泥岩等为主，少量分布石炭系、二叠系灰岩，印支-华力西晚期侵入岩基本无分布。控块断裂活动不甚明显，库区无活动性断裂，不存在孕震或发震构造。水库建成运行后，抬升水头低，地应力改变极小。据以上地质背景分析，水库建成后诱发地震的可能性极小。

2.4 防护区工程地质

峡江库区为减少淹没与移民，设有同江、吉水县城、上下陇洲、柘塘、金滩、樟山和槎滩共7个防护区，以及沙坊、八都、桑园、水田、槎滩、金滩、南岸、醪桥、乌江、水南背（抬地）、葛山、砖门、吉州、禾水、潭西等15片防护区外的抬田工程。7个防护区分布于赣江干流两岸以及同江河、文石河、乌江等支流下游两岸。根据防护区的不同保护对象采用不同的洪水设计标准分别进行防护，建立各自相对独立的防洪保护圈，各防护区有常年挡水堤防工程、防护区抽水排涝工程、导引水工程等。

2.4.1 同江防护区

2.4.1.1 同江防护区概况

1. 地质概况

同江防护区保护耕地面积3.16万亩、人口4.48万人、房屋面积246万 m^2，为防护效益最大的保护区，防护区布置有同赣堤、同北导托渠、同南河、阜田堤、万福堤、同江河出口泵站、麻塘抬田、同江河抬田等工程。防护区位于赣江中游左岸一级支流同江河下游，距离坝址上游15km，涉及吉安县万福镇和吉水县阜田镇、盘古镇、枫江镇4个乡镇。

同江河发源于分宜县境铜岭村西下，流经分宜、安福、吉安、吉水四县，在吉水县枫江镇水南村汇入赣江，流域面积为972km ^{2}；主河长度为94.55km，河源高程为532.00m，河口水位为36.00m；地势西北高，逐渐向东南倾斜，河流顺地势由西北流向东南；地貌单元由山区过渡至丘陵、平原与低岗相间区；在汇入赣江区段即同江防护区河段，流向转为由西向东，地貌单元属于低丘平原区。

同江防护区河谷东西长约为16km，南北宽3～5km，河谷地形较为平缓。该区在地质构造上为同江复式向斜河谷（向斜由西向东倾伏），地质构造复杂，谷底为平缓向斜核部；浅表层为厚度不等（数米至十余米）的第四系松散覆盖层，下伏二叠系灰岩，岩溶强烈发育。天然状态下岩溶地下水出溢排泄于同江河，地表水汇集于同江河，于同江河口汇入赣江。水库正常蓄水位为46.00m，防护区内地表水位为36.00～40.00m，库水高于防护区河水6～10m，存在库水通过灰岩入渗倒灌和区内向斜汇水构造从谷底反渗集水问题。

2. 防护方案

同江防护区于同江河两岸分布，属于水库深淹没范围，防护方案采取修建同赣隔堤、阜田堤将水库与防护区分开，新开挖同南河使同江河改道，以及修建电排站抽排防护区内集水等措施。此防护方案由同赣隔堤、阜田堤、同南新开河、同北渠及同江河口电排站等工程组成，此外同江防护区万福片由万福堤、罗家电排站、坝尾电排站等工程组成，形成独立防护区域。当东部的同赣隔堤、南部的同南河和西部的阜田堤形成联合防护体系后，防护区成为全封闭区域，四周高地汇入的地表径流通过同北渠和同南河导排，同江河口区从水库向防护区的地下渗流由垂直防渗系统予以封堵（有效封堵同江向斜构造出口区），封闭区降雨以及区内地下水出溢均汇入同江河老河道后经由河口泵站抽排。实施以上防护方案后，基本上可以实现防护目标。

2.4.1.2　同赣隔堤

1. 堤防加固工程

同赣隔堤为同江河口已存在的赣江堤防工程，堤线全长 3.8km，原属季节性挡水工程，原有堤防规模较小，堤高一般为 5.4～7.1m，局部为 10.8m，顶宽为 3～3.5m，堤内外坡度较陡。经检测，堤身土主要由黏土、壤土和砂壤土组成，呈明显的地带分布，其中堤线桩号 1＋100～2＋000 段主要分布砂壤土，较松散，填筑质量较差，稍湿；桩号 2＋000～2＋660 主要分布壤土，稍松散，填筑质量一般，稍湿；桩号 2＋660～3＋670 主要分布黏土，是稍密—松散状，填筑质量较好，稍湿。

鉴于堤身单薄且部分堤段填筑质量差，堤身土含砂壤土较多，其防渗性能较差，按水库副坝质量要求进行加固处理；迎水坡受库水位变幅影响和浪蚀作用，采取护坡工程措施。

2. 堤基工程地质条件及评价

（1）同赣隔堤堤基覆盖物为第四系全新统冲积层（alQ_4）和中更新统冲积层（alQ_2），厚度大（数米至数十米），多具二元结构，局部多层结构，上部为黏土、壤土和砂壤土，下部为砂类土和砾卵石，局部夹黏性土层，底部见砾质土。鉴于堤基覆盖层上部黏性土层存在"天窗"，同江河切穿天然黏性土铺盖，考虑垂直防渗工程措施予以封堵堤基覆盖层。

（2）同赣堤桩号 1＋240～3＋220 堤基第四系覆盖层下伏二叠系（P_1q）灰岩，岩溶强烈发育。初设阶段揭露见洞率为 83.3%，线溶率为 3.45%～61.59%，平均线岩溶率为 21.13%，已揭露到的溶洞规模大小不一，洞径为 0.2～28.95m。施工揭露见洞率为 100%，线岩溶率为 4.07%～55.59%，平均线溶率为 22.79%，洞径为 0.3～14.2m。溶洞中基本全充填，主要充填物为砂砾石，部分充填黏土、砾质土。溶洞内贯通性较强，但溶洞与溶洞之间局部贯穿。由砂砾石充填的溶洞透水性强，形成岩溶渗漏通道。

二叠系灰岩下伏石炭系船山组（C_2c）硅质白云岩、白云质灰岩，岩溶见洞率仅为 15%，线岩溶率为 0.5%～4.5%，全充填，充填物均岩化为泥钙质粉砂岩，岩体透水性微弱，可作为相对隔水层。地质建议对二叠系灰岩溶洞进行防渗处理，防渗底界为二叠系灰岩与石炭系灰岩分界。设计考虑采用帷幕灌浆措施封堵岩溶系统，达到防止库水渗入防护区的目的。

（3）同江河口附近（堤线桩号 0＋980～1＋280）为一近东西向的构造断陷深槽（河口底界接近−60m 高程），宽度约为 320m，从赣江由东向西延伸至防护区尾部（直线长度大于 10km，尾部底界达−4m 高程），全部覆盖第四系冲积堆积松散层。该深槽（河口部位）表层分布有一层厚度较大透水性较强的砂壤土和细砂，其下揭露有四层黏性土层，呈多层结构。第一层黏性土（壤土、黏土）顶面高程为 37.38～39.94m，厚度为 4.5～5.7m，但局部缺失，下伏为厚度 5.6～20.4m 强透水砂砾石层；第二层黏性土（黏土、壤土）顶面高程为 13.35～26.48m，厚度为 7.8～13.1m，其下为透水性较大的砂砾石层；第三层黏性土（黏土、含砾黏土、壤土）顶面高程为−3.65～−3.52m，厚度为 7.3～7.8m，局部缺失，其下为透水性较大的砂砾石层；第四层黏性土（砾质土、薄层黏土）

顶面高程为−15.52～−23.46m，厚度为20～28.1m，其下为透水性较大的砂砾石层。该段堤基工程地质条件复杂，存在渗漏问题，地质建议防渗处理底边界达到第四层黏性土层。

（4）同赣隔堤至同南新开河段为同赣隔堤堤肩地带，属赣江二级阶地，地面高程达50.00m以上，受后期冲刷及人为因素等影响，地形起伏较大。该段覆盖物为第四系中更新统冲积层（alQ_2），具二元结构。该二级阶地砂砾石顶板高程高于防护区地面高程，防护区低洼地带砂砾石局部出露于地表，从地质角度建议对该段地基覆盖层进行垂直防渗处理，以便将同赣隔堤与同南新开河段形成防渗整体。

（5）总体评价认为，同赣隔堤堤基工程地质条件较差，第四系松散覆盖层以及下伏二叠系灰岩均属于强透水岩土体，存在堤基渗漏问题，采取垂直防渗措施封堵渗透断面，可以达到防渗目的。设计方案中垂直防渗系统的截渗深度已达到堤身挡水高度的5～10倍，可以认为业已封堵了透水断面中的主要渗漏区域。

（6）鉴于该区地质条件的复杂性，垂直防渗系统仍然属于"悬挂"式；堤线桩号0＋980～1＋280区段的近东西向320m宽的构造断陷深槽，自赣江（水库区）延伸至防护区长度超过10km；防护区内松散覆盖层下伏岩溶地层分布范围大，岩溶强烈发育。防渗工程措施根据施工揭露出的更多地质信息进一步得到了验证，防渗区域的实际防渗效果得到了工程运行后的实践检验。

2.4.1.3　阜田堤

1. 阜田堤加固工程

阜田堤位于同江下游一级阶地上，起始于大溪坑村北，终止于坛下村南，堤线全长约3.82km。其中桩号0＋000～2＋740为新建堤防，2＋740～3＋820段为已建堤防。阜田堤原有堤防堤高为2～2.5m，顶宽为1.0～2.0m，堤内外坡度较陡；堤外滩地较宽，一般为10～20m；堤身土主要由壤土组成，稍湿，较松散，填筑质量较差，已不具防护功能。

阜田堤原有堤防堤身单薄且填筑质量差，其防渗性能较差，新建圩堤为均质土堤，采用黏性土填筑，满足防渗要求；迎水坡受库水位变幅影响和浪蚀作用，采取护坡工程措施。

2. 堤基工程地质条件及评价

堤线地基覆盖物主要为第四系全新统冲积层（alQ_4）和中更新统冲积层（alQ_2），为同江河一级阶地，具二元及多层结构，上部为黏土、壤土和砂壤土，下部为砂类土及砂卵砾石，底部见砾质土。下伏基岩为二叠系下统小江边组（P_1x）炭质灰岩、炭质页岩。

阜田堤堤基覆盖物多具二元结构，表层为黏土、壤土，下部为砂及砾卵石层，但表层黏性层厚度较薄，沿线沟渠、河槽及水塘部位黏性土层缺失或较薄，强—中等透水性的砂及砾卵石层埋藏浅或直接出露于地表，在水库蓄水以后的高水位影响下，易产生堤基渗漏及渗透破坏。

该堤线覆盖物堤基下伏基岩为二叠系下统小江边组（P_1x）炭质灰岩、炭质页岩互层。二叠系下统小江边组（P_1x）炭质灰岩目前勘察到零星溶洞，溶洞多沿断裂构造发育，溶洞中均充填有含砾黏土、砾质土，在钻孔过程中未见水位突涌或钻孔失水而造成干孔等现象。二叠系下统小江边组（P_1x）炭质灰岩中岩溶的发育受岩层厚度、非可溶岩炭质页岩夹层的制约，一般零星分布，规模不大，均充填有透水性微弱的含砾黏土、砾质土，连通性较差，基本不形成渗漏通道。此外，阜田堤沿线附近的地面高程普遍稍高于水库正常蓄水位，勘察期间的地下水位与水库正常蓄水位的高差均小于 2m，在堤基覆盖物砂性土及砾卵石层进行垂直防渗的前提下，堤基通过溶洞渗漏的水量较小。

3. 堤基防渗

阜田堤堤基主要为第四系全新统冲积层，上部为黏土、壤土，下部为砂卵砾石，砂卵砾石层渗透性较强。鉴于堤基覆盖层上部黏性土层存在"天窗"，同江河切穿天然铺盖，采取垂直防渗工程措施予以封堵是必要的。设计对整个阜田堤堤线堤基中的砂性土及砾卵石层进行防渗加固处理，以防水库蓄水后沿砂砾石层形成渗漏通道，并对堤内沟塘进行回填。防渗工程措施根据施工揭露出的更多地质信息进一步得到了验证，本防渗区域的实际防渗效果得到工程运行后的实践检验。

2.4.1.4　同南新开河

同南新开河位于同江河右岸的丘岗地带，上游于吉水县阜田镇坛上村南部的丘岗坡地山坳地带接入同江河，终止于吉水县枫江镇西沙埠，由西向东基本平行于同江河流入赣江，全长约 16.4km。设计开挖河底高程为 37.00～42.46m，复式梯形断面，河底宽度为45m；对于地面高程低于设计洪水位的河段，按堤防标准筑堤防护。新开河道常年运行水位与水库正常蓄水位相同或稍高于正常蓄水位，相当于扩大了水库库岸边界和渗漏范围，河道防渗视为库水外渗并进入同江防护区的重要组成部分。

1. 地质概况

新开河区为丘岗地带地貌区，浅表层多为第四系松散冲积层、残积层所覆盖，厚度零米至数十米不等，岩性为黏土、砾质土、砂壤土、砂砾石，其中冲积层多具二元结构；下伏基岩面起伏较大，岩性以第三系（E）泥质钙质粉砂岩（局部为灰岩质砾岩）为主，其余为二叠系（P）灰岩（局部为石炭系白云质灰岩），但灰岩和白云质灰岩埋深大，基本不与库水发生水利联系。

2. 基岩区段河道工程地质条件及评价

桩号 0＋000～0＋340 河底和部分河岸出露出二叠系灰岩，岸坡上部为第四系覆盖层，该河段灰岩出露区应视实际开挖揭露地质条件采取有效的防渗措施，除了对溶洞、溶缝、溶隙等岩溶渗漏通道予以封堵之外，灰岩属于裂隙岩体，非岩溶裂隙仍然属于渗水通道，对于过水断面以下的河道采取三面防渗措施是必要的。此河段岩质边坡稳定条件良好，土质边坡按地质建议坡比开挖可以满足稳定要求。

桩号 3＋200～6＋000、6＋600～8＋100、12＋020～13＋800 开挖后河底及边坡岩土层除局部低洼地带为黏土和壤土外，其余主要为下第三系（E）强—弱风化泥钙质粉砂岩，属于岩质开挖河道，边坡稳定条件较好，基本上不存在渗漏问题，但泥钙质粉砂岩存在易风化破碎、失水易崩解等特征，对泥钙质粉砂岩进行适当的素喷混凝土处理，对河岸上部土质边坡做护坡处理。

3. 第四系覆盖层区段河道工程地质条件及评价

除了基岩区段以外的其他区段均为第四系覆盖层土质河道，其中桩号 13＋800～15＋

850 河底为基岩（第三系）。桩号 8＋100～12＋020 段第四系覆盖层下伏二叠系灰岩，岩面高程为 24.58～33.24m，地面高程为 45.20～60.00m，河底设计开挖高程为 39.76～38.44m。开挖后河底及边坡岩土层主要为黏土和砾质土，低洼地带边坡土层局部夹砂壤土。

第四系黏土、含砾黏土、砾质土类河道，边坡土体稳定性较好，具一定的抗冲性能，防渗性较好；第四系冲积砂砾石层河道区段，渗透系数较大，存在库水及同南新开河河水经砂砾石层渗入防护区的渗漏问题，过水断面以下全断面防渗是必要的。地下水位较高的河段，开挖时需采取必要的降排水措施。

4. 同南新开河总体评价

同南新开河增加了 16.4km 长的水库渗漏库岸段，其中第三系基岩河段和第四系黏土、含砾黏土、砾质土类河段约占 60%，抗渗性较好，库（河）水渗入防护区的量级有限，防渗工程措施可以简化考虑；其余 40% 河段为砂砾石和灰岩河段，是同南新开河的防渗重点区。

鉴于可能产生河道渗漏水进入防护区的范围较大，应认真积累施工地质资料，为运行期监测分析及问题处理提供地质依据。

2.4.1.5　同北渠

同北渠位于防护区北部丘陵南坡的低丘岗地，分为东、西两支，东支水流向东汇入水库，西支水流向西经同江河后沿同南新开河汇入水库。

1. 同北渠东支

同北渠东支地基覆盖物主要为第四系中更新统冲积层黏土、含砾黏土、砾质土和砂砾石，局部为坡积层黏土、砾质土及第四系中更新统残坡积层砾质土；下伏基岩为石炭系上统船山组白云质灰岩和下统梓山组砂砾岩、泥质粉砂岩及绢云粉砂岩等。

东支渠坡和渠底均在第四系中更新统冲积层黏土、壤土中开挖，局部处于砂卵砾石及砾质土中需进行防渗处理。渠线与基岩溶洞不存在直接水力联系，岩溶对同北渠东支不存在影响。

2. 同北渠西支

同北渠西支地基覆盖物主要为第四系中更新统冲积层黏土、含砾黏土、砾质土和砂砾石，在渠道进出口段分布有第四系全新统冲积层黏土、砾质土、砂砾石和淤泥等；下伏基岩主要为二叠系下统小江边组（P_1x）炭质灰岩与炭质页岩，局部为二叠系下统栖霞组（P_1q）灰岩。

西支渠坡和渠底大部分在二叠系下统小江边组（P_1x）炭质灰岩与炭质页岩中，渠尾与阜田堤相交，仅桩号 0－080～0＋900 段渠底和部分渠坡位于较强透水性的砾砂石层中需进行防渗处理。渠道沿线岩溶发育少，且均有黏性土充填，黏性土透水性小，岩溶对同北渠西支影响较小，施工中揭露有个别未充填溶洞，做适当回填防渗处理。

2.4.1.6　万福堤

万福堤防护片属独立的防护片，沿线地面高程一般为 46.00～49.40m，局部低洼地带为 45.00～45.80m。堤基覆盖物多具二元结构，地基表层广泛分布黏性土层，局部地带黏性土盖层较薄，下部为强透水层砂砾石层。沿线沟渠、河槽及水塘部位黏性土层缺失或较薄，强—中等透水性的砂及砾卵石层埋藏浅或直接出露于地表，在水库蓄水以后的高水位影响下，局部易产生渗漏和渗透破坏。但堤防沿线地面高程普遍高于水库正常蓄水位，在水库蓄水以后的水位影响下，形成大范围渗漏和渗透破坏的可能性较小。堤基覆盖物下伏基岩为二叠系下统小江边组（P_1x）炭质灰岩、炭质页岩互层，炭质灰岩中发育溶洞，普遍存在充填物，溶洞充填物难于产生渗透破坏，岩溶对万福堤基本不产生影响。

2.4.2 吉水县城防护区

防护区沿赣江设防护堤，分为南、北两条堤，堤线首尾分别在东部与105国道相接。防护区坐落于赣江一级阶地前缘，由全新统冲积层组成，分布较广，阶地面高程为44.00～47.00m。

2.4.2.1 北区城防堤

1. 堤防工程

拟建堤防位于赣江右岸，堤线起点于吉水县城北堤与105国道交汇处附近，沿赣江而下，经新码头、泥家洲村，到朱山桥折向东，终止于105国道。

新建堤防堤身采用黏土填筑，为均质土堤，满足防渗要求。

2. 堤基工程地质条件及评价

堤线地基覆盖物主要为第四系全新统冲积层，为赣江一级阶地，具二元结构，上部为黏土、壤土，下部为砂（卵）砾石，底部见少量第四系中更新统冲积层砾质土，下伏基岩为白垩系泥质粉砂岩。堤线起点及终点附近为第四系中更新统冲积层，构成赣江二级阶地，覆盖层为上部为黏土，下部为砾质土，下伏基岩为白垩系泥质粉砂岩。

该堤线堤基覆盖物具二元结构，上部大多分布透水性微弱的黏土、壤土，厚度不一，下部主要为强透水性的砂砾（卵）石，局部砂壤土浅埋。砂壤土和砂砾石层防渗性差，在水库蓄水以后的较高水位影响下易形成渗漏通道或管涌；在桩号0+422～0+662下伏地基浅层分布有厚度为2.2m的砂壤土层，其物理力学性质较差，防渗性差，易成为水力通道，产生堤基渗漏及管涌。

3. 堤基防渗措施

北堤堤基表层分布有一定厚度的黏性土层，厚度一般为3.0～5.0m，现状地面高程大多为45.00m左右，低于水库正常蓄水位1m左右；同时考虑新城区的发展，部分新城区地面高程已填至50.00m高程，不考虑对北堤进行防渗处理。

2.4.2.2 南区城防堤（老城区）

1. 堤防加固工程

吉水县现有城防堤位于赣江右岸，起点于吉水县南门大桥，沿赣江而下，至城西后往东拐，终止于105国道。堤防现高约6m，顶宽为2～4m，堤顶高程为48.35～51.94m，堤内外坡度较陡。堤外滩地一般较窄，为5～10m，局部地段无河岸，深泓逼岸。堤身填土中夹杂各种建筑垃圾及生活垃圾层，部分黏性土中亦含有各种建筑垃圾及生活垃圾。堤防填筑质量欠佳，堤身单薄，抗冲能力较弱，水库蓄水后，堤身易发生渗漏并倒塌。

堤防按规程要求采取加高加固、堤外坡进行护坡固岸等工程措施进行处理。堤身加宽土料采用黏土，填筑在外侧，起防渗作用，堤身不再采取其他防渗措施。

2. 堤基工程地质条件及评价

堤线地基覆盖物主要为第四系全新统冲积层，为赣江一级阶地，具二元结构，上部为黏土、壤土，下部为砂（卵）砾石，底部见少量第四系中更新统冲积层砾质土，下伏基岩为白垩系泥质粉砂岩。

该堤线局部地基浅部分布有较厚的细砂层，其防渗性差，易成为水力通道，产生堤基渗漏及管涌破坏；其余堤段表层黏性土层物理力学性质较好，但厚度较薄，且堤内为城区，由于各种建筑物施工，造成堤内黏性土层缺失或揭穿，下部广泛分布强透水性的砂及砾卵石，在水库蓄水以后的高水位影响下，易造成管涌。

3. 堤基防渗措施

鉴于老城区有部分地面高程较低，地面高程约为 45.50～47.00m，且城区房屋密集、水塘沟渠较多，为防止浸没影响，有必要对整个堤线堤基进行防渗和加固处理，并对堤内沟塘进行回填，河岸进行护岸。

2.4.3　陇洲防护区

陇洲防护区地处赣江一级阶地，由全新统冲积层组成，分布较广，阶地面高程为40.00～46.00m；防护区西侧为赣江三级阶地，三级阶地由中更新统冲积层组成，地表出露高程约 50.00～60.00m，受后期侵蚀破坏，阶面起伏不平。

2.4.3.1　陇洲堤

1. 堤防加固工程

陇洲堤坐于赣江左岸一级阶地，起点始于上陇洲村南侧低丘岗地，终点与西沙埠村南侧岗地相接，堤线全长约 4.6km。现有防护堤规模不等，局部（桩号 0＋000～0＋560、1＋160～1＋540）缺失，未形成完整的封闭防护圈。堤顶高程为 47.61～49.28m，堤内外坡度较陡，堤高为 1.6～6.7m，堤顶宽一般为 2.0～4.0m。堤身填土取自于堤防两侧地表，大多数堤段填土成分主要为壤土或黏土，土质较好，填筑质量一般。其中 2＋300～2＋700 段堤身填土主要由砂壤土组成，土质及填筑质量均较差，由于砂壤土防渗及抗冲性能差，堤身存在渗漏及渗透破坏稳定问题。堤身防渗结合土堤加高培厚进行，通过将黏土填至现状堤身迎水侧，达到防渗效果。新建堤防采用黏性土填筑，为均质土堤。

2. 堤基工程地质条件及评价

堤线地基主要为第四系全新统冲积层，为赣江一级阶地，多具二元结构，上部为黏土、壤土，局部地表出露细砂、砂壤土，下部为砂类土、砂卵砾石。下伏基岩为下第三系泥质粉砂岩。

该堤线段的地基具二元结构，表层多分布有较厚的黏土、壤土层，下部为透水性强的砂砾石层。黏土和壤土的物理力学性质较好，但局部地段黏性土层较薄或缺失，出露透水性强的砂壤土层，在水库蓄水之后的高水位作用下，易产生堤基渗漏及管涌破坏；此外，防护区内地面高程普遍低于水库正常蓄水位 1～4m，局部低洼地面甚至达 4～6m，防护区内人口和民房众多，村民普遍凿井取水，造成防护区内地基表层黏性土被揭穿，防渗盖层出现天窗，水井和民居墙基处在水库蓄水之后形成渗漏通道。对堤基作防渗处理，堤内近堤脚处分布零星坑塘及水井进行填塘压浸处理；局部地段堤外无河岸，迎流顶冲，深泓逼岸，采取固岸措施。

3. 堤基防渗

设计对地表黏性土层较薄或堤基表层为砂壤土的堤段结合堤后抬田工程，进行堤基防渗处理，对堤后采用黏土填筑至 44.00～45.00m 高程，其他堤段对堤后坑塘进行填塘固基；对堤外无河岸或河岸较窄，利用同南河开挖弃料对其进行堤岸填筑处理，使堤岸宽度不小于 10m。

2.4.3.2　陇洲导托渠

陇洲导托渠在陇洲防护区西南侧丘岗地带，起于陂上村，止于下陇洲村，总长约 2.146km，自进口至出口渠底高程为 47.70～44.71m。渠线地基主要为第四系中更新统冲积层，局部为第四系全新统冲积层，均具二元结构，上部为黏土、壤土层，下部为砂类土、砾质土和砾卵石；下伏基岩为第三系泥质粉砂岩。

陇洲导托渠渠坡大部分在第四系中更新统冲积层黏土、壤土中开挖，局部处于砂卵砾石及砾质土中需进行防渗处理。导托渠渠底均在第四系中更新统冲积层砂卵砾石及砾质土中开挖，需进行防渗处理。建议导托渠开挖永久边坡 1∶1.5，对渠道两侧及渠底采取防渗措施。

2.4.4　柘塘防护区

防护区位于柘塘水下游，由两条带状盆地及赣江边汇合盆地组成，东临赣江，其余盆地四周均为山地，保护面积为 12.5km²。受地形及导排条件的制约，防护区分为南、北两个相对独立的封闭区域，北区水系为柘塘水，南区水系为凌头水。北防护区由柘塘北堤、柘塘水导排渠、北导托渠组成；南防护区由柘塘南堤、凌头水导排渠、南导托渠组成。北防护区内大部分耕地高程为 43.50～47.60m，局部耕地高程为 41.80m。南防护区内大部分耕地高程为 42.50～47.60m，局部耕地高程为 41.70m。防护区内房屋地坪高程一般在 47.50m 以上，少量房屋地坪高程为 45.70m。

2.4.4.1　柘塘北堤

1. 堤防工程

北堤始于新开挖柘塘水河道左岸高地，沿柘塘水左岸至赣江后北拐，沿赣江向北防护至下码头村高地结束，总长为 3.02km。新建堤防堤身采用黏土填筑，为均质土堤，满足防渗要求。

2. 堤基工程地质条件及评价

堤线桩号 0＋000～1＋740 段地基主要为第四系全新统冲积层（alQ_4），为赣江一级阶地，具二元结构，上部为黏土、壤土，下部为细砂、砾卵石，河沟渠塘地带出露砂砾石；桩号 1＋740～3＋000（堤尾）地基主要为第四系中更新统冲积层（alQ_2），为赣江二级阶地，具二元结构，上部为黏土、砾质土，下部为砂卵砾石，表层黏土层夹细砂、中砂。下伏基岩为下第三系泥质粉砂岩、砂砾岩。

该堤线地基表层黏土层厚度较大，下部为强—中等透水性的砂砾石层，沿线沟渠段或水塘部位黏性土层缺失或较薄，且防护区内大部分地面高程低于水库正常蓄水位 2～4m，建议对整个堤线的砂性土及砂砾卵石层进行防渗加固处理，以防水库蓄水后沿砂砾石层形成渗漏通道。

3. 堤基防渗

北堤堤基主要为第四系全新统冲积层，上部为黏土、壤土，下部砂卵砾石，砂卵砾石层渗透性较强。鉴于防护区内覆盖层上部黏性土层存在"天窗"，天然河道切穿天然铺盖，考虑垂直防渗工程措施予以封堵是必要的。设计对整个堤线堤基中的砂性土及砾石层进行防渗加固处理，以防水库蓄水后沿砂砾石层形成渗漏通道，并对堤内沟塘进行回填。北堤桩号0＋000～1＋500堤基采用射水法造混凝土防渗墙进行防渗处理，1＋500～3＋020堤基采用高喷灌浆进行防渗处理，临近堤脚的老河道全部填平至高程44.35m，对河岸进行护岸。

2.4.4.2 柘塘水导渠（柘塘北渠）

（1）柘塘北渠桩号0＋000～1＋360段为沿溪流筑堤段，地层主要为第四系全新统冲积层（alQ_4），为赣江一级阶地，具二元结构，上部为黏土、壤土，下部为细砂、砾卵石，河沟渠塘地带表层黏土层缺失，下伏基岩为下第三系泥质粉砂岩。该堤线地基表层黏土层厚度较薄，局部沿线沟渠段或水塘部位黏性土层缺失。设计对该段堤线地基砂砾石层进行防渗加固处理，以防水库蓄水后沿砂砾石层形成渗漏通道，并对堤内沟塘进行回填。

（2）桩号1＋360～3＋700段为渠道开挖段，地基主要为第四系中更新统冲积层（alQ_2），为赣江二级阶地，具二元结构，上部为黏土、砾质土，下部为细砂、砾卵石，下伏基岩为下第三系泥质粉砂岩、砂砾岩。其中桩号1＋620～1＋900、3＋100～3＋700段渠道开挖段开挖层大部分为黏性土和全—弱风化泥质粉砂岩，其防渗性较好；桩号1＋400～1＋620设计渠道边坡处于黏性土和砂砾石层中，设计渠道底部处于砂砾石层中，砂砾石层渗透系数较大，地下水和渠道内地表水可经砂砾石层渗入防护区，产生渗漏及渗透稳定问题。覆盖物抗冲性较差，存在冲刷问题；渠线局部开挖后形成高边坡，受地下水影响易产生边坡稳定性问题，局部地带地基下部中、细砂层开挖后边坡稳定性和渗透稳定性较差。设计对砂砾石层进行防渗处理；该段渠道由于地下水位较高，基坑开挖时需采取必要的降排水措施。

（3）桩号3＋700～5＋360段为柘塘北堤、南堤夹河段，地层主要为第四系全新统冲积层（alQ_4），为赣江一级阶地，具二元结构，上部为黏土、壤土，下部为细砂、砾卵石，河沟渠塘地带表层黏土层缺失，下伏基岩为下第三系泥质粉砂岩。该段主要利用现有地面作渠底，基本不存在开挖，主要工程地质问题主要为覆盖物和两岸防护堤的抗冲刷问题。

2.4.4.3 柘塘南堤

1. 堤防工程

柘塘南堤根据新开挖的凌头水、柘塘水河道布置，起点位于柘口村高地，结束于养猪场高地，总长1.4km。圩堤由两段组成，桩号0＋000～0＋800段位于赣江段，始于柘口村，沿赣江江岸布置；桩号0＋800～1＋400段位于柘塘水入赣江口段的右岸，与临赣江堤相接，止于养猪场高地。

堤身采用均质土堤，满足防渗要求。

2. 堤基工程地质条件及评价

堤线地基主要为第四系全新统冲积层（alQ_4），为赣江一级阶地，具二元结构，上部为黏土、壤土，下部为细砂、砾卵石，河沟渠塘地带出露砂砾石；堤防首尾及桩号 1＋190～1＋250 为丘岗地带，地基主要为第四系中更新统冲积层（alQ_2），属赣江二级阶地，具二元结构，上部为黏土、砾质土，下部为砂卵砾石。下伏基岩为下第三系泥质粉砂岩、砂砾岩。

该堤线地基表层黏土层厚度较大，下部为强—中等透水性的砂砾石层，沿线沟渠段或水塘部位黏性土层缺失或较薄，且防护区内大部分地面高程低于水库正常蓄水位 2～4m，建议对整个堤线的砂性土及砂砾卵石层进行防渗加固处理，以防水库蓄水后沿砂砾石层形成渗漏通道。

3. 堤基防渗

柘塘南堤堤基主要为第四系全新统冲积层，上部为黏土、壤土，下部为砂卵砾石，砂卵砾石层渗透性较强。鉴于南堤防护片内覆盖层上部黏性土层存在"天窗"，天然河道切穿天然铺盖，考虑垂直防渗工程措施予以封堵是必要的。设计对整个堤线堤基中的砂性土及砾卵石层进行防渗加固处理，以防水库蓄水后沿砂砾石层形成渗漏通道，并对堤内沟塘进行回填。南堤桩号 0＋000～1＋400 堤基采用高喷灌浆进行防渗处理，临近堤脚的老河道全部填平至高程 43.30m。

2.4.4.4　凌头水导排渠（柘塘南渠）

（1）渠线桩号 0＋000～2＋000 段为沿山边筑堤段，地层主要为第四系全新统冲积层（alQ_4）和中更新统冲积层（alQ_2），为赣江一级、二级阶地，具二元结构，上部为黏土、壤土，下部为细砂、砾卵石，河沟渠塘地带表层黏土层缺失，下伏基岩为下第三系泥质粉砂岩。该堤线地基表层黏土层厚度较薄，局部沿线沟渠段或水塘部位黏性土层缺失，地质建议对该段堤线地基砂砾石层进行防渗加固处理，以防水库蓄水后沿砂砾石层形成渗漏通道，并对堤内沟塘进行回填。

（2）桩号 2＋000～2＋500 段为渠道开挖段，为丘岗地，地层主要为第四系中更新统冲积层（alQ_2），为赣江二级阶地，具二元结构，上部黏土、砾质土，下部细砂、砾卵石，下伏基岩为下第三系泥质粉砂岩、砂砾岩。其中桩号 2＋000～2＋200 段渠道开挖段开挖层大部分为黏性土和全—弱风化泥质粉砂岩，其防渗性较好；桩号 2＋200～2＋500 设计渠道渠底、边坡处于黏性土、砂砾石层及全—弱风化泥质粉砂岩，设计渠道底部处于砂砾石层中，砂砾石层渗透系数较大，可能产生渗漏及渗透稳定问题，建议对砂砾石层进行防渗处理；覆盖物抗冲性较差，存在冲刷问题；渠线局部开挖后形成高边坡，受地下水影响易产生边坡稳定性问题。该段渠道地下水位较高，基坑开挖时需采取必要的降排水措施。

（3）桩号 2＋500～2＋740 段为柘塘北堤与丘岗夹河段，地层主要为第四系全新统冲积层（alQ_4），为赣江一级阶地，具二元结构，上部为黏土、壤土，下部为细砂、砾卵石，河沟渠塘地带表层黏土层缺失，下伏基岩为下第三系泥质粉砂岩。该段主要利用现有地面作渠底，基本不存在开挖，主要工程地质问题主要为覆盖物的抗冲刷问题。

南渠右堤堤基表层黏性土层薄或砂卵石层出露，为防止库水沿砂卵石层渗入防护区，产生浸没，堤基采用射水法造混凝土防渗墙防渗。

2.4.5 金滩防护区

金滩防护区阶地宽度金滩镇下游约为 820m，金滩镇上游约为 260m，沿江长度达 3.49km，且房屋靠岸边分布较为密集，房屋地坪高程为 45.80～47.80m，耕地坪高程一般为 44.00～46.00m。防护区内沟塘密布，水塘塘底高程一般为 40.00m。沿赣江边现状无防洪堤，江岸顶高程为 45.40～47.80m，未形成防洪体系。

2.4.5.1 金滩堤

1. 堤防工程

新建金滩堤位于吉水县金滩镇，堤线起点于西部岭下村丘岗地带，沿公路至金滩镇政府所在地，再沿赣江设防经白鹭村，沿赣江延伸至柘口村，堤线全长约 5.6km。

沿堤线分布有大量的村庄，由于建房、筑路及人类活动等原因，堤线表层分布有少量的人工填土，主要分布于桩号 0+320～1+140 段，其他局部零星分布，由壤土、砂壤土、砂砾石组成，局部夹杂建筑垃圾和生活垃圾，呈灰黄色、灰黑色，较松散，较干。厚度一般为 1.0～3.70m，层底高程为 44.06～46.63m。筑堤时彻底清除了表层杂填土。

堤身采用均质土堤，满足防渗要求。

2. 堤基工程地质条件及评价

堤线地基主要为第四系全新统冲积层，为赣江一级阶地，具多层结构，表层分布砂壤土和细砂，下部为黏土、壤土，底部为细砂及砂（卵）砾石，下伏基岩为泥质粉砂岩。西部丘岗地带为第四系中更新统冲积层，构成赣江二级阶地，具二元结构，上部为黏土、壤土和砾质土，下部为砂（卵）砾石，下伏基岩为泥质粉砂岩。勘探期间地下水水位为 35.78～41.53m，山坡地带为 44.14m。

堤基土层呈二元结构，但局部表层黏性土层较薄，呈不连续分布，堤线地基表层大范围分布有厚度为 0.60～4.50m 的砂壤土层，其下部分布有较厚的细砂层，砂壤土和细砂的物理力性质较差，防渗性差，易成为水力通道，在水库蓄水以后的高水位影响下，易造成生堤基渗漏及管涌破坏。对堤基土需进行防渗加固处理，并对堤内沟塘进行回填。

3. 堤基防渗

堤基表层黏性土层薄或砂卵石层出露，为防止库水沿砂卵石层渗入防护区，产生浸没，考虑垂直防渗工程措施予以封堵是必要的。设计对整个堤线堤基中的砂性土及砾卵石层进行防渗加固处理，采用射水法造混凝土防渗墙防渗，以防水库蓄水后沿砂砾石层形成渗漏通道，并对堤内沟塘进行回填。

2.4.5.2 金滩排洪涵

新建排洪涵在垂直于金滩堤桩号 1+420 处，向堤内延伸至丘岗脚下，全长约为 0.84km。沿线地基主要为第四系全新统冲积层，为赣江一级阶地，具二元结构，上部为黏土、壤土，下部为细砂及砂（卵）砾石，下伏基岩为泥质粉砂岩，局部表层分布有薄层杂填土和耕植土。

拟建排洪涵基底高程为进口拦污栅 40.30m、出口防洪闸 39.45m。沿线上部主要由黏土、壤土及砂壤土等组成，局部夹细砂层，下部主要由砂砾卵石层组成，适宜基坑开挖。由于该段靠近赣江，地下水受河水位影响较大，基坑开挖时应采取基坑降排水措施。其基坑临时开挖边坡为：黏性土水上 1：1.0、水下 1：1.25，砂性土水上 1：1.75，水下 1：2.0。

2.4.6　樟山防护区

樟山防护区属水库常水位浅淹没区及临时淹没区，位于赣江干流左岸，距坝址上游 42.6km，区内行政区划分属吉安市吉州区和吉水县管辖，属赣江支流文石河流域。文石河发源于吉安县大冲乡的新塘边，经固江乡的银湾桥水库、桐坪乡的龙岗、长塘乡的晏家、樟山的奶奶庙，于井头下的江口村注入赣江，全长 48.1km，流域面积约为 360km²，防护区建设后需导排上游来水集雨面积为 340.6km²，抽排集雨面积为 19.4km²。文石河在奶奶庙公路桥上游，平地较少且狭窄。

樟山防护工程分布在文石河两岸，在桥头村下游，文石河右岸为樟山防护堤，左岸有四条小溪汇入，采用夹河堤方式的导排小溪来水，分成四块设防护区，防护堤自下而上有燕家坊堤、落虎岭堤、奶奶庙堤，其中燕家坊堤归吉水县金滩镇管辖，其余归吉州区樟山镇管辖。

樟山堤防护区内公路桥下游耕地高程为 43.50～47.60m，公路桥上游耕地高程为 47.60～50.00m。房屋地坪高程在 49.00m 以上，少量房屋地坪高程为 47.00m。燕家坊堤防护区内耕地高程为 45.30m 左右，靠山处耕地高程为 47.70m 以上，房屋地坪高程在 49.00m 以上。落虎岭堤防护区内耕地高程为 45.70～46.70m，靠山处耕地高程为 47.70m 以上，防护区内无房屋。奶奶庙堤防护区内耕地高程为 46.80～47.70m，靠山处耕地高程为 47.70m 以上，奶奶庙村房屋地坪高程在 47.60m 以上。

2.4.6.1　樟山堤

1. 堤防工程

新建樟山防护堤位于文石河右岸，起点于樟山镇卫生院附近，沿文石河而下，在上官塘附近裁弯取直，经桩号 7＋500（舍边村附近）后跨过文石河沿赣江边布置，往南拐向文石新村结束，保护面积大，文石村老村址及江口村均在保护范围内。

樟山堤按所在地段分为公路堤、临文石河堤、临赣江堤三段。公路堤堤段桩号为 0＋000～2＋120，临河堤堤段桩号为 2＋120～7＋800，临赣江堤堤段桩号为 7＋800～10＋880。桩号 0＋000～2＋120 段属公路堤。公路堤人工填土厚度为 2.4～5m，主要由壤土和黏土组成，填筑质量较好可满足防护堤要求，内外坡度较缓，顶宽为 12m 左右，路面高程为 51.18～51.77m。堤外滩地较宽，为 10～20m，局部为 30m。因此，对该公路堤段不采取工程措施。桩号 2＋100～5＋000 段原有部分小堤，主要由壤土和砂壤土组成，但规模较小，一般高为 0.5～1.2m，现已基本倒塌，大部分地段缺失，地面高低不平。

新建樟山堤堤线总长 8.76km，堤身采用均质土堤，满足防渗要求。

2. 堤基工程地质条件及评价

桩号 0＋000～7＋500 段：该段堤线主要沿文石河防护，沿线主要为耕地，地形较平缓。堤线地基主要为第四系全新统冲积层（alQ_4），为赣江一级阶地，具二元结构，上部为黏土、壤土，局部表层分布细砂和砂壤土，下部为砂（卵）砾石，下伏基岩为白垩系泥质粉砂岩。该堤线堤基土层呈二元结构，但局部表层黏性土层较薄，呈不连续分布，地基表层局部分布有厚度为 0.70～2.90m 的砂壤土层，其下部分布有较厚的细砂层，砂壤土和细砂的物理力性质较差，防渗性差，易成为水力通道，在水库蓄水以后的高水位影响下，产生堤基渗漏及管涌破坏。建议对堤基土进行防渗和加固处理，并对堤内沟塘进行回填。

桩号 7＋500～10＋880 段：该段堤线主要沿文石河及赣江防护，沿线主要为耕地，地形较平缓。堤线地基主要为第四系全新统冲积层（alQ_4），为赣江一级阶地，具二元结构，上部为黏土、壤土、砂壤土，下部为砂（卵）砾石。该堤段地基表层分布有砂壤土和细砂层，其物理力性质较差，防渗性差，易成为水力通道，产生堤基渗漏及管涌；堤基局部表层黏性土层较薄，在水库蓄水以后的高水位影响下，易形成管涌。由于该段临近赣江，设计时根据地层情况进行渗漏稳定分析，对堤基下部的砂性土及砂砾（卵）石层进行防渗处理。

3. 堤基防渗

樟山堤堤基表层主要分布有黏土、壤土层，层厚为 1.8～6.0m，局部老河道处表层缺失，但桩号 8＋000～8＋800 堤基表层为细砂（alQ_4）层，层厚为 3.40～3.70m、层底高程分别为 41.89～43.72m。堤基地表高程为 44.00～47.30m。靠赣江处堤基地表高程为 47.00～48.30m。堤基防渗主要针对老河道处黏土、壤土缺失处以及桩号 8＋000～8＋800 堤基表层。设计采用对于堤后 50m 范围的老河道抬田，50m 以外的老河道仍利用为排水干渠。对于 8＋000～8＋800 堤后老河道全部采取抬田；对于桩号 8＋000～8＋800 堤前旱地采取抬田，作为黏土铺盖，延长渗径，经计算满足渗透稳定要求。

4. 新开河

新建樟山堤沿文石河而下，在上官塘附近裁弯取直，往东汇水入赣江，新开河线约 2.4km，地基土为二元结构，上游段新开挖河基本上傍山而挖，表层由黏土组成，下部由薄层的细砂和砾卵石组成；下游出河口段表层由细砂或黏土层组成，下部由厚层砂砾卵石组成。下伏基岩为白垩系泥质粉砂岩。

该开挖河段大部分为第四系全新统黏性土和砂性土层，仅桩号 0＋800～1＋100 段局部为强—弱风化泥质粉砂岩，岩性相对较硬。由于地下水位埋深较浅，基坑开挖时采取降排水措施，并对边坡进行有效支护。其永久性开挖边坡建议值：黏性土水上 1：1.25、水下 1：1.50，砂性土水上 1：2.0，水下 1：2.50。

2.4.6.2 燕家坊堤

1. 堤防工程

燕家坊堤位于文石河左岸，起于公路，沿溪水至文石河，后沿文石河而下，终止于上曾家村北部约 0.2km 的丘岗坡地，堤线全长 3.36km。

燕家坊堤原有堤防堤高一般为 0.8～2.0m，少部分达 5.9m，顶宽为 0.4～1.6m，堤顶高程为 45.85～49.24m，堤内外坡度较陡。堤外滩地一般较窄，为 3～10m。堤身土主要由壤土组成，较松散，稍湿，填筑质量欠佳。

原有堤防规模较小，填筑质量欠佳，堤身单薄，抗冲能力较弱，水库蓄水后，堤身易发生渗漏并倒塌，设计将堤线向内侧移约50～100m。

新建堤身采用均质土堤，满足防渗要求。

2. 堤基工程地质条件及评价

堤线地基主要为第四系全新统冲积层，为赣江一级阶地，具二元结构，上部为黏土、壤土、砂壤土，下部为砂砾石，下伏基岩为白垩系泥质粉砂岩。勘探期间地下水水位为41.82～47.12m。

该堤线地基土层具二元结构，上部为黏土、壤土，下部为砂砾石。表层分布的黏性土厚度较厚，其物理力学性质较好，防渗性强，但局部厚度较薄，在水库蓄水以后的高水位影响下，易造成管涌破坏。对堤基土进行防渗和加固处理，并对堤内沟塘进行回填，河岸进行护岸。

3. 堤基防渗

燕家坊堤堤基表层主要分布有黏土、壤土层，层厚为1.8～5.7m，堤基地表高程在45.00m以上，属水库浅淹没区。堤内无村庄，主要为耕地。利用天然堤基防渗，经计算满足渗透稳定要求，故未采取其他堤基防渗处理设施。

2.4.6.3　落虎岭堤

1. 堤防工程

落虎岭堤位于文石河左岸，属吉水县金滩镇管辖，起点于落虎岭村北部约0.5km的山坡丘岗地带，沿溪水至文石河，此后沿文石河而下，终止于钱岗村西部约0.2km的丘岗坡地，堤线全长3.78km。

原有落虎岭堤堤高为1.2～1.4m，顶宽为0.5～1.8m，堤顶高程为45.75～49.44m，堤内外坡度较陡。堤外滩地一般较窄，为3～10m。堤身土主要由壤土组成，较松散，稍湿，填筑质量欠佳。堤防规模较小，填筑质量欠佳，堤身单薄，抗冲能力较弱，且堤外过水断面较窄，水库蓄水后，堤身易发生渗漏并倒塌。

对利用的现有堤防按设计标准采取加高加固、堤外坡进行护坡固岸等工程措施进行处理。新建堤身采用均质土堤，满足防渗要求。

2. 堤基工程地质条件及评价

堤线地基主要为第四系全新统冲积层，为赣江一级阶地，具二元结构，上部为黏土、壤土、砂壤土，下部为砂砾石。下伏基岩为白垩系泥质粉砂岩。勘探期间地下水水位为44.07～49.82m。

该堤线地基土层具二元结构，上部为黏土、壤土层，下部为强透水性的砂砾石层。表层分布的黏性土厚度较厚，其物理力学性质较好，防渗性强，但局部厚度较薄，在水库蓄水以后的高水位影响下，易造成管涌破坏。地质建议对堤基土进行防渗和加固处理，并对堤内沟塘进行回填，河岸进行护岸。

3. 堤基防渗

落虎岭堤堤基表层主要分布有黏土、壤土层，层厚为0.90～4.90m。堤基地表高程在45.50m以上，属水库浅淹没区。利用天然堤基黏性土层防渗，经设计计算满足渗透稳定要求，故未采取其他堤基防渗处理设施。

2.4.6.4 奶奶庙堤

1. 堤防工程

奶奶庙堤位于文石河左岸,起点于下樟源坑村北部约 0.1km 的丘岗地带,经水北周家,至奶奶庙村后沿文石河而下,终止于下沪田村西部约 0.2km 的丘岗坡地,堤线全长 5.08km。

原有奶奶庙堤堤高为 0.50～3.30m,顶宽为 1.0～2.0m,堤顶高程为 47.36～50.61m,堤内外坡度较陡。堤外滩地一般较宽,为 10～20m,局部达 30m 以上。堤身土主要由壤土组成,较松散,稍湿,填筑质量欠佳。

原有堤防规模较小,填筑质量欠佳,堤身单薄,抗冲能力较弱,水库蓄水后,堤身易发生渗漏并倒塌。对利用的现有堤防按设计标准采取加高加固、堤外坡采取护坡固岸等工程措施进行处理。新建堤身采用均质土堤,满足防渗要求。

2. 堤基工程地质条件及评价

堤线地基主要为第四系全新统冲积层,为赣江一级阶地,具二元结构,上部为黏土、壤土、砂壤土和淤泥质黏土,下部为砂砾石,下伏基岩为白垩系泥质粉砂岩。勘探期间地下水水位为 43.50～49.36m。

该堤线地基土层具二元结构,上部为黏土、壤土层,下部为强透水性的砂砾石。表层分布的黏性土厚度较厚,其物理力学性质较好,防渗性强,但局部厚度较薄,在水库蓄水以后的高水位影响下,易造成管涌破坏。对堤基土进行防渗和加固处理,并对堤内沟塘进行回填,河岸进行护岸。

3. 堤基防渗

奶奶庙堤堤基表层主要分布有黏土、壤土层,层厚为 1.10～4.60m、堤基地表高程位于 46.40m 以上,属水库临时淹没区。利用天然堤基防渗,经计算满足渗透稳定要求,未采取其他堤基防渗处理设施。

2.4.7 槎滩防护区

槎滩防护区属水库常水位淹没区,位于赣江干流右岸,距坝址上游 26.0km,属吉水县醪桥镇管辖。区内系河谷冲积平原地带,耕地落差较大,靠赣江处窑背村下游防护区内耕地高程为 40.00m 左右,沿小溪而上 1km 处及进窑背村公路两侧耕地高程为 43.00m 左右,山头村以南耕地高程为 43.00～50.00m,房屋地坪高程在 45.50～51.00m,现状是无防洪堤。

2.4.7.1 槎滩堤

1. 堤防工程

槎滩堤起点位于窑背村东北部低山丘岗,向东延伸至公路桥,与导托渠左堤相接,组成槎滩堤,全长 3.0km。其中桩号 2+465～0+800 为临库岸段,堤线长度 1.665km;桩号 0+800～0-535 为临导托渠堤,堤线长度为 1.335km。

新建堤身采用均质土堤,满足防渗要求。

2. 堤基工程地质条件及评价

圩堤沿线地层为第四系全新统冲积层（alQ_4）,为赣江一级阶地,具二元结构,上部为黏土、壤土、淤泥质黏土，下部为砂砾石；圩堤终端分布第四系中更新统冲积层（alQ_2），为赣江二级阶地，具二元结构，上部为黏土、壤土，下部为砂砾石。下伏基岩为白垩系泥质粉砂岩。

堤基地层土层具二元结构，上部为黏土、壤土及淤泥质黏土，下部为砂卵（砾）石。上部黏土、壤土等物理力学性较好，透水性微弱，是良好的堤基土层；淤泥质黏土透水性微弱，压缩性高，存在沉降及不均匀沉降问题；底部砾卵石层力学性质好，承载力较高，但透水性强，且局部沟渠或低洼堤段已揭露，存在堤基渗漏隐患，需对堤基进行防渗处理。此外，拟建槎滩堤终端属赣江二级阶地，地层为第四系中更新统冲积层，具二元结构，上部为黏土，下部为强透水的砂卵（砾）石，黏土层底部高程局部高于防护区内地面高程，存在堤肩绕堤渗漏问题，设计中应加以考虑。防护区内堤线附近地面高程一般为42.30～46.50m，低于水库正常蓄水位 0～3.5m，对堤肩与全堤线进行同步防渗处理并形成完整的封闭防渗体系。

3. 堤基防渗

槎滩堤堤基表层主要分布有黏土、壤土层，层厚为 1.1～5.6m，局部老河道处缺失，堤基地表高程为 40.44～48.49m。槎滩堤桩号 0＋800～2＋465 临库岸段堤基地表高程为 40.44～47.21m。堤基防渗主要针对老河道处黏土、壤土缺失处以及桩号 1＋800～2＋300 段堤基表层。设计采用对于桩号 0＋720～1＋440 堤后低于 44.00m 高程范围的低洼地进行抬田；对于桩号 1＋800～2＋300 堤后 30m 范围内低于 44.00m 高程范围的低洼地进行压浸；对于桩号 0＋830～1＋450、1＋710～2＋310 堤前老河道全部采用黏土铺盖，延长渗径，经计算满足渗透稳定要求。

2.4.7.2 下汗洲导托渠

新建的导托渠起点位于陂头村东南的农田中，终点与槎滩堤桩号 0＋800 处相临，渠线全长 1.285km。导托渠沿线地层为第四系全新统冲积层（alQ_4），具二元结构。地层与相应堤线段相同。

导托渠上部黏土物理力学性质较好，透水性微弱，下部砂卵（砾）石层透水性强，且一些低洼段已出露地表，渠道存在渗漏隐患，地质建议对渠底及渠道两侧下部砂卵（砾）石段进行防渗处理。导托渠覆盖物抗冲性较差，存在冲刷问题；渠线局部开挖后形成高边坡，受地下水影响易产生边坡稳定性问题。该段渠道地下水位较高，基坑开挖时采取了必要的降排水措施。

2.5 天 然 建 筑 材 料

2.5.1 枢纽区天然建筑材料

1. 块石料

初设阶段勘察调查了左岸蒋沙、秧坑与右岸张公石三个石料场，合计石料储量为 467 万 m^3，其质量及储量均满足设计要求。施工阶段，左岸启用了蒋沙块石料场，储量已满足工程需要。右岸围堰石方填筑利用了厂房基坑开挖料；护岸块石料采用张公石块石料场。

（1）左岸蒋沙块石料场：位于坝址左岸上游约 1.5km 处，石料岩性为泥盆系石英砂岩、含砾石英砂岩夹粉砂质泥岩。弱风化石英砂岩、含砾石英砂岩饱和抗压为 57.4MPa，软化系数为 0.61，干密度为 2.71g/cm³，石料质量满足设计要求。

（2）右岸张公石块石料场：位于坝址下游右岸张公石村北东侧，距坝址约 3km。石料岩性为泥盆系含砾石英砂岩、石英砂岩和紫红色粉砂岩。弱风化岩属中硬—坚硬岩，饱和抗压在 72.7MPa 以上，软化系数为 0.55～0.70，干密度大于 2.60g/cm³，石料质量满足要求。

2. 砂料和砾石料

初设阶段勘察料场为坝址上游蒋沙至江口赣江河段砂石料场和下游张公石赣江河段砂石料场。施工阶段对上游蒋沙至江口砂石料场进行了开采。

蒋沙至江口砂石混合料场位于坝址上游 1～7km 处，料场上部 1.2～4m 一般为中砂、细砂，下部为砂卵砾石混合层，厚度一般 2～5m，均为非活性骨料。砂料、砾石料总体质量较优，仅砂料局部含泥量偏高，局部砾石料软弱颗粒含量和含泥量偏高，其余主要质量指标基本满足规程要求。

施工阶段不同标段，砂料和砾石料有自采和购买两种情况。

2.5.2 库区防护天然建筑材料

峡江水利枢纽库区防护工程点多面广，天然建筑材料需要量巨大，特别是黏土料和抬田基础料，除 7 个防护区 14 条防护堤采用土堤需要大量的黏土料外，防护区内抬田和防护区外 15 个抬田区也需要大量的黏土料和抬田基础料。其中同江防护区天然建筑材料设计需要量如下：筑堤土料 180 万 m³，抬田土料 570 万 m³，抬田基础料 420 万 m³；吉水城防、陇洲、柘塘、金滩、樟山、槎滩防护区需用筑堤土料约 540 万 m³。防护区外 15 个抬田区需要抬田土料约 1000 万 m³，抬田基础料约 1900 万 m³。

保证库区防护各工程区各种不同料源的需求，对不同的工程区结合工程实际因地制宜地开展工作，重点是黏土料和抬田基础料；砂砾石场地大部分河段被拍卖、块石料的开采审批程序复杂，为减少开采手续和程序，在控制成本的前提下尽量采用商购形式进行，具备条件的情况下方可自采。目前，尚未出台国家层面抬田规程规范的情况下，库区防护天然建筑材料主要依据《堤防工程地质勘察规程》（SL 188—2005）和《水利水电工程天然建筑材料勘察规程》（SL 251—2000）开展工作，结合工程实际确定料场选择原则：①在考虑环境保护、经济合理、保证质量的前提下，由近及远，先集中后分散，并考虑各种料源的比较；②不影响建筑物、厂矿村镇、交通、通信及高压线布置及安全，避免或减少与工程施工相干扰；③不占或少占耕地、林地，确需占用时保留还田土层；④充分利用建筑物开挖料、移民点开挖弃料、水库淹没区料；⑤为减少田地征用、降低征地难度、控制项目成本，充分考虑利用软弱岩石的全强风化层作为抬田基础料，料场的开采尽量结合新农村建设和造地进行，场地适当开挖整平，但严格控制开挖厚度和坚硬岩石的使用以便控制工程造价。各防护和抬田区料场均采取料场勘探和取样试验，查明了各类天然建筑材料料场的分布、位置、储量、质量、开采和运输条件，为工程设计提供了依据。

在峡江水利枢纽自 2003 年开展项目建议书至招标施工图阶段的十余年内，各种建设如火如荼，不断地改变着峡江水库范围及其周边的面貌，导致库区防护料场在长时间跨度内料源不断进行调整。至招标阶段，峡江水库库区防护提交了 35 个黏土料场（其中只用于筑堤黏土料场 9 个、抬田和筑堤共用黏土料场 6 个、抬田黏土料场 20 个）、31 个抬田基础料场（25 个风化料场、6 个吹填料场）；招标设计方案中规划使用了 31 个黏土料场和27 个基础料场，有 4 个抬田土料场和 4 个基础料场作为备用料场。料场勘察查明了料场的分布、位置、储量、质量、开挖厚度、开采和运输条件，为工程设计提供了依据；招标施工方案也结合现场实际、方案合理、技术可行。但在施工过程中仍有部分料场受征地和补偿情况影响而造成施工停滞。工程指挥部多次协调，利用各方力量，为了减少征地纠纷、避免工期延长、加快施工进度、减少因交田滞后而产生的误季补偿等额外费用，最终对料场进行了临时变更。

　　峡江水利枢纽库区防护料源使用及变更主要有以下三个方面：①同江防护区筑堤和防护区内抬田主要使用同南新开河和同北渠开挖料，基本可以做到土石方平衡；②吉水城防、陇洲、柘塘、金滩、樟山、槎滩防护区 6 个防护区筑堤土料主要使用非淹没区的丘岗坡地第四系中更新统黏土，由于筑堤土料对黏土的质量要求较高，不同勘察阶段基本把各工程区周边满足要求的土料场包含进来，明确了备用土料场，料场变更程序少，基本不存在费用的增加；③库区 15 个抬田区料源主要使用水库淹没区赣江一级阶地及漫滩黏土、砂砾石和非淹没区的黏土、风化料，黏土主要做抬田区保水层，吹填砂砾石料、风化料和部分黏土做抬田基础料，此类料源在使用过程中往往由于淹没区料源征地滞后、水库蓄水之前尚在耕种（造成料场变更达 10 个），而非淹没区料源变更则存在村民因诉求无法满足而阻工、料源场地产权存在纠纷造成变更（计黏土料场 5 个、风化料场 3 个）等原因，部分造成工期延长、额外费用增加。淹没区料源变更较多的现象和非淹没区料源使用滞后的情况是工程勘察设计人员所始料不及的，需要引以为戒，如何更多地考虑当地风俗、土地产权、村民诉求、地方建设等人文因素影响是所有工程天然建筑材料勘察设计及其施工过程中需要特别注意的因素。

第3章 工程规模分析论证

3.1 概 述

3.1.1 工程开发任务

2003 年编制《江西省峡江水利枢纽工程项目建议书》时，根据原国家计划委员会批复的《赣江流域规划报告》和江西省国民经济快速发展对水资源综合利用要求，提出工程开发任务为以防洪、发电为主，兼顾航运、灌溉等综合利用。水规总院于 2004 年 1 月对《江西省峡江水利枢纽工程项目建议书》审查时认可了该工程的开发任务。2005 年以后，鄱阳湖区、赣江及其他河道中砂石大量被采；同时，赣江的航运发展迅速。2008 年 6 月中国水电工程顾问集团公司对《江西省峡江水利枢纽工程项目建议书》评估后，建议将工程开发任务确定为防洪、发电、航运，兼顾灌溉等综合利用要求。

2008 年编制工程可行性研究报告时，根据赣江航运发展情况及峡江项目建议书的评估意见，将峡江水利枢纽工程的开发任务调整为：以防洪、发电、航运为主，兼顾灌溉等。水利部水规总院和国家投资项目评审中心组织专家对《江西省峡江水利枢纽工程可行性研究报告》进行审查和评估时均认可了该工程的开发任务，但在国家发展和改革委员会的批文中，对工程开发任务，增加了"水资源调配"的内容。

2010 年编制工程初步设计报告时对工程开发任务进行复核。2011 年年初，经调查发现，赣江中下游的防洪、灌溉和航运要求基本未变，江西电网内电力电量仍然短缺，唯有区别的是，赣江中下游自来水厂近几年枯水季节在赣江中取水困难。经分析研究发现，赣江中下游自来水厂近几年枯水季节取水困难的主要原因不是枯水期缺水量（与万安水库蓄水运行前比较），而是由于近十几年的河道疏浚和采砂，使得赣江中下游河床下降，同一流量下水位降低所致。而峡江水库在枯水季节仅能为赣江中下游适当地补充水量，且补充的流量较小，要使沿江两岸的自来水厂能在枯水季节顺利取水，则是峡江水库无法办到的，需采取其他措施予以解决。因此，峡江水利枢纽工程的开发任务最终定为：以防洪、发电、航运为主，兼顾灌溉等。

3.1.2 工程设计标准

根据峡江水库的总库容、电站的装机规模、通航设施及航道等级，工程设计阶段按照《防洪标准》（GB 50201—1994）、《水利水电工程等级划分及洪水标准》（SL 252—2000）及《船闸总体设计规范》（JTJ 305—2001），将峡江水利枢纽工程确定为Ⅰ等工程。永久性挡水建筑物为 1 级建筑物，按 500 年一遇的设计洪水标准和 2000 年一遇的校核洪水标准设计；永久性非挡水建筑物为 2 级建筑物，按 100 年一遇的设计洪水标准和 500 年一遇的校核洪水标准设计；泄水闸坝下游的消能防冲设施按 100 年一遇的洪水标准设计；非挡水部分的船闸下闸首、闸室和鱼道为 2 级建筑物，按 20 年一遇的洪水标准设计。

峡江库区中的防护工程根据其保护人口、耕地、区域内的重要设施以及保护区的重要性，按照《防洪标准》（GB 50201—1994）和《堤防工程设计规范》（GB 50286—1998）确定保护区的防洪标准，其中：同赣堤和吉水县城区防洪堤按 50 年一遇的洪水标准设计，万福堤、阜田堤、同南河两岸堤防和陇洲堤按 20 年一遇的洪水标准设计，其他防护区堤防按 10 年一遇的洪水标准设计。

各防护区中的排涝站根据其装机规模结合防护区的防洪标准按照《防洪标准》（GB 50201—1994）和《泵站设计规范》（GB/T 50265—1997）确定其防洪标准。

3.1.3 工程规模

1. 坝址区枢纽工程

（1）设计洪水位和校核洪水位。根据峡江水库选定的洪水调度原则、防洪库容 6.0 亿 m^3 及防洪高水位 49.00m，依据泄洪能力曲线、水库高程-容积关系曲线等基本资料，对选定采用的正常蓄水位 46.00m 方案，分别依据 1968 年 6 月洪水和 1994 年 6 月洪水为典型的设计洪水，进行水库洪水调节计算，通过对两种年型设计洪水的调洪成果比较，选择对工程运行较为不利的 1994 年型洪水调洪成果作为峡江水库调洪的采用成果：500 年一遇设计洪水位为 49.00m，最大下泄流量为 29100m^3/s；2000 年一遇校核洪水位也为 49.00m，最大下泄流量为 32500m^3/s，水库总库容为 11.87 亿 m^3。

（2）正常蓄水位。峡江水利枢纽工程为了充分利用水资源，满足防洪、发电、灌溉等综合利用要求，同时尽可能减少库区的淹没迁移范围，尽量不加重吉安市城区的防洪和排涝负担，且尽量减少吉水县城文峰镇防洪及排涝负担，结合坝址地形地质条件，项目建议书阶段经 44.00m、46.00m 和 48.00m 三个正常蓄水位方案比选，初步推荐 46.00m 正常蓄水位作为采用方案。可研阶段依据库区的地形地势，从工程对吉安市防洪排涝的影响、正常蓄水位与防洪起调水位的协调、各部门对本工程的兴利要求等方面考虑，在认真分析研究峡江水库正常蓄水位的可变范围的基础上，经 45.00m、45.50m、46.00m 和 46.50m 四个正常蓄水位方案的技术经济比较，仍选定 46.00m 为峡江水库的正常蓄水位。初步设计阶段在可研阶段选定的正常蓄水位 46.00m 附近加密间隔，拟定峡江水库 45.50m、45.80m、46.00m 和 46.20m 四个正常蓄水位方案进行技术经济比选。由于拟定的四个正常蓄水位方案在防洪、灌溉、供水三个方面的效益一致，初步设计阶段从发电效益、淹没损失补偿、库区防护工程和枢纽工程投资、渠化航道里程及经济评价指标等方面进行分析比较，通过技术经济的分析论证，最终选定峡江水库正常蓄水位为 46.00m。

（3）死水位。峡江水库死水位的高与低对工程的防洪功能无影响，泥沙淤积高程也不影响死水位的选择。本工程从灌区农田的高程、与上一个梯级石虎塘航电枢纽电站发电尾水的衔接情况、电站的年发电量和保证出力、为下游增加枯水季节的航运流量等几个方面考虑，并结合电站为电网调峰所需的调节库容以及特枯年份的枯水季节为赣江中下游进行应急供水选取峡江水库死水位。通过考虑各部门用水的兴利要求，最终选取 44.00m 为峡江水库采用死水位，死水位 44.00m 至正常蓄水位 46.00m 之间的调节库容为 2.14 亿 m³。

（4）电站装机容量。峡江水电站接入江西电网运行，供电范围为江西全省。通过对电站装机 360MW（9 台，单机 40MW）方案进行电力电量平衡分析，从设计丰水年、平水年、枯水年的电力电量平衡成果可知，设计水平年 2020 年江西电网电力电量缺口较大，江西省电源建设具有较大的空间，峡江水电站的电力电量均可在网内消耗。考虑到峡江水电站装机规模较大，在江西省电力系统中将起着重要的作用，应尽可能地多承担系统的调峰容量。设计阶段结合电站水头变化范围和适当的机组机型，拟定峡江电站装机容量为 342MW（9 台机组）、360MW（9 台机组）和 378MW（10 台机组）3 个方案进行技术经济比较，采用火电替代方案，从增加容量效益上分析，装机容量 360MW 时经济效益最优。因此，选定 360MW 方案作为峡江水电站装机容量的采用方案。通过径流调节计算，峡江水电站的多年平均年发电量为 11.4357 亿 kW·h（万安水库按初期运行水位 83.11～94.11m 运行，与万安联合调度），保证出力（$P=90\%$）为 44.09MW；当万安水库按最终规模正常蓄水位 98.11m 运行时，与万安联合调度的多年平均年发电量为 11.4635 亿 kW·h，保证出力（$P=90\%$）为 44.38MW。

（5）通航设施。据赣江航道发展规划，赣江赣州至南昌航道规划为通行 1000t 级船舶的Ⅲ级航道，依据《内河通航标准》（GB 50139—2004）、《船闸总体设计规范》（JTJ 305—2001），峡江水利枢纽工程船闸的设计最高通航水位洪水标准为 20 年一遇，设计最低通航水位保证率为 98%。根据赣江的洪水特性和本工程的运行调度方式确定：船闸的通航流量范围为 221～19700m³/s；上游、下游最高通航水位分别为 46.00m 和 44.10m，最低通航水位分别为 42.70m 和 30.30m。船闸的主要设计参数为：闸室有效长为 180m，净宽为 23.0m，底板高程为 26.80m，上闸首门槛高程为 39.20m，下闸首门槛高程为 25.80m。

（6）灌溉。峡江灌区控制灌溉面积 32.95 万亩，其中，新增灌溉面积 11.69 万亩，改善灌溉面积 21.26 万亩。灌区属亚热带季风区，气候温湿，雨量充沛，水资源丰富，供水条件良好，农业生产条件优越，农作物的种植以水稻为大宗。根据《灌溉与排水工程设计规范》（GB 50288—1999）的有关规定和本灌区的实际情况，确定峡江灌区灌溉设计保证率为 90%，设计水平年为 2020 年。依据当地 1954—2008 年的降水、蒸发资料和设计作物组成求得峡江灌区设计灌水率为 0.62m³/(s·万亩)。根据灌区情况按相关规范要求，本灌区灌溉水综合利用系数取 0.62，并依据灌区干渠、支渠的控灌面积，且考虑当地现有蓄水、引水和提水工程的供水能力，计算得峡江灌区左、右干渠渠首设计灌溉引用流量分别为 10.5m³/s 和 12.9m³/s。

峡江水利枢纽工程采用方案的主要特征指标见表 3.1-1。

2. 防护区防洪与治涝工程

（1）防洪。峡江库区防洪工程建设是减少库区淹没损失、维持库区农业经济的稳定、促进库区经济持续发展的必要措施。峡江库区属赣江中游浅丘宽谷河段，两岸阶地发育，低岗和河谷冲积平原相间，人口密集，耕地集中，该地区部分河段已建有不同规模的防洪工程，但其防洪标准相对较低。根据峡江水库库区防洪设计标准及防护区地形地势等具体情况，对该地区的部分防洪工程进行加高加固或新建防洪堤（墙）。经多方案分析比较，

表 3.1-1   峡江水利枢纽工程主要特征指标汇总表

项　目		单位	特征值	备　注
正常蓄水位		m	46.00	
相应容积		亿 m³	7.02	
死水位		m	44.00	
相应容积		亿 m³	4.88	
防洪高水位（$P=0.5\%$）		m	49.00	
设计洪水位（$P=0.2\%$）		m	49.00	
校核洪水位（$P=0.05\%$）		m	49.00	
总库容		亿 m³	11.87	校核洪水位以下容积
防洪库容		亿 m³	6.0	45.00~49.00m 之间容积
调洪库容		亿 m³	7.87	43.00~49.00m 之间容积
调节库容		亿 m³	2.14	44.00~46.00m 之间容积
坝址多年平均流量		m³/s	1640	
装机容量		MW	360	
机组台数		台	9	
机组最大引用流量		m³/s	4720	
全时段算术平均净水头		m	11.54	
加权平均净水头		m	10.93	
机组额定水头		m	8.60	
可能最大水头		m	14.80	
最小水头		m	0.00	
多年平均年发电量		亿 kW·h	11.44	考虑受万安水库初期运行影响
保证出力（$P=90\%$）		MW	44.09	考虑受万安水库初期运行影响
装机年利用小时数		h	3177	
水轮机	型号		GZ(XJ)-WP-780	
	额定出力	MW	41.0	单机出力
	设计流量	m³/s	524.8	单机最大引用流量
	设计水头	m	8.60	
	最小发电水头	m	4.25	
发电机	型号		SFWG40-84/8400	
	单机出力	MW	40	
船闸闸室尺寸（长×宽×门槛水深）		m×m×m	180×23×3.5	
渠化航道里程		km	77.00	
泄洪闸总净宽		m	288	18孔，每孔净宽16m
泄洪闸底高程		m	30.00	

峡江库区共设置7个防护区（包括吉水县县城）。7个防护区分布于赣江两岸以及同江、文石河等下游两岸，根据防护区的不同保护对象采用不同的洪水设计标准，分别进行防护，建立各自相对独立的防洪保护圈。7个防护区的堤线总长57.809km，其中防洪墙1.256km。各防护区堤防工程特征值详见表3.1-2。

表3.1-2　　　　　　　　　　各防护区堤防工程特征值汇总表

序号	防护区名称	堤防名称	桩号	长度/km	设计水位/m	堤顶高程/m	堤顶宽度/m
1	同江	同赣隔堤	0+000～3+703	3.703	48.32～48.09	50.20	6
		阜田堤	0+000～3+840	3.840	50.53～50.24	52.03～51.74	5
		万福堤	0-100～6+750	6.850	50.53～50.98	51.73～52.18	4
2	吉水县城	南堤	0+000～3+200	3.200	51.38～51.07	52.88～52.57	6
		北堤	0+000～3+317	3.317	50.97～50.76	52.47～52.26	6
		连接段	0+000～1+045	1.045	51.07～50.97	52.57～52.46	6
3	上下陇洲	陇洲堤	0+000～4+480	4.480	46.54～46.92	48.04～48.42	5
4	柘塘	柘塘北堤	0+000～3+020	3.020	47.57～47.75	49.07～49.25	5
		柘塘南堤	0+000～1+400	1.400	47.75～47.93	49.25～49.43	5
5	金滩	金滩堤	0+000～0+320	0.320	48.62	50.12	5
			0+320～1+346	1.026	48.44～48.62	49.94～50.12	防浪墙
			1+346～3+383	2.037	48.10～48.44	49.60～49.94	5
			3+383～3+613	0.230	48.06～48.10	49.56～49.60	防浪墙
			3+613～5+303	1.690	48.06～47.78	49.56～49.28	5
			5+303～5+594	0.291	47.78	49.28	5
6	樟山	樟山堤	2+120～10+800	8.760	49.75～49.94	51.25～51.14	5
		燕家坊堤	0+000～2+350	2.350	49.66～49.69	50.86～50.89	4
		落虎岭堤	0+980～3+790	2.810	49.67～49.75	50.87～50.95	4
		奶奶庙堤	0+000～4+440	4.440	49.75～51.25	50.95～52.45	4
7	槎滩	槎滩堤	0-535～2+465	3.000	47.16～47.73	48.66～48.93	5
	合　计			57.809			

（2）排涝。峡江水利枢纽工程防护区内地势低洼，一般地面高程为39.00～48.00m，大部分低于峡江水库正常蓄水位46.00m，峡江水库及防护工程建成后，防护区内涝水无法自流排出，形成内涝积水，必须兴建电排站以排出防护区内涝水。峡江防护区治涝按照高水高排、低水抽排的原则，结合防护区内的地形、地势情况，充分考虑导排与抽排相结合。

1）导排设计流量。根据导排沟（渠）的集水面积，采用《江西省暴雨洪水查算手册》中推荐的瞬时单位线法（集雨面积不小于30km²）和推理公式法（集雨面积小于30km²）计算，并考虑导排沟（渠）以上的小型水库对洪水的调蓄作用，且取其设计洪峰流量一定的折扣值作为导排沟（渠）的设计流量。经技术经济比选，同江防护区的同北渠导排设计流量取40%的洪峰流量作为导排渠设计流量，其他防护区取50%的洪峰流量作为导排渠设计流量。

两边为夹堤的新开河或加高加固的老河道设计流量直接采用计算的设计洪峰流量。

2）排涝站设计流量及装机规模。排涝站设计流量依据设计暴雨产生的涝水量、导排沟（渠）导排能力以上的洪水水量以及防护区圩堤渗漏水量采用平均排除法计算，其中涝水量用设计暴雨量扣除蓄涝区和田间蓄水量而得。排涝站设计内水位依据低洼地高程及其至排涝站前池的距离分析确定，设计外水位依据承泄区相应排涝时段的平均水位和相应频率的设计洪水水面线分析确定。装机容量依据排涝站设计流量、设计扬程、最大最小扬程，并选择合适的机组机型和台数后确定。

各防护区排涝站和导排渠特征值详见表3.1-3和表3.1-4。

表3.1-3　　　　　　　　各防护区排涝站工程特征值汇总表

序号	防护区名称	防护堤名称	排涝站名称	设计排涝流量/(m³·s⁻¹)	设计内水位/m	设计外水位/m	设计净扬程/m		泵站装机台数	装机容量/kW	
							设计	最大		单机	总装机
1	同江	万福堤	罗家	4.23	46.00	48.13	2.13	5.25	3	132	396
2			坝尾	10.6	47.50	48.95	1.45	4.23	4	180	720
3		同赣隔堤	同江出口	66.7	40.00	46.20	6.20	9.30	4	2000	8000
4	吉水县城	县城堤	小江口	7.30	44.50	49.26	4.76	7.52	5	170	850
5			城南	1.26	44.80	49.32	4.52	7.53	2	75	150
6			城北	5.92	43.50	48.77	5.27	8.01	4	180	720
7	上下陇洲	陇洲堤	下陇洲	4.56	42.50	46.26	3.76	5.06	3	155	465
8	柘塘	柘塘北堤	南园	19.5	41.00	46.93	5.93	7.46	4	560	2240
9		柘塘南堤	柘口	8.12	42.00	46.99	4.99	6.49	3	250	750
10	金滩	金滩堤	白鹭	4.57	42.50	47.07	4.57	6.11	3	155	465
11	樟山	燕家坊堤	燕家坊	1.26	44.80	48.73	3.93	5.76	2	75	150
12		落虎岭堤	落虎岭	0.59	45.50	48.82	3.32	5.15	2	37	74
13		奶奶庙堤	庙前	2.29	46.50	48.95	2.45	4.28	3	65	195
14		樟山堤	舍边	12.3	44.20	48.67	4.47	6.30	4	280	1120
15	槎滩	槎滩堤	窑背	13.5	42.00	46.57	4.57	6.14	4	355	1420
	合计			163					50		17715

表3.1-4　　　　　　　　各防护区导排渠特征值汇总表

防护区名称	导排渠（涵、河）、夹堤名称	渠首或出口面积/km²	导排流量/(m³·s⁻¹)		导排长度/km	渠底宽度/m	渠底纵坡	边坡	备注
			P=5%	P=10%					
同江	磨场双山水	116	266		1.200	20.0	1/1000	1:2	
	同南河	883	1070		16.385	45.0	1/3000	1:1~1:2	
	同北渠（西）	54.5		70.4	6.560	6.0	1/1800~1/2500	1:0.75~1:2	
	同北渠（东）	11.7		23.2	7.041	4.3~5	1.3/5000~3/5000	1:1.5	

续表

防护区名称	导排渠(涵、河)、夹堤名称	渠首或出口面积/km²	导排流量/(m³·s⁻¹) P=5%	导排流量/(m³·s⁻¹) P=10%	导排长度/km	渠底宽度/m	渠底纵坡	边坡	备注
上下陇洲	上下陇洲渠	8.57		25.8	2.416	1.0～5.6	1/2000	1:1.5～1:2	
槎滩	槎滩渠	54.1		98.5	1.285	10～30	1/1000	1:2	
金滩	金滩排洪涵	9.57		22.4	0.780	2.7×2.0（2孔）	1/1000		
樟山	文石河主支	356		457	2.640	35.0	1/1000	1:3	裁弯取直段
柘塘	南导排渠	1.55		3.85	0.300	1.4	1/1000	1:1.5	
柘塘	凌头水	35.5		49.5	2.800	10～15	1/2000	1:1.2	
柘塘	柘塘水	103		136	5.340	25～70	1/3000	1:1.2	
柘塘	北导排渠	4.33		19.8	3.550	3.0～5.0	1/1000	1:1.2	
吉水县城	城北排洪涵	13.9		19.0	0.650	3.0×3.0	1.3/1000		
吉水县城	原排洪涵				0.745	4.0×5.0（2孔）	1/1000		接长部分
合计				1444	51.692				

3.2 影响工程建设和规模及需要研究的重大问题

3.2.1 峡江库区特点及社会经济概况

峡江水利枢纽工程位于赣江中游干流河段上，库区坐落在吉泰盆地。峡江库区河道平缓、地势开阔，沿江两岸阶地发育，一般宽度为600～1400m，有的达2000m以上，地面高程一般为45.00～48.00m；直接汇入赣江的支流较多，其中：集水面积大于1000km²的有禾水、乌江和孤江，分别为9058km²、3911km²和3084km²；集水面积在100～1000km²之间的有同江、文石河（燕坊水）、柘塘水、住歧水和黄金江，分别为972km²、361km²、120km²、317km²和287km²；此外，还有众多的小溪流。这些支流中上游坡降大，下游因受赣江顶托形成冲积河谷平原，长度一般为一千至数千米，有的达到近20km（如同江河下游区），形成赣江两岸河谷平原与宽谷浅丘相间的地形地貌。峡江库区河段沿江两岸地势平坦，分布着较多的村镇和数十万亩耕地；支流汇入赣江的汇合口附近，地势更加平坦、宽阔，人口与耕地更为集中。库区河段沿江现有少量堤防，防洪标准低，洪涝灾害严重。

峡江库区淹没共涉及峡江县、吉水县、吉安县、青原区和吉州区5个县（区），据2009年年报资料，5个县（区）总人口165.9万人，其中农业人口116.4万人，全年实现生产总值153.86亿元，第一产业增加值为32.39亿元，第二产业增加值为66.37亿元，第三产业增加值为55.1亿元；年末实有耕地总面积176.91万亩，粮食总产达126.96万t，农民人均年纯收入为4638元。

3.2.2 暴雨洪水特性

1. 暴雨特性

赣江流域气候受季风影响，主要的降水时期为每年的4—9月，3月和10月也偶尔会发生暴雨。暴雨类型既有锋面雨，又有台风雨，其水汽的主要来源是太平洋西部的南海和印度洋的孟加拉湾。一般每年 4—6 月，西南暖湿气流与西北南下的冷空气持续交绥于长江流域中下游一带，冷暖空气强烈的辐合上升运动，形成大范围的锋面暴雨区。因此，锋面雨是赣江流域的主要暴雨类型。7—9 月，本流域常受台风影响，此时期，既有锋面雨出现，也有台风雨产生，锋面雨历时较长，台风雨历时较短。从暴雨出现的时间统计，绝大多数的暴雨出现在 4—8 月，以 5—6 月出现次数最多，此时期正值江南梅雨期，冷暖气团交绥于江淮流域，形成持续性梅雨天气。

2. 洪水特性

赣江为雨洪式河流，洪水由暴雨形成，因此，洪水季节与暴雨季节相一致。一般每年自 4 月起，本流域开始出现洪水，但峰量不大；5—6 月为本流域出现洪水的主要季节，尤其是 6 月，往往由大强度暴雨产生峰高量大的大量级洪水；7—9 月由于受台风影响，也会出现短历时的中等洪水，3 月和 10 月偶尔也会发生中等洪水。因此，本流域 4—6 月洪水由锋面雨形成，往往峰高量大，7—9 月洪水一般由台风雨形成，洪水过程一般较尖瘦。一次洪水过程一般为 7~10d；长的可达 15d，如 1964 年和 1968 年洪水；最短的仅为 5d，如 1996 年洪水和 2002 年秋汛洪水。峰型与降水历时、强度有关，多数呈单峰肥胖型，一次洪水总量主要集中在 7d 之内。

3.2.3　洪水地区组成

赣江流域常见的有"九岭山南麓""雩山地区""井冈山地区"和"武夷山北麓"四大暴雨中心，暴雨地区组成复杂，因此，洪水地区组成也较复杂。赣江流域洪水地区组成大致可分为三种类型：第一种为中上游来水为主，下游相应，如 1961 年、1962 年、1968 年、1994 年和 1998 年洪水；第二种为中上游相继发生大洪水，下游来水较小，如 1959 年、1964 年和 2002 年洪水；第三种为洪水主要来源于中下游，上游来水较小，如 1982 年洪水。第一种类型是较为常见的洪水，第二种类型洪水发生机率较小，第三种类型洪水很少发生。

3.2.4　峡江库区干支流洪水遭遇情况

由于赣江的纬度跨越大，峡江坝址上游的洪水与库区支流洪水遭遇的机会小。据峡江坝址上游赣江干流的吉安站和库区内乌江支流上新田站 1953—2008 年共 56 年实测洪水资料分析（吉安站和新田站距乌江汇入赣江的汇合口距离分别为 21km 和 23km）：除 1958 年、1965 年、1969 年、1970 年、1993 年、2000 年、2002 年、2003 年和 2006 年共 8 年两站在同一天发生年最大洪峰流量，1961 年和 1985 年两站发生年最大洪峰流量相隔时间为 1d，以及 1960 年、1982 年两站发生年最大洪峰流量相隔时间为 2d 外，其余年份两站发生的年最大洪峰流量相隔时间均在 3d 以上；据吉安站和库区内同江支流上鹤洲站 1959—2003 年共 45 年实测洪水资料分析（吉安站和鹤洲站距同江汇入赣江的汇合口距离分别为 46km 和 48km）：除 1965 年、1970 年、1971 年、1984 年、1993 年和 2003 年共 6 年两站发生年最大洪峰流量相隔时间为 1d 外，其余年份两站发生的年最大洪峰流量相隔时间均在 3d 以上。

3.2.5　影响工程建设和规模及需要研究的重大问题

3.2.5.1　影响工程建设和规模的重大问题

1. 库区淹没范围和损失

峡江库区位于吉泰盆地，河道平缓、地势开阔，建库后淹没区共涉及峡江县、吉水县、吉安县、青原区和吉州区 5 个县（区）。库区内土地肥沃、人口众多，淹没及其影响范围和损失大。据调查，在不设防护措施情况下，水库正常蓄水位 46.00m 方案，将淹没库区内 19 个乡镇以及吉水县城区的耕地达 10.13 万亩，需迁移人口 10.49 万人，拆迁房屋 592.8 万 m^2。

为了保护有限的土地资源和维护受影响群众的利益，2006 年国家对移民安置、土地占用补偿政策做了重大调整，较大幅度地增加了水库淹没处理投资在水利枢纽工程投资中的比重。若不研究减少库区的淹没范围和淹没损失，采取措施降低淹没处理投资，则峡江水库淹没处理投资在工程总投资中的比重相当大。少淹没占用土地资源（耕地），不仅能减少水利枢纽工程的投资，提高工程效益指标，还可保护人类及其他生物赖以生存的栖息地。因此，减小库区的淹没及其影响范围和淹没损失，是峡江水利枢纽工程建设中需要解决的极为关键问题。

2. 水库拦蓄洪水控泄流量的选择

峡江水利枢纽工程是一座具有防洪、发电、航运、灌溉等综合利用功能的大（1）型水利枢纽工程，为下游防洪是峡江水库列为首位的除害功能。峡江坝址位于赣江中游，而防洪保护对象位于赣江下游，水库仅能控制调蓄峡江坝址以上的洪水，坝址至防洪控制断面区间洪水水库无法控制。且赣江的纬度跨越大，洪水地区组成复杂，水库既要拦蓄洪水，控制下泄流量，为下游防洪，又要降低坝前运行水位和库区沿程水位，减少库区淹没损失，故水库为下游防洪与减少库区淹没损失是峡江水库的一对无法统一的矛盾。因此，协调好峡江坝址上下游的防洪、实现拦蓄洪水控制泄量并达到为下游防洪的目标是峡江水利枢纽工程设计中需要解决的另一个极其重要问题。

3. 为下游防洪蓄滞超额洪量

赣江中下游沿江两岸城镇和部分乡村农田建有堤防工程进行保护，且已建成万安水库、泉港分蓄洪区等防洪工程设施，基本构成了堤库结合、蓄泄兼施以泄为主的防洪工程体系。但抗洪能力仍然偏低，堤身堤基隐患多，穿堤建筑物又不够完善，而且泉港分蓄洪区未进行区内安全建设。《江西省赣江流域规划报告》和《江西省防洪规划简要报告》中均在充分分析现有防洪工程作用及存在问题的基础上，提出赣江中下游防洪工程的总体方案：加高（除险）加固赣东大堤和赣江中下游其他堤防，完建万安水库，修建峡江、峡山和赣江中上游其他各支流上的防洪水库，并进行泉港分蓄洪区的安全建设。

为了防洪保护对象的度汛安全，超额的洪量是主要由峡江水库来承担，还是由峡江水库和泉港分蓄洪区共同承担？若主要由峡江水库来承担，峡江水库需要设置较大的防洪库容，但能减少泉港分蓄洪区的分蓄洪水概率；若由峡江水库和泉港分蓄洪区共同承担，可以减小峡江水库的防洪库容规模和工程投资，但泉港分蓄洪区的分洪损失较大。另外，峡江水库的防洪库容是利用增加防洪高水位和坝高来获得，还是让防护区进水获得？因此，峡江水库为下游防洪如何蓄滞超额洪量也是峡江水利枢纽工程设计中需要解决的重要问题。

3.2.5.2　需要研究的重大问题

减小峡江库区的淹没及其影响范围和淹没损失，须降低坝前水位和库区沿程水位。为了保护肥沃的土地资源，减少库区淹没损失，降低淹没处理投资，须对人口密集、耕地集中、有地形条件的区域采取修建或加高加固防洪堤的方式进行防护，并对浅淹没区采取抬田工程措施使耕地恢复其耕作功能。而且，降低库区的洪水位，也会使库区的部分深淹没区转变为浅淹没区，有利于采取抬田工程措施进行防护。水库为下游防洪时又必须拦蓄洪水抬高库区水位。只有水库恰当地拦蓄洪水、控制泄量，合理地运用泉港分蓄洪区，才能达到为赣江下游防洪的目的。降低库区水位、拦蓄洪水控制泄量、合理运用泉港分蓄洪区均需要研究峡江水库的洪水调度运行方式。

泉港分蓄洪区是一座 1958 年 3 月建成的已建工程。泉港分洪闸于 1962 年顺利地分过两次洪水，分别降低赣江水位 0.41m 和 0.28m，并于 21 世纪初按 100 年一遇的设计洪水标准进行了改建，但分蓄洪区内未进行安全设施建设。合理运用已建的分蓄洪工程，需要研究峡江水库为下游防洪时超额水量的临时蓄滞安排，选择合适的防洪库容。

不同的洪水调度运行方式和超额水量临时蓄滞安排的不同又会涉及设计洪水位和校核洪水位以及泄水闸和挡水坝的高低，即涉及工程规模的确定。

综上所述，峡江水利枢纽工程在设计阶段需进行洪水调度运行方式和峡江水库防洪库容的研究。

3.3　洪水调度运行方式研究

峡江水利枢纽工程水库的调度运行方式分洪水调度运行方式和蓄水兴利（发电、航运、灌溉）调度运行方式。本节主要研究洪水调度运行方式。

3.3.1　研究内容

峡江水利枢纽工程承担着提高其主要防洪保护对象（赣东大堤保护区和南昌市）防洪标准以及发电、航运等兴利任务。

本工程位于赣江中游干流河段上，库区河道平缓、地势开阔，水库淹没影响大。为了保护肥沃的土地资源，同时降低库区的淹没处理投资，除了对人口密集、耕地集中、有地形条件的区域采取筑堤防护或抬田等工程措施外，还须研究和优化水库的调度运行方式。

赣江流域纬度跨越大，洪水地区组成复杂，需研究峡江水库特定的控泄流量判断条件和各种来水条件下水库下泄流量的大小，经合理调度才能达到其防洪目标。

要为下游防洪，水库须拦蓄洪水，控制下泄流量；欲减少库区淹没损失，须降低坝前运行水位和库区沿程水位。峡江水库洪水调度运行方式的主要研究内容包括：遇洪水时，为下游防洪拦蓄洪水控制泄量与为减少库区淹没降低运行水位之间如何协调衔接，并达到水库预期防洪目标，即协调好峡江坝址上、下游的防洪问题。

3.3.2　坝址上、下游防洪协调的可行性

峡江库区的主要防洪保护对象为乡镇、农村居民点以及耕园地，防洪标准为 20 年一遇及以下，库区的淹没补偿（淹没对象设计洪水）标准也为 20 年一遇及以下。峡江水库下游的主要防洪保护对象为赣东大堤保护区和南昌市，赣东大堤和南昌市能独立防护的小片区堤防现状的防洪标准已达 50 年一遇，南昌市主城区堤防现状防洪标准基本上达 100 年一遇。峡江水库为下游防洪的目标为：将防洪保护对象的防洪标准由 50 年一遇提高到

100 年一遇，或由 100 年一遇提高到 200 年一遇。据以上分析，峡江库区的防洪为低标准防护区或低标准淹没区，而坝址下游防洪保护对象为高标准防护区，坝址上下游防洪标准不重叠。因此，只要科学合理地调度，协调好峡江坝址上、下游的防洪是可行的。

3.3.3 赣江中下游防洪工程布置总体方案

《江西省赣江流域规划报告》和《江西省防洪规划简要报告》中提出的赣江中下游防洪工程布置总体方案是：采用"堤库结合，蓄泄兼施以泄为主，并辅以河道整治等综合防洪措施"，来提高赣江中下游防洪保护区的防洪标准。即：赣江中下游干流的防洪任务由堤防工程、上游水库、分蓄洪区和河道整治工程共同承担。

3.3.4 防洪控制断面安全泄量

根据峡江水库与其主要防洪保护对象所处的相对位置及赣江中下游的洪水特性，经分析研究，选取石上水文站作为峡江水库防洪计算的防洪控制断面。

赣东大堤和南昌市可独立防护小片区堤防的设计防洪标准为 50 年一遇，南昌市主城区堤防设计防洪标准为 100 年一遇。峡江水利枢纽的防洪目标分为两级：一级是将赣东大堤和南昌市部分堤段保护区由 50 年一遇提高到 100 年一遇；另一级是将南昌市主城区由 100 年一遇提高到 200 年一遇。因此，峡江水库防洪计算的防洪控制断面安全泄量也设分两级：一级为 50 年一遇；另一级为 100 年一遇。依据石上站年最大洪峰流量频率分析计算成果，赣江下游防洪控制断面 50 年一遇安全泄量为 22800m³/s，100 年一遇安全泄量为 24800m³/s。

3.3.5 调度原则

1. 赣江中下游区域整体防洪调度原则

根据赣江中下游防洪工程布置的总体方案及防洪控制断面的安全泄量，赣江干流下游区域整体防洪的调度原则为：当赣江下游发生 50 年一遇及其以下洪水（峡江水库下泄流量加区间来水，石上站流量不大于 22800m³/s）时，赣东大堤保护区和南昌市单独防护的小片区依靠自身的堤防进行抗御洪水；当赣江下游发生 50 年一遇以上洪水时，峡江水库按其为下游防洪的洪水调度规则进行拦蓄洪水；经峡江水库拦蓄洪水后，其下泄流量加区间流量在赣江下游防洪控制断面仍超过 50 年一遇洪水（石上站流量介于 22800～24800m³/s 之间）或 100 年一遇洪水（南昌市主城区堤防自身可抗御 100 年一遇洪水——石上站流量为 24800m³/s，石上站流量介于 24800～26700m³/s 之间）时，启用泉港分蓄洪区进行分洪，以满足赣东大堤保护区和南昌市的防洪要求。

2. 峡江水库防洪调度原则

峡江水库的主要防洪保护对象为赣东大堤保护区和南昌市，防护对象自身堤防可抗御 50 年一遇或 100 年一遇洪水，大洪水时水库需拦蓄洪水为下游防洪。由于峡江库区的淹没范围及其影响大，赣江发生中等洪水时须降低坝前水位运行，减少库区淹没损失和降低工程投资；而且峡江水库位于赣江中游下段，距其主要防洪保护对象虽然较近，但仍有一定距离，防洪保护对象所在河段洪水由峡江水库坝址洪水及其区间洪水组成，为了达到下游防洪的预期目标，赣江遇大洪水时水库须提前拦蓄洪水。

经分析研究，峡江水库采用的总调度运行原则为：小水（流量小于防洪与兴利运行分界流量）下闸蓄水兴利（发电、航运、灌溉），调节径流；中水（20年一遇或以下洪水）分级降低水位运行，减少库区淹没；大水（20～200年一遇洪水）控制泄量，为下游防洪；特大洪水（200年一遇以上洪水）开闸敞泄洪水，以保闸坝运行安全。

3.3.6　洪水调度运行方式比选

根据峡江水利枢纽工程布置及特点、主要防洪保护对象及赣江中下游的洪水特性，并依据赣江中下游区域整体防洪调度原则，考虑峡江水库和泉港分蓄洪区共同承担防洪任务，可行性研究阶段峡江水库拟定了"分主汛期和后汛期、设置汛期限制水位，依据坝前水位指示调度（方案一）"和"不分时期（汛期和非汛期）、根据洪水期的分级流量设置相应的动态控制水位，依据上游来水流量结合坝前水位指示调度（方案二）"两种洪水调度运行方式进行比选。经分析论证，推荐后者作为峡江水库的洪水调度运行方式。设计阶段依据详查的库区淹没实物指标和优化后的相关参数，对上述两种洪水调度运行方式做了进一步复核。复核结果表明，方案二多年平均年发电量仅比方案一少766万kW·h，但少搬迁1907人，少淹没耕园地452.9hm^2，节省直接工程投资4.20亿元。通过比较分析，方案二明显优于方案一。因此，确定峡江水库采用"依据上游来水流量结合坝前水位指示调度（方案二）"的洪水调度运行方式。不同洪水调度运行方式的主要技术经济指标详见表3.3-1。

表3.3-1　　　　峡江水库不同洪水调度运行方式主要技术经济指标表

项　　目	依据坝前水位指示洪水调度运行方式	依据上游来水流量指示洪水调度运行方式	备　注
正常蓄水位/m	46.00	46.00	
汛限水位/m	45.00		
限制运行水位/m		45.20、44.40、43.80	
死水位/m	44.00	44.00	
校核洪水位（$P=0.05\%$）/m	49.00	49.00	
装机容量/MW	360	360	
多年平均年发电量/(万kW·h)	115123	114357	
年电量效益/万元	36881	36635	
保证出力（$P=90\%$）/MW	44.09	44.09	
多年平均水头/m	11.55	11.54	
加权平均水头/m	10.91	10.93	
防护前需迁移人口/人	158984	104918	
防护后迁移人口/人	26818	24911	
防护前淹没耕园地/亩	125876	101294	
防护后淹没及压占耕园地/亩	36069	29275	
水库淹没处理投资/万元	525016	482998	含防护工程
总投资/万元	862186	820168	不含税费
差额电量/(万kW·h)	766		

项　　目	依据坝前水位指示 洪水调度运行方式	依据上游来水流量指示 洪水调度运行方式	备　注
差额保证出力/MW	0		
年电量效益差/万元	246		
防护前需迁移人口差额/人	54066		
防护后迁移人口差额/人	1907		
防护前淹没耕园地差额/亩	24582		
差额淹没压占耕园地/亩	6794		
差额淹没处理投资/万元	42018		
差额总投资/万元	42018		

3.3.7　分界流量和相应水位选择

本工程水库运行调度的分界流量有：进入防洪运行状态的防洪与兴利运行分界流量、水库开始拦蓄洪水为下游防洪的起始控泄流量、降低水位运行时各流量级的分界流量和发生特大洪水时峡江水库为保坝敞泄洪水的敞泄起始流量。

1. 防洪与兴利运行分界流量、起始控泄流量

（1）防洪与兴利运行分界流量。据峡江坝址 5 个设计代表年的日平均流量资料，日平均流量小于 $4500\text{m}^3/\text{s}$、$5000\text{m}^3/\text{s}$ 和 $5500\text{m}^3/\text{s}$ 的时间分别为 94.3%、95.3% 和 96.1%。据峡江坝址 1957—2008 年共 52 年系列的日平均流量统计，日平均流量小于 $5000\text{m}^3/\text{s}$ 的时间为 94.8%。经分析，选取峡江坝址 $5000\text{m}^3/\text{s}$ 流量（略大于水轮发电机组最大引用流量 $4740\text{m}^3/\text{s}$）、吉安站 $4730\text{m}^3/\text{s}$ 流量为峡江水库防洪与兴利运行分界流量。

（2）起始控泄流量。峡江水库在洪水期间既要减少库区淹没损失，又要拦蓄洪水为下游防洪，经过合理调度达到防洪目标。根据相关的规程规范，峡江库区的防护标准和库区淹没补偿标准一般为 20 年一遇及以下，赣江发生 20 年一遇及以下洪水时峡江水库均需降低水位运行。但水库为下游防洪时又必须调洪削峰、拦蓄洪水，而且峡江坝址至防洪保护对象有一定的距离，需提前拦蓄洪水。经分析，选取坝址流量大于 $20000\text{m}^3/\text{s}$（略大于 20 年一遇设计洪峰流量 $19700\text{m}^3/\text{s}$）时峡江水库开始拦蓄洪水为下游防洪，此流量即为水库起始控泄流量。

2. 降低水位运行分界流量及相应动态控制水位

赣江发生中等洪水时，峡江水库须降低水位运行，以减少库区的淹没范围及损失。洪水退去后又需迅速地回蓄至较高水位，以便充分发挥正常的兴利功能。因此，遇中等洪水时需对峡江坝址流量进行分级，并对各流量级设置坝前的相应动态控制水位，以利水库能充分发挥其综合效益。

可研阶段通过对赣江中下游洪水的特性及其各次洪水的涨率分析，将坝址 $5000\sim20000\text{m}^3/\text{s}$ 流量区间分成四段，其中的三个分界流量分别为 $9000\text{m}^3/\text{s}$、$12000\text{m}^3/\text{s}$ 和 $14500\text{m}^3/\text{s}$，各级分界流量在不同的径流系列中出现大于分界流量的多年平均天数见表 3.3-2；并通过对水库淹没、机组发电影响以及涨洪水时预降水位和洪水消退时回蓄的协

调分析,将其四个流量段设置了相应的动态控制水位范围,各流量段的动态控制水位的上下限值分别为 46.00m、45.20m、44.40m 和 43.80m。初步设计阶段依据峡江水库的高程-容积关系曲线,对峡江站年最大实测洪峰流量大于 3 年一遇设计洪峰流量 13000m³/s 的 15 次洪水进行峡江水库的预泄放水和回蓄分析计算。由分析计算结果可知,此运行分界流量及相应动态控制水位的设置既能在涨水段达到降低坝前运行水位、减少库区淹没损失之目的,又能在退水段水库及时回蓄至相应水位,达到正常兴利之目的。

表 3.3-2 峡江站各月大于某分界流量多年平均出现天数统计表

系列起止年份	系列长 /年	大于分界流量多年平均出现天数/d			
		$Q=5000\text{m}^3/\text{s}$	$Q=9000\text{m}^3/\text{s}$	$Q=12000\text{m}^3/\text{s}$	$Q=14500\text{m}^3/\text{s}$
5 个设计代表年	5	17.0	5.6	2.2	0.4
1957—2008	52	18.9	4.4	1.6	0.5

3. 大水控制泄量和特大洪水敞泄起始流量

(1) 大水控制泄量。当峡江坝址流量超过 20000m³/s 时,水库须下闸拦蓄洪水,控制下泄流量为下游防洪。根据《江西省赣江流域规划报告》和《江西省防洪规划简要报告》对赣江中下游防洪工程总体方案的安排,峡江水库拟定洪水调度规则时需考虑赣江下游泉港分蓄洪区的分洪条件和分洪能力,充分利用现有的防洪工程。采用试错法对 1962 年、1964 年、1968 年、1973 年、1982 年、1992 年、1994 年、1998 年等 8 个年型 100 年一遇和 200 年一遇赣江中下游整体防洪设计洪水进行调洪演算,当峡江坝址来水流量超过 20000m³/s 时,水库按坝前(库)水位、上游来水流量及反映峡江坝址至防洪控制断面区间来水大小的茅洲站流量等三个判别指标指示水库蓄泄洪水,通过反复调试后确定上述三个判别指标的分界值。通过大洪水(峡江坝址洪峰流量大于 20000m³/s 的洪水)的起调水位、峡江水库的防洪库容、坝址流量和茅洲站流量分界点的分析选择,确定:赣江发生大洪水时峡江水库的起调水位采用 45.00m,发生 100 年一遇洪水时库水位上限值采用 48.40m,发生 200 年一遇洪水时峡江水库的防洪高水位为 49.00m;选取 21500m³/s、22000m³/s、23500m³/s 和 24000m³/s 作为坝址流量判别指标的分界点;选取 1500m³/s 和 1800m³/s 作为茅洲站流量判别指标的分界点。

(2) 特大洪水敞泄起始流量。当赣江发生超过下游防洪标准 200 年一遇洪水时,峡江水库应开闸敞泄洪水,以保闸坝运行安全。因此,将 200 年一遇的坝址设计洪峰流量 26600m³/s 作为特大洪水峡江水库敞泄的起始流量。

3.3.8 水库预泄与回蓄控制条件

1. 水位升降控制条件

峡江水库在洪水调度过程中,当上游来水超过一定流量时,须进行预泄调度,降低上游水位,减少库区淹没损失。预泄调度须在短时间内加大下泄流量,在降低上游库水位的同时,坝址下游水位将会迅速升高。退水段减少下泄流量回蓄时也同样存在着上游库水位抬高的同时,坝址下游水位会迅速降低的现象。由于坝址上、下游的航运及河岸坡稳定等要求,坝址上、下游水位的升降须控制在一定的速度范围内。经分析可知,坝址下游的水位升降速度大于坝址上游。因此，只要控制坝址下游水位的升降速度，即可保证坝址上游水位的升降速度满足航运及河岸坡稳定等要求。

根据类似工程经验，并经初步研究分析，水库预泄和回蓄引起的库水位和坝址下游河道内水位升降速度小于 1m/h 时，可满足坝址上、下游的航运及河岸坡稳定等要求。因此，峡江水利枢纽泄水闸在加大流量预泄和减小泄量回蓄时，应按照下列规则进行调度：

$$Q_{\text{泄}i} = Q_{\text{泄}i-1} \pm \Delta Q \tag{3.3-1}$$

式中：$Q_{\text{泄}i}$ 为第 i（1h 间隔）个时段的下泄流量，m^3/s；$Q_{\text{泄}i-1}$ 为前一时段的下泄流量，m^3/s；ΔQ 为时段内要加大或减小的流量，m^3/s。

峡江水利枢纽泄水闸加大流量预泄和减小流量回蓄时 $Q_{\text{泄}i-1}$ 与 ΔQ 的关系见表3.3-3。

表 3.3-3　　　　加大流量预泄和减小下泄流量回蓄时 $Q_{\text{泄}i-1}$ 与 ΔQ 关系表　　　单位：m^3/s

加大下泄流量降低水位过程		减小下泄流量回蓄过程	
$Q_{\text{泄}i-1}$	ΔQ	$Q_{\text{泄}i-1}$	ΔQ
$3500 \leqslant Q_{\text{泄}i-1} < 5000$	1260	$16000 > Q_{\text{泄}i-1} \geqslant 14500$	2480
$5000 \leqslant Q_{\text{泄}i-1} < 7000$	1470	$14500 > Q_{\text{泄}i-1} \geqslant 12000$	2220
$7000 \leqslant Q_{\text{泄}i-1} < 9000$	1640	$12000 > Q_{\text{泄}i-1} \geqslant 9000$	1860
$9000 \leqslant Q_{\text{泄}i-1} < 12000$	1860	$9000 > Q_{\text{泄}i-1} \geqslant 7000$	1640
$12000 \leqslant Q_{\text{泄}i-1} < 14500$	2220	$7000 > Q_{\text{泄}i-1} \geqslant 5000$	1470
$Q_{\text{泄}i-1} \geqslant 14500$	2480	$5000 > Q_{\text{泄}i-1} \geqslant 3500$	1260

2. 预泄时下泄最大流量控制条件

为了减少库区淹没损失，峡江水库遇坝址上游来水流量大于 $5000m^3/s$ 时即需加大泄量降低坝前水位。由于峡江泄洪闸泄流能力大，水库预泄时若逐时段加大泄量且不加以控制，将会对下游造成较大的人为洪水。经分析，预泄降低坝前水位（加大下泄流量）应按表3.3-4控制预泄时的最大下泄流量。

遇赣江涨水时，预泄降低坝前水位（加大下泄流量）按以下规则控制预泄时最大下泄流量：将坝前水位由 46.00m 降低至 45.20m（坝址流量为 5000~9000m^3/s）时，下泄最大流量应控制在 13200m^3/s（坝址 3 年一遇设计洪峰流量）以内；将坝前水位由 45.20m 降低至 44.40m（坝址流量为 9000~12000m^3/s）时，下泄最大流量应控制在 14800m^3/s（坝址 5 年一遇设计洪峰流量）以内；将坝前水位由 44.40m 降低 43.80m（坝址流量为 12000~14500m^3/s）时，最大下泄流量可加大至 16500m^3/s（小于坝址 10 年一遇设计洪峰流量 17400m^3/s）；将水位降至 43.80m 以下时，敞泄上游来水流量。

表 3.3-4　　　　峡江坝址上游来水流量与预泄时最大下泄流量关系表

峡江坝址流量 /(m³·s⁻¹)	吉安站流量 /(m³·s⁻¹)	动态控制坝前水位 /m	预泄时最大下泄流量 /(m³·s⁻¹)
5000~9000	4730~8590	46.00~45.20	13200
9000~12000	8590~11480	45.20~44.40	14800
12000~14500	11480~13890	44.40~43.80	16500

3. 水库回蓄时最小下泄流量控制条件

遇赣江退水水库回蓄时若逐时段减小泄量且不加以控制，对下游的航运、供水等也会造成较大影响。经分析，赣江退水、峡江水库回蓄时最小下泄流量若不小于 500m³/s 即可满足坝址下游的航运、供水等要求。因此，峡江水库回蓄时最小下泄流量应控制在不小于 500m³/s。

3.3.9　洪水调度运行方式

当坝址流量大于 5000m³/s 时，峡江水库进入洪水调度运行方式。峡江水库洪水调度运行方式又分降低坝前水位运行方式、拦蓄洪水为下游防洪运行方式和敞泄洪水运行方式。

1. 降低坝前水位运行方式

当坝址来水流量介于 5000～20000m³/s 之间时，峡江水库采取降低坝前水位运行并对坝前水位进行动态控制的洪水调度运行方式进行调度。当上游来水流量介于表 3.3-5 中各流量段时，涨水时应尽快将坝前水位降至表 3.3-5 中动态控制坝前水位范围的相应下限水位运行，以减少库区淹没损失；退水时可将坝前水位升至表 3.3-5 中动态控制坝前水位范围的相应水位区间运行，有利于水库回蓄以便发挥正常兴利功能。

表 3.3-5　　　　峡江水库不同来水流量与相应动态控制坝前水位范围关系表

峡江坝址流量/(m³·s⁻¹)	5000～9000	9000～12000	12000～14500	14500～20000
吉安站流量/(m³·s⁻¹)	4730～8590	8590～11480	11480～13890	13890～19190
动态控制坝前水位/m	46.00～45.20	45.20～44.40	44.40～43.80	敞泄洪水

峡江坝址流量介于 5000～20000m³/s 之间时，按以下规则控制坝前水位进行洪水调度：

（1）当坝址流量大于 5000m³/s 且不大于 9000m³/s 时，涨水时将坝前水位尽快降至 45.20m 运行，退水时可将坝前水位回蓄至 45.20～46.00m 之间运行。

（2）当坝址流量大于 9000m³/s 且不大于 12000m³/s 时，涨水时将坝前水位尽快降至 44.40m 运行，退水时可将坝前水位回蓄至 44.40～45.20m 之间运行。

（3）当坝址流量大于 12000m³/s 且不大于 14500m³/s 时，涨水时将坝前水位尽快降至 43.80m 运行，退水时可将坝前水位回蓄至 43.80～44.40m 之间运行。

（4）当坝址流量大于 14500m³/s 且不大于 20000m³/s 时，涨水时泄洪闸须全部开启敞泄洪水。

为了避免水库加大流量预泄和减小流量回蓄对坝址上、下游岸坡稳定及对下游航运造成不利影响，水库预泄降低坝前水位或回蓄抬高库水位时应按照表 3.3-3 的预泄和回蓄规则进行调度。另外，水库加大流量预泄还须按照表 3.3-4 控制预泄时的最大下泄流量，减小流量回蓄时最小下泄流量应控制不小于 500m³/s。

2. 拦蓄洪水为下游防洪运行方式

当库水位低于防洪高水位 49.00m、坝址来水流量介于 20000～26600m³/s 之间时，峡江水库进入拦蓄洪水为下游防洪运行方式，采用固定泄量并分洪水主要来源按"大水多放、小水少放"（坝址上游来水为主）和"区间来水小多放、区间来水大少放"的泄洪原则进行蓄泄洪水，且依据坝前水位、上游来水流量和坝址至防洪控制断面区间流量三个判别指标进行拦蓄洪水，控制下泄流量为下游防洪的洪水调度运行方式进行调度。

（1）由峡江水库坝址流量（水库来水流量）判别时的控制下泄流量规则。库水位介于 45.00～48.40m 之间的控泄流量规则：①当水库来水流量不大于 21500m³/s，且预报石上站流量小于 24800m³/s 时，水库不蓄水，按来水流量下泄；②当水库来水流量超过 21500m³/s 但不大于 23500m³/s 时，水库控制下泄流量 20000m³/s；③当水库来水流量超过 23500m³/s，水库控制下泄流量 22000m³/s。库水位介于 48.40～49.00m 之间的控泄流量规则：①当水库来水流量不大于 22000m³/s，且预报石上站流量介于 24800～26700m³/s 之间时，水库不蓄水，按来水流量下泄；②当水库来水流量超过 22000m³/s 但不大于 24000m³/s 时，水库控制下泄流量 22000m³/s；③当水库来水流量超过 24000m³/s，水库控制下泄流量 24000m³/s。库水位达到 49.00m（此时防洪库容已全部用完）后的控泄流量规则：当水库来水流量不大于 26600m³/s 时，水库不蓄水，按来水流量控制下泄。

（2）由茅洲站流量判别时的控制下泄流量规则。库水位介于 45.00～48.40m 之间的控泄流量规则：①当茅洲站前 6h 流量小于 1500m³/s 时，水库不蓄水，按来水流量下泄；②当茅洲站前 6h 流量达到或超过 1500m³/s，峡江水库控制下泄流量 17000m³/s。库水位介于 48.40～49.00m 之间的控泄流量规则：①当茅洲站前 6h 流量小于 1800m³/s 时，水库不蓄水，按来水流量下泄；②当茅洲站前 6h 流量达到或超过 1800m³/s，峡江水库控制下泄流量 17000m³/s。

（3）按峡江坝址流量与茅洲站流量判别出水库控泄流量不一致时选择下泄流量规则。当依据峡江坝址流量与茅洲站流量判别出水库控泄流量不一致时，选择较小的流量作为水库的控制下泄流量。

（4）洪水退水段的控制下泄流量规则。在洪水的退水段，当水库来水流量小于 19000m³/s 时，按 19000m³/s 流量下泄腾空防洪库容。

峡江水库为下游防洪的洪水调度规则见表 3.3-6。

表 3.3-6　　　　　　　　　峡江水库为下游防洪的洪水调度规则

45.00m <库水位 ≤48.40m	由峡江流量判断	峡江坝址流量 $Q_{峡坝}$	$20000<Q_{峡坝}\leq21500$	$21500<Q_{峡坝}\leq23500$	$Q_{峡坝}\geq23500$
		峡江下泄流量 q_1	$q_1=Q_{峡坝}$	$q_1=20000$	$q_1=22000$
	由茅洲流量判断	前 6h 茅洲站流量 $Q_{茅}$	$Q_{茅}<1500$		$Q_{茅}\geq1500$
		峡江下泄流量 q_2	$q_2=Q_{峡坝}$		$q_2=17000$
48.40m <库水位 ≤49.00m	由峡江流量判断	峡江坝址流量 $Q_{峡坝}$	$Q_{峡坝}\leq22000$	$22000<Q_{峡坝}\leq24000$	$Q_{峡坝}>24000$
		峡江下泄流量 q_1	$q_1=Q_{峡坝}$	$q_1=22000$	$q_1=24000$
	由茅洲流量判断	前 6h 茅洲站流量 $Q_{茅}$	$Q_{茅}<1800$		$Q_{茅}\geq1800$
		峡江下泄流量 q_2	$q_2=Q_{峡坝}$		$q_2=17000$
库水位 >49.00m	由峡江流量判断	峡江坝址流量小于 26600m³/s 时，按来水流量下泄			
		峡江坝址流量大于等于 26600m³/s 时，按泄流能力下泄，以保闸坝安全，但最大下泄流量应小于等于本次洪水的洪峰流量			

注　1. 表中流量单位为 m³/s。

　　2. 峡江坝址流量在 20000m³/s 以下，水库不拦蓄洪水。

　　3. 水库拦蓄洪水时，取 q_1 与 q_2 的较小值下泄。

　　4. 退水段，峡江坝址流量小于 19000m³/s 时，水库按 19000m³/s 下泄腾空库容，以便迎接下场洪水。

3. 敞泄洪水运行方式

当库水位达到防洪高水位 49.00m（此时防洪库容已全部用完）、坝址上游来水流量超过峡江水库的敞泄起始流量 26600m³/s（200 年一遇洪水的设计洪峰流量）、且洪水继续上涨时，说明坝址上游来水已超过下游防洪标准，此时开启全部泄洪闸敞泄洪水，以保泄水闸和大坝安全，但应控制其下泄流量不大于本次洪水的洪峰流量。

3.3.10 防洪效果

1. 坝址下游

通过以典型洪水组成法拟定，且采用洪量同倍比法放大的上述 8 个年型 100 年一遇和 200 年一遇赣江中下游整体防洪设计洪水，进行峡江水库对其下游的防洪效果分析。经调洪演算，从结果中可知峡江水库对下游防洪作用显著。合理地进行峡江水库防洪调度，并配合泉港分蓄洪区的运用，能使赣东大堤保护区和南昌市可单独防护的小片区防洪标准由 50 年一遇提高到 100 年一遇，使南昌市主城区的防洪标准由 100 年一遇提高到 200 年一遇，达到了水库预期防洪目标。

2. 坝址上游

峡江水库优化了洪水调度后，降低了坝址上游水位，库区内部分深淹没区变成了浅淹没区，给抬田防护和筑堤防护均创造了有利条件，使库区内大量的耕地得到了保护，并减少了外迁人口，降低了工程投资。

3.3.11 小结

水利枢纽工程中防洪与兴利是矛盾的两个方面，通过协调可寻找到一个最佳结合点。防洪安全涉及坝址上游的库区、下游的防洪保护对象和大（闸）坝自身，兴利主要涉及发电、航运、灌溉等。在工程设计阶段，研究优化峡江水利枢纽工程的洪水调度运行方式，在满足工程兴利要求、达到下游防洪目标的前提下，较好地协调了防洪与兴利之间、坝址上游与下游防洪之间的矛盾，保护了大量肥沃的土地资源，节省直接工程投资 4 亿余元，为工程前期工作的顺利开展奠定了良好基础。但设计阶段研究的水库调度运行方式仍然是初步的，因为其研究重点是协调库区淹没影响与下游的防洪目标。因此，在工程建成运行后，还需进一步优化其调度运行方式，研究如何在不增加上游淹没损失和下游防洪负担以及工程自身防洪安全条件下获得更大的综合效益。

由于目前赣江中下游部分堤防的防洪标准还未按相关规划报告要求的"应达到《防洪标准》（GB 50201—1994）中要求的防洪标准"。峡江水利枢纽工程在 2015 年 1 月编制调度运用方案时，根据坝址下游部分堤防的现状御洪能力将坝址流量 14500～20000m³/s 区间段拆分成 14500～14800m³/s 和 14800～20000m³/s 两段流量区间，同时对原流量区间的"敞泄洪水"明确了动态控制坝前水位范围，并对各流量区间预泄时的最大下泄流量作了相应的调整，以免预泄降低坝前水位时造成人为洪水，威胁未达标堤防的防洪安全。

3.4 水库防洪库容研究

3.4.1 赣江中下游干流防洪工程总体方案

赣江是鄱阳湖水系第一大河流，沿江一带地势较低，尤其是赣江中下游地区，常受赣江洪水威胁。目前，建有堤防工程对沿江两岸城镇和部分乡村农田进行保护，但由于抗洪能力普遍偏低，而且堤身堤基隐患多，穿堤建筑物又不够完善，一旦发生较大洪水，将给沿江两岸农村和城市的农业、工业和交通造成不同程度的损失。

《江西省赣江流域规划报告》和《江西省防洪规划简要报告》中均在充分分析现有防洪工程作用及存在问题的基础上，根据"全面规划、统筹兼顾、标本兼治、综合治理"和"按照上、中、下游兼顾"的原则，采取堤库结合、蓄泄兼施以泄为主，并辅以河道整治等综合防洪措施，提出赣江中下游防洪工程的总体方案：加高（除险）加固赣东大堤和赣江中下游其他堤防，完建万安水库，修建峡江、峡山和赣江中上游其他各支流上的防洪水库，并进行泉港分蓄洪区的安全建设。同时，对防洪工程总体方案的实施作出了安排。

（1）2010 年前加高加固赣东大堤和赣江中下游其他堤防，并对泉港分蓄洪区进行分洪工程建设和区内安全建设，使之最终成为最有效防御超标准洪水的应急措施。

（2）完成万安水库按 100m 水位运行的后续工作，并建成峡江水库，赣东大堤的防洪标准达到 100 年一遇，沿江城镇防洪工程和中下游其他堤防达到《防洪标准》（GB 50201—1994）中要求的御洪能力。

（3）随着赣江干流、支流的梯级开发和防洪工程体系的完善，使中下游堤防的防洪标准进一步提高。

3.4.2 峡江水库防洪目标

峡江水利枢纽工程的防洪保护对象位于赣江下游，主要有南昌市、赣抚平原（赣东大堤保护区）及赣江三角洲。

南昌市位于赣江下游，目前的防洪标准为：主城区基本达到 100 年一遇，昌北可独立防护的小片区为 50 年一遇。

赣抚平原的御洪屏障为赣抚大堤，赣东大堤为赣抚大堤靠赣江东岸的部分，位于赣江下游。赣东大堤保护区内有南昌市和南昌县、丰城市、樟树市的县（市）政府所在地莲塘镇、剑光镇、樟树镇（著名药都）以及 46 个乡、镇（场）政府所在地，还有向塘、樟树、洪都 3 座机场，京九、浙赣、向乐 3 条铁路和 G105、G305、G320、G316 线等重要设施。赣东大堤目前的御洪能力为 50 年一遇。

根据赣江下游防护对象社会经济地位的重要性和风险程度，峡江水库的主要防洪保护对象为南昌市和赣东大堤保护区。按照《防洪标准》（GB 50201—1994）和有关规划、设计报告的批文以及赣江中下游干流防洪工程总体方案，确定峡江水库的防洪目标为：配合泉港分蓄洪区的运用，将赣东大堤保护区和南昌市可单独防护的小片区的防洪标准由 50 年一遇提高到 100 年一遇，将南昌市主城区的防洪标准由 100 年一遇提高到 200 年一遇。

3.4.3 峡江水库防洪库容

3.4.3.1 调度原则

1. 赣江中下游区域整体防洪调度原则

当赣江发生堤防御洪能力标准及以下洪水时，依靠自身的堤防进行抗御洪水；当赣江下游发生 50 年一遇（赣东大堤和保护南昌市小片区堤防的御洪能力）或 100 年一遇（南昌市主城区堤防的御洪能力）以上洪水时，峡江水库按其为下游防洪的洪水调度规则进行拦蓄洪水；经峡江水库拦蓄洪水后，石上站流量仍超过 50 年一遇或 100 年一遇洪水的设计洪峰流量时，启用泉港分蓄洪区进行分洪，以满足赣东大堤保护区和南昌市的防洪要求。

2. 峡江水库调度原则

峡江水库总的调度运行原则为：小水（流量小于防洪与兴利运行分界流量）下闸蓄水兴利（发电、航运、灌溉），调节径流；中水（20 年一遇以下洪水）分级降低水位运行，减少库区淹没；大水（20～200 年一遇洪水）控制泄量，为下游防洪；特大洪水（200 年一遇以上洪水）开闸敞泄洪水，以保闸坝运行安全。

峡江水库的洪水调度为中水至特大洪水的调度，而决定防洪库容规模、影响防洪效果的则是大水（20～200 年一遇洪水）的调度。峡江水库洪水调度运行方式又分降低坝前水位运行方式、拦蓄洪水为下游防洪运行方式和敞泄洪水运行方式。

通过对峡江水库洪水调度中的小水、中水、大水和特大洪水之间分界流量的分析研究，选取采用坝址流量 5000m³/s 作为防洪与兴利运行分界流量、20000m³/s 作为起始控泄流量和 26600m³/s 作为特大洪水敞泄起始流量。因此，当坝址流量大于 5000m³/s 时，峡江水库进入洪水调度运行方式。当坝址来水流量介于 5000～20000m³/s 之间时，峡江水库采取降低坝前水位运行并对坝前水位进行动态控制的洪水调度运行方式进行调度。当库水位低于防洪高水位 49.00m、坝址来水流量介于 20000～26600m³/s 之间时，峡江水库采用控制下泄流量为下游防洪的洪水调度运行方式进行调度。当库水位达到防洪高水位 49.00m、坝址来水流量超过 26600m³/s，且洪水继续上涨时，峡江水库采取敞泄洪水运行方式进行调度。

3.4.3.2　防洪库容和蓄滞洪容积

1. 泉港分蓄洪区和同江防护区概况

（1）泉港分蓄洪区。泉港分蓄洪区位于赣江下游西岸樟树、丰城、高安三市境内，由泉港分洪闸、稂洲堤和肖江堤、蓄洪区等部分组成。

稂洲堤是泉港分蓄洪工程的重要组成部分，上接樟树市赣西堤与肖江堤结合处，下连泉港分洪闸，1958 年兴建，全长 4.63km，封堵肖江出口，使分蓄洪区与赣江隔离。目前，稂洲堤的抗御洪水能力已达到 50 年一遇洪水标准。樟树市的肖江堤，原防御肖江洪水和赣江洪水，保护浙赣铁路和圩内农田。1958 年随着泉港分蓄洪工程的兴建对其进行了加高加固，现已成为分蓄洪区之南缘圩堤。

泉港分蓄洪区内现有 10 个乡（镇）、64 个村委会、258 个自然村，33.00m 高程以下总人口 7.06 万人，耕地面积为 80.13km²，其蓄洪总面积为 151km²，50 年一遇赣江水位 32.13m 相应总容积为 6.93 亿 m³，100 年一遇赣江水位 32.67m 相应总容积为 7.80 亿 m³，是赣江下游防御超标准洪水的重要防洪设施，区内未进行安全设施建设。

泉港分洪闸位于肖江汇入赣江的汇合口，闸址以上集水面积为 1216km²。分洪闸于 1956 年 8 月动工兴建，1958 年 3 月建成，21 世纪初已按 100 年一遇的设计洪水标准对其进行了改建，改建后的泉港分洪闸设计最大分洪流量为 2000m³/s，设计最大水头为 5.13m。分洪闸在 1962 年末改建前顺利地分过两次洪水，分别降低赣江水位 0.41m 和 0.28m，1964 年分洪时，其水头超过了改建前的设计水头，致使闸门被冲毁，未达到预期分洪目的。

泉港分蓄洪工程目前正常运用状态是当赣江发生 100 年一遇洪水时，开启泉港分洪闸分洪，降低赣江洪水位，将赣东大堤保护区和南昌市可单独防护的小片区防洪标准由 50 年一遇提高到 100 年一遇。当赣江发生 100 年一遇以上洪水，开启泉港分洪闸分洪以提高南昌市主城区防洪标准时，泉港分蓄洪工程则进入了非常运用状态。

(2) 同江防护区。同江防护区位于赣江左岸同江下游，同江与赣江的汇合口距峡江坝址 14.7km。同江流域面积为 972km²，采取在同江下游南面开辟新河导排客水（同江上游来水，导排面积为 829km²）、在同江下游北面新建导排沟（导排同江下游北面边山来水，导排面积为 66.2km²），加高加固沿赣江左岸堤防且封堵原同江河口（预防赣江洪水的侵袭），以及在低洼地新建排涝站（提排防护区内无法自流排出的涝水）的方式对其进行防护。同江防护区内有吉水县的阜田、枫江、盘谷 3 个乡（镇），保护人口 4.483 万人、耕地面积 2107hm²、房屋 246 万 m²。该防护区由于保护人口和耕地多，且大部分区域为深淹没区。因此，设计时对低洼地采取了抬田措施。经抬田工程措施后，区内最低地面高程为 41.00m，比峡江水库正常蓄水位低 5.00m。该防护区 49.00m 高程相应的面积为 51.69km²，相应的容积为 2.43 亿 m³；50.00m 高程相应的面积为 56.79km²，相应的容积为 2.98 亿 m³。

2. 洪水调度方案

根据规划中赣江中下游防洪工程总体方案，峡江水利枢纽按"堤库结合、合理使用分蓄洪区"的原则综合拟定防洪措施，在防护目标自身现状堤防标准达标的基础上，考虑泉港分蓄洪区的分洪条件和能力，分析确定峡江水库的防洪规模，以完善赣江中下游的防洪工程体系。因此，峡江水利枢纽工程设计时，在其防洪库容与泉港分蓄洪容积的组合方面拟定以下两种洪水调度方案进行分析选择。

(1) 水库和分蓄洪区共同承担防洪任务（方案一）。泉港分蓄洪区为现有的分蓄洪工程，虽然区内未进行安全建设，但分洪闸已按 100 年一遇的洪水标准进行了改建，可承担赣江中下游适量的分洪任务。泉港分蓄洪区总容积为 6.93 亿 m³，有效分洪容积可达 4.0 亿 m³。赣江下游的防洪任务可拟定由峡江水库和泉港分蓄洪区共同来承担，合理分配分洪量。因此，在拟定峡江水库洪水调度方案时，可适当加大水库泄量，使泉港分蓄洪区尽其能力分蓄洪水，以减小峡江水库的防洪库容规模。

(2) 水库为主、分蓄洪区仅分蓄坝址以下洪水（方案二）。泉港分蓄洪区内人口、耕地较多，区内又未进行安全设施建设，分洪一次损失较大。因此，希望赣江下游的防洪任务主要由峡江水库承担，泉港分蓄洪区仅分蓄峡江水库无法控制和调蓄的坝址以下洪水，减小泉港分蓄洪区的分蓄洪水概率。该方案在拟定峡江水库洪水调度方案时，只要在方案一的基础上适当减小水库的下泄流量即可。

3. 防洪库容和蓄洪容积

通过典型洪水组成法选定的 1962 年、1964 年、1968 年、1973 年、1982 年、1992 年、1994 年、1998 年等 8 个年型 100 年一遇和 200 年一遇的赣江中下游整体防洪设计洪水和同频率洪水组成法选定的 1968 年、1994 年 2 个年型 100 年一遇和 200 年一遇的赣江中下游整体防洪设计洪水进行调洪演算，将峡江坝址下游防洪保护对象的防洪标准由 50

年一遇提高到 100 年一遇或由 50 年一遇提高到 200 年一遇时，峡江水库所需的防洪库容和泉港分蓄洪区的蓄洪容积结果如下：

（1）方案一。峡江水库需设置的防洪库容分别为 4.50 亿 m³ 和 6.00 亿 m³；泉港分蓄洪区的最大分洪容积分别为 2.28 亿 m³ 和 3.98 亿 m³，泉港分洪闸的最大分洪流量均为 2000m³/s。赣江发生 200 年一遇洪水时，该方案无论遇哪种年型的洪水，泉港分蓄洪区均需要分洪才能满足下游的防洪要求。

（2）方案二。峡江水库需设置的防洪库容分别为 6.00 亿 m³ 和 8.62 亿 m³；泉港分蓄洪区的最大分洪容积分别为 2.05 亿 m³ 和 2.21 亿 m³，泉港分洪闸的最大分洪流量亦为 2000m³/s。赣江发生 200 年一遇洪水时，该方案的泉港分蓄洪区分洪的概率减小，仅有峡江坝址以上洪水较小而区间洪水较大的 1982 年型和 1994 年型，以及发生区间与防洪控制断面同频率的洪水才需要泉港分蓄洪区配合分洪。

（3）考虑万安水库调蓄影响。当考虑万安水库初期运行对下游防洪的影响时，通过对 1964 年和 1968 年两个年型的赣江中下游整体防洪设计洪水进行调洪演算，得到的结果是：方案一的峡江水库防洪库容仍为 6.00 亿 m³，泉港分蓄洪区的最大分洪容积则由 3.98 亿 m³ 减小至 2.00 亿 m³；方案二的峡江水库所需的最大防洪库容由 8.62 亿 m³ 减小至 8.45 亿 m³，泉港分蓄洪区的最大分洪容积仍为 2.21 亿 m³。

4. 各方案蓄滞洪水的利弊分析

由于方案一较频繁地利用了泉港分蓄洪区进行分蓄洪水，而方案二利用泉港分蓄洪区进行分蓄洪水的概率较小。因此，方案二所需峡江水库设置的防洪库容相对较大。若遇为下游防洪标准的洪水、且满足防护区不进水时，方案二的防洪水位比方案一高 1.34m，但从峡江水利枢纽闸坝及防护区防洪堤的投资来看，方案二要比方案一大得多；若让防护区进水受淹，工程投资减小，但防护区的淹没损失也很大，尤其是同江防护区。若方案二利用防护区尤其是同江防护区（部分替代泉港分蓄洪区）分蓄洪水，而方案一防护区不进水，则方案二与方案一的防洪高水位相差不大。现就利用同江防护区和泉港分蓄洪区蓄滞洪水的利弊分析如下：

（1）利用同江防护区分蓄洪水。优点是可减少泉港分蓄洪区机会性的分蓄洪水损失，同江防护区分蓄一次洪水损失相对较小。缺点是需另修建一座同江分洪闸，将给工程增加一定投资，且同江防护区为深水防护，分进去的水量无法自流排出，只能依靠电力向外抽排。

（2）利用泉港分蓄洪区分蓄洪水。优点是可减少同江防护区分蓄洪水的损失且可少修建一座同江分洪闸，泉港分蓄洪区已有能抗御 100 年一遇洪水的分洪闸可利用，分进去的水量在洪水退后容易自流排出，可充分利用现有的蓄滞洪工程。缺点是泉港分蓄洪区分蓄一次洪水的损失相对较大。

5. 方案选择

在同样满足下游防洪要求、达到水库防洪目标的前提下，与方案二相比，方案一的峡江水库所需防洪库容减小 2.62 亿 m³，泉港分蓄洪区分洪容积增加 1.77 亿 m³。

经分析，峡江防护区可利用的分洪容积为 2.67 亿 m³（49.30m 防洪高水位，下同），仅同江防护区的可利用分洪容积就达 2.20 亿 m³。洪水调度选用方案一，与选用洪水调度方案二相比,峡江水库防洪高水位偏低 0.3m,即为 49.00m。由于泉港分蓄洪区为现有分蓄洪工程,能承担分蓄 4.0 亿 m³ 水量的能力,且分进去的水量在洪水退后容易自流排出;而同江防护区为深水防护,区内人口、耕地也相对较多,且分进去的水量不能自流排出,只能依靠电力向外抽排。经综合分析,峡江水库洪水调度选用方案一,即选择采用水库和分蓄洪区共同承担防洪任务方案,峡江水库防洪库容和泉港分蓄洪区分洪容积分别为 6.00 亿 m³ 和 3.98 亿 m³。

3.4.4 峡江水库防洪效果

以典型洪水组成法拟定,且采用洪量同倍比法放大的整体防洪设计洪水进行峡江水库对其下游防洪效果的分析。

1. 削减洪峰流量或降低水位情况

采用水库和分蓄洪区同时承担防洪任务的洪水调度方案,对八个年型的赣江中下游整体防洪设计洪水进行调洪演算。通过对峡江水库的防洪调度并配合泉港分蓄洪区的合理运用,赣江下游防洪控制断面或防洪效果分析代表断面的洪峰流量削减或水位降低情况如下:

(1) 防洪控制断面(石上站)的防洪效果见表 3.4-1。

(2) 由于南昌站和外洲站受鄱阳湖高水位顶托影响严重,因此,以分析代表断面(南昌站和外洲站)洪水位的降低值来反映峡江水库的防洪效果,见表 3.4-2。

表 3.4-1　　　　　　　　　防洪控制断面(石上站)防洪效果表

洪水类型	洪峰流量/(m³·s⁻¹)		洪峰水位/m	
	削减前	削减后	削减前	削减后
100 年一遇	23100~25600	22200~22800①	30.78~31.39	30.55~30.71①
200 年一遇	25000~27600	22800~24800①	31.25~31.85	30.71~31.20①

① 数据为相应低一级频率洪水的设计洪峰流量或水位。

表 3.4-2　　　　　　　　　分析代表断面的防洪效果表

站名	100 年一遇洪水洪峰水位/m			200 年一遇洪水洪峰水位/m		
	削减前	削减后	降低值	削减前	削减后	降低值
外洲	23.82~24.29	23.65~23.76①	0.13~0.52	24.18~24.63	23.77~24.14 (24.21①)	0.30~0.70
南昌	23.01~23.45	22.85~22.96①	0.12~0.48	23.35~23.78	22.96~23.31 (23.39①)	0.28~0.66

① 数据为相应低一级频率洪水的设计洪峰水位。

2. 防洪效果分析

从上述对赣江下游代表断面的削减洪峰流量或降低水位情况可知,峡江水库对下游的防洪作用显著。峡江水库采用水库和分蓄洪区同时承担防洪任务的洪水调度方案,通过水库的防洪调度,并配合泉港分蓄洪区的合理运用,能使赣东大堤保护区和南昌市可单独防护的小片区防洪标准由 50 年一遇提高到 100 年一遇;可使南昌市主城区的防洪标准由 100 年一遇提高到 200 年一遇。

3.4.5 小结

峡江水利枢纽工程位于赣江中游,主要防洪保护对象为赣江下游区域。工程坝址至防洪保护对象的区间面积较大，且赣江中上游洪水与下游洪水发生时间不同步的概率较大，峡江水库只能控制坝址以上洪水。泉港分蓄洪区是位于赣江下游的已建分蓄洪工程，位于峡江水库主要防洪保护对象赣东大堤中段，距南昌市也近，其分洪效果好。

　　峡江水库防洪库容的设置需认真分析泉港分蓄洪区的分蓄洪条件和分蓄水量能力，充分利用现有的分蓄洪工程，以减小工程投资或库区的淹没损失。做到既不削弱原有工程的功能，又在不增加工程投资前提下减少新增的淹没区域，达到工程为下游防洪的目标。

第4章　工程布置及主要建筑物设计

4.1　工程设计条件

4.1.1　工程等级和洪水标准

峡江水利枢纽工程主要建筑物有泄水闸、混凝土挡水坝、河床式厂房、船闸、灌溉总进水闸及鱼道等。总库容为 11.87 亿 m³，电站装机容量为 360MW，船闸设计最大吨位为 1000t。枢纽工程等别为 I 等，属大（1）型工程。挡水主要建筑物为 1 级建筑物，按 500 年一遇洪水设计，2000 年一遇洪水校核；非挡水主要建筑物为 2 级建筑物，按 100 年一遇洪水设计，500 年一遇洪水校核。各建筑物级别及运用洪水标准见表 4.1-1。

表 4.1-1　　　　　　　　　水工建筑物级别及洪水标准

名　　　称	级别	洪水标准（重现期/年）	
		设计	校核
泄水闸、混凝土挡水坝、厂房（挡水部分）、船闸上闸首、鱼道上游防洪闸、灌溉总进水闸、鱼道补水涵防洪闸	1	500	2000
厂房结构（非挡水部分）、安装间、副厂房、GIS 室、中控楼	2	100	500
船闸下闸首、闸室、鱼道（非挡水部分）	2	20	
消能设施	1	100	
导航、靠船、导墙、岸墙	3		
厂房、泄水闸、挡水坝及船闸开挖边坡	1		
导航、靠船、导墙、岸墙、灌溉渠、引航道、鱼道等开挖边坡	2		

4.1.2　工程特征参数

1. 特征水位及流量

（1）$P=0.05\%$，上游校核洪水位为 49.00m，最大下泄流量 $Q=32500\text{m}^3/\text{s}$，相应下游水位为 47.41m。

（2）$P=0.2\%$，上游设计洪水位为 49.00m，最大下泄流量 $Q=29100\text{m}^3/\text{s}$，相应下游水位为 46.62m。

（3）$P=1\%$，最大下泄流 $Q=24600\text{m}^3/\text{s}$，相应下游水位为 45.32m。

（4）正常蓄水位为 46.00m。

（5）死水位为 44.00m。

2. 船闸设计通航水位及规模

（1）高通航水位：上游 46.00m，下游 44.10m。

（2）最低通航水位：上游 42.70m，下游 30.30m。

（3）检修水位：上游 46.00m，下游 36.46m。

（4）船闸等级：Ⅲ级。

（5）设计水平年：近期 2020 年，远期 2030 年。

（6）设计年通过能力：（单向）603 万 t（近期），957 万 t（远期）。

（7）设计船型：100t 单船；1000t 单船；一顶两艘千吨级驳船队。其中，100t 单船尺度：31.5m×6.3m×1.2m（长×宽×吃水）；1000t 单船尺度：60.0m×10.8m×2.2m（长×宽×吃水）；2×1000t 设计船队尺度：160m×10.8m×2.2m（长×宽×吃水）。

（8）设计水头：15.70m。

（9）通航净高：10.0m。

4.1.3 主要水文及气象参数

1. 径流特征值

多年平均年流量：1640m³/s。

2. 气象参数

（1）多年平均年降水量：1630mm。

（2）最大风速：19m/s。

（3）多年平均年最大风速：14m/s。

4.1.4 坝址区工程地质条件

峡江水利枢纽工程选定坝址两岸山体雄厚，地形基本对称。河段为 S 形弯段，坝址处于 S 形中部，两岸地形不甚对称，冲沟较发育。河谷相对开阔，两岸分布 Ⅰ 级阶地。选定坝线的坝基岩性从左至右主要为石炭系下统变余粉砂岩（C_1z^2）、石英砂岩（C_1z^3），炭质绢云千枚岩（C_1z^{4-1}）及砂质绢云千枚岩（C_1z^4）。坝址区岩体力学参数见表 4.1-2，主要工程地质问题如下。

1. 坝基变形与抗滑稳定问题

坝址区可利用建基岩体为弱下风化或微风化岩体，允许承载力及变形特性基本可满足建中低混凝土重力坝要求。仅局部断层带和挤压破碎带构造岩强度低，变形特性差，可能产生应力集中，须进行工程处理。

坝址区河床及右岸阶地部位 C_1z^4 炭质、砂质绢云千枚岩及 C_1z^2 变余粉砂岩中发育有层间剪切带，倾角为 10°～32°，带宽一般为 2～5cm，个别为 20～40cm，带内物质主要为岩屑夹泥、泥夹岩屑或纯泥，其倾角缓，抗剪强度低，连续性一般较好，可能成为坝基抗滑控制性结构面。坝区北北西向及北东东向陡倾角节理发育，构成侧向和横向切割面，与层间剪切带组合，岩体可能构成向下游滑移的组合块体，故对坝基抗滑稳定不利。

2. 坝基渗漏与绕坝渗漏问题

据钻孔水文地质试验成果，坝址区弱下—微风化岩体透水率基本小于 5Lu，本枢纽岩体相对不透水层按 $q \leqslant 5Lu$ 控制，弱下—微风化岩体透水性能基本满足坝基防渗要求。仅局部地段弱下—微风化岩体透水率 5～20Lu，属相对透水层，如上坝线右岸 ZK71 孔，下坝线左岸 ZK73 孔、河床 ZK97 孔及右岸 ZK101 孔分布地段，作为坝基须采取防渗措施。

表 4.1-2　坝址区岩体力学参数建议值表

岩石名称	风化程度或夹层类型	饱和单轴抗压强度 R_b/MPa	软化系数	岩体允许承载力/MPa	岩体变形模量/GPa	泊松比 λ	混凝土/岩体抗剪（断）强度 抗剪强度 f	抗剪断强度 f'	抗剪断强度 c'/MPa	岩体/岩体抗剪（断）强度 抗剪强度 f	抗剪断强度 f'	抗剪断强度 c'/MPa	岩体允许抗冲流速 水深大于3m v/(m·s^{-1})
砂质绢云千枚岩（C_1z^{4-2}）	弱下—微风化	40~45	0.66~0.71	3.3~3.8	5~5.5	0.29~0.30	0.55~0.60	0.80~0.85	0.60~0.65	0.55~0.60	0.80~0.85	0.65~0.70	5~5.5
炭质绢云千枚岩（C_1z^{4-1}）	弱下—微风化	15~30	0.47~0.57	1.5~2.5	4.5~5.0	0.29~0.30	0.50~0.55	0.60~0.65	0.50~0.55	0.48~0.50	0.55~0.60	0.40~0.45	4.5~5.0
石英砂岩（C_1z^3 或 C_1z^2）	弱下—微风化	35~65	0.61~0.75	4.0~6.0	7~8	0.29~0.30	0.60~0.65	0.90~0.95	0.65~0.70	0.60~0.65	0.85~0.90	0.70~0.75	6~7
变余粉砂岩（C_1z^2）	弱下—微风化	30~50	0.50~0.65	2.5~4.0	4~4.5	0.30~0.32	0.53~0.56	0.60~0.65	0.55~0.60	0.52~0.56	0.65~0.70	0.55~0.60	4.5~5.0
绢云粉砂岩（C_1z^1）	弱下—微风化	25~30	0.55~0.60	2.0~2.5	3.5~4.0	0.30~0.32	0.50~0.55	0.60~0.65	0.50~0.55	0.48~0.50	0.55~0.60	0.40~0.45	4.5~5.0
软弱夹层	岩块岩屑									0.40~0.45	0.45~0.50	0.10~0.15	—
软弱夹层	岩屑夹泥									0.30~0.32	0.33~0.35	0.04~0.06	—
软弱夹层	泥夹岩屑									0.23~0.25	0.26~0.28	0.02~0.03	—
软弱夹层	纯泥型									0.18~0.20	0.20~0.22	0.002	—

由于坝区断层多具压扭性质，透水性较弱，可结合固结灌浆进行防渗处理。

据坝肩钻孔水文地质观测资料，左坝肩地下水水位为 50.32～51.30m，右坝肩地下水水位为 52.66～59.49m，两岸地下水位均高于坝前正常蓄水位，且岩体透水率小于 5Lu，建库基本不存在绕坝渗漏问题。

3. 裂隙承压水顶托问题

坝区部分钻孔揭露基岩局部赋存有裂隙承压水，一类主要沿 F_3 断层破碎带分布，如 ZK2、ZK15、ZK29 孔揭露 F_3 断层，即出现承压水，出水量约为 1.0～1.3L/min；另一类沿岩体挤压破碎带发育，揭露于 ZK70、ZK95 和 ZK109 钻孔，出水量约为 1.2～1.9L/min。随出水时间延长，承压水出现水头下降和水量减小现象，说明水量不大，水头不高。但设计应考虑裂隙承压水对闸坝产生的不利影响。

4. 边坡稳定问题

左右坝肩开挖，永久边坡较高，其中左坝肩永久边坡高约为 60m，岩层与北北西向陡倾角节理构成不利组合，可能导致边坡局部失稳。右坝肩永久坡高约为 50m，边坡走向与岩层走向近垂直，基本不会产生边坡整体稳定问题，但边坡岩体风化破碎，可能存在局部掉块和崩落。对坝肩永久边坡采取护坡处理，边坡开挖应分级设马道。

主厂房基坑开挖，基坑左侧临时边坡高约 24m，为岩土混合坡，上部覆盖层厚 3～4m；基坑右侧与安装间结合部为岩质边坡，坡高 20～25m，安装间下游为岩土混合坡，坡高 30～35m，其中边坡上部覆盖层厚 10m。两侧边坡上部覆盖层与基岩结合界面可能存在接触渗透，对边坡稳定不利，须采取必要的临时支护措施。边坡中下部岩体裂隙发育，存在不利边坡稳定的结构面组合，可能形成倾向基坑的不稳定棱体。故基坑左、右临时边坡稳定性较差，施工应加强边坡变形观测，必要时应采取临时支护措施。

5. 地震

坝址区 50 年超越概率 10% 的基岩水平峰值加速度为 0.03g，地震动反应谱特征周期为 0.35s；100 年超越概率 2% 的基岩水平峰值加速度为 0.09g，地震动反应谱特征周期为 0.35s。

4.2 坝址、坝轴线选择

4.2.1 坝址选择

赣江干流在峡江县老县城巴邱镇上游有一段长约 6.0km 的峡谷河段，是兴建水利枢纽工程较为理想的场址。可行性研究阶段选取相距约 3.7km 的上、下两个坝址进行了比选。比选主要考虑地质条件、枢纽布置、施工条件、水库淹没、工程占地以及工程投资等方面因素。两个坝址主要区别如下：

上坝址：河谷相对开阔，两岸分布Ⅰ级阶地。左、右岸需采取一定的开挖等工程措施，建筑物进出口经局部开挖处理后，与河道主流可平顺衔接。无重大地质问题，坝基处理难度相对较小。施工条件：施工布置及导流条件相对有利；施工期上游水位壅高小，对库区防护工程施工压力较小；厂房和船闸施工干扰小，且强度合理均衡；施工导流布置较复杂，费用较大；船闸开工时间较晚，对通航有一定的影响。

下坝址：河谷狭窄，为满足工程布置要求，左、右岸开挖范围大；溶洞、溶槽发育，坝基处理工程量较上坝址大。施工条件：施工布置及导流困难；施工期上游水位壅高大，对库区会造成较大的临时淹没；围堰对河床束窄严重，航道流速大，对施工期通航影响较大。

经综合比较，选择上坝址作为推荐坝址。

4.2.2 坝轴线选择

1. 坝轴线选择的原则

选定坝址河段为S形弯段，坝址处于S形中部，两岸地形不甚对称，冲沟较发育。坝线位置选择应避免冲沟影响，并考虑发电尾水及船闸航道水流条件等因素。另外，船闸航道直线段距离要求较长，应避免航道开挖工程量过大。因此，可供布置坝轴线的范围受到两岸地形和建筑物使用功能的制约，坝址河段的坝轴线选择范围有限。

选定坝址处于向斜核部，坝轴线应偏离向斜核部，使岩层倾角渐陡且倾向上游，以利于坝基抗滑稳定。由于坝址基岩面高程自上游向下游逐渐加深，建基面高程逐渐降低，故比较坝轴线也不宜距上坝线过远。

在深入研究两岸地形、地质和枢纽建筑物功能后，拟定上坝线和下坝线两条坝轴线进行比较，上、下坝线相距170m。

2. 坝轴线比选

对选定的坝址，从地质条件、枢纽布置、施工条件、水库淹没及工程占地以及工程投资等方面，进一步进行坝轴线比选。两坝线在施工条件、动能指标、枢纽建筑物布置等方面基本相同，存在的主要差异如下：

(1) 地形地貌条件。上、下两坝线地形地貌基本相同。两条坝线谷坡地形对称条件略有差异，上坝线左岸接山脊，右岸处于冲沟之内；下坝线左坝肩接冲沟上游坡，右岸接山脊。上、下坝线长度基本相等，分别为894.0m及845.0m。

(2) 工程地质条件。上、下坝线阶地和河床覆盖层岩性及厚度均基本相同。坝基岩性基本相同，自左至右主要为石炭系下统变余粉砂岩（C_1z^2）、石英砂岩（C_1z^3），炭质绢云千枚岩（C_1z^{4-1}）及砂质绢云千枚岩（C_1z^{4-2}）。上坝线河床左侧为断层交会带，岩体质量差；下坝线 F_2 断层以左岩体质量较上坝线 F_8 断层以左岩体质量为好。

可利用基岩为弱下—微风化岩体，河床部位可利用基岩面高程两条坝线基本相同，谷坡部位下线略低于上线。

上坝线主要位于向斜核部，岩层产状平缓，对坝基抗滑稳定不利；下坝线位于向斜一翼，岩层倾角陡于上坝线，坝基抗滑稳定条件优于上坝线。

从工程地质角度，下坝线建坝条件略优于上坝线。

(3) 通航条件。上坝线厂房发电尾水中心线与河床中心线夹角约为 $10°$，尾水对船闸下游口门区水流影响较大，不利于过闸船舶平稳进出。下坝线厂房发电尾水中心线基本平行河床中心线，尾水对船闸下游口门区水流影响较小，有利于过闸船舶平稳进出。

(4) 工程投资。上、下坝线主要土建工程静态总投资分别为 884474.16 万元及

883687.02万元。

综合以上各方面的分析比较，下坝线略优于上坝线，故确定下坝线作为峡江水利枢纽工程的坝轴线。

4.3　枢纽总体布置

4.3.1　总体布置任务

枢纽建筑物总体布置主要任务如下：

（1）根据峡江水利枢纽工程的任务和规模，从地形地质条件、施工条件、水库淹没、工程占地、工程投资及工程运用等方面，选择合适的总体布置方案及建筑物型式，以满足防洪、发电、航运及灌溉等任务要求。

（2）在选定的总体布置方案及建筑物型式基础上，进行建筑物结构布置，以满足工程运用要求。泄水建筑物最大泄流量不得小于32500m³/s；库水位为45.00m时，应保证可下泄流量20000m³/s。

（3）妥善处理工程运行调度、库区淹没、坝前及电站进水口泥沙淤积、船舶航行安全、泄流对电站尾水和通航的影响、下游冲刷、边坡稳定，施工导流等问题。

4.3.2　总体布置原则

（1）坝址洪峰流量大，为保证建筑物安全和对上游淹没的控制，泄水闸布置在河道的主流区内，保持原河道的河势，行洪顺畅。

（2）发电在本枢纽开发中占第二位，为保证电站运用稳定可靠，应尽量减少电站与其他建筑物的相互干扰影响。

（3）发电水头低，机组尺寸大，机组段长，宜采用河床式厂房。

（4）船闸尽量布置在主航道一侧，便于船舶航行。

（5）在满足泄洪要求、电站安全运行和船闸安全营运的前提下，尽量减少各主要建筑物在不同工况下的相互干扰，兼顾工程施工布置、施工期临时通航和利用二期围堰挡水提前发电的要求，以及运行管理方便等因素。

4.3.3　枢纽总体布置

1. 总体布置方案

峡江水利枢纽工程坝址处河面开阔，河床内基本具备同时布置挡水、泄水、通航建筑物及电站等水工建筑物的条件，故枢纽布置可采用集中布置的方式。由于泄流坝段和厂房坝段几乎占满河床，因此枢纽布置方案决定于船闸的布置。设计对以下三种布置方案进行了比较：

方案一：左岸船闸左岸厂房方案。左岸布置船闸，厂房靠船闸布置，右岸布置泄水闸。

方案二：右岸船闸左岸厂房方案。左岸布置厂房，泄水闸靠船闸布置，右岸布置船闸。

方案三：左岸船闸右岸厂房方案。左岸布置船闸，泄水闸靠船闸布置，右岸布置厂房。

经综合考虑，选择方案三为枢纽布置方案，主要建筑物沿坝轴线从左至右依此为：左岸挡水坝段、船闸、门库坝段、泄水闸、厂房坝段、右岸挡水坝，坝轴线总长 845.0m。该布置方案优点为：泄水闸布置在河道的主流区内，保持原河势，行洪顺畅；船闸下游引航道与主航道同岸连接，有利于船舶安全航行，且船闸布置于左岸滩地，开挖工程量较小；厂房右置可避免船闸运行时下游水流的波动给电站运行带来的不利影响；电站可采用水平进厂方式，能大大改善厂房施工条件及今后的运行环境；安装间可布置于右岸滩地，不占河床位置；缺点为：由于泄水闸布置在船闸和电站之间，为减少下泄水流对电站尾水和通航的影响，两侧需设置导流墙；由于泄洪水流流速大，船闸闸室右边墙及下游引航道右边墙需进行防冲处理；泄水闸泄洪时对船闸运行有影响（但超过 20 年一遇洪水标准时船闸将停航，影响历时较短）。

2. 坝型选择

峡江水利枢纽工程位于赣江中游河段，具有河道开阔平缓、水头低、流量大、装机台数多的特点。为满足其功能要求，枢纽须布置泄水、发电、通航等建筑物。根据本工程特点，泄水建筑物宜采用多孔开敞式泄水闸；发电厂房宜采用河床式；通航建筑物宜采用船闸。为满足结构布置、坝段连接及施工要求，这些建筑物均采用钢筋混凝土结构型式。

对于两岸接头坝段，由于土石坝与厂房和船闸接头处防渗处理复杂、施工干扰大等因素，不宜采用。因此，仅对混凝土重力坝、浆砌石重力坝、碾压混凝土重力坝作比选。通过比选，三种坝型投资以混凝土重力坝投资最多，但相差不大。由于浆砌石施工质量不易控制，碾压混凝土重力坝需增加部分专门施工设备（拌和系统、碾压设备等），故接头坝段采用混凝土重力坝型，可简化与两侧坝段的连接构造，能充分利用其他坝段的施工设备，方便施工，有利于质量控制及工期保证。

3. 枢纽主要建筑物布置

枢纽平面布置和立面布置分别见图 4.3-1 和图 4.3-2。

坝轴线走向 EN2.88°，主要建筑物沿坝轴线从左至右依此为：左岸挡水坝段（包括左岸灌溉总进水闸，长 102.5m）、船闸（长 47.0m）、门库坝段（长 26.0m）、泄水闸（长 358.0m）、厂房坝段（长 274.3m，其中主机房长 211.8m，为枢纽挡水建筑物）、右岸挡水坝（包括安装间上游挡水坝、右岸灌溉总进水闸及鱼道，长 99.7m）。坝轴线总长 845.0m，设计坝顶高程为 51.20m，泄水闸最大闸高 30.5m，挡水重力坝最大坝高 21.2m，门库坝段最大坝高 30.5m。

泄水闸段长 358.0m，堰顶高程为 30.00m，闸顶高程为 51.20～53.00m，单孔净宽 16.0m，共 18 孔。闸墩厚度为 3.5m，总泄流宽度为 288.0m，泄水闸顺水流方向长 47.0m。泄水闸共分成 19 个闸段，从左至右依次为 1～18 号闸段及 18 号闸室段。右侧 18 号闸室采用闸墩分缝的整体式结构，闸段长 23.0m；其余均采用闸孔中间分缝的分离式结构，中间闸段长度为 19.5m，两侧边孔闸段长度为 11.5m。闸室下游设钢筋混凝土护坦，底板高程为 26.50m，长 60.0m。在护坦下游设长 30.0m 混凝土海漫，之后接长 25.0m 格宾石笼海漫。

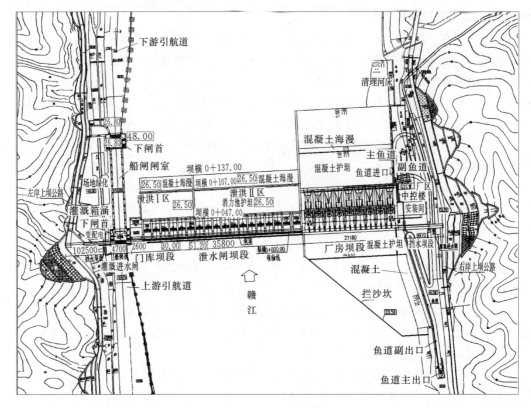

图 4.3-1　枢纽平面布置图（单位：高程、桩号，m；尺寸，mm）

左、右岸混凝土重力坝全长 202.2m，坝顶高程为 51.20m，坝顶宽度为 9.0m，上游面垂直，下游坡度为 1∶0.55。

门库坝段长 26.0m，坝顶高程为 51.20～53.00m，兼作泄水闸上、下游检修闸门门库，布置在船闸与泄水闸之间，顺水流方向长 56.3m。

发电厂房为河床式，由主机房、安装间、副厂房、中控楼及 GIS 室等组成，总长 274.3m，其中主机房长 211.8m，为挡水建筑物，顺水流方向全长 91.7m；安装间采用坝后式布置，长 62.5m，宽 29.0m。主机房机组间距为 22.7m，内装 9 台单机容量为 40MW 的灯泡贯式流水轮发电机组。安装间位于主机房的右侧，布置在右岸的台地上，电站设备采用水平进厂方式。下游侧采用防洪墙挡水，安装间与进厂公路连通。副厂房布置在主机房的下游侧，长 211.8m，共分三层，通过电梯和楼梯进入。主变压器布置在尾水管上部（副厂房之后），主变轨道地面高程为 38.78m。中控楼及 GIS 室布置在安装间下游。

船闸为单线单级船闸，布置于左岸，采用曲线进闸、直线出闸运行方式，主要由船闸主体段、引航段、口门区和航道段组成，上下游方向全长 3444m，闸室有效长度为 174.0m，净宽为 23.0m，采用闸室长廊道分散输水系统，引航段布置有导航段、停泊段，引航段底宽 55.0m。

为满足左右岸灌区输水需要，两岸挡水坝段设坝内式灌溉进水口，孔口尺寸为 4.0m ×3.0m（宽×高），设闸门控制。

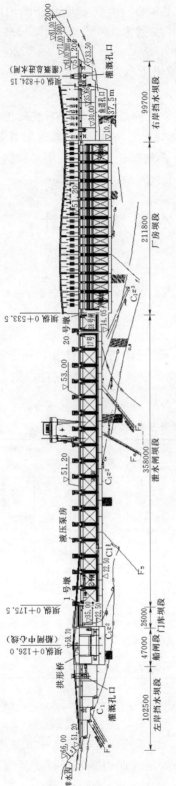

图 4.3 - 2 枢纽上游立视图 (单位：高程，m；尺寸，mm)

鱼道布置在右岸，沿高水位鱼道（主鱼道）方向，鱼道总长916.589m；低水位鱼道（副鱼道）长71.209m，鱼道纵坡1/60，底宽为3.0m，为横隔板式鱼道；鱼道上下游设有检修闸门及防洪闸门。

右岸河道岸坡防护：下游格宾石垫护岸长700m；上游混凝土护岸长175.7m，格宾石笼护岸长约110.0m。

左岸河道岸坡防护：船闸上游航道靠近闸首段采用预制混凝土块护坡，长约200m；其上游段采用现浇混凝土护坡，长约720m。上游导航段靠近闸首处长20m为混凝土护底，其上游长60m为格宾护底。船闸下游航道边坡支护采用格构梁＋锚杆（索）＋浆砌六角块石（顶部段为植草）的联合防护形式，护岸长约813m。

4.4　泄水建筑物设计

4.4.1　泄水闸布置方案选择

根据峡江水利枢纽工程河道开阔平缓、水头低、流量大的特点，泄水建筑物宜采用多孔开敞式泄水闸的型式。

1. 泄流总净宽选择

拟定五种方案（泄流总净宽为B），进行泄流能力计算，堰顶高程按30.00m考虑。坝址处20年一遇洪峰流量为19700m³/s，根据水库运行调度原则，在库水位为45.00m时，应保证可下泄20000m³/s，成果见表4.4-1。

表4.4-1　　　　　　　　闸孔总净宽各方案泄流计算成果表

序号	上游水位/m	18孔方案($B=288m$)		16孔方案($B=288m$)		15孔方案($B=300m$)		19孔方案($B=304m$)		20孔方案($B=320m$)	
		下游水位/m	最大下泄流量/(m³·s⁻¹)	下游水位/m	最大下泄流量/(m³·s⁻¹)	下游水位/m	最大下泄流量/(m³·s⁻¹)	下游水位/m	最大下泄流量/(m³·s⁻¹)	下游水位/m	最大下泄流量/(m³·s⁻¹)
1	44.00	43.28	17662	43.29	17672	43.37	17890	43.38	17933	43.52	18291
2	45.00	44.16	20118	44.17	20131	44.26	20402	44.28	20461	44.38	20769
3	46.00	45.01	22906	45.02	22926	45.12	23285	45.14	23361	45.25	23768
4	47.00	45.84	25946	45.84	25971	45.96	26418	45.98	26509	46.11	27018
5	48.00	46.64	29158	46.64	29185	46.78	29740	46.8	29853	46.95	30474
6	49.00	47.42	32527	47.43	32559	47.58	33236	47.61	33377	47.77	34139
7	50.00	48.18	36037	48.18	36075	48.35	36897	48.39	37065	48.58	37986

计算成果表明，五个方案均满足泄洪要求。增加过流宽度对降低上游水位作用较小，却使岸坡山体开挖量增加较大，工程投资增加较多。各方案在小于20年一遇洪水时的最高调洪水位均为46.00m（正常蓄水位），由于峡江水库淹没对象主要集中在坝前段，水库淹没处理范围受该水位控制，若继续加大泄流能力并不能减少淹没实物指标。经综合比较，确定泄流总净宽为288.0m，能满足泄洪要求，投资也较少。

2. 单孔净宽选择

根据确定的 288.0m 泄流总净宽，单孔净宽分别为 16.0m 及 18.0m 两个方案。经计算比较，单孔净宽 16.0m 比 18.0m 投资略省。考虑到本工程调度运行方式的特殊性，采用净宽 16.0m 时，泄水闸布置方式更为灵活、安全，且闸门尺寸较为常规，有利水库调度运行，故确定单孔净宽为 16.0m。

3. 泄水闸堰顶高程选择

泄水闸堰顶高程宜与河床高程基本一致，一方面有利于增加泄流量，减少泄水闸宽度和两岸开挖工程量；另一方面利于排沙，减少坝前淤积。河床高程为 29.50～30.00m，故拟定堰顶高程为 29.50m、30.00m 两种方案进行比较。经计算可知，降低堰顶高程时泄流量增加较少，但会加大闸门挡水高度，故选择堰顶高程为 30.00m 方案。

4. 泄水闸堰型选择

由于本工程挡水水头低，难以形成 WES 实用堰需要的幂曲线，且 WES 堰施工相对复杂，因此堰型选用低水头闸坝常用的宽顶堰和驼峰堰进行比选。当两方案泄流量基本一致时，驼峰堰方案投资比较宽顶堰方案多 213.03 万元。另外，驼峰堰堰顶突高闸底板 2.7m，不利于排沙，淤沙将影响检修闸门闭门，且驼峰堰施工相对复杂，故选择堰型为宽顶堰。

4.4.2 闸顶高程确定

经计算，泄水闸顶最大高程为 50.50m（设计洪水位工况）。考虑行洪时门机梁不影响过流的因素，闸前最高水位为 49.00m，门机梁高为 2.1m，得闸顶高程 $H = 49.0 + 2.1 = 51.1$m，故取闸顶高程为 51.20m。

4.4.3 溢流堰设计

泄水闸采用宽顶堰，上游堰头为圆弧形，中间堰顶为水平直线，下游堰面为幂曲线，曲线方程为 $Y = 0.042X^{1.85}$，曲线与下游护坦之间采用 1:4 斜线相接。详见图 4.4-1。

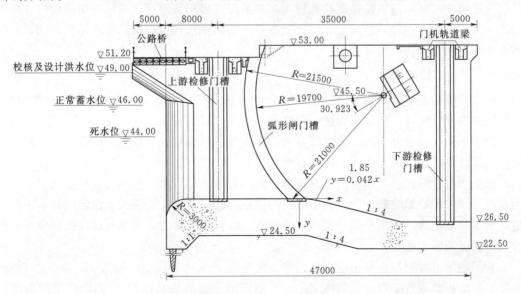

图 4.4-1 泄水闸闸室结构布置图（单位：高程，m；尺寸，mm）

为提高泄水闸堰面抗冲耐磨性能，在先期施工的 18 号泄水闸堰面采用了 C30 钢纤维混凝土。在实施过程中，发现钢纤维与混凝土不能均匀拌和；钢纤维硬度大，容易冒出混凝土表面，影响溢流堰面光滑度，在今后泄流时可能产生气蚀破坏。因此，在后期施工的 1～17 号泄水闸堰面采用了 C35 聚丙烯纤维混凝土。

4.4.4　闸室分缝型式

泄水闸为开敞式，根据国内已建枢纽的成功设计经验，对泄水闸拟定了以下两种分缝型式：

方案一：采用闸墩分缝的整体式结构，中墩及边墩厚均为 3.5m，两孔一联，中间闸段长度 42.5m，右边孔闸段长度 43.5m，泄水闸总宽度为 383.50m。

方案二：中墩及边墩厚均为 3.5m。右侧 18 号闸室采用闸墩分缝的整体式结构，闸段长 23.0m；其余均采用闸孔中间分缝的分离式结构，中间闸段长度为 19.5m，两侧边孔闸段长度为 11.5m。泄水闸共分成 19 个闸段，从左至右依次为 1～18 号闸段及 18 号闸室段。泄水闸总宽度为 358.0m。

在泄流宽度相同（均为 288.0m）的情况下，方案一泄水闸总宽度比方案二宽 25.50m，开挖量及混凝土工程量均较方案二大，且厂房布置更为困难。根据地勘资料，1～11 号泄水闸地基岩性为 C_1z^2 变余粉砂岩，12～18 号泄水闸地基岩性主要为 C_1z^3 石英砂岩和 C_1z^{4-1} 炭质绢云千枚岩。根据国内已建枢纽的成功经验，通过合理工程措施，技术上采用分离式结构是可行的。

综合上述分析比较，泄水闸闸室分缝型式采用方案二，即闸孔中间分缝的分离式结构。闸室结构布置见图 4.4-1。

4.4.5　门机轨道梁

泄水闸上、下游检修闸门，各由单向门机启闭。由于本工程闸孔净宽为 16m，检修闸门门机轨道梁跨度及门机轮压荷载均较大，如采用普通钢筋混凝土结构，梁截面尺寸较大阻碍行洪，且施工困难。经研究，门机轨道梁采用后张法预应力梁。这种结构形式，在江西省水利工程当中还是首次应用。

4.4.6　下游消能防冲设计

泄水闸下游覆盖层结构松散，抗冲性能差；下伏岩体断层、挤压破碎带和裂隙发育，岩体完整性差，容易产生冲刷深坑、深槽等，危及建筑物安全。

由于本工程具有低水头、单宽流量大、尾水较深且变幅大等特点，故在消能型式选择时，主要比较底流消能及面流消能两种型式。

根据水力计算成果，两种消能方式整体流态均可满足要求。考虑到面流消能对下游水面及两岸岸坡冲刷影响较大，不利于电站的稳定运行、通航及下游岸坡稳定；且本工程下游尾水水位变幅大，面流消能对其适应性不强。综合以上水力、地质及运用条件分析，推荐采用底流消能型式。

在闸室下游设钢筋混凝土消力池。鉴于河床弱下风化带高程一般为 26.00～28.00m，为保证护坦板基本置于弱风化岩体之上，故确定消力池底板高程为 26.50m。根据消能计算，并结合泄水闸模型试验成果，确定消力池长为 60.0m，深为 2.0m。

为满足运行期运行调度及施工期施工导流要求，在位于 6 号闸孔与 7 号闸孔之间部位设置分区隔墙，将消力护坦分隔为两个泄洪区，左侧 6 孔闸为泄洪Ⅰ区，右侧 12 孔闸为泄洪Ⅱ区。在护坦左、右侧分别设有左、右导墙，隔墙及导墙均采用钢筋混凝土悬臂式结构。隔墙及左导墙长 60.0m，右导墙总长 125.3m。

在护坦下游设长 30.0m 混凝土海漫，之后接长 25.0m 格宾石笼海漫。

4.4.7 坝基处理

泄水闸地质条件较为复杂，各闸段地层岩性及风化程度等各有差异。闸基岩体受构造挤压影响，断层和挤压破碎带发育。经开挖揭露，泄水闸 11～18 号闸段地基存在倾向下游的缓倾角软弱结构面，成为控制闸基稳定的重要边界，有可能导致泄水闸深层滑动失稳。由于闸基软弱结构面形成条件复杂，形式多样，其深层滑动破坏模式、稳定分析计算方法以及加固处理措施均成为重点研究的问题之一。为全面、合理地评价其抗滑稳定安全性，同时采用了传统的刚体极限平衡法、适用于多滑面的 Sarma（萨尔玛）法以及有限元法对闸基深层抗滑稳定进行分析计算，并提出合理可行的加固处理方案。根据本工程实际情况，经综合分析比较认为，闸室下游设有消力护坦，可作为尾部抗力体表面混凝土压盖，并对抗力体起到保护作用，可加以充分利用其作用来提高闸基的抗滑稳定性，主要措施为：加厚消力护坦板，并将各分缝块连成整体等。该方面内容可详见"峡江水利枢纽工程系列专著"之《峡江水利枢纽工程关键技术研究与应用》（中国水利水电出版社 2018 年出版）中所述。

泄水闸坝基主要处理措施如下：

（1）坝基开挖、加固处理。泄水闸开挖建基面高程在 22.50～24.50m 之间，11～15 号闸墩段地基岩体呈弱上—弱下风化，其余闸基岩体均呈弱下风化。

坝基岩体分布有断层、挤压破碎带、软弱夹层及裂隙，岩体完整性较差，为提高基岩的整体性和增强混凝土与基岩的结合度，对坝基全范围进行固结灌浆。灌浆孔孔、排距均为 4.0m，深入基岩 5.0m。

（2）坝基防渗处理。从工程安全出发，为减少坝基渗漏量和坝基面渗透压力，防止产生渗透破坏，在坝基采取单排帷幕灌浆防渗措施。帷幕灌浆采用水泥灌浆，孔距 2.0m，钻孔伸入相对不透水层（$q \leqslant 5Lu$）8.0m。

（3）11～16 号闸墩段闸基深层抗滑稳定处理。根据坝基深层抗滑稳定分析结果，主要措施为：加厚消力护坦板，并将各分缝块连成整体等。

（4）18 号泄水闸段闸室地基处理。闸基局部固结灌浆孔加深加密，在建基面采用锚筋桩加固。

（5）11～13 号闸墩段闸室地基处理。在 11 号闸墩段部位发育 F_6 断层，断层及其影响带岩体完整性差，须对该段闸基加强帷幕灌浆处理。在 11～13 号闸墩段增加一排帷幕灌浆，并对断层进行了开挖或刻槽回填混凝土处理。

（6）厂闸边坡处理。厂、闸边坡采用预应力锚索、锚筋加固。

（7）下游护坦河床深槽处理。根据现场开挖揭露，左岸护坦基础存在一条宽约 20m 的河床深槽，施工中挖除全强风化槽带软弱层至弱风化岩面，采用 C15 素混凝土回填至消力池护坦底面高程。

（8）下游护坦风化槽处理。右岸护坦基础有一条宽约 20m 强风化槽。施工中挖除风化槽，并将风化槽范围内的护坦板局部建基面相应降低。

4.5　挡水坝、门库设计

4.5.1　挡水坝设计

对于两岸接头挡水坝段，经综合比较，采用混凝土重力坝。左岸挡水坝长 102.5m，右岸挡水坝长 99.7m。坝顶高程为 51.20m，坝顶宽度为 9.0m。挡水坝横剖面设计见图 4.5-1。

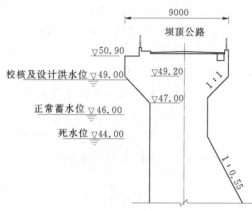

图 4.5-1　挡水坝横剖面图
（单位：高程，m；尺寸，mm）

左岸挡水坝共分 6 个坝段，各坝段长度为 13.0～20.0m，建基面高程为 29.10～45.90m，最大坝高为 22.1m。

右岸挡水坝共分 6 个坝段，从右往左依次为 1～6 号坝段，各坝段长度为 15.625～20.5m，建基面高程为 30.00～43.50m，最大坝高为 21.2m。

4.5.2　门库设计

门库坝段布置在船闸与泄水闸之间，门库坝段长 26.0m，宽 56.3m，顶高程为 51.20～53.00m，最大坝高为 30.5m。由上、下游挡水墙和左、右侧边墙、底板等组成，为钢筋混凝土结构。门库用于存放泄水闸检修闸门，设有台车式启闭机在库内摆放和调运闸门。

4.6　电站厂房设计

4.6.1　电站总体布置

电站厂房为河床式，位于河床右侧，布置在泄水闸与右岸挡水坝之间，坝段总长为274.3m。主要建筑物有发电厂房（含主机房和安装间）、副厂房、中控楼、GIS 室、主变场及主变轨道、220kV 构架柱及终端杆、厂区排水系统及集水井、进厂公路、进出口建筑物（包括进水渠、尾水渠和拦沙坎、防洪墙、河岸防护）等。

1. 主厂房布置

主厂房为枢纽挡水建筑物，长 211.8m，机组间距 22.2m。主机间内安装有 9 台灯泡贯流式机组，总装机容量 360MW，单机引用流量 530m³/s。从左往右机组编号为 1～9 号机组。主机房顺水流方向总长 91.7m。厂房最低建基面高程为 3.80m（渗漏集水井底板底高程），其余建基面高程在 6.30～11.30m 之间。按高程 6.30～51.20m 考虑，最大坝高 44.9m。

2. 安装间布置

安装间布置于主机房右侧，长 62.5m，宽 29.0m，位于右岸挡水坝之后，为非挡水建筑物。初步设计阶段分别进行了安装间挡水与不挡水两种方案比较，经比较，安装间不挡水方案厂房运行条件好，且工程量和投资省，故采用安装间不挡水方案。

3. 副厂房布置

副厂房布置在主厂房的下游侧，位于尾水流道顶部，长 211.8m，分三层布置：底层地面高程为 33.35m，宽为 27.7m；第二层地面高程为 38.75m，宽为 11.5m；第三层地面高程为 46.10m，宽为 11.5m。各层通过电梯或楼梯进入。

4. 升压、开关站布置

三台主变压器布置在副厂房下游尾水平台上，分别设于 6 号、7 号及 8 号机组段。主变压器检修可由轨道直接进入安装间。

开关站采用 GIS 布置方式。GIS 室布置在中控楼下游侧，尺寸为 34.24m×12.24m×12.7m（长×宽×高）。GIS 室经进厂公路及上坝公路与外界连接。在 GIS 室下游侧的厂区布置有 220kV 出线构架及终端杆，均为钢架结构。

5. 进、出口建筑物布置

进、出口建筑物布置包括进水渠、尾水渠、岸坡挡墙及岸坡防护等。

（1）进、尾水渠护岸型式选择。由于泄洪及电站尾水位变化，对岸坡易造成局部冲刷，需对上游进水渠及尾水渠右岸进行防护。护岸型式选取浆砌块石、格宾石垫、现浇混凝土、预制混凝土进行技术经济比较。

经综合比较，选择格宾石垫为护岸型式，其厚度为 0.3～0.5m。该护岸型式不仅工程投资较省，且具有以下特点：格宾网类似铅丝笼，由于采用高强度机编双铰合钢丝代替常规铁丝，增加了结构的抗拉能力，大大提高了结构的整体稳定性；格宾结构简单，施工速度快，且结构本身具有透水性，对填充石料质量要求不高，采用施工利用料填充；与刚性结构相比，格宾结构具有很强的柔韧性，能够适应一定程度的不均匀沉降，以及水流局部冲刷导致的局部沉降。

（2）进口建筑物布置。为防止水库泥沙淤积于进水口前及推移质进入贯流机组流道内，在进水渠进口设混凝土悬臂式挡墙作为拦沙坎。拦沙坎走向及坎顶高程均由水工模型试验确定。拦沙坎呈折线形布置，左端与泄水闸上游导墙及混凝土纵向围堰相连接，右端与混凝土护坡相连接，总长 318m。拦沙坎与厂房进水口之间设混凝土护坡、护底。拦沙坎上游河道右岸采用厚为 0.5m 的格宾石垫护岸，长 110m。

（3）出口建筑物布置。厂房下游尾水渠前段为 1:6 的倒坡，水平长度为 90.8m，采用混凝土护底。后段为 1:50 倒坡并与下游河床地形相衔接，水平长度为 10.0m，采用混凝土护底。

为防止泄水闸泄洪时回流对尾水的影响，在尾水渠与泄水闸之间设混凝土导墙。

厂房下游右岸挡墙结合鱼道布置。前段长 93.27m 为下游鱼道，之后为厂区防洪墙，总长 112.833m，其中顺流向长 81.503m，墙顶高程为 48.00m，为钢筋混凝土悬臂结构。防洪墙下游河道右岸采用厚 0.3m 格宾石垫护岸，长 700m。

6. 中控楼

中控楼设在安装间下游，尺寸为 39.24m×16.17m×15.55m（长×宽×高，按 33.55～49.10m 高程考虑），为钢筋混凝土框架结构，分三层布置：底层高程为 34.55m，位于厂区地面以下；一层高程为 38.70m，布置有中控室等；二层高程为 44.10m。中控楼经进厂公路及上坝公路与外界连接。

7. 进厂交通

根据厂房布置、安装及防洪要求，对进厂方式分别进行了从坝顶公路通过垂直运输井进厂和在安装间下游设置专用公路进厂两方案比较。

（1）水平进厂方式。在安装间下游设置专用公路进厂。设置防洪墙，以保护安装间、中控楼、GIS 室等厂区建筑物。墙内设专用公路与回车场，电站主要设备通过进厂公路直达安装间，由厂内桥机吊至各机组段。

（2）垂直进厂方式。从坝顶公路通过垂直运输井进厂。设置防洪墙，以保护安装间、中控楼、GIS 室等厂区建筑物。在安装间上游设置卸车回车场，利用坝顶门机水平运至安装间段，通过垂直运输井到安装间，再由平板车水平运至安装间内，最后由厂内桥机吊至各机组段。

经比较，水平进厂方式工程量和投资略小，运行管理和检修维护较为方便，故采用水平进厂方式。

8. 厂区防洪及排水

厂房下游设计洪水位为 45.32m，校核洪水位为 46.62m，高于厂区地面高程 38.65m，厂区防洪系统由尾水平台防洪墙、鱼道防洪墙及连接进厂公路防洪墙组成，墙顶高程为 48.00m。

厂区地面纵横排水沟均与厂区排水集水井联通，为尽量减少电排时间，集水井内设自流排水管两根（直径 325mm），排水管出口高程为 37.00m，管口装有阀门控制，当外河水位高于排水管出口高程时，为防止外河洪水倒灌，此时关闭阀门，启动电排，反之则打开阀门，采用自流排水。

集水井布置在 GIS 室下游，设泵房一座，装有三台潜水排水泵。

4.6.2　主厂房结构布置

1. 主机房

主机房坝段总长 211.8m，顺水流方向总宽 91.70m。采用一机一缝的分段方式，共分 9 个坝段，机组段长 22.20～27.20m。在顺水流方向，主机房依次分为进口段、主机段及出口段。主机房结构布置见图 4.6-1。主机房各段结构布置如下：

（1）进口段。进口段长 21.05m，底板高程为 14.05m，设有拦污栅和检修闸门各一道。为减少拦污栅跨度，流道中间设有一中隔墩，将每台机组流道分隔为两个孔、每孔宽度为 8.60m。拦污栅采用双向门式液压抓斗清污机进行清污和启闭。检修门设于拦污栅之后，为平板钢闸门，采用单向门式启闭机启闭。

（2）主机段。主机段长 65.65m，安装有一台单机容量为 40.0MW 的灯泡贯流式水轮发电机组，机组转轮直径为 7.7m 及 7.8m 两种。机组安装高程为 22.80m，水轮机坑层高程为 12.30m，运行层高程为 38.78m。屋顶为钢架结构，主机房高 56.5m（按 6.30～

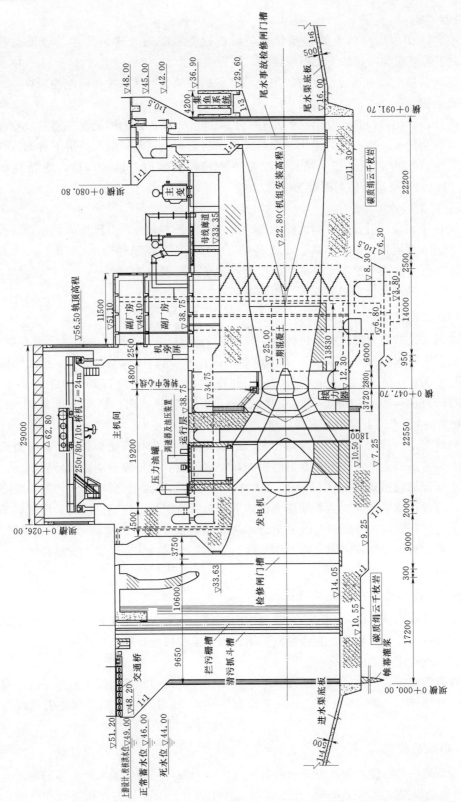

图 4.6-1 主机房结构布置图（单位：高程，m；尺寸，mm）

62.80m 高程考虑）。

厂房上游墙作为厂房的上游挡水结构，墙内设交通廊道及送风廊道，墙顶高程为56.265m。下游墙作为厂房的下游挡水结构，墙顶高程为48.00m。

主厂房内各层交通可通过设在主机房及副厂房的楼梯、电梯（楼梯间距控制在60.0m以内）及交通廊道抵达。

（3）出口段。出口段长5.0m，底板高程为16.00m。在流道出口处设一道事故检修闸门，为平面钢闸门，一机一门，采用单向门式启闭机启闭。尾水闸墩与厂房下游墙、鱼道相接，共同组成厂房的下游挡水结构。根据下游校核洪水位及波浪高度，墩顶高程为48.00m。门机轨道梁采用钢筋混凝土叠合梁。

2. 安装间

安装间长62.5m，沿长度方向设伸缩缝一道，左段长30.5m，右段长32.0m。顺水流方向总宽29.0m。屋顶为钢架结构。安装间分两层布置，下层高程为32.35m，布置有送风机室、油处理室及透平油罐室等；地面层为安装场，高程为38.70m。

安装间可满足两台机组同时安装、检修的要求。

4.6.3 机组流道设计

峡江电站安装的灯泡贯流式机组转轮直径为7.7m及7.8m，属国内第一、世界第二。机组流道由灯泡机组段（方变圆形）、尾水管段（圆形）、出口段（圆变方形）组成。流道进口断面尺寸为16.2m×19.58m（宽×高）；转轮中心线处直径为7.8m（1号、2号、5号、6号、9号机组）及7.7m（3号、4号、7号、8号机组）；出口断面尺寸为16.2m×13.6m（宽×高）。流道上部布置有副厂房、主变场等。

流道形状复杂、截面尺寸大、跨高比小，结构计算时需进行简化和假定。假定流道为平面框架，并考虑节点刚性和剪切变形的影响，对进口段和出口段分别进行计算。

流道中间段采用钢板进行内衬，施工过程中，钢板与混凝土之间会产生局部脱空现象。为此，需进行灌浆处理。主要处理方法如下：对流道钢衬大的脱空区先采用湿磨细水泥进行回填灌浆；之后，对钢衬与混凝土之间进行接触灌浆，灌浆材料采用环氧树脂类。该类灌浆材料具有可灌性好、固化物力学强度高、粘接牢固、结合密实、抗渗性能好、耐久性优良等特点。

4.6.4 主厂房混凝土温控的结构措施

主机房下部顺水流方向长91.7m，高度约为32.0m，为大体积混凝土结构。由于结构复杂，致使温控设计难度较大。为满足施工期混凝土温度控制要求，厂房温度应力仿真与温控措施成为重点研究的问题之一。

经仿真分析研究，采取了如下温控结构措施：在顺流向中间部位设两道施工缝，缝间设后浇带，其顶部宽（顺流向）15.5m，下部宽3.0m。在缝面设键槽及灌浆管进行接缝灌浆处理。

4.6.5 厂房抗滑稳定

主机房采用一机一缝的分段方式，共分9个机组坝段，左侧与泄水闸相邻的为1号机组段。1号机组段按单独承受双向（顺水流及垂直水流方向）水压力作用进行计算时，厂房稳定及应力均不满足要求。经分析研究，采取以下处理措施：取消1号机组段与2号机组段之间的分缝缝宽，将1号、2号机组段视为整体进行受力计算，使得厂房稳定及应力不满足要求的问题得到了解决。

4.6.6　厂、闸边坡稳定处理

在厂房施工期间，利用18号泄水闸作为施工纵向围堰。厂房基坑开挖后发现，在厂、闸结合段存在倾向厂房基坑的不利软弱夹层，其倾角为5°～15°。泄水闸和厂房建基面高程分别为24.50m及10.55m，两者之间开挖边坡为1:0.3，并用C15混凝土进行回填，见图4.6-2。经计算，18号泄水闸不满足抗滑稳定要求（垂直流向）。为此，对厂、闸边坡进行了以下处理措施：

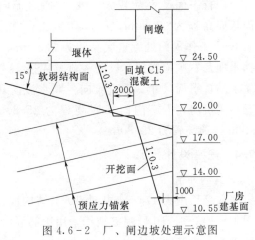

图4.6-2　厂、闸边坡处理示意图
（单位：高程，m；尺寸，mm）

（1）采用预应力锚索对厂、闸边坡进行加固，共设三层锚索，在岩坡面处的高程依次为20.00m、17.00m、14.00m。锚索深入岩层25.0m，倾角为12°，单根设计张拉力1100kN，锁定张拉力1000kN。锚索灌浆采用M35水泥砂浆。

（2）在坡面设ϕ25锚筋进行加固，锚筋入岩深度为5.0m，间排距为2.5m×2.0m，单根设计承载力15kN。

经过以上措施处理后，在施工期间，厂、闸边坡稳定有了保障，确保了厂房的安全度汛和施工。

4.7　船　闸　设　计

4.7.1　船闸轴线布置

船闸位于原河道的左岸滩地上，船闸中心线与坝轴线垂直。船闸主要由主体段（包括上、下闸首及闸室）、引航道（包括导航段、停泊段、口门区等）和航道段组成。主体段和上、下引航道水平投影总长1574m。上闸首布置在右岸混凝土挡水坝及门库坝段之间，与其他建筑共同形成挡水前沿。船闸平面位置见图4.3-1。

4.7.2　船闸输水系统选择

在选择船闸输水系统时，比较了以下两类型式：

第一类：分散输水，闸墙长廊道侧支孔输水系统。

第二类：分散输水，闸底长廊道输水系统。

经分析比较，第二类输水方案投资比第一类输水方案多，但第二类输水方案水流消能条件较好，可较好地适应阀门单边或不同步开启时船舶的停泊条件，因此推荐第二类输水方案，即闸室底部长廊道输水型式。

经分析计算，确定输水阀门的尺寸为：$2 \times 3.5m \times 3.5m = 24.5m^2$。闸底出水主廊道断面取为：$2 \times 2.6m \times 5.0m = 26.0m^2$。为了减小闸室底板厚度，采用侧支孔出水明沟消能，明沟尺寸为 $4.0m \times 2.6m$（宽 × 深），沟顶与闸室底高程齐平。

4.7.3　闸首结构布置

上、下闸首均采用钢筋混凝土整体式结构。

上闸首平面尺寸为 $47m \times 36m$（垂直流向 × 顺水流向），顶高程为 51.2m，工作人字门门坎底高程为 37.20m，门坎高为 2m。输水廊道进口处底高程为 29.60m，顶高程为 33.10m，工作阀门处廊道底高程为 22.30m，顶高程为 25.80m。上闸首设防渗帷幕与左侧挡水坝及右侧检修门库段防渗帷幕连接。

下闸首平面尺寸（垂直流向 × 顺水流向）为 $47m \times 32.8m$，顶高程为 48.00m，顶部设置启闭机房。人字门门坎底高程为 25.80m，门坎高 1m。阀门处输水廊道底高程为 22.30m，顶高程为 25.80m。

4.7.4　闸室设计

1. 结构布置

闸室总长度为 174m，共计 10 个结构段，1～5 号闸室结构采用钢筋混凝土分离式，见图 4.7-1；6～10 号闸室结构采用钢筋混凝土整体式，见图 4.7-2。结构段间沉降—伸缩缝设置两道紫铜片止水。

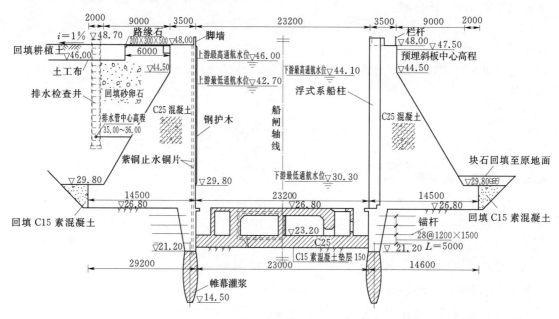

图 4.7-1　船闸 1～5 号闸室剖面图（单位：高程，m；尺寸，mm）

闸室墙口宽 23.2m，净宽 23m，闸墙上间隔 7.5m 布置一道厚 10cm 竖向钢护木。闸室墙顶高程为 48.00m，底板底高程为 22.20m，底板厚 1.5m，顶宽 3.3m，闸室内设 6 道爬梯、20 套浮式系船柱、4 个系船柱以及 32 个系船钩。闸室侧墙底板下设防渗帷幕。

为降低墙后水位，减小检修时浮托力和墙后水压力，岸侧闸室墙后沿船闸纵轴线方向

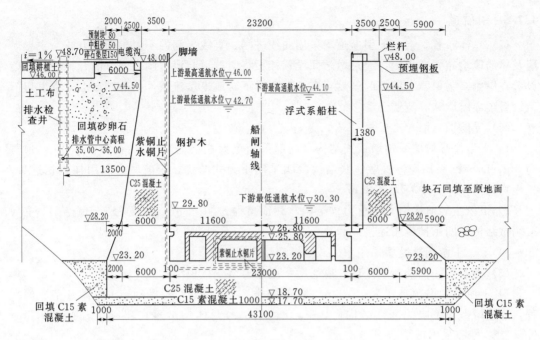

图 4.7-2 船闸 6～10 号闸室剖面图（单位：高程，m；尺寸，mm）

布置两道纵向排水管，排水管采用透水软管。

2. 变更设计

根据原地勘资料，船闸闸基存在 F_{12}、F_{13} 两条断层，其宽度为 10～20m。原闸室采用分离式结构。闸室底板及侧墙坐落在弱风化层上，闸室侧墙基地应力为 1100～800kPa，底板基地应力为 450～350kPa。通过灌浆和钢筋混凝土盖板的型式对断层进行处理，闸室可满足设计要求。

经开挖揭露，F_{12}、F_{13} 两断层带影响宽度达 60m，断层构造岩主要为断层泥，局部夹强风化糜棱岩，断层带之间岩体呈全—强风化。根据断层泥承载力分布情况，原闸室侧墙、底板地基应力远大于承载力，并且摩擦系数较低，侧墙整体稳定不能满足设计要求，因此需对闸室结构进行变更设计。变更方案应满足结构布置、整体稳定、防渗以及桩身强度等要求，选择以下两类方案进行考虑：

（1）第一类变更方案：分离式结构方案＋基础处理。闸室侧墙底高程需降至 21.70m；单个侧墙前趾需布置连排桩，桩径为 2.0m，另外还需布置 3 根桩径为 2.0m 的灌注桩，桩距为 3.1m，正方形布置。需增加灌注桩 505 根，增加混凝土约 9.7 万 m³，费用增加约 2200 万～2600 万元。

（2）第二类变更方案：整体式结构方案。闸室底板底高程需降至 18.70m，底宽为 41.1m，底板厚为 4.5m，侧墙厚为 6.1～12m；基底以下设置 1m 厚 C15 混凝土。C25 混凝土较原方案增加约 0.75 万 m³，钢筋增加 757t，C15 混凝土用量约 7300m³，费用增加约 1165 万元。

经分析比较，整体式方案，整体性好，对地基承载力要求低，变位小，结构安全可靠度高，投资较分离式方案少，因此闸室结构变更方案推荐采用整体式结构。

4.7.5 引航道

（1）总体布置。上、下引航道均采用曲线进闸、直线出闸的不对称布置方式。主导航墙及靠船段均布置在水侧，通过墩之间设置挂板将引航道与泄水闸之间分隔开；辅导航墙设置在岸侧。为保障上游口门区航行安全和改善下游航道水流条件，分别在上、下游口门区设置了导航墩和隔流墙。

（2）导航墩（墙）。

1）上游主导航墙采用墩板式结构（局部采用重力式结构），顶高程为48.00m，顶宽为3m。$D_1 \sim D_7$ 采用灌注桩墩体式结构。D_8 采用重力式结构。导航墩之间用挂板相连接，板底宽为1.00m，顶宽为1.20m。

2）下游主导航墙墩采用重力式结构，其顶高程为46.10m，顶宽为3.5m。各个主导航墙墩结构之间用挂板相连接。

3）上、下游辅导航墙采用重力式连续墙结构。

（3）为避免深挖及断层处理，靠船墩采用重力墩＋挂板结构。

1）上游靠船墩顶高程为48.00m，顶部尺寸为3m×3m。考虑到施工方案及基岩面高程，靠船墩考虑不同的基础结构，其中，$K_1 \sim K_{15}$ 号墩体均坐落在弱风化岩以下0.5m；$K_{16} \sim K_{20}$ 号墩采用桩基基础。

2）下游靠船墩顶高程为46.10m，顶部尺寸为3.5m×3.5m，底部尺寸为9.5m×11.5m。

（4）上游口门区导航墩。为保证口门区行船安全，在上游口门区设置了6个重力式导航墩结构。该重力墩为素混凝土墩，顶高程为48.00m，顶部尺寸为3.5m×4.0m，墩底高程为37.10m，尺寸为8.0m×6.5m。墩体间距25m。

（5）导航段护坦。上、下游引航道护坦长度分别为20m和80m，均为C25素混凝土，厚40cm。

（6）护坡护底。上游引航道岸侧靠闸首220m段坡度1:2，采用预制混凝土六角块护坡，岸侧其余段坡度为1:1.25～1:2，采用现浇混凝土（马道高程50.00m以上为网格混凝土植草）护坡。部分停泊段靠河侧坡度为1:2，采用预制混凝土六角块护坡。为防止冲刷，上游引航道护坦靠上游侧60m范围内设置格宾护底，厚0.5m。

下游引航道靠闸首350m段岸坡坡度为1:1.5～1:2，采用锚杆框格混凝土＋预制六角块（马道高程36.80m以上植草）护坡。其余段岸坡坡度为1:1，采用锚杆（锚索）框格混凝土＋预制六角块（马道高程38.80m以上植草）护坡。

4.8 灌溉总进水闸设计

拟建的峡江灌区沿赣江两岸分布，呈狭长形布置，控灌面积32.95万亩，其中左岸14.72万亩，右岸18.23万亩，灌区直接从峡江水库取水，左、右岸各设一条干渠输水至灌区，左、右干渠渠首设计灌溉引用流量分别为10.5m³/s和12.9m³/s。

灌溉总进水闸位于枢纽左、右岸混凝土挡水坝段，由闸室、坝内孔口消力池及渠道等组成。左岸灌溉总进水闸布置在左岸挡水坝6号坝段，其中心线桩号为坝纵0+088.5。右岸灌溉总进水闸布置在右岸挡水坝2号坝段，其中心线桩号为坝纵0+824.15。

进水闸闸室布置于挡水坝上游，与坝体之间设有分缝及止水。进水闸顺水流方向长15.7m，孔口宽4.0m，边墩厚1.5m，闸顶高程为51.20m，闸底板高程为41.50m，建基面高程为40.00m，底板厚1.0m。左岸进水闸基础置于强风化岩层上；右岸进水闸基础置于弱风化岩层上。进水闸设工作闸门一扇，以控制灌溉引用流量，工作闸门上游设拦污栅及检修闸门各一道。闸顶上布置框架式启闭机房，启闭平台高程为56.50m，闸房顶高程为60.00m，闸房尺寸为7.25m×7.0m（长×宽）。工作闸门及检修闸门采用卷扬式启闭机启闭；拦污栅闸采用葫芦起吊。

在闸室后的挡水坝中设坝内孔口，孔口尺寸为4m×3m（宽×高），孔底高程为41.50m，该段长7.475m。

对于左岸灌溉总进水闸，坝内孔口后接左岸灌溉渠。灌溉渠布置在船闸与左岸上坝公路之间。从渠首至船闸下闸首处，为灌溉涵管段，长232.813m，纵坡为1/1500，采用钢筋混凝土箱形结构，断面尺寸为4m×2.5m（宽×高），壁厚0.6m。涵管段后接其他灌溉渠段，另见灌区相关设计。

对于右岸灌溉总进水闸，坝内孔口后接出口设消力池，池长15.0m，底高程为40.80m，池深0.6m，池宽4.0m。消力池底板厚0.6m，边墙厚0.4m，为钢筋混凝土U形结构。池后与右岸灌溉渠相接。灌溉渠前段布置右岸上坝公路左侧下方，后穿过进厂公路及上坝公路至其右侧。从渠首至上坝公路处，为灌溉明渠段，长222.69m，采用钢筋混凝土U形槽结构，断面尺寸为4m×3m（宽×高），底板及侧壁厚0.4m。明渠后为灌溉涵管段，长119.766m，采用钢筋混凝土箱形结构，断面尺寸为4m×2.5m（宽×高），壁厚0.6m。明渠及涵管纵坡均为1/1500。为防止下游洪水倒灌淹没厂区，在涵管段下游设防洪闸。

4.9 鱼 道 设 计

工程所设计的鱼道形式，在江西省水利工程中属首个工程实例。设计当中遇到不少实际困难，通过与中国水生物研究所、南昌大学合作，并吸取国内类似工程经验，各种问题得到了解决，如补水系统的设计、过鱼孔口尺寸及相应设计流速、诱鱼措施、过鱼观察等。在鱼道设计期间，过鱼种类、过鱼季节、运行水位、设计流速等均成为重点研究的问题。

4.9.1 设计参数

（1）过鱼种类。根据南昌大学对赣江中游野生鱼类的调查研究成果，洄游及半洄游鱼类，如青鱼、草鱼、鲢、鳙以及赤眼鳟等，为工程的主要过鱼种类，其他需要短距离迁徙的鱼类作为工程兼顾的过鱼对象。

（2）过鱼季节。过鱼设施的过鱼季节要根据过鱼种类的迁徙需要以及工程的运行方式来确定。根据主要过鱼种类的繁殖习性，4月至7月底是工程的最主要过鱼季节，其他季节也兼顾过鱼需要。

（3）运行水位。鱼道上、下游的运行水位，直接影响到鱼道在过鱼季节中是否有适宜的过鱼条件。

鱼道进口水位确定原则：在过鱼季节，鱼道进口需要保证具有一定的水深；且水深不可过大，否则在鱼道的进口段流速大大减缓，进口诱鱼效果变差。

鱼道出口水位确定原则：在过鱼季节，鱼道出口底板不可露出，且需要保证一定的水深。

工程鱼道出口设计水位为 46.00（最高运行水位）～44.00m（预泄消落）；鱼道进口设计水位为 36.61（9 台机组全开发电流量相应下游水位）～33.00m（2 台机组全开发电流量相应下游水位），最大设计水位差 13m。

（4）设计流速。过鱼设施内部的设计流速是过鱼设施成败的关键环节之一，通常是由过鱼对象的克流能力决定。鱼道内流速的设计原则是：过鱼设施内流速小于鱼类的巡游速度，这样鱼类可以保持在过鱼设施中前进；过鱼断面流速小于鱼类的突进速度，这样鱼类才能够通过过鱼设施中的孔或缝。

根据国内一些研究成果，"四大家鱼"的喜爱流速在 0.3～0.5m/s 之间，除去试验鱼体力原因，极限流速在 1.0m/s 以上。工程鱼道隔板过鱼孔设计流速为 0.7～1.2m/s，这样的流速可以满足四大家鱼的上溯需求，通过在鱼道底部适当加糙，降低底部流速，也可以使其适合一些游泳能力相对较弱的鱼类通过。

4.9.2　过鱼方案及选址

（1）过鱼方案。过鱼设施的型式多种多样，这些型式适合不同的工程、不同的过鱼种类，具有不同的特点。由于升鱼机、集运鱼设施和鱼闸一般适合中、高水头大坝，本枢纽工程属中低水头工程，最大水头为 13m 左右，由于过鱼不连续、过鱼效果不稳定、操作复杂、运行费用高，上述三种方案皆不适合峡江水利枢纽工程采用。仿自然通道主要应用于低水头水利工程，且适应水位变化能力较差。峡江水利枢纽工程下游水位变化范围大，故仿自然通道不适合工程使用。

鱼道在中低水头水利工程都有广泛的应用，能够在较短的距离达到稳定且满足鱼类需求的流速和流态。所以本工程采用鱼道形式。

（2）鱼道选址。由于电站可以常年保证有水流下泄，多数水电站运行后很多鱼类都聚集至电站尾水处。本工程电站位于右岸，且地形条件允许，鱼道主进口布置在电站厂房尾水渠右侧，进口紧靠尾水，依靠尾水诱鱼，是最佳布置方案。

4.9.3　鱼道结构

1. 结构型式

鱼道由一级一级的水池组成，通过水池内的隔板起到消能减缓流速的目的。目前常见的几种鱼道结构型式有丹尼尔式、溢流堰式和竖缝式三种。

丹尼尔式鱼道、溢流堰式鱼道和竖缝式鱼道都有各自的优缺点，分别适应不同的鱼类、工程以及水文特征。根据枢纽所在河段河道地形及水位特点，推荐选择横隔板式鱼道。横隔板式鱼道也是竖缝式的一种，是利用横隔板将鱼道上下游的总水位差分成许多梯级，并利用水垫、沿程摩阻及水流对冲、扩散来消能，达到改善流态、降低过鱼孔流速的要求，横隔板式鱼道的水流条件易于控制，能用在水位差较大的地方，各级水池是鱼类休息的良好场所，且可调整过鱼孔的型式、位置、大小来适应不同习性鱼类的上溯要求，结构简单，维修方便，故近代鱼道大多采用此种型式。横隔板式鱼道池室结构见图 4.9-1 和图 4.9-2。

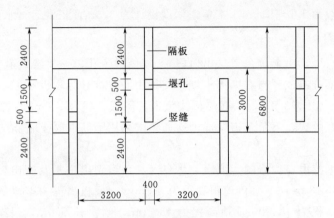

图 4.9-1 横隔板式鱼道池室结构平面图（单位：mm）

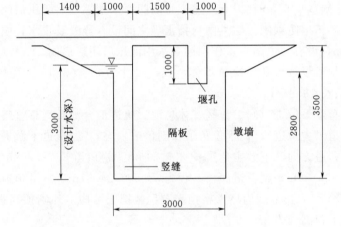

图 4.9-2 横隔板式鱼道池室横剖面图（单位：mm）

2. 池室尺寸

鱼道宽度主要由过鱼量和过鱼对象个体大小决定的，过鱼量越大，鱼道宽度要求越大。国内外鱼道宽度多为 2～5m，本工程鱼道宽度取 3m 基本可以满足过鱼需要。

池室长度与水流的消能效果和鱼类的休息条件关系密切。较长的池室，水流条件较好，休息水域较大，对于过鱼有利。同时，过鱼对象个体越大，池室长度也应越大。本工程鱼道池室长度取 3.6m 满足一般鱼道设计要求。

池室内的竖缝宽度直接关系到鱼道的消能效果和鱼类的可通过性，一般要求竖缝式鱼道的竖缝宽度不小于过鱼对象体长的 1/2，国外同侧竖缝式鱼道一般宽度一般为池室宽度的 1/8～1/10，而我国同侧竖缝的宽度一般为池室宽度的 1/5，为水池长度的 1/5～1/6。本工程竖缝宽度为 0.5m，一般鱼类均可以顺利通过。

鱼道的坡度和鱼道中的流速有密切关系，综合考虑到过鱼对象并满足设计流速需求，本鱼道坡度设计为 1/60，由于鱼道中的水流条件复杂，具体流速计算较为复杂，需要进行物理模型试验方可验证过鱼孔流速是否达到设计要求。

鱼道水深主要视过鱼对象习性而定，底层鱼和体型较大的成鱼相应要求水深较深。国内外鱼道深度一般为 1.0～3.0m。本鱼道深度设计为 3.5m，正常运行水深设计为 3.0m。

4.9.4　鱼道布置

鱼道布置于右岸，由上游鱼道（出口段）、坝体过鱼孔口、下游鱼道（进口段）、集鱼系统及连接段几部分组成，与右岸挡水坝相交处中心线桩号为坝纵 0+813.20。

鱼道纵坡 1/60，宽 3.0m，为横隔板式鱼道，隔板上设宽 0.5m 的过鱼竖缝。鱼道过鱼池室大部分为开敞式，下游鱼道局部因交通要求采用钢筋混凝土暗涵结构，暗涵顶部设采光孔或诱鱼灯。

上游鱼道由上游出口检修闸、池室、休息池、鱼道副出口 1 及副出口 2、上游鱼道防洪闸组成，长 573.133m。上游鱼道顶高程为 46.50m，底板高程为 43.00～35.66m。鱼道出口检修闸底板高程为 43.00m，顶高程为 46.50m，闸室长 7.0m，设有一道检修闸门，采用螺杆启闭机启闭。鱼道副出口 1 及副出口 2，底板高程分别为 42.14m 及 41.06m，顶高程为 46.50m，闸室长 6.8m，设有一道工作闸门，采用螺杆启闭机启闭。在上游鱼道与挡水坝之间设上游鱼道防洪闸，防洪闸与挡水坝之间设有分缝及止水，闸室长 10.0m，底板高程为 35.66m，设有一道防洪工作闸门，采用液压启闭机启闭。

在右岸挡水坝段设过鱼孔口穿越坝体，孔口尺寸为 3m×3.5m（宽×高），孔底高程为 35.66m，该段长 13.21m。

下游鱼道由鱼道下游进口闸、池室、休息池、鱼道汇合池及观察室组成。鱼道进口前段分为高水位鱼道（主鱼道）、低水位鱼道（副鱼道），两者经鱼道下游进口闸至鱼道汇合池处汇合。沿主鱼道方向，下游主鱼道长 330.246m。副鱼道长 71.209m。下游主鱼道底板高程为 31.46～35.66m，副鱼道底板高程为 33.50～34.57m。下游鱼道与尾水渠挡墙相结合布置，前段约 86m 长范围为尾水渠挡水及厂区挡土结构，外侧顶高程为 48.00m；其余位于厂区内鱼道顶高程为 38.75m。

鱼道下游进口闸闸室长 12.5m，闸顶高程为 48.00m，分别设有进鱼孔及主、副鱼道进口。进鱼孔孔口尺寸为 1m×3.5m（宽×高），底板高程为 31.46m；主鱼进口孔口尺寸为 2m×3.5m（宽×高），底板高程为 31.46m，；副鱼进口孔口尺寸为 1m×3.5m（宽×高），底板高程为 33.50m；设有两道防洪工作闸门和两道检修闸门。防洪工作闸门采用液压启闭机启闭，检修闸门采用电动葫芦启闭。进口闸底板高程为 31.46m。

为便于观察鱼道过鱼情况，在汇合池设观察室。观察室面积约 40m²，设有透明玻璃观察窗、照明工具、摄像机、电子计数器等设施、设备。

4.9.5　集鱼系统、连接段及补水涵

本工程鱼道设置厂房集鱼系统，用以利用电站发电尾水诱鱼，提高鱼道进口进鱼效率。鱼道集鱼系统布置于厂房 5～9 号机组段尾水闸墩上，全长 110.25m，由辅助进鱼口、集鱼槽、补水槽、消能格栅等设施组成。集鱼槽和补水槽总宽 4.2m，顶部高程为 36.90m，底部高程为 31.46m。在槽体下游立板不同高程设置进鱼口，以满足不同水位条件下进鱼需要。进鱼口尺寸为 0.4m×1.5m（宽×高）。

为连接鱼道集鱼系统与鱼道下游进口闸，在其之间设连接段，该段顺流向长 4.2m，宽 11.4m。底板高程为 31.46m，顶高程为 48.00m。

鱼道补水涵布置在右岸挡水坝 4 号坝段，其中心线桩号为坝纵 0＋758.3。补水涵与坝体成整体结构，坝内涵管内径为 1.42～1.5m，水平段涵管中心线高程为 43.75m。坝内涵管之后设有 $\phi1020$ 及 $\phi720$ 两根补水涵钢管，分别对集鱼系统及下游鱼道进行诱鱼补水。

4.10 边 坡 设 计

4.10.1 左岸坝肩边坡设计

左岸坝肩永久开挖边坡高程为 51.20～111.00m，坡高约为 60.0m，基本为岩质边坡。边坡岩性为千枚状炭质变余粉砂岩，基本呈强风化，仅高程为 51.20～66.00m 的坡段中部揭示为弱风化岩体。

边坡间隔 15.0m 高度设马道一级，马道设计高程为 66.00m、81.00m 及 96.00m，马道宽 2.0m，马道内侧设排水沟，坡顶外 2.0m 处设截水沟。开挖边坡自下向上分别为 1∶1、1∶1.25、1∶1.25 及 1∶1.25。

左岸坝肩边坡 66.00m 高程以下护坡为：TBS 生态护坡，其主要型式为：锚杆＋挂网＋喷播草灌。锚杆为 $\phi25$ 及 $\phi16$ 螺纹钢，长度分别为 3.0m 与 0.6m，$\phi25$ 锚杆设置间距 3.0m，$\phi16$ 锚杆设置间距 1.0m。挂网材料为 10 号镀锌铁丝网，网孔为 50m×50mm。网面喷播有机基材，厚 8～10cm，再喷播含草种灌木种营养泥，厚 1～2cm。左岸坝肩边坡 66.0m 高程以上护坡为：混凝土格埂（拱形及菱形状）＋喷播草灌护坡，格埂混凝土强度等级 C15，间距为 3.0m×3.0m，断面尺寸为 0.3m×0.3m。坡顶设 C15 混凝土压顶，宽 30cm，高 30cm，外侧面为顺坡斜面。高程为 66.00～96.00m 间坡面混凝土格埂交会处设 $\phi25$ 砂浆锚杆，长 4.5m。左岸坝肩开挖坡面设 $\phi70$ PVC 排水花管，外包土工布，间、排距 2m，梅花形布置，每级坡面最下一排孔深 1.0m，其余孔深 0.5m。

4.10.2 右岸坝肩边坡设计

大坝右岸开挖边坡高程为 51.20～125.00m，坡高约 74.0m，基本为岩质边坡。坝肩岩层呈轴向北东 70°的褶皱构造，F_3 断层自右坝头斜向北东东向延伸，至坡顶桩号 K0＋030，断层带宽度 6～9.1m，上宽下窄，产状 N70°～75°E/SE∠56°～63°，两侧为断层泥，中部为糜棱岩、碎裂岩。F_3 断层下盘岩体除坡顶覆盖 3～5m 覆盖土层外，其余基本为弱上风化岩体，褶皱翼部岩层倾角为 30°～50°。F_3 上盘岩体风化强烈，全强风化带深厚，据先导孔资料，全强风化带自坡面垂直厚度为 16～30m。

边坡间隔 10.0～15.0m 设马道一级，马道设计高程为 61.00m、71.00m、81.00m、96.00m 及 110.00m，高程 71.00m 马道宽 5.0m，其余马道宽 2.0m。马道内侧设排水沟，坡顶外 2.0m 处设截水沟。开挖边坡自下向上分别为 1∶1.25、1∶1.25、1∶1.25、1∶1.25、1∶1.5 及 1∶1.393。

坝横 0－030～0＋025 段高程 71.00～96.00m 之间边坡采用钢筋混凝土框格梁（断面尺寸 600mm×600mm）＋预应力锚索（设置于框格梁交会处）支护，其中高程 71.00～

81.00m 之间边坡设置锚索 20 根，高程 81.00～96.00m 之间边坡设置锚索 29 根，共 49 根。锚索设计张拉力 600kN，锁定张拉力 500kN。预应力锚索采用 270 级高强低松弛、抗拉强度不小于 1860MPa 的钢绞线，每组锚索为 φ15.24 钢绞线 5 束。锚索锚固段长度 10m，全入弱风化岩体，锚固段砂浆强度等级为 M35。

右岸坝肩开挖边坡高程 51.20～71.00m 间护坡为：TBS 生态护坡。高程 71.00～96.00m 间护坡为：坝横 0－030 下游段为 TBS 护坡，坝横 0－030～0＋025 段为框格梁＋喷播草灌护坡，坝横 0＋025 上游段为混凝土格埂（菱形状）＋喷播草灌护坡。高程 96.00m～坡顶间护坡为：挂钢筋网（φ6.5mm@200×200mm）喷 C20 混凝土（厚 12cm）护坡，该段边坡边缘及马道种植爬藤进行绿化。

4.10.3　边坡设计特点

大坝右岸开挖边坡在开挖过程中，在高程 96.00m 马道附近处出现长约 2m 的微细裂缝，之后发现该裂缝向上、下游方向发展，坡面向坡外有剪出变形，并顺岩层层面有地下水渗出。针对开挖边坡出现的上述裂缝情况，设计对此进行了加固处理，主要措施有：削坡减荷、采用预应力锚索加固、排水等。经加固处理后的右岸开挖边坡变形量已较小，基本处于稳定状态，但上游右侧山坡段的裂缝开度有逐年增大趋势，山坡变形仍在继续发展，并存在深层滑动变形可能性、但对厂房等建筑物安全影响较小。根据监测成果对边坡进行了抗滑稳定分析计算，计算标明边坡稳定安全系数对地下水位较敏感，采取在边坡上设深排水孔的措施进行加固处理；处理效果待实施后应进一步根据监测数据分析、判断。

4.11　安 全 监 测 设 计

4.11.1　安全监测设计总体布置

根据各部分建筑物及其开挖边坡所需设置的安全监测项目，安全监测总体布置如下：

（1）在大坝左、右岸边坡分别设两个、八个监测断面，进行变形、锚索锚固力及水位监测。

（2）在挡水坝左、右岸挡水坝段各设一个典型断面，进行渗流、应力和应变、温度及变形等监测。

（3）在泄水闸坝段设三个典型断面，进行渗流、应力和应变、温度及变形等监测。

（4）在厂房坝段设三个典型断面，进行渗流、应力和应变、温度及变形等监测。

（5）沿坝轴线方向设一个监测纵断面，进行渗流及基岩变形等监测。

（6）监测管理站设于厂区中控楼内，监测自动化系统设备布置于监测管理站内。所有纳入自动化观测系统的观测设备电缆引至坝顶或厂房内 MCU 测量控制单元，最后引向监测管理站。

4.11.2　监测项目

1. 巡视检查

巡视检查的项目包括坝体、坝基、坝肩及近坝库岸等部位的巡视检查。

巡视检查的项目有变形（包括坝体分缝、坝基岩体及结合面处）、坝面裂缝、滑坡、渗漏等。

2. 环境量监测

主要包括上、下游水位及坝区气温、降雨量、坝前淤积、下游冲淤及河床变形监测。

（1）上、下游水位监测。在左岸挡水坝段（2号垂线观测房处）、门库下游墙、右岸挡水坝段（5号垂线观测房处）、厂房下游鱼道进口闸处各设一套自记水位计，要确保能监测到最高和最低水位。在自记水位计附近设1根搪瓷水尺，进行人工监测。

（2）坝区气温及降雨量监测。在枢纽左右岸适当位置布置一个气温站和一个雨量站，采用气温计及雨量计以监测坝区气温和降雨量。

（3）库水温监测。在左、右岸挡水坝上游坝面混凝土内，距离上游坝面10cm处，各布置3支温度计，以监测库水温度。

（4）坝前淤积、下游冲淤及河床变形监测。坝前淤积、下游冲淤及河床变形监测采用水下断面测量或地形测量法进行。

3. 变形监测

（1）位移监测。各坝段水平位移采用引张线法进行监测。在坝顶布置一条引张线，以两端倒垂线作为监测基点。共布置32个测点，5根倒垂线（孔深以1/2坝高进行控制）。

各坝段垂直位移采用静力水准进行监测。设双金属管标，作为监测基点。共布置37个测点，两根双金属管标。

（2）倾斜监测。在泄水闸段两个监测断面的闸顶顺水流方向上、中、下游适当位置各布置3支遥测倾斜仪，以监测建筑物的倾斜。

（3）接缝监测。在坝基开挖陡坡处坝体与岸坡之间、各坝段之间分缝处设测缝计，以监测各结合面的接缝开合度，共布置42支测缝计。

（4）坝基变形监测。在断层上下盘布置基岩变位计，以监测断层处坝基变形情况，共布置22支基岩变位计。

在典型监测断面上各布置2支基岩变位计，以监测坝基变形情况，共布置14支基岩变位计。

4. 渗流监测

主要监测项目包括扬压力、渗流量、绕坝渗流、边坡地下水位及坝基岩体渗透压力。

（1）坝基扬压力。选择1个纵断面和6个监测横断面布设渗压计，进行坝基扬压力监测，共布置35支渗压计。

（2）绕坝渗流。在大坝两岸沿流线方向分别布置两个监测断面，每个监测断面布置6根测压管，管内埋设一支渗压计。两岸共布置24根测压管。

（3）水质分析。选择有代表性的绕坝渗流监测孔，定期取水样进行水质分析，并与库水水质进行分析比较。水质监测主要包括色度、水温、气味、浑浊度、矿化度等。

5. 应力、应变及温度监测

主要监测项目包括坝体混凝土应力应变、混凝土和坝基温度、钢筋应力及锚索锚固力。

（1）混凝土应力应变监测。在泄水闸、厂房及左、右岸挡水坝段监测断面上布置五向应变计组，对坝体混凝土应力应变进行自动化监测。每组应变计附近设一支无应力计，共布置 35 组五向应变计组和 35 支无应力计。

（2）混凝土温度监测。在厂房及左、右岸挡水坝段监测断面上布置温度计，对坝体混凝土温度进行自动化监测，共布置 14 支温度计。

（3）钢筋应力监测。在厂房进水口、流道受力较大部位布置 15 支钢筋计，以监测其钢筋应力；在泄水闸闸墩及牛腿上布置 39 支钢筋计，以监测闸墩牛腿及扇形区的钢筋应力；共布置 64 支钢筋计。在每支钢筋计附近布置一组三向应变计组（闸墩只在面层钢筋计附近布置），共布置三向应变计组 46 组。在部分钢筋计附近布置 1 支无应力计，共布置无应力计 23 支。

（4）坝基温度监测。在泄水闸、厂房及左、右岸挡水坝段的坝基内布置温度计，对坝基温度进行自动化监测，共布置 14 支温度计。

6. 边坡监测

边坡稳定监测的重点为大坝左、右岸边坡。

监测项目有边坡表面位移、边坡岩体内部位移、地下水位、裂缝、锚索锚固力监测。

大坝右岸边坡布置了 8 个监测断面，大坝左岸边坡布置了 2 个监测断面，每个断面上设置了 2～3 个位移标点，1～2 个岩体内部位移测点，1～2 个地下水位测点。在右岸边坡出现裂缝部位埋设 6 支单向裂缝计和 3 套锚索测力计。

（1）表面位移监测。采用光学仪器进行监测。采用光学仪器监测时，水平位移采用三角形边角网法进行监测，垂直位移采用几何水准法进行监测。

（2）边坡岩体内部位移监测。岩质边坡采用多点位移计进行监测，土质边坡采用钻孔测斜仪进行监测，孔深均为 20m。

（3）地下水位监测。采用每钻孔内埋设一支渗压计进行自动化监测，钻孔深应在地下水位以下。

7. 水力学监测

在左、右岸灌溉进水闸各布置一支流速仪，对过闸水流进行流速及流量监测。

8. 船闸监测

（1）位移监测。在闸室、隔流墙、主导航墙和靠船墩部位顶部设位移标点进行位移观测，总计 84 个位移标点。另外，在船闸闸室右边墙设一条引张线，每个闸室段设一个测点，以观测闸室边墙位移，共 10 个测点；在上下游闸首各布置一个倒垂线，作为闸室边墙位移的工作基点，共布置两个倒垂线。

（2）扬压力监测。在闸室、上闸首布设渗压计，共设 14 支渗压计。

（3）接缝变形监测。在闸室底板和上、下闸首底板之间各设一支测缝计，以监测结合面的接缝开合度，共设 2 支测缝计。

（4）钢筋应力监测。沿船闸中心线位置，在上、下闸首上下游方向各设 1 个钢筋应力观测点，在 1 号闸室底板下设 1 个钢筋应力观测点，每个测点沿顺水流向和垂直水流向各布置 1 支钢筋计，以监测其钢筋应力，共设 10 支钢筋计。

（5）船闸混凝土应力、应变监测。沿船闸中心线位置，在上、下闸首上下游方向各设 1 个观测点，在 1 号闸室底板下设一个观测点，每个测点布置一组五向应变计组，每组应变计附近设 1 支无应力计，共布置 5 组五向应变计组和 5 支无应力计。

（6）船闸土压力监测。在船闸 1 号、3 号、5 号、7 号、9 号闸室左边墙外侧各设 1 个监测断面，每个监测断面沿 28.30m、31.00m、35.00m、39.00m、43.00m 高程各布设 1 支土压力计，以监测船闸左边墙外侧土压力，共设 25 支土压力计。

4.11.3 监测自动化系统设计

1. 自动化监测系统监测项目选择

将主坝接缝观测，渗流观测（包括坝基扬压力、坝基渗流量及绕坝渗流观测），应力应变及温度观测（包括混凝土应力应变、基岩变形、钢筋应力、混凝土温度及库水温度观测）和上、下游水位观测的所有监测仪器，均纳入自动化系统。

2. 自动化系统及仪器选择

（1）自动化系统选择及布置。安全监测自动化系统由监测数据采集和信息管理（数据处理、储存等）两部分组成。

1）数据采集。数据自动采集装置——MCU 测量控制单元布置在大坝坝顶上或厂房等部位，各测点仪器与 MCU 测量控制单元之间用水工专用电缆相连接。

2）信息管理。各种信息管理设备布置在厂房中控楼监控中心，所配备的主要设备有计算机、工控机、中央控制器及调制解调器等，具备数据处理储存、计算分析、图形显示、数据通信等功能。

数据采集装置与信息管理设备之间通过通信电缆相连接。

（2）自动化监测仪器选择。坝基扬压力、绕坝渗流观测采用弦式孔隙水压力计观测，温度计为电阻式仪器，其余均为差动电阻式仪器。

第5章 水力机械设计

5.1 水轮发电机组选型

5.1.1 工程概况

峡江水利枢纽工程拟定的水库正常蓄水位为 46.00m，死水位为 44.00m，防洪高水位为 49.00m，防洪库容为 6.0 亿 m^3，调节库容为 2.14 亿 m^3，水库总库容为 11.87 亿 m^3；航道及船闸等级为Ⅲ级；电站装机容量 360MW，多年平均年发电量 11.44 亿 kW·h，为Ⅰ等工程。枢纽主要建筑物有泄水闸、重力坝、河床式厂房、船闸、左右岸灌溉进水口、开关站等。峡江坝址下游保证通航流量为 221m^3/s，对应的下游水位为 31.50m。

峡江水电站是赣江中游规划梯级中的最后一级，其上游 3 座梯级为万安—泰和（现改为井冈山）—石虎塘。万安水电站总装机容量 511MW，装有 5 台轴流转桨机组，20 世纪 90 年代建成发电；井冈山水电站与规划的装机规模有所调整，目前选定的装机容量为 133MW，即 6 台单机 22.17MW 的灯泡贯流式机组；石虎塘水电站装有 6 台单机 20MW 的灯泡贯流式机组，转轮直径 7.1m，于 2009 年 4 月开工建设。峡江水电站在项目建议书阶段确定的装机容量为 360MW，机组选型方案是 8 台单机容量 45MW 的灯泡贯流式机组，转轮直径达到 8.25m，该转轮直径比美国雷辛电站 7.7m 的转轮直径大 0.55m，具有相当大的制造难度和风险。在 2006 年进行的可研设计阶段，为降低制造难度和风险，在满足枢纽布置的前提下，将机组台数调整为 9 台，水轮机的转轮直径相应降到 8.0m 以内，当时也已是世界上转轮直径最大的灯泡贯流式机组。2008 年江西省峡江水利枢纽工程被列为国家 172 项重大水利工程项目，2009 年开始进行初步设计，期间对峡江电站灯泡贯流式机组机型选择做了大量的分析论证工作。

5.1.2 选型原则

自 20 世纪 90 年代以来，特别是进入 21 世纪后，国内开发了一大批大容量的灯泡贯流式水电站，广西长洲水电站和桥巩水电站的建成发电，极大地提升了我国灯泡贯流式水电站的设计、制造、安装和运行管理水平。

在峡江水电站进行前期设计时，广西长洲水电站和桥巩水电站正处于建设时期，桥巩水电站装有 8 台单机容量为 57MW、转轮直径为 7.4/7.45m 的灯泡贯流式机组。目前世界上已运行的灯泡贯流式电站中，单机容量最大的日本只见水电站容量为 65.8MW，转轮直径为 6.7m；转轮直径最大的是美国雷辛电站，直径 7.7m，单机容量为 24.6MW，美国 Vidalia 水电站为整装式竖井贯流电站，单机容量为 24.8MW，虽然转轮直径达到了 8.2m，但其额定水头只有 4.5m，且带有增速装置。

为使峡江水电站机组能安全、稳定、可靠运行，设计过程中对峡江水电站机组选型进行了认真分析和调研，并与国内外主要厂家进行了技术交流，提出了以下机组选型原则：

（1）在满足枢纽布置的前提下尽量减少机组制造难度、降低风险。本工程在峡江县巴邱镇上游6.0km的峡谷河段，选定上、下两个坝址进行坝址比较，经技术经济比较，推荐上坝址方案。坝址处正常蓄水位46.00m处，河谷宽740m，河床宽520m。该处河道狭窄，枢纽建筑物布置难度很大。由于坝址洪峰流量大，为保证电站建筑物安全和对上游淹没的控制，泄水闸布置在河道的主流区内，保持原河道的河势并确保行洪顺畅。河岸两侧均为雄厚的山体，为避免建筑物之间相互干扰，将船闸放在左侧的主航道上，水电站布置在枢纽的右侧，为减少开挖和破坏河势走向，希望水电站机组台数不宜太多，主厂房长度应控制在280m以内，为此对8台、9台、10台机的方案进行了比较，10台机方案虽然转轮直径只有7.4m，但主厂房长度超过290m，难以满足枢纽布置要求。8台、9台机方案均能满足枢纽布置要求，但转轮直径都超过了7.7m，8台机方案的单机容量45MW，转轮直径更是达到了8.25m，9台机方案单机容量40MW，转轮直径7.8m。从枢纽布置上说，8台机方案会更灵活，9台机方案也可以满足。但从机组运行安全角度考虑，8台机的风险要远远大于9台机方案，首先随着机组尺寸的加大，模型试验不能完全反映真机的受力情况和水力状态，其次，结构设计难度加大，随着机组的尺寸加大，材料的强度会相应降低，灯泡贯流式机组有很多金属结构部件，如管型座、导水机构、转轮室、发电机定转子等，而且都处于水下运行，又都承受交变应力，易发生疲劳损坏。国内外主要水电设备生产厂家也都对峡江水电站机组选型提出了技术方案和建议，9台机方案转轮直径7.8m，容量40MW，制造难度超过美国雷辛水电站，但随着材料性能提高和设计手段的完善，其结构会更为合理，风险在可控范围；但8台机方案，转轮直径太大，风险增加很多，厂家建议转轮直径以不超过8m为宜。

（2）不盲目追求过高的目标参数，以机组稳定为宗旨。峡江水电站水头变幅较大（$H_{max}/H_{min}=3.48$），如果追求过高参数，可能会造成机组在某些水头范围内叶片脱流，从而造成机组运行稳定下降。因此在参数选择和结构设计中应将水轮机的稳定性放在首位进行研究，将转轮轴面流速控制在合理范围。本电站最大水头14.80m，最小水头4.25m，当机组在较高水头运行时，转轮叶片承受的单位负荷大，刚度、强度问题较突出，且高水头部分负荷时的导叶开度又较小，容易发生叶片进水边脱流等水力不稳定性现象，应消除水轮机叶片进水边正、背面脱流现象，并使水轮机在无空蚀或减小空蚀条件下运行，确保水轮机在各种运行工况下具有良好的水力稳定性和运行安全性，且有较宽的负荷稳定范围。

峡江水电站在汛期运行水头较低，汛后较长时间处在高水头下运行，为获得较高的加权平均效率，应以提高高水头运行区域的效率为重点。同时，应使水轮机在较低水头段运行时，具有较大的过流能力，减少电站弃水，从而获得较多的汛期电量，使水轮机在现有水能条件下具有良好的水力特性，这是本工程水轮机参数选择的重点。

（3）水轮机抗空蚀性能不可轻视。一般情况下，少泥沙低水头电站的灯泡贯流式机组不出现空蚀现象或仅有轻微的空蚀现象，主要是水电站水头较低，电站装置空化系数较大，而且主要过流部件，如叶片、转轮室等均采用抗空蚀材质的优质不锈钢制造；但考虑水电站汛期河流泥沙含量较大，机组选型仍需考虑泥沙对水轮机的磨蚀问题，因此，仍应选用空化性能好的转轮，使吸出高度有较大的裕度，避免空化现象；易磨损的主要零部件选用耐磨抗空蚀的优质不锈钢材料制造。

（4）水力设计与结构设计相协调。峡江水电站机组属于特大型灯泡贯流式机组，特别是水轮机转轮直径为目前国内最大。因此在进行水力性能研究的同时，还应对机组总体和各部件结构、加工工艺、重大件的运输方式等进行研究，在合理追求水力参数和水力设计先进性的同时，还应考虑结构的合理性，在材料选择上留有充分的裕量。考虑电站汛期河流泥沙含量相对较大，机组选型仍需考虑泥沙对水轮机的磨蚀问题，因此，仍选用空化性能好的转轮，使吸出高度有较大的裕度，避免空化现象，易磨损的主要零部件选用耐磨抗空蚀的优质不锈钢材料制造。

由于目前国内在开发水轮机模型转轮、水力设计、模型试验等方面，与国外先进水平还存在一定的差距，为了确保转轮具有较高的参数水平和机组的整体性能，初设阶段拟考虑水轮机模型转轮由国外引进或联合开发，并且采用国外先进的水力设计技术，转轮叶片等采用国外加工，机组的其他部分立足于在国内厂家制造生产。

招标阶段，对峡江水电站水轮机的主要参数作进一步研究，通过优化机组技术参数，尽量减小水轮机转轮直径，降低机组制造难度，从而确保机组稳定运行。

5.1.3 机组主要参数的选定

1. 额定水头

水轮机额定水头是重要的技术参数之一，它直接影响到水轮机的转轮直径、转速、安装高程和运行区域的选择，选取适当，则可提高电站的技术经济效益。

峡江水电站地处赣江中游，其上游有已建、规划和在建的万安水电站、井冈山水电站和石虎塘水电站，其中万安水电站具有不完全年调节特性，而井冈山水电站和石虎塘水电站均为径流式日调节电站。峡江水库具有季调节特性，电站在电力系统中承担系统调峰任务，因此，额定水头 H_r 的选择，应使电站满足调峰运行的要求，并具有最佳的经济效益，经技术经济比较后综合考虑确定。

本电站水轮机运行水头范围为 4.25～14.80m，电能加权平均水头为 10.93m，根据水能资料，水库在正常蓄水位 46.00m 发电时，其临界弃水点相应的水头约为 9.05m。在不考虑消落的情况下，电站满发工况只是一个点。本电站为调峰电站，当电站调峰时上游水库有一定的消落深度，额定水头取值应低于 9.05m，以免电站调峰容量受阻；同时，考虑到电站低水头时宜适当加大机组的过流能力，减少电站弃水电量损失，经分析，拟定 8.4m、8.6m、8.8m 3 个额定水头方案进行技术经济比较，比较结果见表 5.1-1。

从表 5.1-1 可以看出以下几点：

（1）水头参数匹配方面，3 个方案额定水头与最大水头之比分别为 0.568、0.581 和 0.595，额定水头与加权平均水头之比分别为 0.768、0.786 和 0.804，电站调峰满发运行时上游水位分别有 0.65m、0.45m、0.25m 的消落深度，3 个方案的额定水头虽都能满足要求，但方案三调峰库容略显偏小。

（2）3 个方案的转轮直径分别为 7.95m、7.80m、7.70m，降低额定水头，则转轮直径增大，机组过流能力也随之加大，出力受阻时间缩短，水能利用率高，可以增加发电量，

表 5.1-1　　　　　　额定水头各方案性能参数和经济指标比较一览表

型 号 及 参 数	方案一	方案二	方案三
额定水头/m	8.4	8.6	8.8
电站装机容量/MW	360	360	360
装机台数/台	9	9	9
单机容量/MW	40	40	40
满发时消落深度/m	0.65	0.45	0.25
水轮机型号	GZ(XJ)-WP-795	GZ(XJ)-WP-780	GZ(XJ)-WP-770
转轮直径/m	7.95	7.80	7.70
额定流量/$(m^3 \cdot s^{-1})$	537.3	524.8	512.9
额定转速/$(r \cdot min^{-1})$	68.2	71.4	71.4
额定比转速 n_s/$(m \cdot kW)$	965.7	981.7	953.9
比速系数 $k = n_s(H_r)^{0.5}$	2798.8	2878.8	2829.6
水轮机吸出高度/m	-13.81	-13.61	-13.41
水轮机安装高程/m	22.80	23.00	23.20
尾水管底板高程/m	15.8	16.2	16.6
机组流道长度/m	66.7	65.2	64.2
机组间距/m	22.6	22.2	21.9
主厂房总长度/m	280.4	276.8	274.1
主厂房净宽度/m	24.7	24.0	23.5
水轮机总重/t	930×9	900×9	875×9
发电机总重/t	565×9	550×9	550×9
机电设备造价差值/万元	+2646.0		-1530.0
厂房土建造价差值/万元	+1048.7		-935.6
综合造价差值/万元	+3694.7		-2465.6
多年平均年发电量差值/(万 kW·h)	+621		-658
补充电能投资/$[元 \cdot (kW \cdot h)^{-1}]$	5.95		3.75
年效益差值/万元	235.98		250.04
差额投资经济内部收益率/%	4.48		8.85

但同时电站投资增大。当额定水头从 8.80m 降到 8.60m 时，补充电能投资为 3.75 元/
(kW·h)，差额投资经济内部收益率为 8.85%，此时电站经济效益较好；当额定水头从
8.60m 降到 8.40m 时，补充电能投资已达 5.95 元/(kW·h)，差额投资经济内部收益率
4.48%，而且电站此时得到的主要为汛期的电量，经济效益已较差。从发电效益、工程投
资、补充电能投资等方面综合分析比较，方案二较为经济合理，故初设阶段选定水轮机的
额定水头为 8.60m。

2. 比转速

水轮机比转速 n_s 和比速系数 K 是衡量水轮机能量特性、经济性和先进性的综合性指标，反映了设计、制造技术水平。大容量机组为缩小机组及厂房尺寸，节省投资，提高电站的经济效益，在可能的条件下，倾向于选择较高的比转速 n_s 和比速系数 K 值。因此，随着水轮机设计制造水平的提高，水轮机比转速和比速系数有提高趋势。但是比转速 n_s 的提高受到水轮机强度、空化性能、泥沙磨损、运行稳定性等因素的制约，不能单方面追求过高的技术指标。所以需要针对电站的具体情况，对水轮机比转速 n_s 及比速系数 K 值进行综合分析比较，确定合适的指标。

峡江水电站额定水头为 8.60m，最大水头为 14.80m，目前国内已建类似水头的灯泡贯流式电站机组主要参数见表 5.1-2。

表 5.1-2　　　　国内已建类似水头的灯泡贯流式电站机组主要参数

电站名称	P_r /MW	台数	H_{max} /m	H_r /m	D_1 /m	n_r /(r·min^{-1})	n_s /(m·kW)	K	厂家	投产年份
百龙滩	32.0	6	16.0	9.7	6.4	93.75	991	3087	双富	1996
大源渡	30.0	4	11.24	7.2	7.5	65.2	969	2599	VA	1998
飞来峡	35.0	4	13.83	8.3	7.0	83.3	1079	3153	VA	1999
贵港	30.0	4	14.0	8.5	6.9	78.95	953	2778	KB、ABB 东电	1999
红岩子	30.0	3	11.4	9.5	6.4	83.3	875	2698	东电	2001
凌津滩	30.0	9	13.2	8.5	6.9	78.95	953	2779	日立	2001
桐子濠	36.0	3	14.8	10.0	6.8	83.3	899	2844	东电	2003
株洲	28.0	5	11.3	6.7	7.5	65.2	1024	2651	哈电	2004
青居	34.0	4	12.84	11.0	6.15	937.5	873	2896	双富	2004
沙坡头	29.0	4	11.0	8.7	6.85	75.0	865	2551	东电	2004
长洲	42.0	15	16.0	9.5	7.5	75.0	931	2869	哈电、东电 天阿	2007
新政	36.0	3	14.75	11.2	6.3	93.75	878	2939	东电	2007
乌金峡	35.0	4	13.4	9.2	7.0	78.95	933	2829	天阿	2008

表 5.1-2 表明，国内已运行类似水头电站的水轮机比转速 n_s 值大概在 860～990m·kW 之间，据有关资料统计，国外类似水头电站的水轮机 n_s 值均在 900～1050m·kW 之间。目前国内外几大制造厂所提建议方案的 n_s 值在 937.7～1031.5m·kW 之间，已基本达到世界先进水平。通过与国内外制造厂技术交流，峡江水电站水轮机的 n_s 在 940～990m·kW 之间选取较为适宜，经综合比较峡江电站初设选取的水轮机额定 n_s 为 981.7m·kW，比速系数 K 值为 2878.8。

3. 单位转速及单位流量

从比转速与单位参数的关系 $n_s = 3.13n_1'(Q_1'\eta)^{0.5}$ 可以看出，同样的 n_s 值，可由不同

的单位转速 n_1' 和单位流量 Q_1' 以及效率 η 的组合来实现,为了减小发电机尺寸,宜加大单位转速;为了减小转轮直径,应提高 Q_1' 值,但 Q_1' 值增大将引起 σ 值变大,从而引起较大的开挖量和土建投资,因此单位流量 Q_1' 和单位转速 n_1' 应进行合理的匹配,使电站的投资节省,运行安全稳定。近年来,国内大型灯泡机组发展迅猛,引进了一些国外先进模型转轮,使得贯流式转轮的参数水平有较大的提高,据有关资料统计,目前国内各水头段典型贯流式转轮参数可参照表 5.1-3 进行设计。

表 5.1-3 典型贯流式转轮参数表

参 数		三叶片转轮	四叶片转轮
运用 H_{max}/m		8~10	20~22
最优工况	$n_{10}'/(r \cdot min^{-1})$	175~202	155~165
	$Q_{10}'/(m^3 \cdot s^{-1})$	2.0~2.1	1.6~1.7
	$\eta_0/\%$	92.3~92.19	93.5~93.8
一般设计工况	$n_1'/(r \cdot min^{-1})$	220~230	190~200
	$Q_1'/(m^3 \cdot s^{-1})$	3.30~3.45	2.7~2.95
	$\eta_m/\%$	90~88	91~89.5
	σ_c	2.5~2.7	1.9~2.1
	$n_s/(m \cdot kW)$	1187~1254	932~1017

表 5.1-3 表明,四叶片转轮一般设计工况的单位转速为 190~200r/min,单位流量为 2.7~2.95m³/s;国内外部分制造厂家为峡江电站提出的四叶片转轮的单位转速为 186.05~199.48r/min,单位流量为 2.793~3.03m³/s。

灯泡贯流式水轮机单位流量 Q_1' 的选择主要考虑转轮轴面流速 v_m 的影响,轴面流速太大会带来汽蚀和振动等水力问题。目前,轴面流速一般控制在 11~15m/s 之间,且大多取值在 13m/s 左右。考虑到峡江电站水轮机转轮直径很大,所以其轴面流速不宜取得过高,以不超过 13m/s 来考虑单位流量 Q_1' 的选取。

由于本电站的水文特点,机组在较高水头运行的时间较长,单位转速 n_1' 的选择应使水轮机在较高水头运行时处于高效率区。同时,单位流量 Q_1' 的选择应使水轮机在额定工况点运行时运行稳定,且空化性能好。根据选定的比转速值,以及现阶段国内相同水头段水轮机的使用情况和制造水平,国内外主要制造厂家为本电站提供的资料,结合本电站的河流泥沙特征,经分析比较,初设阶段拟定的水轮机额定单位转速为 189.91r/min,额定单位流量为 2.94m³/s,相应的转轮轴面流速为 12.84m/s。

4. 水轮机效率

目前,国内部分已投产的大中型灯泡式四叶片水轮机的额定工况原型效率为 89.5%~91.5%,最优工况原型效率为 95.0%~96.0%;国内部分制造厂家为本电站提出的水轮机额定工况原型效率为 90.32%~92.9%,最优工况原型效率为 95.0%~95.7%;按国内外研究制造水平,四叶片转轮模型最优效率均已超过 93.5%,因此,本电站四叶片水轮机模型预期最优效率应不低于 93.6%,模型水轮机额定点效率不低于 91.0%。

水轮机效率修正按最优点等值修正,效率修正值取 1.6%,相应原型水轮机额定点效率为 92.6％，原型最高效率为 95.2％，发电机的额定点效率暂取为 97.6％。

5. 额定转速

峡江电站机组初拟的比转速 n_s 在 940～990m·kW 之间，可供选用的额定转速有 68.2r/min、71.4r/min 和 75r/min 三档，对应的比转速 n_s 分别为 937.7m·kW、981.7m·kW 和 1031.2m·kW，K 值分别为 2750.0、2878.8 和 3024.0。一般来说，随着转速的提高，允许的安装高程也随之降低，土建工程量和金属结构工程量略有增加，机电设备投资和年发电量略有减少。但根据本电站的具体情况，水轮机安装高程是由河床下切后尾水管最小淹没深度确定的，机组额定转速对电站实际安装高程没有实质性影响，土建投资和金属结构投资相近；同样的，机组额定转速对水轮机的重量及电气设备的配置没有影响，除发电机外，对其他机电设备的投资没有影响。根据水能专业提供的水轮机运行加权因子计算水轮机加权平均效率可得 3 个方案的年发电量差值，水轮机运行加权因子见表 5.1-4。

表 5.1-4　　　　　　　　　　　水轮机运行加权因子（统计）

出力 H /m	P/MW							
	40％	50％	60％	70％	80％	90％	100％	合计
14.80	0	0.11	0.66	0	0	0	0.22	0.99
13.00	0	1.42	4.28	8.77	14.03	15.84	2.96	47.30
10.93	0	0	0.44	1.32	9.42	26.34	6.31	43.83
8.60	0	0	0	0.11	2.30	2.08	0.44	4.93
6.50	0.49	0.16	0.49	0.77	0	0	0	1.91
4.25	1.04	0	0	0	0	0	0	1.04
合计	1.53	1.69	5.87	10.97	25.75	44.26	9.93	100.0

对以上 3 个转速方案进行技术经济比较，比较结果见表 5.1-5。

表 5.1-5　　　　　　　　　　　水 轮 机 转 速 比 较 表

型 号 及 参 数	方案一	方案二	方案三
机组转速/(r·min^{-1})	68.2	71.4	75
单机容量/MW	40	40	40
转轮直径/m	7.8	7.8	7.8
额定单位转速/(r·min^{-1})	181.4	189.91	199.5
额定单位流量/(m^3·s^{-1})	2.93	2.94	2.96
额定流量/(m^3·s^{-1})	522.4	524.8	528.6
额定比转速 n_s/(m·kW)	937.7	981.7	1031.2
比速系数 $k=n_s(H_r)^{0.5}$	2750.0	2878.8	3024.0
水轮机额定效率/％	93.0	92.6	91.9
水轮机加权平均效率/％	93.65	93.53	93.33
水轮机额定出力/MW	41.0	41.0	41.0

型 号 及 参 数	方案一	方案二	方案三
水轮机吸出高度/m	−13.60	−13.60	−13.60
水轮机安装高程/m	23.00	23.00	23.00
全电站机组重量差/t	+150		−150
全电站机组价格差/万元	+900		−900
多年平均年发电量差值/(万 kW·h)	+158		−228
补充电能投资/[元·(kW·h)⁻¹]	5.70		3.95
年效益差值/万元	60.64		86.64
差额投资经济内部收益率/%	4.89		8.29

从表 5.1-5 可以看出：方案二比方案三水轮机额定效率高 0.7%，水轮机加权平均效率高 0.18%，多年平均年发电量差值多 228 万 kW·h，尽管由于机组转速低一档，使得发电机重量增加 150t，投资增加 900 万元，但补充电能投资为 3.95 元/(kW·h)，差额投资经济内部收益率为 8.29%，此时电站经济效益较好；另外，方案三的额定比转速 n_s 为 1031.2 m·kW，高于目前国内现有的参数水平，机组制造难度增大，因此，方案二优于方案三。

方案二与方案一相比，尽管水轮机额定效率低 0.4%，水轮机加权平均效率低 0.12%，多年平均年发电量差值少 158 万 kW·h，但由于方案二的机组转速高一档，相应的发电机重量减轻 150t，可节约投资 900 万元，补充电能投资为 5.70 元/(kW·h)，差额投资经济内部收益率为 4.89%，电站经济效益明显降低。因此，方案二优于方案一。

从发电效益、工程投资、补充电能投资等方面综合分析比较，方案二较为经济合理，故初设阶段选定的水轮机额定转速为 71.4r/min。

6. 安装高程

机组的安装高程通常取决于水轮机的空化性能，国内与峡江相近水头段的电站，额定工况点临界空化系数 σ_c 大都在 1.55～1.75，但单位流量 Q_1' 取值均小于峡江机组，有关厂家在峡江机组技术方案中提出的临界空化系数大都在 1.8～2.0 之间，所以综合考虑峡江水轮机额定工况点临界空化系数为 2.0。

目前，计算灯泡贯流式水轮机吸出高度的方法有许多种，通常采用转轮叶片顶点为计算点，只要转轮顶部不产生较严重空蚀，其他部位也不会出现较严重空蚀，这样换算到转轮中心的计算公式为：

$$H_s = 10 - \nabla/900 - K\sigma_m H - D_1/2 \qquad (5.1-1)$$

式中：K 为空蚀安全系数；σ_m 为空化系数；H 为电站水头，m；D_1 为水轮机转轮直径，m。

对灯泡贯流式机组，由于是卧轴布置，压力最低点为叶片顶点，转轮转动一周时，压力最低点在叶片上的位置是随其转动的，叶片工作于上顶点处的历时为其整个运行时间的 20% 左右，故取 $K \geq 1.05$ 即可。

设计尾水位是确定水轮机安装高程所用的尾水管出口断面处所出现的水位，对灯泡贯流式机组的电站而言，一般应选用电站满发装机的流量所对应的下游水位来计算水轮机安装高程，经计算，在额定工况 $\sigma=2.0$ 时，相应水轮机吸出高度为 -12.0m，9 台机满发装机的额定流量为 4723.2m³/s，对应的下游尾水位为 36.61m，水轮机理论安装高程为 24.60m。表 5.1 - 6 为各个特征水头下的相应最大出力、允许的吸出高度、允许的安装高程。

表 5.1 - 6 　　　　各个特征水头下的最大出力、允许的吸出高度、允许的安装高程

净水头	最大出力/MW	允许的吸出高度 H_s/m	允许的安装高程/m
最大水头 14.80m	41.00	-4.3	26.40
设计水头 11.67m	41.00	-5.3	28.50
加权平均水头 10.93m	41.00	-7.6	27.00
额定水头 8.6m	41.00	-12.0	24.60
最小水头 4.25m	10.66	-9.2	30.10

灯泡贯流式水轮机的流道呈水平布置，由于机组的过流量大，流道的断面面积比较大，尾水管出口顶部高程相应较高，故确定水轮机安装高程时除应满足不同工况下的空化性能要求外，还应核算尾水管出口顶部淹没深度是否满足要求。赣江峡江段为Ⅲ级航道，电站下游保证通航流量为 221m³/s，对应的下游水位为 31.50m，电站尾水不应低于最低通航水位；同时，根据水文规划专业提供的资料，峡江水利枢纽工程建成运行后，由于受水流冲刷影响，河床存在不同程度的下切，同流量对应的下游水位下降，在通航流量时的下切水位可达 1.2m 左右，因此，水轮机安装高程还必须按河床下切后保证通航流量发电时，满足淹没尾水管出口顶部深度应不小于 0.5m 的要求来校核，据此确定水轮机安装高程 23.00m，对应额定工况下水轮机吸出高度为 -13.61m。

降低安装高程主要是汛期可以增大机组的过机流量，减少弃水，获得更多的汛期电量。由于本电站机组安装高程是由按河床下切后尾水管最小淹没深度确定的，已经比按空蚀条件确定的安装高程降低 1.60m，再降低安装高程，水轮机的过流量受导叶开度的限制能增加的电量有限，但厂房土建投资将随之增加，经济上不合理。因此，选定机组的安装高程为 22.80m（机组轴线高程）。

7. 模型水轮机转轮参数

综合以上分析，选定本电站预期的模型水轮机转轮主要参数见表 5.1 - 7。

表 5.1 - 7 　　　　　　　　预期的模型水轮机转轮主要参数

最优单位流量 Q_1'/(m³·s⁻¹)	1.74	额定单位流量 Q_1'/(m³·s⁻¹)	2.94
最优单位转速 n_{10}'/(r·min⁻¹)	163	额定单位转速 n_{10}'/(r·min⁻¹)	189.91
最高模型效率 η_{max}/%	93.6	额定点模型效率 η_m/%	91.0
额定比转速 n_s/(m·kW)	981.7	额定点工况空化系数 σ	2.0
额定比转速系数 K	2878.8		

8. 流道尺寸

机组流道尺寸也是机组重要的参数之一，它直接影响到厂房布置、机组安装高程、电站运行效率和机组稳定运行等，流道尺寸选取适当可提高电站的技术经济效益。在对有关厂家所提方案的流道尺寸进行综合分析后，确定机组进口流速应控制在不超过 2m/s，尾水管出口流速不超过 2.5m/s，转轮中心至尾水管出口的水平距离不超过 $5.1D_1$；初拟进水流道的断面尺寸为 16.2m×17.5m（宽×高），尾水管出口的断面尺寸为 16.2m×13.6m（宽×高），进水口闸门至转轮中心的水平距离为 26.65m，转轮中心至尾水管出口的水平距离为 39.5m。

5.1.4 机组台数拟定

机组台数的选择关系到单机容量、转轮直径及年发电量等参数，由于本电站建成后在电网中主要承担调峰负荷，宜适当加大单机容量。根据本电站情况，要减少机组台数，加大单机容量，生产厂家的设计制造能力和技术水平是制约因素。目前国内已运行的电站最大单机容量为 57MW，最大转轮直径为 7.5m，随着技术的发展，灯泡贯流式机组已具备了向更大型化发展的技术能力。

根据装机容量比较结果，本电站总装机容量为 360MW，考虑到枢纽布置对厂房长度限制及制造难度对转轮直径的制约，拟定装机 8 台、9 台、10 台共 3 个方案进行装机台数（转轮直径）的技术经济比较，比较方案的性能参数及经济指标见表 5.1-8。

表 5.1-8　　　　装机台数各方案性能参数和经济指标比较一览表

型 号 及 参 数		方案一	方案二	方案三
水轮机型号		GZ(XJ)-WP-825	GZ(XJ)-WP-780	GZ(XJ)-WP-740
发电机型号		SFWG45-92/9200	SFWG40-84/8400	SFWG36-80/8000
转轮直径/m		8.25	7.80	7.40
电站水头	最大水头/m	14.80	14.80	14.80
	加权平均水头/m	10.93	10.93	10.93
	额定水头/m	8.60	8.60	8.60
	最小水头/m	4.25	4.25	4.25
电站装机容量/MW		360	360	360
装机台数/台		8	9	10
单机容量/MW		45	40	36
额定单位转速/(r·min^{-1})		183.42	189.91	189.25
额定单位流量/(m^3·s^{-1})		2.954	2.94	2.946
额定流量/(m^3·s^{-1})		589.6	524.8	473.1
额定转速/(r·min^{-1})		65.2	71.4	75
水轮机额定效率/%		92.7	92.6	92.5
水轮机最高效率/%		95.3	95.2	95.0
水轮机额定出力/MW		46.1	41.0	36.92

型 号 及 参 数		方案一	方案二	方案三
额定比转速 n_s/(m·kW)		950.6	981.7	978.6
比速系数 $k=n_s(H_r)^{0.5}$		2787.8	2878.8	2869.7
水轮机吸出高度/m		−14.00	−13.60	−13.30
水轮机安装高程/m		22.6	23.0	23.3
进水流道底板高程/m		13.35	14.25	14.98
尾水管底板高程/m		15.40	16.20	16.80
机组流道长度/m		68.9	65.2	61.9
机组间距/m		23.1	22.2	21.4
主厂房总长度/m		261.8	276.8	291.8
主厂房净宽度/m		25.3	24.0	22.8
水轮机总重/t		1020×8	900×9	810×10
发电机总重/t		632×8	550×9	498×10
主要经济指标	机电设备及安装工程/亿元	11.196	11.099	11.959
	金属结构设备安装工程/亿元	2.761	2.755	2.749
	建筑工程/亿元	9.354	8.646	8.091
	其他费用/亿元	7.066	6.981	6.966
	静态总投资/万元	30.377	29.481	29.765
	多年平均年发电量/(亿 kW·h)	11.428	11.44	11.45
选定方案			√	

注　水轮机吸出高度已折算至转轮中心。

表 5.1-8 表明，方案二的综合技术经济指标优于方案一和方案三。

（1）方案二与方案一比较如下：

1）方案二机组台数比方案一多一台，多年平均年发电量增加 120 万 kW·h。

2）方案二比方案一机组重量轻 166t，机电设备及安装工程造价可节省 970 万元，金属结构设备安装工程造价节省 60 万元，建筑工程造价节省 7080 万元，其他费用节省 850 万元，静态总投资节省 8960 万元。

3）方案一转轮直径偏大，目前国内已投入运行的灯泡贯流式机组转轮直径最大为 7.5m，假如选用方案一，机组的制造难度很大。即使选用方案二，转轮直径也已达 7.8m，对目前国内外生产厂家的制造能力和制造水平，已具有很高的要求，因此，选用方案二更具可行性。

（2）方案二与方案三比较如下：

1）方案二机组台数比方案三少一台，年电量减少 100 万 kW·h；尽管金属结构设备安装工程造价增加 60 万元，建筑工程造价增加 5550 万元，其他费用增加 150 万元，但机电设备及安装工程造价可节省 8600 万元，静态总投资可节省 2840 万元。

2）由于枢纽布置受地势影响，方案三较方案二机组台数多一台，主厂房主机段长度长 15.0m，枢纽布置存在一定困难。

3）本电站建成后向大网供电，并在电网中担负调峰负荷，从机组调峰角度看，9 台机方案比 10 台机方案机组转动惯量大，对调峰更为有利。

综合上述分析比较，初设阶段选定采用方案二，即电站装机台数为 9 台，单机容量为 40MW，转轮直径为 7.8m。

5.1.5 发电机的选择

根据国内已经投产的 40MW 及以上的灯泡贯流水轮发电机主要技术参数，以及国内外制造厂对本电站水轮发电机主要技术参数的意见，结合本电站相关电气设备制造水平，对本电站额定转速、额定电压及发电机冷却方式等主要参数和技术方案进行了选择。根据机组结构及电力系统要求，机组功率因数采用 0.90。

（1）发电机额定转速的选择。本电站水轮机额定转速为 71.4r/min，根据发电机额定转速应与水轮机相同的原则，因此推荐采用额定转速为 71.4r/min 作为本电站发电机的同步转速。

（2）发电机额定电压的选择。本电站发电机额定容量为 40MW，额定电压等级可取 10.5kV 或 13.8kV。从发电机的技术参数和机组自身的经济性考虑，发电机的额定电压采用 10.5kV 或 13.8kV 均是可行的；从有利于电气设备和主接线选择的角度出发，推荐本工程发电机的额定电压为 13.8kV。

（3）发电机通风冷却方式的选择。发电机的通风冷却方式与发电机的容量、定子结构型式等有关，除小型机组外，灯泡式发电机难以采用自然通风散热方式，通常采用强制密闭空气循环通风方式。这种通风方式就是把空气完全密闭在发电机内部，用风机将空气加压后，强制其沿着制定的路线循环，对发电机各部位进行通风冷却。根据通风路径，可分为轴向通风方式、径向通风方式和轴向径向（混合式）通风方式。本电站发电机定子铁芯长度较长，采用轴向通风方式或径向通风方式难以满足发电机通风冷却要求，根据国内大中型灯泡贯流机组的运行经验，宜采用密闭强迫自循环轴向、径向（混合）通风方式，即冷风沿发电机轴向和径向都有流动。在发电机定转子都开有径向风孔和轴向风沟，它的优点是利用转子上能够产生径向风压的鼓风作用，加上专用风机轴向吹风，让冷风比较均匀地在发电机内流动，通风效果较好。

冷却风的主要循环路径为：①径向通风路径：风机→转子支架→磁轭→气隙→定子径向通风沟→铁芯背部→空冷器→风道→风机；②轴向通风路径：风机→转子支架下游侧→定、转子全长→空冷器→风道→风机。

初设阶段暂定发电机的通风冷却方式为采用轴向、径向强迫循环的通风方式和"水-空气冷却器-水"二次循环的冷却方式，并与机组轴承油外循环水冷却系统共用一套冷却水循环设备。国内在峡江水电站工程建设之前，发电机容量在 35MW 及以上的大型灯泡贯流式机组采用二次冷却方式效果均不理想，本工程的发电机通风冷却方式以及机组轴承油循环冷却方式，还需在招标阶段作进一步技术交流、调研后确定。

5.1.6 机组制造难度分析

峡江水电站为低水头电站，总装机容量为 360MW，水头运行范围在 4.25～14.80m

之间，初拟电站装机台数为 9 台，单机容量为 40MW，水轮机转轮直径为 7.8m。

灯泡式水轮机进出水流道为水平通流型式，在低水头开发时具有独特的优越性，法国奈尔皮克公司在 20 世纪 60 年代中期为法国罗纳河的皮埃尔–贝尼特电站制造了 4 台转轮直径 6.25m，单机容量 20MW 的灯泡贯流式机组，标志着灯泡机向大型化发展获得成功。此后欧美等国家在低水头水力资源的开发过程中，日益重视水轮机模型转轮研发和水力设计，在奥地利多瑙河等流域的开发中，相继推出了许多大型灯泡贯流式机组，灯泡贯流式机组技术得到长足进步，至 20 世纪 70—80 年代已处于技术成熟和稳定发展的阶段。至峡江水利枢纽工程进行初步设计时，世界上已投入运行的转轮直径最大的是美国雷辛电站机组，水轮机转轮直径达 7.7m，单机容量为 24.6MW；单机容量最大的灯泡贯流式机组是日本只见电站机组，单机容量为 65.8MW，转轮直径 6.7m。表 5.1 - 9 中列出了峡江电站开工前国外最具代表性的灯泡贯流式电站水轮机主要参数。

表 5.1 - 9　　　　　国外最具代表性的灯泡式贯流式电站水轮机主要参数表

国别	电站名	单机容量 /MW	额定水头 /m	额定转速 /(r·min⁻¹)	转轮直径 /m	比转速 /(m·kW)
日本	只见	65.8	18.4	100	6.7	614
美国	石岛	51.25	12.1	85.7	7.4	874
	雷辛	24.6	6.23	62.1	7.7	990
苏联	萨拉托夫	46	10.5	75	7.5	553

我国从 20 世纪 70 年代末期已研究和制造了一批中小型贯流式水轮发电机组。从 20 世纪 80 年代初至 90 年代初，在吸收进口机组技术的基础上，又自行设计制造了一些大、中型灯泡贯流式机组，应用于白垢、安居、马骝滩和都平等水电站，并都已投入运行。从 90 年代开始，国内有些大、中型水轮机制造厂家与国外具有世界先进水平的水电设备制造公司共同出资组建了一些中外合资企业，后发展为独资企业。这些合资、独资企业逐步享有了使用国外水电设备制造公司的所有先进生产技术和资源的权利，带动了我国水电设备制造业的发展。目前国内灯泡贯流式机组的制造技术和运行经验已日臻完善，基本上解决了设计和制造大型灯泡贯流式机组的技术难题，已有多家国内制造厂具有生产大容量灯泡机组的能力。国内现有多座大型灯泡贯流式机组投入运行，如已运行的大源渡水电站、株洲水电站水轮机转轮直径均为 7.5m，特别是建成发电的广西梧州长洲水电站，其机组转轮直径为 7.5m，单机容量为 42MW，由哈尔滨电机厂［东芝（杭州）水电设备有限公司作为联营体］、东方电气集团东方电机有限公司、阿尔斯通水电设备（中国）有限公司中标，共同承担水轮发电机组的设计、制造任务，2007 年首台机组投入运行。目前国内单机容量最大的是已建成的广西桥巩水电站，单机容量达 57MW，转轮直径为 7.5m，于 2008 年 8 月投入运行，这标志着国内制造大型灯泡贯流式水轮发电机组已达到国际先进水平。表 5.1 - 10 列出国内已建的且与本电站单机规模相近的具有代表性的灯泡贯流式机组的参数。

表 5.1-10　　　　　　　　国内已建类似规模的灯泡贯流式电站机组的参数

电站名称	P_r /MW	台数	H_{max} /m	H_r /m	D_1 /m	n_r /(r·min^{-1})	n_s /(m·kW)	K	厂家	投产年份
洪江	45.0	6	27.3	20.0	5.46	136.4	691	3091	哈电	2003
康扬	40.7	7	22.5	18.7	5.46	125.0	655	5833	哈电	2006
尼那	40.0	4	18.1	14	6.0	107.1	801	2997	天阿	2003
桐子濠	36.0	3	14.8	10.0	6.8	83.3	899	2844	东电	2003
金银台	40.0	3	15.9	13.0	6.3	100	818	2951	东电	2005
飞来峡	35.0	4	13.83	8.3	7.0	83.3	1079	3153	VA	1999
贵港	30.0	4	14.0	8.5	6.9	78.95	953	2778	KB、ABB 东电	1999
大源渡	30.0	4		7.2	7.5	65.2	969	2599	VA、哈电	1998
株洲	28.0	5	11.3	6.7	7.5	65.2	1024	2651	哈电	2004
长洲	42.0	15	16.0	9.5	7.5	75.0	931	2869	哈电、东电 天阿	2007
桥巩	57.0	8	24.5	13.8	7.4 (7.45)	88.2	778	2952	东电、天阿	2008
炳灵	48	5	25.7	16.1	6.25	107.1	735	2949	哈电	2008

　　峡江水电站发电机单机容量选定为40MW，从表5.1-10可以看出，目前，国内已建单机容量40MW及以上的水电站包括洪江水电站（45MW）、康扬水电站（40.7MW）、尼那水电站（40MW）、金银台水电站（40MW）、长洲水电站（42MW）、桥巩水电站（57MW）、炳灵水电站（48MW）等，因此，针对峡江水电站的发电机在制造难度上已不存在大的问题。

　　峡江机组关键技术在于水轮机，峡江水电站机组初设阶段推荐的转轮直径为7.8m，为目前国内转轮直径最大的灯泡贯流式水轮机，下面从水轮机制造难度上与长洲水电站和桥巩水电站进行对比：长洲水电站额定水头为9.5m，水轮机制造难度系数为534.4；桥巩水电站额定水头为13.8m，水轮机制造难度系数为776.3；而峡江水电站额定水头8.60m，水轮机制造难度系数为523.2，从以上数据可以看出，尽管本电站水轮机转轮直径比长洲水电站和桥巩水电站大0.3～0.4m，但制造难度略小于长洲水电站，远小于桥巩水电站。美国雷辛水电站灯泡贯流式机组转轮直径7.7m，单机容量25MW，已成功运行多年，峡江水电站机组转轮直径只比雷辛水电站机组转轮直径大0.1m，但目前技术手段和加工能力比制造雷辛水电站机组时先进和完善了很多。综上分析，国内已经具备生产峡江水电站机组的能力。

　　由于目前国内在开发水轮机模型转轮、水力设计、模型试验等方面，与国外先进水平还存在一定的差距，为了确保峡江机组转轮具有较高的参数水平和机组的整体性能，初设阶段考虑水轮机模型转轮由国外引进或联合开发，并且采用国外先进的水力设计技术，转轮叶片采用国外加工，机组的其他部分立足于在国内制造生产。

5.1.7　选定的水轮发电机组主要参数

5.1.7.1　水轮机主要参数

水轮机型号：GZ(XJ)-WP-780；

最大水头：14.80m；

额定水头：8.60m；

最小工作水头：4.25m；

转轮直径：7.80m；

水轮机额定出力：41.0MW；

水轮机额定流量：524.8m³/s；

机组额定转速：71.4r/min；

飞逸转速：230r/min；

水轮机额定效率：92.6%；

水轮机最高效率：95.2%；

额定比转速：981.7m·kW；

轮毂比：0.38；

水轮机安装高程：23.0m；

调速器型号：WST-150-6.3；

油压装置型号：YZ-12.5/6.3；

水轮机单重：900t。

5.1.7.2　发电机主要参数

发电机型号：SFWG40-84/8400；

发电机形式：灯泡贯流式；

额定容量/功率：43.48MVA/40MW；

额定电压：13.8kV；

额定功率因数：0.90；

额定转速：71.4r/min；

额定频率：50Hz；

相数：3相；

发电机效率：97.6%；

发电机冷却方式：全空冷；

灯泡比：1.17；

发电机单重：550t。

5.1.8　小结

峡江水电站机组经过多阶段、多方案比较论证，初设阶段最终选定采用9台单机容量40MW的灯泡贯流式机组，转轮直径7.8m，是目前国内转轮直径最大的灯泡贯流式电站，机组的主要技术参数还会随着工作的深入和认识的提高而不断优化，其目的是使峡江水电站机组综合技术指标达到国内领先、国际先进水平。

5.2 峡江水电站水轮发电机组招标设计

峡江水利枢纽工程从 2003 年编制项目建议书到动工兴建只有短短的 6 年时间，这得益于 2008 年国家拉动内需政策。峡江工程于 2009 年 9 月奠基，总工期为 72 个月，且要求 2013 年 7 月首台机具备发电条件。为满足工期要求，招标阶段将 9 台机组分成两个包，通过招标，阿尔斯通水电设备（中国）有限公司（以下简称阿尔斯通）取得 5 台机组制造合同，转轮直径为 7.8m；东方电气集团东方电机有限公司（以下简称东电）制造 4 台，转轮直径 7.7m。首台机组已于 2013 年 9 月 1 日并网发电，2015 年 4 月 29 日 00：34 最后一台机完成 72h 试运行，进入商业运行，标志着峡江水电站已全面建成投产。峡江水电站的建成增加了江西电网的调峰容量，使江西水电、火电容量失衡的状况有所缓解。

峡江水电站机组转轮直径为国内最大的巨型灯泡贯流式机组，如何做好机组招标工作，编制出具有峡江电站特点的招标文件，对工程建设和水电站今后的运行安全起着至关重要的作用。

5.2.1 招标设计的前期准备工作

峡江工程于 2009 年 9 月 6 日开工建设，总工期为 72 个月，根据目标节点要求 2013 年 7 月底首台机应具备发电条件。为满足节点工期要求，江西院提前进行了机组招标设计准备工作，2009 年 10 月邀请了国内外 7 家主机厂进行技术交流，就水力研发、模型试验、机组结构设计、叶片铸造及加工、通风冷却方式、防飞逸保护、大件运输等进行了全面交流。通过交流，对国内外技术研发水平、设计手段和制造能力有了进一步认识，国内各制造厂建议的峡江灯泡贯流式机组主要参数见表 5.2 - 1。

表 5.2 - 1　　　　国内制造厂建议的峡江灯泡贯流式机组主要参数

项　目	安德里茨	哈尔滨电机厂	东方电机厂	东芝水电	阿尔斯通	福伊特	浙富水电
一、水轮机							
型号	GZKR4	GZA899	GZD320	GZTB5002	GZ4BN	GZ984	GZ（ZB43）
转轮直径/cm	780	780	790	780	780	778	780
额定水头/m	8.6	8.6	8.6	8.6	8.6	8.6	8.6
额定单位流量/(m³·s⁻¹)	2.948	2.954	2.88	2.95	3.04	3.042	2.95
额定单位转速/(r·min⁻¹)	189.91	189.91	183.7	189.91	189.91	189.4	189.91
额定比转速/(m·kW)	982.5	981.7	939.5	981.7	1032	984.0	984.1
额定流量/(m³·s⁻¹)	526.0	527.08	525.9	533.3	542.0	540	527.12
额定转速/(r·min⁻¹)	71.4	71.4	68.2	75.0	75	71.4	71.4
额定效率/%	92.67	92.21	92.7	≥91.5%	>90.0	90.5	92.74
最高效率/%	95.54	95.10	95.33	≥95.2	>94	>95	95.5
额定出力/MW	41.0	41.0	41.0	41.0	41.03	41.2	41.2
吸出高度/m	−8.44	−12.0	−10.0	−10	−9.2	−13.70	−7.78

续表

项　目	安德里茨	哈尔滨电机厂	东方电机厂	东芝水电	阿尔斯通	福伊特	浙富水电
轮毂比	0.38	0.38	0.38	0.38	0.38	0.375	0.36
灯泡比	1.15	1.17	1.161	1.20	1.20	1.22	1.20
二、发电机							
额定容量/MVA	44.7	44.4	43.48	43.48	43.48	42.1	42.1
额定电压/kV	13.8	13.8	13.8	13.8	13.8	10.5	13.8
额定转速/(r·min^{-1})	71.4	71.4	68.2	75	75.0	71.4	71.4
额定功率因数 cosφ	0.90	0.90	0.92	0.92	0.92（滞后）	0.95	0.95
额定效率/%	>97.5	>97.5	>97.5	97.6	97.6	>97.1	97.6

由表 5.2-1 可见，各制造厂所推荐的水轮机额定比转速以阿尔斯通的 1032m·kW 为最高，东电最低为 939.5m·kW，其他几家相差不大，额定比转速都在 980m·kW 左右，最高效率除阿尔斯通稍低外，都能达到 95% 以上；空化性能各厂家相差较大，但由于机组安装高程受尾水管淹没控制，都能满足电站要求。额定效率虽有所差异，但大部分都能达到 92.0%，由于仅处于招标技术交流阶段，各厂家所提的参数指标应有所保留，不代表最终水平。

为了进一步加深对类似电站设计、施工、安装和运行管理的了解，2010 年 3 月上旬，设计单位又与业主一道赴广西长洲水电站和桥巩水电站参观考察，长洲水电站 15 台 42MW 灯泡贯流式机组分成 3 个包由 4 家主机厂生产，桥巩水电站 8 台 57MW 灯泡贯流式机由两家主机厂生产，两座电站都在 2009 年全部安装完成，机组在调试、运行中出现过一些产品设计、制造和安装的问题，现场看到有些部件正在进行消缺处理。考察人员在工地现场与项目业主就招标方式、施工进度安排、设备制造和安装质量等进行了交流，并和电站设计单位的专业技术人员就如何协调不同厂家的水力设计、模型试验、机组保护等问题进行了探讨、交流，这些工作为招标文件的编制奠定了良好基础。

5.2.2　招标方式确定

招标阶段首先要明确的就是招标方式，目前对于设备招标一般都采用资格后审方式，优点是可以缩短招投标时间，增强投标的竞争性，这对于常规普通货物采购无疑是合适的。但对于峡江水电站机组来说由于设备尺寸大，需要有特定的加工设备承担，当时几家国外厂家对峡江水电站机组表现出了浓厚兴趣，但他们中有的在中国没有自己的工厂，有的不具备整机生产能力，如果采用资格后审，这些公司都可以利用母公司的业绩和加工设备进行投标，一旦中标，可能出现在国内委托加工的被动局面，这给产品质量控制和技术服务、售后服务带来很大麻烦。

为避免出现这种情况，采用资格预审是一种较好的办法，这样如果国外母公司积极响应、做出实质性承诺，则子公司可通过预审；如果母公司没有做出实质性承诺，则子公司不能通过预审，避免了合同执行过程中的许多风险，这样对业主有益无害，所以最后采用了资格预审方式，有 4 家主机厂通过资格预审，并参与了投标。

5.2.3 招标文件编制的主要特点

（1）水力设计不排斥采用国内技术。在峡江水电站之前，国内已建成了一批类似规模的灯泡贯流式电站，从最初的飞来峡水电站、大源渡水电站到峡江水电站开工之前建成的长洲水电站和桥巩水电站，这些水电站的主机设备有的是由国外全套引进，如飞来峡水电站、大源渡水电站；有的是与国外公司合作，引进国外技术，采用国外的水力设计，核心部件桨叶由国外公司生产，如长洲水电站和桥巩水电站，在这两个水电站的主机招标文件中规定"投标人必须采用符合资质要求的国外厂商的水力设计，鼓励采用其机组整体设计"。

在峡江水电站主机招标阶段，注意到国内东电和哈电通过与国外公司合作，消化吸收了先进技术和设计理念，具备了较强的水力研发能力，特别是 2008 年年底东电中标了巴西杰瑞电站 18 台机组后，加快了水力研发的投入，已经掌握了水力设计的关键技术，正在自主研发杰瑞的水力模型，计划在 2010 年 8 月在瑞士洛桑进行模型验收试验。哈电也与国外公司合作开发了两个四叶片模型转轮，针对峡江水电站计划开发新的模型，重点放在增加模型机的过流量及机组的稳定性上，由此认为国内已经具备了研发高性能灯泡贯流式机组水力模型设计的能力，研发和制造周期可满足峡江工程工期要求。最终，招标文件没有规定采用国外厂商的水力设计，只要求采用国际知名公司的优秀水力设计，没有排斥采用国内水力设计，这是国内类似规模水电站中的第一次。

（2）在第三方中立台进行模型验收试验。在确定了水力设计的方案后，为了给模型验收提供一个公平、合理的平台，采用在第三方中立台进行模型验收试验是最好的办法。之前的主机招标文件通常规定模型验收试验在卖方试验台上进行，只有在业主对试验结果提出异议时，才找第三方进行复核试验。这种模式的缺陷就是卖方既是运动员，又是裁判员，有时会让业主对验收结果心存疑虑。为改变这一状况，峡江水电站主机招标文件提出"为使模型验收公正可靠，本次模型验收试验在由卖方推荐的、经买方确认的第三方独立中立试验台上进行，卖方投标时应推荐两家合格的国外第三方独立的中立试验台供买方选择"。

招标文件规定模型验收试验成果换算后作为原型机是否满足合同要求的依据，所以对模型台的精度要求较高，通过对国内外中立试验台调查、分析后，招标文件要求在国外第三方中立台进行模型验收试验，并最终选择瑞士洛桑联邦理工学院水力机械试验室 1 号台进行峡江电站模型转轮验收试验。2011 年 9—10 月和 12 月分别进行了东电和阿尔斯通的模型转轮验收，同台试验结果均满足合同规定要求，试验结果为各方所接受，并顺利通过验收。这是国内灯泡贯流式电站水轮机第一次在国外第三方中立台进行模型验收试验。

（3）机组参数先进性与可靠性并举，注重发挥自身优势。峡江水电站主机招标阶段，对初设阶段提出的机组主要参数指标重新进行了分析和梳理。初设时为了压缩水轮机转轮直径，单位流量 Q_1' 取值较大，额定点达到 3.0 m³/s 左右，已达国内外同类水头段的上限，此时要求模型转轮额定点效率不低于 91.0%，难度很大，可能会带来机组的稳定性、可靠性下降。经过全面慎重考虑，在编制招标文件时，将机组额定点效率由初设时的 91.0% 降低到 90.5%，最高效率由 93.6% 调整为 93.3%，这样可使投标人不过高追求水轮机效率，而是把重点放到提高机组的稳定性和结构的安全性中，以达到机组整体最优。

峡江水电站水头权重在高水头占的比重较大，为了提高高水头运行区的效率，招标文件要求模型水轮机加权平均效率不低于 92.2%，同时将影响方案选择的机组转速只规定了不低于 71.4r/min，转轮直径规定为 7.7～7.8m 之间，投标人可根据自己的水力模型选择合适的转速和转轮直径。转轮直径的范围限制除考虑投标人的方案选择的灵活性外，同时考虑了进水口需要共用检修闸门，所以在初步设计选定的转轮直径 7.8m 的基础上，考虑了 0.1m 的变化范围，这样既能控制进水口尺寸，又增加了对方案选择的灵活性，可最大限度地发挥各投标人的自身优势。

（4）根据电站特点，选择合理的通风冷却方式。峡江电站单机容量为 40MW，转轮直径达到 7.7～7.8m，在招标阶段对机组的通风冷却方式进行了比选。灯泡贯流式机组的冷却方式有一次冷却、一次和二次混合冷却以及全二次冷却 3 种，3 种冷却方式中，采用一次冷却效果最好，是目前国内该容量机组普遍选用的方案，但一次冷却的缺点是电站运行时间较长后，取水口及管路可能吸附贝壳类水生物，造成过流断面减少，影响冷却效果。长洲水电站单机容量为 42MW，采用的是一次和二次混合冷却方式，即发电机采用二次冷却，油冷器仍采用一次冷却。从现场调研了解的情况看，冷却效果能达到设计要求。采用全二次冷却方式的优点是冷却锥套中注入的是纯净水，冷却方式相对简单，运行中不存在设备和管路淤堵的问题，也不存在一次冷却如果管路破损，水库大量的水流到厂房可能造成事故的风险；但全二次冷却方式也存在缺点，锥套中的水冷却了发电机和油冷却器后，需通过流道中的河水进行热交换，冷却效果低于直接采用河水方式，随着运行时间增加，锥套上可能附着水生物，也会降低冷却效果。所以，在容量 40MW 及以上的灯泡贯流式机组上运用相对较少，据了解，国内仅有金银台水电站采用该冷却方式，但机组存在发电机定子温度偏高的情况，定子线圈最高温度为 119.0℃，现已着手改造，而装机容量同为 36MW 的桐子壕水电站和新郑水电站发电机采用二次冷却、轴承采用一次冷却，定子最高温度也分别达到了 117.0℃ 和 119.0℃。

峡江水电站机组选用全二次冷却方式，主要基于以下考虑：

1）赣江属少沙河流，水质相对较好，峡江水库具有较大的调节库容，机组初定的中心高程为 22.80m，距水库死水位 44.00m，超过 20m。根据水库专业提供的资料，蓄水后在机组中心高程处夏季的库水温大概在 23～25℃ 之间，流道水温较低，有利于采用机组二次冷却。

2）金银台水电站机组转轮直径为 6.3m，额定转速为 100r/min，发电机空间较小，转速偏高，都不利于发电机通风冷却。峡江水电站机组转轮直径大、转速低，如果简单按直径 7.7m 的机组尺寸等比放大，峡江水电站机组锥套的冷却面积是金银台的 1.5 倍，而且机组转速只有 71.4r/min，转速较低，从发电机冷却难度上讲，转速较高时，冷却难度较大。

3）适当提高安全裕量。为了确保机组二次冷却达到设计效果，招标文件中提出的河水最高水温为 30℃，并要求厂家对发电机通风冷却系统进行模拟计算，按此进行通风冷却系统设计。表 5.2-2 为 8 号机组发额定出力运行时的各部位温度情况。

表 5.2-2						8 号机组发额定出力运行时的各部位温度				

定子铁芯最高温度/℃	定子线圈最高温度/℃	正推瓦最高温度/℃	反推瓦最高温度/℃	发导最高瓦温度/℃	水导瓦最高温度/℃	负荷/MW	水头/m	记录日期	投运日期
50.30	66.50	46.39	32.38	33.69	43.85	40.11	8.8	2015 年 4 月 28 日 17：00	2013 年 12 月 30 日

从表 5.2-2 可以看出，峡江水电站机组全部采用二次冷却方式各部位温度正常，达到了设计要求。

（5）对关键部件严格要求。水轮机的心脏是转轮，桨叶则是转轮的核心，其作用是将水的势能和压能转换成旋转的机械能，所以桨叶的铸件质量及加工精度起着关键作用。峡江电站机组转轮单个叶片重量接近 10t，毛坯重量超过 12t，叶片成品面积 9.65m² （单面）。由于转轮直径大，转轮叶片承受的单位负荷大，叶片强度相对较低，为保证转轮桨叶铸件质量，招标文件要求转轮桨叶在国外铸造和加工，毛坯采用含铬 13％～17％、镍 4％～6％ 的 VOD 精炼不锈钢铸造，桨叶铸件质量按《水力机械铸钢件检验规范》（CCH70-3）中质量等级不低于 2 级的要求进行无损探伤（NDT）检验。为保证叶片型线和加工精度要求，叶片采用五坐标数控镗铣床加工，并采用精确方法测量叶片进、出水边的形状、角度，同时要求桨叶之间质量相差不超过 35kg。

（6）为提高效益，合理选定最小发电水头。峡江水电站施工安装周期较长，总工期为 72 个月，为尽早发挥效益，将利用围堰发电，为了在施工期和今后汛期多得电能，最小发电水头还有降低的可能。长洲水电站招标文件规定的最小发电水头为 2.5m，电站对机组最小发电水头进行过运行检验，在 3.0m 水头下运行时稳定性相对较差。峡江水电站最大水头和水头变幅均比长洲小，将最低发电水头降低至 3.0m 比较合适，各主机厂也都认为峡江水电站机组在 3.0m 水头下可稳定运行，所以在主机招标文件中规定的最小发电水头为 3.0m，同时在招标文件中还提出了投标人根据转轮性能推荐机组稳定运行的最小工作水头，投标时阿尔斯通保证的最小发电水头为 3.0m，东电提出的最小发电水头为 2.9m。

5.2.4　小结

2015 年 4 月 29 日，峡江水电站 9 台机组已全部建成发电，首台机发电至今已运行 4 年时间，机组在各水头下运行平稳，各项指标达到合同所规定的要求，证明机组招标设计阶段对涉及的重大问题所进行的分析研究是合理的，设计选定的机组主要参数是先进合理的，文件的编制具有一定的创新性，可为国内其他类似水电站提供参考和借鉴。

5.3　峡江水轮发电机组主要参数及结构型式

峡江水电站安装了 9 台单机容量 40MW 的灯泡贯流式水轮发电机组，总装机容量为 360MW，多年平均年发电量为 11.44 亿 kW·h，其中 5 台由阿尔斯通水电设备（中国）有限公司生产，转轮直径为 7.8m；4 台由东方电机厂有限公司制造，转轮直径为 7.7m，是国内已运行的转轮直径最大的灯泡贯流式机组。峡江水电站最大水头为14.80m，最大发电水头为14.39m，加权平均水头为10.94m，额定水头为8.6m，最小水头为4.25m，机组最小发电水头为3.0/2.9m（阿尔斯通公司/东电公司），额定流量为528.5/528.0m³/s。两家主机厂根据合同文件的技术要求，在机组水力设计、模型转轮开发、机组结构设计及生产制造各环节都获得了极大的成功，以下分别论述两家公司的机组主要参数和主要结构型式。

5.3.1　阿尔斯通公司水轮发电机组主要参数及结构型式

水轮机为灯泡贯流式，水轮机与发电机直接连接，机组转动部分采用两支点双悬臂结构，水轮机和发电机共用一根轴，水平布置，直锥形尾水管。旋转方向从发电机端向下游看为顺时针。整个水轮发电机组主支承为管形座，灯泡体处设有垂直和水平的辅助支承以增强机组的稳定性。水轮发电机组总体结构示意见图5.3-1。

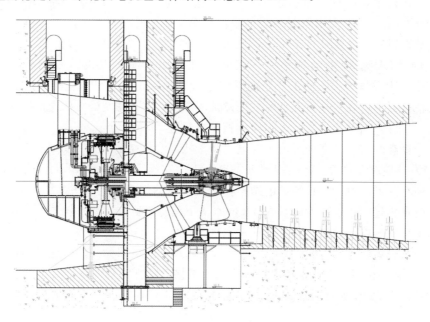

图5.3-1　水轮发电机组总体结构示意图

5.3.1.1　水轮机主要参数及结构型式

1. 概述

峡江水电站装有阿尔斯通水电设备（中国）有限公司生产的5台40MW灯泡贯流式水轮发电机组，水轮机转轮直径为7.8m，是目前国内尺寸最大的贯流机组。灯泡贯流式机组承受静水压力、动水压力、水锤、水流脉动、正反向水推力，以及在不同工况下的扭矩、热应力等负荷的作用。随着机组出力的增大，机组尺寸和本体自重也在加大，需要根据机组结构特点对主要构件进行刚度、强度计算，确保机组能够安全稳定可靠运行。

2. 水轮机型式和主要参数

水轮机为灯泡贯流式，水轮机与发电机直接连接，机组转动部分采用两支点双悬臂结构，水轮机与电机共用一根主轴，水平布置，直锥形尾水管。旋转方向从发电机端向下游看为顺时针。水轮机主要技术参数见表 5.3-1。

表 5.3-1　　　　　　　　　　　　水轮机主要技术参数

序号	项　目	阿尔斯通水电设备（中国）有限公司
1	水轮机型号	GZ(XJ)-WP-780
2	最大发电水头/m	14.39
3	算术平均水头/m	11.54
4	加权平均水头/m	10.94
5	最小水头/m	4.25
6	机组最小发电水头/m	3.0
7	额定水头/m	8.6
8	转轮直径/m	7.8
9	水轮机额定出力/MW	41
10	水轮机最大出力/MW	45.3
11	水轮机额定效率/%	≥92.32
12	水轮机最高效率/%	≥96.19
13	水轮机加权平均效率/%	95.24
14	水轮机额定流量/$(m^3 \cdot s^{-1})$	528.5
15	额定转速/$(r \cdot min^{-1})$	71.4
16	飞逸转速（非协联工况）/$(r \cdot min^{-1})$	250
17	水轮机安装高程/m	22.8
18	水轮机吸出高度/m	-13.8
19	最大正向水推力/kN	6000
20	最大反向水推力/kN	7000

3. 结构型式及特点

水轮机结构主要由管形座、流道盖板、导水机构、转轮室、主轴、转轮、受油器、水导轴承、主轴密封、尾水管、接力器等构成。

（1）管形座装配。管形座装配由内锥、外锥和上游外锥构成。内锥上外部与电机定子把合，内部与推力轴承支承环把合，下游与导水机构内、外配水环把合，其上下进人筒埋入混凝土中，形成机组主支承，承受各种静动态力和力矩。峡江机组管形座采用钢板焊接结构，考虑运输原因，内锥分为大小不等的两瓣，外锥均分为四瓣。

（2）流道盖板装配。流道盖板装配由盖板基础、盖板主体和电机进人孔构成；流道盖板是主轴、电机定转子及泡头吊装的通道，盖板进人筒为人员进出、管路及电缆的通道。流道盖板具有足够的刚强度，能承受最大静压和水锤压力。

由于流道盖板结构尺寸大，制造、运输、安装过程中变形难以控制，为保证良好的使用功能，峡江水电站流道盖板的密封结构采用特制大 L 形橡胶板，替代过去沟槽＋圆橡胶条的结构。盖板进人筒采用可伸缩的结构形式，现场焊接，可以保证安装误差。

（3）导水机构装配。导水机构是贯流式水轮机产生环量的唯一部件，并调节机组流量大

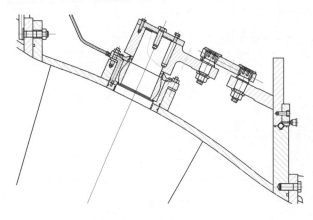

图 5.3-2　导水机构结构

小。主要由内外配水环、导叶、控制环及传动系统构成，见图 5.3-2。

导水机构结构特点如下：

1）内外配水环采用钢板焊接结构，钢板内外球型部分模压成型，内配水环分为两瓣，外配水环分为四瓣；导叶轴套采用自润滑钢背球铰轴瓦，转臂与控制环的连接采用球铰轴承，增加了导叶传动的灵活性；导叶密封采用双 O 形密封结构，确保导叶不漏水；导叶采用 ZG20Mn 整铸结构，密封轴颈及导叶搭接面堆焊不锈钢。控制环采用滚珠摩擦，降低了转动摩擦力。

2）为确保导水机构具有可靠的事故保护功能，采用重锤和接力器加碟簧联合关闭导叶的操作方式。在接力器的开启腔内增加碟簧，以增大导叶的自关闭能力。无论调速系统油压是否存在，均可依靠导叶自关闭水力矩、重锤的重力和碟簧的弹力将导叶在任何运行工况下关闭，确保机组安全停机，此保护系统的可靠性高于传统的事故保护系统。

3）传动系统采用弹簧连杆结构，此结构解决了其他类型安全装置因破断而必须停机更换的难题，提高了机组连续运行能力。并且弹簧连杆能限制导叶的摆动，避免了相邻导叶的非正常碰撞破坏。

4）改进导叶间隙调整装置，在工地配制补偿环，使导叶与内外配水环的端面间隙得到准确保障，确保现场安装质量。

5）导叶采用有限元法优化设计，通过对活动导叶在最大净水头、过压、导叶间卡阻等工况下应力和变形计算分析，对导叶动态固有频率和疲劳特性进行分析计算，可保证导叶长期安全可靠运行，见图 5.3-3。

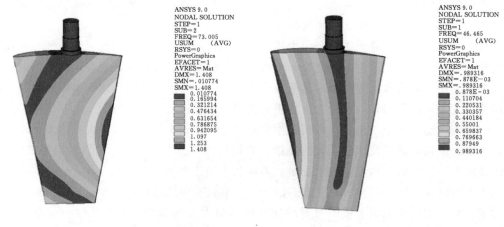

（a）一阶固有弯曲频率　　　　　　　　（b）一阶固有扭转频率

图 5.3-3　导叶有限元计算

（4）转轮室与伸缩节。转轮室采用钢板焊接结构，转轮室钢板模压成型，叶片转角范围内采用整体不锈钢板。转轮室与伸缩节结构见图5.3-4。

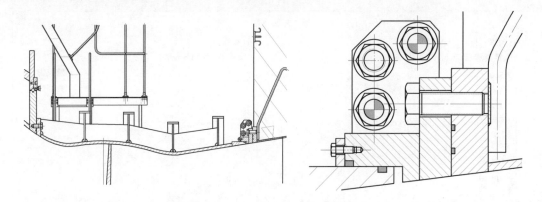

图5.3-4 转轮室与伸缩节结构

转轮室与伸缩节处的伸缩量为15～20mm，以补偿机组安装、运行振动及温度变化热胀冷缩造成的轴向误差，保证机组安全运行。伸缩节可径向调整，可保证基础环与尾水管的混凝土一次性浇筑，节省安装周期。伸缩节处密封为可靠的双"O"型密封结构，保证此处不漏水。

峡江水电站水轮机外配水环和转轮室是目前国内最大的薄壁壳体，为了保证转轮室具有良好的抗振动疲劳性能，设计人员采取加高环筋、增加横筋和纵筋的设计方案，以加强其刚度。转轮室与外配水环整体采用有限元计算，考虑额定运行、关闭导叶升压等工况，计算结果综合应力较低，轴向和径向变形较小。外配水环和转轮室有限元计算模型见图5.3-5。

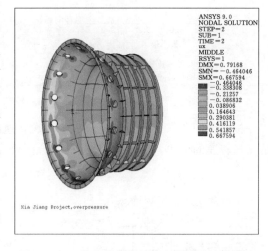

图5.3-5 外配水环和转轮室有限元计算模型

（5）主轴。主轴轴系采用双悬臂结构，主轴两端分别与转轮和转子相连，水导轴承和发导轴承分别位于内侧两端支撑主轴，承受径向载荷。其特点如下：

1）主轴采用锻35A材料，中空结构，轴径为1200mm。主轴为水轮机与发电机共用一根轴，主轴两端法兰分别与转轮和转子相连，螺栓把合，销轴传递扭矩。联轴螺栓及轴销均为高强度合金锻钢35CrMo。

2）中间法兰为推力轴承镜板，传递轴向水推力负荷。

3）水轮机端连接螺栓封水保护，避免水下疲劳破坏。

4）机坑内主轴段设有保护罩，以保证检修、巡视人员的安全。

5）轴系进行了有限元分析计算，考虑轴承刚性、浮力、重力、磁拉力及不平衡力矩等因素影响，在计算轴系时还考虑轴承间隙和陀螺效应，准确计算主轴的强度、变形和临界转速，保证了机组轴系的安全性和可靠性。图 5.3－6 为采用有限元计算得出的临界转速。

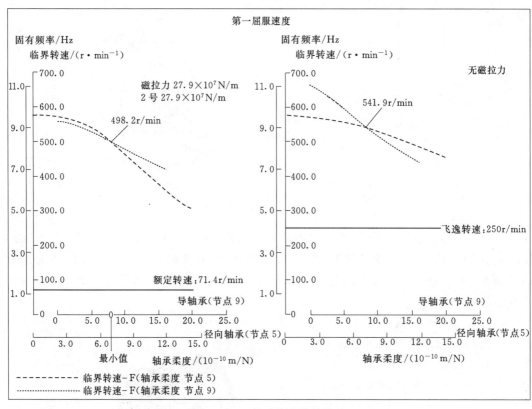

图 5.3－6　转动部分临界转速

根据合同要求，临界转速应大于飞逸转速的 25%，计算所得临界转速为 541.9r/min，是飞逸转速的 2.17 倍，主轴设计优于合同要求。

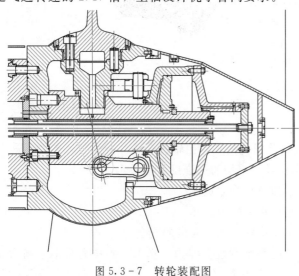

图 5.3－7　转轮装配图

（6）转轮装配。水轮机转轮直径为 7800mm，桨叶数量为 4 片，叶片传动机构采用缸动结构，主要由转轮体、叶片、传动机构、泄水锥构成，见图 5.3－7。

转轮结构特点如下：

1）叶片采用抗汽蚀合金不锈钢 ZG0Gr13Ni4Mo，转轮体采用铸钢 ZG20Mn，过流表面铺焊不锈钢。

2）叶片由韩国斗山重工铸造，采用法国《水力机械铸钢件检验规范》（CCH70－3）进行验收，保证其内在质量。叶片加工采用五坐标数控镗铣床，型线及表面采用阿尔斯通公司内控标准检验，具有良好的叶片型线精度。

3）叶片传动机构采用缸动结构，在油压作用下接力器缸动作带动传动机构操作叶片，缸内操作额定油压为 6.3MPa。在转轮体腔内充满约为 0.25MPa 的压力油，可阻止转轮体外部水进入转轮体内。

4）转轮内的桨叶接力器缸采用双轴瓦支撑结构，有效地承受叶片枢轴的不平衡轴向力，防止接力器卡阻。

5）叶片密封采用 JKB 型专用密封，可确保叶片密封处不漏油，避免油泄漏污染水质。

6）叶片采用有限元法优化设计，对叶片的静态应力、动态固有频率和疲劳特性进行分析计算，可保证转轮长期安全可靠运行，见图 5.3－8。

（7）受油器。受油器为浮动瓦结构，操作油管为无缝钢管，法兰连接。外管和中管输送操作压力油，内管传输桨叶的行程信号给调速器。由于内管与外管和中管分开，减少了浮动瓦的磨损。

（8）水导轴承与主轴密封。

1）水导轴承。水导轴承采用卧式的筒式轴承结构（图 5.3－9），为动静压组合轴承，能承受各种动静态的径向载荷。轴承体分为两半，材料为 ZG275－485H。轴瓦为巴氏合金材料，安装时无须刮瓦。为适应在安装和运行时主轴的变形和偏转，轴瓦支

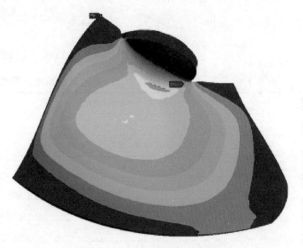

图 5.3－8 叶片有限元法计算示意

撑采用扇形板柔性支承型式。轴承底部设有高压油顶起装置，保证轴承在低转速下形成有效的油膜厚度，确保机组可靠运行。

2）主轴密封。主轴密封由工作密封和检修密封组成，见图 5.3－9。工作密封为盘根径向密封结构型式，由不锈钢衬套、密封环、密封座、排水箱等组成。密封环采用进口的 GFO 纤维编织盘根材料，具有良好密封性和耐磨性。工作密封工作原理：将清洁压力水均匀注入密封环和衬套表面之间，在摩擦面形成水封和润滑水膜，保证摩擦面良好的密封效果。

检修密封为空气围带式密封，机组停机时投入，给橡胶围带通入 0.5～0.7MPa 的压缩空气使围带膨胀，可有效地阻止流道内水进入机组内部。

5.3.1.2 水轮发电机主要参数及结构型式

1. 主要技术参数

水轮发电机主要技术参数见表 5.3－2。

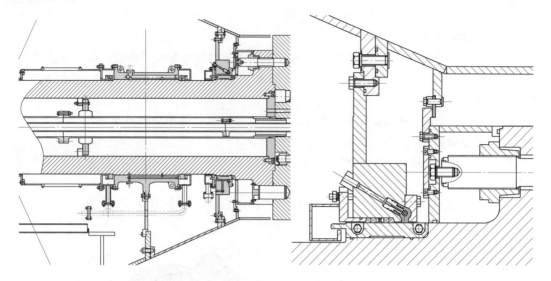

图 5.3 - 9　轴承与主轴密封结构图

表 5.3 - 2　　　　　　　　　　　**水轮发电机主要技术参数**

序号	项　　目	阿尔斯通水电设备（中国）有限公司
1	发电机型号	SFWG40 - 84/8820
2	额定功率/容量/(MW/MVA)	40/44.4
3	额定电压/kV	13.8
4	额定电流/A	1859
5	额定功率因数（滞后）	0.9
6	额定效率/%	97.76
7	加权平均效率/%	97.82
8	额定频率/Hz	50
9	额定转速/(r·min⁻¹)	71.4
10	飞逸转速/(r·min⁻¹)	250
11	相数	3
12	短路比	≥1.1
13	飞轮力矩$(GD^2)/(t·m^2)$	≥7000
14	额定励磁电压/V	326
15	额定励磁电流/A	1114
16	定子铁芯内径/m	8.22
17	定子铁芯长度/m	1.50

　2. 发电机结构型式及特点

　　峡江水电站水轮发电机主要由定子、转子、泡头、径向导轴承、正反向推力轴承以及密闭循环强迫通风冷却系统构成。管形座是机组的主支撑，承受机组重量和各种力的作用，辅助垂直和水平支撑的设置，提高了机组运行稳定性。发电机定子通过螺栓把合固定在管形座上游侧。泡头由中间环和球冠构成，放置在机组前端。呈流线型的球冠可减小阻力、降低水力损失。轴承布置方式为两支点双悬臂单轴结构，轴系调整简单、机组振摆小、结构紧凑。安装、维护和检修方便。

（1）定子。发电机定子外径为 936mm，是目前国内最大的定子。定子承受水压力、额定扭矩、铁芯发热及短路工况应力作用。

机座设计呈圆筒形状，由两端法兰、圆筒和 V 形筋焊接而成。圆筒由具有良好低温性能和焊接性能的 Q235C 钢板滚制。筒内侧布置的 90 个 V 形筋可保证机座强度和抵抗外部水压力，具有弹性功能的 V 形筋确保了铁芯同心度，也是定子发热膨胀时铁芯不产生瓢曲变形的措施之一。而 V 形筋的高度使铁芯与筒壁之间保持了一定的距离，构成了空气循环通路。

对定子机座在额定运行工况、升压和半数磁极短路工况下的变形、屈服安全系数进行了有限元计算，峡江定子机座具有 5 倍安全系数，可在任何工况下安全使用。

机座和铁芯是两种不同的材料，具有不同的热膨胀系数，两种材料在相同环境温度下膨胀量不同。阿尔斯通设计时除了采用 V 形筋弹性元素防止铁芯瓢曲变形之外，同时在摆筋阶段要求定位筋与楔形板之间放置厚 1mm 垫片，随着叠片高度的增加逐步取出。在静止工况，铁芯与机座之间存在 1mm 间隙。机组投入运行后，铁芯温度将逐步上升并发热膨胀，当铁芯温升达到某一数值时，铁芯外径增大至间隙为零。随着温升继续增加，铁芯开始对机座产生压力，机组进入稳定运行之后，铁芯对机座的压力达到最大值。由于设计了合理的结构，峡江机组定子铁芯具有 2.5 倍瓢曲安全系数。在任何工况下不会发生瓢曲变形。而铁芯对机座施加适当压力可提高机座强度，确保铁芯的圆度、减小了震动和噪声。

定子为三相框式叠绕组，450 槽。线棒采用 VPI 真空压力浸渍和固化工艺。为了方便下线，线棒绝缘外表面与槽之间都存在一定间隙，而间隙的存在是槽部电晕的起因，电晕将加速绝缘老化。针对此情况，阿尔斯通公司采用的技术是在线棒绝缘外表面包缠半导体坯布，包缠前在半导体坯布表面涂 EP421 半导体硅胶，对折后包缠，两端高出铁芯 15mm。每圈之间留 1～3mm 间隙，然后将线棒嵌入槽内，半导体硅胶遭受挤压后填满线棒与槽的间隙，从而避免发生槽部电晕。固化后的半导体硅胶具有弹性和热传导性，既起到了保护绝缘和固定线棒的作用，也有利于散热和适应线棒发热膨胀。

端箍的设计放弃了传统的复杂结构。采用在下层线棒端部绑扎 ϕ30 的玻璃丝绳，然后灌注 EP310 固化胶。固化后的玻璃丝绳具有足够强度，可抵抗定子两相短路时绕组端部径向作用力。端箍不需要调整，能保证所有线棒端部与端箍接触，安全可靠、结构简单。

（2）转子。转子承受扭矩、离心力、磁拉力和重力作用。

与阿尔斯通制造的其他电站转子支架比较，峡江机组斜臂圆盘转子支架结构简单，焊缝抗疲劳性强。转子直径为 8196mm，机组转速为 71.4r/min。为保证机组在运行过程中定、转子气隙不小于设计值，阿尔斯通除了计算安装气隙、适度减小转子直径之外，还将转子支架设计成斜臂圆盘结构。其目的如下：

1）转子承受的电磁力矩分解力和磁极、磁轭离心力分解力只作用在斜臂的延伸方向，改善了斜臂受力状态。

2）刚性弱的斜臂允许磁轭逆时针微小转动，吸收了由于离心力和发热产生的径向膨胀量。

　　转子支架是重要的转动构件，对转子支架在额定运行工况、飞逸工况以及静止工况下的应力和变形进行了有限元分析计算。在额定工况，综合应力不超过材料屈服极限的 1/3，在飞逸工况，综合应力不超过材料屈服极限的 2/3。因此转子支架具有足够的刚强度，能在各种工况下安全运行。

　　为了使机组拥有满足合同要求的飞轮力矩，控制机组甩负荷时的速度上升率和保证系统负荷突变时机组运行稳定性，转子采用了叠片磁轭，磁轭宽度 224mm，高度为 1576mm。由厚 4mm、屈服极限 700MPa 的弱磁性热轧钢板叠压形成。由于采用了将 3 张磁轭片作为一个基本层，每层 21 拼，9 层为一个循环的叠片方法，叠成的磁轭自然形成 1260 个、高度 12mm 的风沟。由于不设通风槽片，因此磁轭能承受更大的片间残余应力，提高片间残余应力可避免发生片间滑移，使磁轭形成一个牢固的整体。

　　磁轭承受扭矩、磁极和自身离心力作用。阿尔斯通设计时使用了发电机技术中心开发的软件 MechOpt _ Rim 对磁轭在飞逸转速时危险截面应力和变形进行了计算。

　　(3) 发电机导轴承和正、反向推力轴承。发电机组合轴承由径向导轴承和正、反向推力轴承构成，布置在转子下游侧，用 68 号涡轮机油。高位油箱位于轴承上方 25m 处，利用油的静压头和重力向轴承供油，油充满油室，为浸油式组合轴承。

　　发电机径向导轴承为圆筒结构。宽度为 840mm、直径为 1250.8mm、发电机轴直径为 1250mm。瓦坯为铸件，用 ZG275 - 485 材料铸造。瓦面浇注锡基轴承合金。与分块瓦轴承相比，省去了在电站配车导瓦支撑环节，机组轴系调整容易，筒式瓦承压面积大，比压小于 2MPa，易形成油膜，损耗小、瓦温低、油路简单和机组振摆幅度小。筒式导轴承使发电机轴外形得到简化，轴径缩小，加工容易，成本降低。

　　由于正、反向推力轴承工作性质不同。支撑的设计形式也不同。反推力轴承承受导叶关闭过程中的反向水推力，处于短时工作状态。因此阿尔斯通为反推力瓦设计了球面刚性支撑，要求 12 块瓦加工后高度一致，误差在 0.02mm 以内，所以可使每块瓦承担的推力负荷基本相同，瓦温偏差在 3℃ 以内。而正推力轴承承受正向水推力，处于长时间工作状态。控制瓦的温度和温度偏差至关重要。所采用的支撑需要具有匀均分配推力负荷的功能，设计选择采用弹性油箱做为正推力瓦支撑。在峡江机组推力轴承上使用的弹性油箱是用薄板模压成型，钢板厚度为 1.5mm、高度只有 4.5mm。出厂之前，分别对弹性油箱装配施加 1.5 倍和 2.5 倍额定推力负荷，考核弹性油箱密封性能和耐压性能。与刚性支撑相比，弹性油箱能自动平衡推力负载，每块推力瓦承受相等的负载，瓦温相同。允许瓦整体高度和平面度存在误差，不需要调整瓦的高度，不需要安装负荷传感器。安装方便节省时间，维护时不需要拆卸转子。

　　主轴在转子和转轮重力作用下两个悬臂端发生向下的挠度和转角，而在机组安装时，径向瓦中心线和发电机轴中心线基本重合机组才能运行稳定。为了达到此目的，依据轴系计算结果，阿尔斯通将支撑环与座环把合面车成斜面，斜面的角度与轴转角一致，支撑环安装时中心线倾斜造成径向瓦中心线也倾斜并与轴中心线重合。

　　通常机组轴系是利用专用液压设备进行调整，然后配车调整环。在电站，配车调整环的工作受到当地加工水平的制约而不能及时完成，经常影响机组安装进度，因此阿尔斯通使用了通过调整支撑环达到轴系调整的技术。调整环不配车，简化了机组轴系操作过程、效果良好。

（4）冷却系统。阿尔斯通在 HONG JIANG 项目上使用过将泡头中间环设计成冷却套结构充当发电机通风冷却系统循环水换热装置的技术，之后在长洲、乌金峡项目也使用了这个技术。在峡江项目之前，冷却套只为发电机空冷器提供循环水。而峡江项目需要冷却套同时为空冷器和轴承油冷器提供循环水，这对冷却套的设计、制造提出了新的要求，其换热效果将直接影响发电机温升和出力。

冷却套的换热功率与材料的热交换系数和换热面积有关。冷却套的换热面积取决于进入冷却套热水的温度、流量和流速，河水的温度、流量和流速，以及冷却套所使用的材料。阿尔斯通使用专用工具对中间环冷却套的换热面积进行了计算，采取增加空冷器和油冷却器的换热容量，降低了进入冷却套的热水温度，使用不锈钢复合钢板作中间环冷却套外层材料的措施，实践证明，在高温环境下冷却套仍然具有良好的换热效果，确保了机组满负荷运行。

（5）辅助支撑。发电机定子通过螺栓固定在座环上游侧，泡头通过螺栓与定子把合，整体呈悬臂状态。阿尔斯通在定子下方设计了一组垂直球铰支撑，支撑承受机组部分重量和充水后泡头的浮力。在泡头两侧设计了一组水平球铰支撑，可减小不平衡动水压力引起的机组振动，提高了机组运行稳定性。在发电机竖井穿过流道盖板的地方还设计了橡胶盘根密封。两组辅助支撑结合竖井的支撑方式使定子发热所造成的灯泡体轴向伸缩以及在各种电磁扭矩作用下灯泡体沿圆周方向微量转动不受限制，改善了机组的受力状况和降低了应力水平。与以往贯流机组常用的三点刚性支撑方式相比，发电机竖井和两组球铰辅助支撑是既合理又简单的组合支撑方式。

5.3.2 东电水轮发电机组主要参数及结构型式

5.3.2.1 水轮机主要参数及结构型式

1. 水轮机基本参数及主要性能

（1）水轮机主要技术参数见表 5.3-3。

表 5.3-3　　　　　　　　　　　　水轮机主要技术参数

序号	项　目	东方电气集团东方电机有限公司
1	水轮机型号	GZ(982)-WP-770
2	最大发电水头/m	14.39
3	算术平均水头/m	11.54
4	加权平均水头/m	10.93
5	最小水头/m	4.25
6	机组最小发电水头/m	2.9
7	额定水头/m	8.6
8	转轮直径/m	7.7
9	水轮机额定出力/MW	41
10	水轮机最大出力/MW	45.3
11	水轮机额定效率/%	≥92.67

序号	项　目	东方电气集团东方电机有限公司
12	水轮机最高效率/%	≥95.76
13	水轮机加权平均效率/%	94.88
14	水轮机额定流量/(m³·s⁻¹)	528
15	额定转速/(r·min⁻¹)	71.4
16	飞逸转速(非协联工况)/(r·min⁻¹)	220
17	水轮机安装高程/m	22.8
18	水轮机吸出高度/m	−12
19	最大正向水推力/t	690
20	最大反向水推力/t	690

（2）水轮机主要性能保证。

1）出力保证。在额定水头 8.60m 条件下，水轮机在额定转速 71.4r/min 运行，水轮机额定出力不小于 41MW。

2）效率保证。

a. 在额定水头 8.60m，发出额定功率 41.0MW 时，水轮机的额定点效率保证值不低于 92.51%。

b. 在全部运行范围内，水轮机的最高效率保证值不低于 95.91%。

c. 水轮机加权平均效率保证值不低于 94.88%。

3）稳定性保证。在规定水头及负荷条件下，水轮机能够长期连续稳定运行。在正常运行条件下，靠近水轮机轴承处的大轴振动值不大于 60μm。

4）调节保证。机组在额定水头 8.60m 突然甩各种负荷时，最大速率上升值不大于额定转速的 60%。

在最大发电水头 14.39m 突然甩满负荷时，导叶前的最大压力上升值不大于最大水头的 50%。

2. 水轮机结构型式及特点

依托近 20 年国内水电站市场的快速发展，东电建立了完整、成熟的贯流式水轮发电机组研发体系，具备了自主开发、设计、制造高水头、大容量、大尺寸贯流式机组的综合实力。CFD 计算分析、整机刚强度及稳定性计算、通流部件动力特性分析等已经广泛运用于水轮机产品优化设计及性能保证，有效确保了机组的综合性能。东电成熟的贯流式水轮机产品涵盖了 3 叶片、4 叶片、5 叶片等类型，并且产品的应用水头范围已经拓展至 3.0～26.3m 水头段。

峡江灯泡贯流式水轮机采用东方电机自主开发的水轮机模型，该模型通过东电的 DF-60 水力机械通用试验台初步试验，并通过中立方瑞士洛桑联邦理工学院水力机械试验室的 TP1 试验台进行了水轮机模型的最终验收。

峡江水电站水轮发电机组采用一根轴结构，转动部分采用双支点双悬臂布置方式，座环采用上下支柱加水平辅助支撑的结构型式。峡江水轮机主要由转轮装配、导水机构、轴承装配、密封装配、主轴装配、座环、尾水管里衬、受油器、水力测量管路系统、轴承润滑系统、机组巡视通道及平台等组成。水轮机装配三维模型见图 5.3-10。

（1）转轮装配。峡江水轮机采用东电自主开发的 4 叶片卡普兰式转轮，转轮型号为 GZ（982），转轮直径为 7700mm，主要由转轮体、叶片、叶片轴、转臂、连杆、接力器缸、接力器缸盖、活塞、活塞杆、连接体、泄水锥等组成。转轮装配三维模型见图 5.3-11。

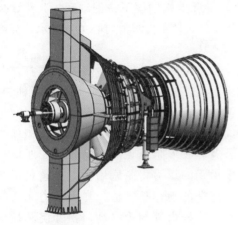

图 5.3-10　水轮机装配三维模型

图 5.3-11　转轮装配三维模型

转轮体为铸钢结构，过流面堆焊不锈钢。叶片材料为铸钢 06Cr13Ni4Mo，采用 LF＋VOD 精炼处理工艺。叶片外缘背面侧设有抗空蚀裙边，叶片与转臂之间采用销子传递扭矩，销孔采用叶片、叶片轴及转臂三件同铰方式，确保装配精度。叶片密封采用双向多层 V 形密封结构，可确保轮毂腔内的油与外部的水之间的双向密封效果，并可在不拆卸叶片的情况下更换密封件。

桨叶操作机构为缸动结构，接力器缸布置在转轮中心线的下游侧，其两端的导向轴套均以活塞杆为导向基准，活塞杆上的两导向柱面一次加工到位，其同轴度可得到有效保证。桨叶接力器额定工作油压为 6.3MPa，活塞与接力器缸之间采用非金属导向环与组合密封的结构型式。

正常情况下，调速系统采用双调节模式，根据不同的工作水头，桨叶与导叶操作系统按协联工况的要求同时调节导叶及桨叶转角，减少水流流态不稳定造成的空蚀及振动，确保机组长期处于最佳的运行状态。

（2）导水机构。导水机构由导流部件及导叶传动机构组成，主要包括导叶内环、导叶内环延伸段、导叶外环、转轮室、补偿节、导叶、导叶臂、连杆、控制环、导叶接力器、重锤、锁定装置等。导水机构三维模型见图 5.3-12。

导叶内环为整体结构、导叶外环分四瓣，二者均为钢板焊接结构，其球面段及双曲面段

图 5.3-12　导水机构三维模型

均采用分块钢板冷模压成型。导叶内、外环设置了环形密封带。内、外环上的导叶轴孔分别采用数控加工，确保轴孔位置精度。

转轮室分两瓣，其球面段及喉口部位范围均采用不锈钢板，锥段采用碳素钢板。不锈钢段采用定尺下料钢板整体热模压成型，保证了转轮室焊接及加工质量。转轮室设置了多道环筋及竖筋。

锥形导叶采用碳钢整铸结构，导叶数为16件。导叶上端轴镶不锈钢轴套，其头、尾部弥合面及大、小端面均铺焊不锈钢材料。导叶上轴颈处设置自润滑向心关节轴承，导叶下轴颈处设置复合材料轴套。

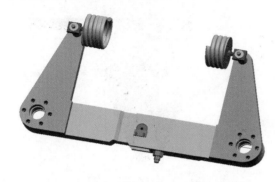

图 5.3-13　弹簧安全连杆三维模型简图

导叶保护装置采用弹簧安全连杆，其主要由两件 L 形拐臂、偏心布置的圆柱销、拉簧、位置开关等组成。安全连杆与硬连杆间隔布置。在机组关闭过程中，相邻导叶若遇异物卡阻而无法正常转动，对应连杆上承受的压力将急剧增大，当超过弹簧安全连杆的动作整定值，弹簧拉力无法继续维持连杆内部的力平衡，拐臂绕圆柱销转动，连杆动作，位置开关发出报警信号。弹簧安全连杆三维模型见图 5.3-13。

机组两侧竖直布置两件直缸摇摆接力器，用于操作导叶传动机构。接力器额定工作油压为 6.3MPa。接力器开关腔均采用了具有节流功能的结构设计，并在管路上设置了节流装置，其能有效避免活塞与接力器缸盖以及导叶之间发生撞击，同时满足机组关闭规律要求。

水轮机设置重锤。当调速系统工作正常时，依靠调速器主配压阀关闭导叶，实现机组可靠停机；当调速器主配压阀调节失灵，油压装置的压力油源正常时，通过事故配压阀切换，将压力油直接引至接力器关腔，接力器开腔接通回油，实现机组紧急停机；当压力油源消失时，接力器开、关腔通回油，依靠重锤作用力矩实现导叶安全关闭。

导叶操作机构设有锁定装置，在停机及检修时，可自动或手动投入锁定，在全关和全开位置均可锁固控制环，确保安全。

（3）轴承装配。水导轴承为自调心分半卧式筒式轴承，其装配三维模型见图 5.3-14。轴承体为钢板焊接结构，瓦面采用巴氏合金瓦衬，两端设置甩油环与集油盒，防止漏油及进水。轴承采用自调心扇形板支撑，可适应主轴挠度的变化。水导轴承不设油室，采用重力油箱系统自流供油，外部循环，外部冷却。机组启动及停机时投入高压油顶起系统，在主轴与轴瓦之间形成保护油膜。下半瓦设置两件分体式双支三线制 RTD，以监测瓦温，轴瓦报警温度为 60℃，停机温度为 65℃。

图 5.3-14　轴承装配三维模型

在不拆机组其他主要设备的情况下，可方便地维护、检修水导轴承。

（4）密封装配。密封装配由检修密封及工作密封组成，工作密封采用间隙密封、平板密封及径向盘根密封的组合型式，密封装配型式见图5.3-15。

检修密封采用空心空气围带式结构，额定工作气压为0.7MPa。检修密封在停机后投入，机组启动前必须解除气压。

径向盘根密封是主要的工作密封，由纤维编织盘根及铸铝青铜材料的垫环组成。该密封需接入可靠的清洁水，以润滑及冷却盘根的工作面，清洁水要求在机组启动前投入，机组运行过程中不得中断。当盘根工作面出现磨损导致流水量增大时，可以调节其端部压环的压紧螺栓以恢复盘根的径向填充能力，确保密封效果。

间隙密封与平板密封均为辅助工作密封。当盘根密封严重损坏导致漏水量增加时，漏水的流速将增大，间隙密封突变的过流断面将增加水流的局部能量损失，而平板

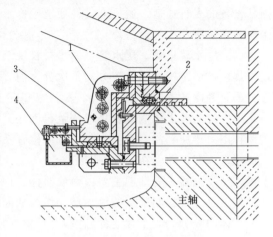

图5.3-15 密封装配型式
1—检修密封；2—间隙密封；3—平板密封；
4—径向盘根密封

密封在前后水压差的作用下将变形并紧贴金属密封平面。该密封组合型式可有效避免漏水量大幅增加。

密封滑动配合面均为不锈钢材料，密封易损件可在不拆卸机组其他主要设备的情况下进行更换。

（5）主轴。主轴装配由主轴、内操作油管、外操作油管等组成。主轴采用中空整锻结构，包括轴身、水机端法兰、电机端法兰及组合轴承工作面，材料为优质锻钢。内、外操作油管将主轴中心孔分为两个高压腔及一个低压腔，分别与桨叶接力器开关腔及轮毂腔连接。主轴与转轮采用螺栓连接，销子传递扭矩，与转子采用螺栓连接，销套传递扭矩。

（6）座环。座环是由多个部件组焊而成的大型组合体，是导叶前的导流部件，更是重要的受力载体。根据部件制造工艺性、设备运输条件以及设备安装要求等因素，座环分为座环内环、座环外环、上支柱、下支柱、水平支撑、导流锥等部件。座环三维模型见图5.3-16。

座环内环分两瓣，座环外环分四瓣，分半面采用法兰连接，分瓣处过流面在工地进行水密封焊。为控制外环在混凝土浇筑过程中的变形，内、外环之间设置了多组圆周间隔布置的支撑管，支撑管为法兰连接结构。座环内环是整个机组的安装基准，也是最重要

图5.3-16 座环三维模型

的受力载体。

上、下支柱作为整个机组关键的受力支撑，其与座环内环之间采用焊缝连接，工地调整好后施焊。上、下支柱既是管路、桥架、电缆等的布置通道，也是日常巡视、维护座环内部设备的人行通道。通过上支柱通道检修水导轴承、密封装配、导叶小端零件、发电机组合轴承等座环内部设备。

（7）尾水管里衬。尾水管金属里衬长度至流速为 5m/s 的过水断面处。尾水管里衬为钢板焊接锥形结构，沿水流方向依次分为前、中、后三段，每段分为四瓣，工地组圆后焊接分瓣及分段位置的焊缝。

尾水管前段上游侧设置环形法兰，该法兰与补偿节连接，径向约束转轮室出口端，并将反作用力传递到混凝土上。为了方便检查及检修下游流道内的设备，尾水管前段上设置了一个进人门，布置在 −Y 方向。

（8）受油器。受油器主要由受油器体、内操作油管、外部转轴、浮动环等部件组成。受油器设置三件相互独立的浮动环，作为从固定部件通往旋转轴之间油路的工作密封，将受油器体内腔分为三个独立的腔室，并通过内、外操作油管结构，可靠地实现两腔高压油路及一腔低压油路向转轮供油。两腔高压油用于操作桨叶接力器开关动作，而低压腔外部与高位轮毂油箱连接，用于转轮轮毂腔保压，防止水进入油中污染油质，增强油系统的可靠性。受油器设置集中排油，通过漏油箱收集漏油并泵至调速器回油箱。另设常闭支路接至高位轮毂油箱，仅当轮毂油箱液位信号器报警提示液位下降时，先排除导致液位下降的故障，再手动切换管路阀门，从漏油箱往轮毂油箱补油。

浮动环为铸铝青铜材料，采用配加工方式确保转轴与浮动环之间的间隙，既保证了浮动环的灵活性，也确保了良好的间隙密封效果。

（9）水力测量管路系统。根据机组运行及监测需要，机组设置了一系列测压管路，包括水头差压测量管、流量差压测量管、导叶前测压管、导叶后测压管、转轮室测压管、尾水管进口测压管、尾水管出口测压管、尾水管压力脉动测压管等，管路及接头均采用不锈钢材料。所有测点经管路集中引至测量仪表装置，接压力变送器及压力表。每组测压管路均设置旁路，接不锈钢常闭球阀，用于排气及检查管路堵塞情况，同时，可外接高压气体清除管路堵塞。

（10）轴承润滑系统。轴承润滑系统包括高压油顶起系统和低压润滑系统，后者采用外部循环，外部冷却结构，依靠自流方式向水导轴承及发电机组合轴承供油。该系统主要包括重力油箱、低位油箱、高压油泵、低压油泵、油过滤器、油冷却器等设备，采用 L−TSA68号汽轮机油润滑。高低压油泵、过滤器、冷却器等集中布置于低位油箱上，便于日常维护与检修。

系统分别设置两台高、低压泵，一主一备，高压泵采用交替启动模式，而低压泵则可根据机组的启停频繁程度，自主选择停机切换模式或手动切换模式。

（11）机组巡视通道及平台。为方便电站运行人员日常巡视与维护、检修设备，水轮机侧分别设有通往座环内部及导水机构外围的通道与平台。整体布置均注重安全与人性化，平台及踏板采用防滑花纹钢板，斜梯及平台设置了不锈钢栏杆，导水机构外围通道为互通式布置，便于巡视和检修导水机构及导叶接力器。

5.3.2.2 水轮发电机主要参数及结构型式

1. 发电机主要技术参数

型号：SFWG40-84/8700；

额定容量：44.44MVA/40MW；

额定电压：13.8kV；

额定电流：1859.4A；

功率因数：0.9；

相数：3；

额定转速：71.4r/min；

飞逸转速：210r/min；

额定频率：50Hz；

旋转方向：顺水流方向视为顺时针；

励磁方式：可控硅自并励。

2. 主要设备特性及性能保证

水轮发电机主要设备特性及性能见表5.3-4。

表5.3-4 主要设备特性及性能

序号	项 目		保 证 值	
发电机性能保证				
（1）额定容量（合同规定的条件下）				
1)	额定容量		≥44.4MVA	
（2）绝缘及最高温升（或温度）保证				
1)	定子绕组绝缘等级		F	
2)	励磁绕组绝缘等级		F	
3)	在额定容量下，长期连续运行时，最高温升（或温度）不超过下列值			
	测温部位	温升或温度		测量方法
①	定子铁芯	80K		检温计法
②	定子绕组	80K		检温计法
③	励磁绕组	85K		电阻法
④	推力轴承	65℃		检温计法
⑤	导轴承	60℃		检温计法
⑥	集电环	80K		温度计法
（3）发电机在额定容量、额定电压、额定转速及额定功率因数下效率				
1)	额定效率不低于		97.82%	
2)	加权平均效率保证值不低于97.809%			

3. 发电机技术指标及电气参数

发电机技术指标及电气参数见表 5.3 - 5。

表 5.3 - 5　　　　　　　　　发电机技术指标及电气参数

序号	项　目	设计数据	合同要求
(1)	推力负荷/t	690	
(2)	飞轮力矩/(t・m²)	7100	≥7000
(3)	润滑油牌号：L－TSA 68 号涡轮机油		
(4)	制动气压/MPa	0.7~0.8	
(5)	定、转子绝缘等级	F 级	
(6)	纵轴同步电抗 X_d（不饱和值）	0.942	≤1.0
(7)	纵轴同步电抗 X_d（饱和值）	0.823	
(8)	纵轴暂态电抗 X_d'（不饱和值）	0.361	≤0.04
(9)	纵轴暂态电抗 X_d'（饱和值）	0.317	
(10)	纵轴次暂态电抗 X_d''（不饱和值）	0.286	
(11)	纵轴次暂态电抗 X_d''（饱和值）	0.272	
(12)	交轴同步电抗 X_q	0.622	
(13)	交轴与纵轴次暂态电抗比 X_q''/X_d''	1.073	
(14)	负序电抗 X_2	0.296	
(15)	短路比	1.21	≥1.1
(16)	额定励磁电流/A	960	
(17)	额定励磁电压/V	440	
(18)	定子绕组温升/K	65	≤80
(19)	转子绕组温升/K	76	≤85
(20)	线电压波形畸变率	0.8%	≤5%
(21)	线电压的电话谐波因数	0.85%	≤1.5%
(22)	发电机额定效率	97.83%	≥97.82%
(23)	发电机每相对地电容/μF	0.8135	
(24)	发电机每相对地电容电流/A	2.04	

4. 发电机结构型式及特点

(1) 总体结构。发电机采用水平灯泡式结构布置方式，正、反推力轴承位于转子的下游侧，整个机组设两个卧式径向轴承，其中发电机径向轴承位于转子与正向推力轴承之间。发电机采用带鼓风机的强迫空冷和本体冷却套换热二次冷却方式。发电机与水轮机共用一根轴。

（2）定子。定子机座即灯泡体采用钢板焊接结构，厂内叠片下线，整体运输。

定子铁芯采用 0.5mm 厚的优质低损耗硅钢片叠压而成，铁芯全长 1380mm，全圆由31.5 片叠成，内径为 8180mm，外径为 8700mm，定子铁芯采用双鸽尾结构的固定方式，在定子拉紧螺杆的上游侧增设蝶形弹簧。定子铁芯采用绝缘穿心螺杆把合方式。所有定子端箍、铁芯压指、通风槽钢都采用非磁性材料。

定子绕组采用 1 支路星形波绕组的结构。定子线棒为单匝杆式，并采用小于 360°的换位方式。定子绕组中性点在灯泡内并头连接并经接地变压器接地，三根主引出线由进人筒引出后进入厂房与主变相连。

（3）转子。转子支架为圆盘式钢板焊接结构，磁轭分四段由优质厚钢板焊接而成，支架筋板斜向设置，以利径向通风。支架中心体直接与水轮机主轴法兰相接，利用销套传递扭矩。在转子支架上游侧设有可拆的多块制动环。

磁极铁芯采用 1.0 mm 厚的薄钢板冲片叠压而成，磁极线圈为带散热匝的异形铜带扁绕而成，为 F 级绝缘。磁极上设有纵、横阻尼绕组。磁极采用螺栓把合的方式固定在转子支架上。

（4）组合轴承。发电机设组合式正、反向推力轴承和分块瓦卧式径向轴承，轴向推力负荷和径向负荷由轴承支架传递到水轮机座环上。轴承支架为整体焊接结构，正、反向推力瓦和径向瓦由同一轴承支架支承。

正、反向推力瓦各为 12 块，采用支柱螺丝加托盘支承的可调瓦结构。推力瓦为钨金瓦，并采用高位油箱自重力供油和瓦面进油边表面开槽入油的润滑方式。推力轴承不设高压油顶起装置。

径向轴承采用分块瓦线支承结构，轴颈直径为 2040mm，下部设 4 块工作瓦，上部设 2块辅助瓦，径向瓦均采用高位油箱自重力供油和瓦面进油边开槽入油的润滑方式，径向轴承下部 4 块瓦设高压油顶起装置，并在机组开停机时启用。

以主轴本体作正、反推力轴承镜板和卧式轴承轴颈。

（5）通风冷却系统。发电机采用密闭强迫自循环混合式通风系统，在定子上游侧设有6 个套片式空气冷却器，并相应配有 6 个鼓风机，一部分冷风经鼓风机加压后进入转子支架，并与转子支架旋转压头串联，使冷风通过磁轭、磁极后进入气隙，再经过定子通风沟后由铁芯背部流出并折为纵向到达空气冷却器入口；另一部分由转子支架下游侧进入，流经定、转子全长后，到达空气冷却器入口。两部分热空气汇合进入冷却器，经冷却后进入鼓风机，构成完整的循环风路。

冷却系统为二次冷却水方式，经空气冷却器热交换后的热水进入锥体冷却套，利用河水将冷却套内的水冷却，再通过水泵加压后注入冷却器以构成水冷却循环系统，为防止由于水受热膨胀而造成水循环系统内部压力升高，发电机上方设有一个与冷却套相连的膨胀水箱，水系统管路上设有排气阀，以排出水循环系统内的气体，保证系统有良好的冷却效果。

（6）锥体。锥体是水冷却系统的重要部件，采用双层钢板焊接，两层间间隙为12mm，内为二次循环水流道，锥体外壁钢板采用优质复合钢板 1.5mm 1Cr18Ni9Ti/8mm Q345B。

锥体上部设有进人筒，上游侧与灯泡头把合，下游侧与定子机座把合，锥体内部放置空气冷却器等部件，下部设有排水孔。

锥体具有足够的换热能力，可满足将发电机各项电气和机械损耗之热量传入流动的河水之中。

锥体整体制造，空气冷却器及水管路、导风筒、锥体内平台等辅助件均装配于锥体内整体发运。

（7）灯泡头。灯泡头由钢板焊接而成，下游侧与锥体把合。

（8）支承。为保证发电机在各种工况下的整体稳定性，在发电机灯泡体下部靠定子机座上游侧设有两个垂直支承，两垂直支承相距12°，轴线指向灯泡体圆心，垂直支承设有适当的预紧力；在锥体上游侧左右两边各设一个水平支承，并设有适当的预紧力。

（9）制动装置。在转子上游侧，定子内支承上装设有8个 ϕ220mm 的气压复位式制动器，制动瓦采用非金属无石棉无粉尘材料，保证机组内部清洁。

（10）封水盖板和进人筒。作为流道的一部分的封水盖板和发电机进人筒均由钢板焊接而成，盖板与基础之间用橡胶板密封，盖板与进人筒间采用两道橡胶圆条密封。封水盖板具有足够的刚度，进人筒具有足够的进出空间可保证发电机冷却器的整体起吊。

（11）灭火系统。发电机定子线圈上、下游侧端部设有水灭火环管，并采用水雾灭火方式。

（12）测温装置。在定子线圈层间及定子铁芯轭部埋设测温电阻，以测量定子线圈和定子铁芯的温度；在发电机正、反向推力轴承瓦，径向轴承瓦及空气冷却器等处均设有测温元件或温度信号装置，当运行温度超过允许值时可自动报警。

（13）锁定装置。为防止在停机时由于导叶漏水或其他原因造成机组转动部分旋转而对轴承或人身造成危害，在发电机转子上游侧处设有机械锁定装置。在机组开机前必须解除锁定，确保机组安全运行。

（14）防油雾装置。为防止轴承油雾污染发电机内部，在发电机组合轴承系统中设有吸排油雾机，以完成油气分离。

（15）碳粉收集装置。为防止集电环碳刷粉尘污染发电机内部，在集电环外装有碳粉收集装置，收集碳刷粉尘。

（16）制动粉尘收集装置。为防止停机过程中制动粉尘污染发电机内部，在制动器外装有制动粉尘收集装置，此装置在停机时启用，收集制动粉尘。

（17）自动升降梯装置。为便于机组的日常巡视和检修，在进人筒内设置有自动升降梯装置。

5. 发电机总装配示意图

发电机总装配示意图见图 5.3－17。

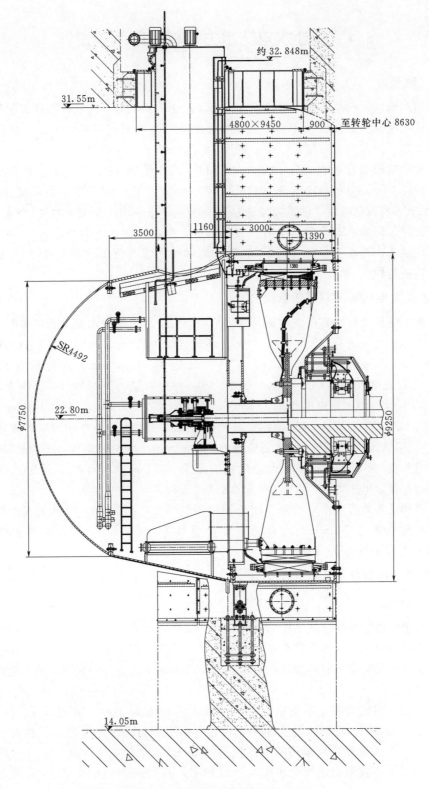

图 5.3 - 17 水轮发电机总装配示意图

5.4 峡江水电站水力机械辅助系统设计

5.4.1 工程概况

峡江水利枢纽工程位于赣江中游下端，为赣江干流梯级开发的第 4 座梯级枢纽，也是江西省大江大河治理的关键性工程，工程坝址距峡江老县城巴邱镇约 6km。枢纽主要建筑物有泄水闸、挡水坝、河床式厂房、船闸、左右岸灌溉闸及鱼道等。

峡江水电站最大发电水头为 14.39m，加权平均水头为 10.94m，额定水头为 8.6m，最小水头为 4.25m，单机额定流量为 528.5/528.0m³/s。电站安装了 9 台单机容量 40MW 的灯泡贯流式水轮发电机组，总装机容量为 360MW，多年平均年发电量为 11.44 亿 kW·h，其中 5 台由阿尔斯通水电设备（中国）有限公司生产，转轮直径 7.8m；4 台由东方电机厂有限公司制造，转轮直径为 7.7m。峡江水电站按"无人值班（少人值守）"的原则设计，全计算机监控。

5.4.2 水轮发电机组及附属设备简介

峡江水电站 9 台灯泡贯流式水轮发电机组中 5 台由阿尔斯通水电设备（中国）有限公司生产，水轮机型号为 GZ(XJ)-WP-780，转轮直径为 7.8m，额定出力为 41MW，额定效率为 92.32%，最高效率为 96.06%，额定转速为 71.4r/min，水轮机安装高程为 22.80m；配套发电机型号为 SFWG40-84/8820，额定容量为 40MW/44.4MVA，额定功率因数为 0.9（滞后），额定电压为 13.8kV，额定效率为 97.76%。4 台由东电制造，水轮机型号为 GZ(982)-WP-770，转轮直径为 7.7m，额定出力为 41MW，额定效率为 92.67%，最高效率为 95.76%，额定转速为 71.4r/min，水轮机安装高程为 22.80m；配套发电机型号为 SFWG40-84/8700，额定容量为 40MW/44.4MVA，额定功率因数为 0.9（滞后），额定电压为 13.8kV，额定效率为 97.82%。

调速器和油压装置为南京南瑞集团公司生产的 SWT-150/6.3 型可编程微机双调速器，主配压阀直径为 150mm，配套油压装置型号为 YZ-18-6.3，压力油罐容积为 18m³，额定工作油压为 6.3MPa。

5.4.3 水力机械辅助系统设计

5.4.3.1 油系统

油系统包括透平油系统和绝缘油系统。透平油系统主要供机组轴承润滑用油和调速系统操作用油；绝缘油系统主要供给主变压器用油。考虑电站离南昌、吉安等城市较近，主变压器用油可直接就地购置，为避免绝缘油系统设备的闲置、节约投资，故本电站不设绝缘油系统设备。

根据厂家提供的资料，本电站一台机组最大用油量为 34m³，净油罐容积按一台机组最大用油量的 110% 考虑，可选用一个标准体积为 50m³ 的室内立式净油罐，但因油罐体积太大，不易布置，故采用两个体积为 25m³ 的室内立式净油罐。运行油罐容量与净油罐相等，为了使运行油净化方便，提高效率，选用两个体积为 25m³ 室内立式运行油罐。

齿轮油泵生产率按 4h 内充满一台机组用油量考虑，选用 4 台 CY - 9/3.3 - 1 型齿轮油泵，主要参数为：生产率 9.0m³/h，压力 0.33MPa，功率 4kW，转速 1440r/min。压力滤油机和透平油专用滤油机的生产率按 8h 内净化一台机组用油量来确定，考虑到压力滤油机更换滤纸所需时间，计算时取其额定生产率的 70%。选用 2 台 LY - 150 型压力滤油机，其主要参数为：生产率 9.0m³/h，工作压力 0～0.33MPa，功率 3kW；选用 2 台 ZJCQ - 9 型透平油专用滤油机，其主要参数为：生产率 9.0m³/h，加热器功率 72kW，总功率 89.09kW；选两台 DX - 1.2 型滤纸烘箱，功率为 1.2kW。

峡江水电站机组转速为 71.4r/min，转速低、面压较大，在机组润滑油牌号的选择上，常用的 46 号润滑油黏度较小、面压较低，经比选采用 L - TSA68 优质涡轮机油，其技术参数满足润滑系统技术要求。机组调速系统操作用油主要考虑油的倾点影响，润滑油的倾点是指在规定条件下，被冷却了的试油在温度升高的过程中能流动时的最低温度。因为润滑油是非晶体，它不会像水一样达到某个温度后会变成固体，而是随着温度的变化其可流动性会随之变化。温度越高流动性越强，温度越低流动性越差。所以调速器规定了液压油使用的温度范围（10～50℃），而常用的 46 号和 68 号涡轮机油其倾点均不大于 -6℃，为便于油务管理和设备布置，峡江电站润滑和调速系统统一采用 L - TSA68 优质涡轮机油。

5.4.3.2 中压气系统

峡江水电站中压气系统用于油压装置的充气、补气，工作压力等级为 6.3MPa。中压气系统采用一级供气方式，即空压机生产的压缩空气储存于储气罐，然后供至油压装置。中压空压机按充气时间 4h 计算，选用 2 台德国 Sauer 原装进口 WP126L 型空压机，主要参数为：生产率 2.15m³/min，额定排气压力 8.0MPa，功率 37kW。选用 2 个 4.0m³、8.0MPa 的高压储气罐。油压装置首次充气时 2 台空压机同时工作，平时 1 台工作，1 台备用，由储气罐压力信号器根据气压情况自动操作。

5.4.3.3 低压气系统

峡江水电站低压气系统供机组制动、主轴检修密封空气围带、风动工具及吹扫等用气，工作压力等级为 0.80MPa。低压气系统包括制动供气系统和检修供气系统，两系统分开单独供气。

1. 制动供气系统

系统用于向机组制动供气和主轴检修密封供气，空压机的容量按满足机组制动供气的要求确定，选用 2 台 BOGE 风冷螺杆式 S90 - 2 - 10 型空压机（主要参数为：生产率 3.11m³/min，额定排气压力 1.0MPa，功率 22kW）和 2 个 6.0m³、1.0MPa 低压储气罐。而机组主轴检修密封空气围带的用气量较少，可直接从制动供气干管引用。

2. 检修供气系统

系统用于供给机组检修用气和维护吹扫用气，选用 2 台 BOGE 风冷螺杆式 S50 - 2 型空压机（主要参数为：生产率 6.67m³/min，额定排气压力 0.85MPa，功率 37kW）和 2 个 4.0m³、1.0MPa 低压储气罐。用气时，可根据用气量启动 1 台或 2 台空压机连续运转，经气罐供给用气。

5.4.3.4　技术供水系统

1. 技术供水的对象

技术供水的对象为发电机和轴承润滑油的冷却用水以及主轴密封、检修、渗漏排水深井泵润滑用水等。

（1）发电机的通风冷却方式采用密闭常压、径向强迫（风机）的方式，冷却水采用"空气冷却器-冷却套"二次循环冷却的方式。东电公司发电机空冷器冷却水量 $250m^3/h$、冷却器入口压力 $0.3MPa$；阿尔斯通公司每台发电机的循环冷却水量为 $240m^3/h$，水压 $0.40MPa$，整套装置由机组制造厂成套供给。

（2）机组轴承油循环的冷却用水亦采用二次冷却方式。每台机组轴承的循环油冷却水量为 $60m^3/h$，水压 $0.20MPa$，与发电机的循环冷却水组成一个系统。

（3）主轴工作密封用水量为 $2.4m^3/h$，水压为 $0.2\sim0.25MPa$。

（4）厂内渗漏排水泵和机组检修排水泵（均为深井泵）润滑用水仅在使用时需要供水润滑，正常运行后采用自润滑方式，润滑用水量较少。

2. 技术供水方式

（1）主轴密封供水。

1）电站在 2 号、3 号机进水流道外设置 4 个取水口和管径 DN200 的环形取水干管，供给机组消防用水和 3 号、4 号主轴密封水泵取水。

2）电站在 8 号机进水流道外设置 4 个取水口单独供 1 号、2 号主轴密封水泵取水。

3）主轴密封水泵（4 台 KQL100/110 - 7.5/2 型立式单级离心泵，$Q=26L/s$，$H=16m$，$N=7.5kW$）经滤水器取水后，打至 46.10m 高程处的 4 个 $20m^3$ 不锈钢高位水箱，由水箱自流向各机组供水。

（2）二次冷却供水。选用 2 台 TP200 - 320/4 型水泵（$H=30.4m$，$Q=300m^3/h$，$N=37kW$），二次循环冷却，机组正常运行时从膨胀水箱补充损失水量。

5.4.3.5　消防供水系统

消防给水包括主、副厂房消火栓、厂区室外消火栓、发电机消防水喷雾灭火、主变消防水喷雾灭火等用水。峡江水库水质好、泥沙含量较少，因此采用上游水库的水作为消防水源。

峡江水电站是一座低水头电站，最大水头为 14.8m，采用坝前自流供水方式作为消防水源满足不了消防水压要求，因此本电站消防给水采用临时高压给水系统。高压给水系统分为变压器消防给水系统、厂内外消防给水系统和船闸消防给水系统。变压器消防给水系统、厂内外消防给水系统水泵吸水管共用。

主消防设备采用成套消防气压给水设备，型号为 QX0.51/40 - 0.45 - 2，系统配套两台型号为 XBD5.6/40 - 125 - 220 - 37/2 的主消防泵（$H=56m$，$Q=40L/s$，$N=37kW$）、两台型号为 KQDP32 - 4S×8 的稳压泵（$H=56m$，$Q=1.1L/s$，$N=2.2kW$）、一个容积 $0.45m^3$ 的 SQL1200×1.0 型稳压气罐及阀门、控制元件等附件。

工程主厂房、副厂房、电缆及母线廊道、油库、升压站、机修间、船闸、大坝启闭机房等采用消防栓灭火与灭火器具结合的灭火方式；中控室、主机房、通信室、继保室、闸门控制室、机组在线检测室、大坝及水雨情检测室采用七氟丙烷气体灭火系统（无管网式）灭火；主变采用水喷雾灭火方式。

考虑在电站厂用电消失的情况下保证消防水源，为加强消防能力，本枢纽配备 1 台 BJ25D 型移动式机动消防泵（配有运载小车和蓄电池照明灯，$Q=17L/s$，$H=65m$），作为消防给水备用加压设备。

5.4.3.6　机组检修排水系统

机组检修排水系统是在机组检修时用以排除流道积水以及流道进、出口闸门的漏水。机组检修排水采用有集水廊道的间接排水方式，即沿厂房纵向设置集水廊道，廊道中间设置集水井布置排水泵。机组检修时，打开 DN500 的检修排水阀，流道排水经布置在上下游流道侧边的检修排水箱及排水管排至廊道，由布置在集水井处的检修排水泵排至尾水。

根据电站排水量及规范要求，选用三台 500JC/S900-35 自润滑型检修深井泵（$H=35m$，$Q=900m^3/h$，$N=150kW$），机组检修排水时，三台水泵全部投入运行。检修排水泵可手动控制起停，检修集水井设置水位信号器，可反映廊道内的水位情况并自动控制水泵启停。为了排除集水井内的浑水淤泥，另设置了一台 80WQP50-35-11 型潜水排污泵（$H=35m$，$Q=50m^3/h$，$N=11kW$）。

5.4.3.7　厂房渗漏排水系统

厂房渗漏排水系统主要用于排除水工建筑物渗漏水、机电设备管路渗漏水、结露水、主轴工作密封漏水等。渗漏排水采用有集水廊道的间接排水方式，渗漏集水廊道布置在机组检修集水廊道的下游侧，与检修集水廊道平行，纵贯全厂，廊道中间设置集水井布置排水泵。

根据电站渗漏水量及规范要求，选用三台 350JC/K340-14×3 自润滑型检修深井泵（$H=33\sim50m$，$Q=250\sim400m^3/h$，$N=55kW$），两用一备。渗漏排水泵为自动运行，渗漏集水井内设置水位信号器，可反映廊道内的水位情况并自动控制水泵启停。为了排除集水井内的浑水淤泥，另设置了一台 80WQP50-35-11 型潜水排污泵（$H=35m$，$Q=50m^3/h$，$N=11kW$）。

5.4.3.8　厂区排水系统

厂区排水系统用以排除厂区雨水积水，当下游水位低于厂区地面沟底时，通过管路自排至下游；当下游水位较高、厂区积水不能自排时，采用厂区排水泵将积水排至电站下游。集水井布置在 GIS 室下游，集水井地面以上设泵房一座，根据排水流量及规范要求，设置了三台型号为 WQ2445-617 的潜水排污泵（$H=15.6m$，$Q=825m^3/h$，$N=45kW$），两用一备。排水泵为自动运行，集水井内设置水位信号器，可反映集水井内的水位情况并自动控制水泵启停。

5.4.3.9　检修门库排水系统

检修门库布置在泄水闸和船闸之间，平时安放检修门用。为排除门库内雨水及水工建筑物渗漏水，设置一个有效容积为 5.4m³ 的集水井，选用两台型号为 50WQ/12.5-12-1.1 潜水排污泵，$Q=12.5m^3/s$，$H=12m$，$N=1.1kW$，其中 1 台工作，1 台备用。水泵硬管移动式安装，水泵启停由井内水位信号器根据水位整定值自动控制。

5.4.3.10　水力量测系统

水力量测系统分为全厂性测量和机组段测量。电站水力量测系统的对象为机组运行工况、机组稳定性和各种水力参数等。

全厂性测量包括水库水温测量、上下游水位测量、电站毛水头测量、拦污栅前后压差测量等。上游温度变送器与投入式液位变送器设在电缆沟内，下游投入式液位变送器设在尾水闸墩处，全部信号均接入计算机监控系统。

机组段测量包括过机流量、前锥体压力、导叶前压力、导叶后压力、流道进口压力、机组净水头、尾水管进口压力、尾水管压力脉动、尾水管中部压力、尾水管出口压力等的测量，以及主轴摆度、主轴位移、机组振动、发电机气隙等机组动态项目的测量。以上信号均由传感器送入计算机监控系统。

5.4.4　小结

峡江水电站全部 9 台机组于 2015 年 4 月全部投产发电，各辅助系统设备运行情况良好。电站水力机械辅助系统设备选型合理、技术先进、自动化程度较高，达到了电站"无人值班（少人值守）"的设计要求，为电站安全、稳定、高效运行提供了可靠保障。

5.5　峡江水电站主变消防设计

5.5.1　电站概况

峡江水电站安装九台单机容量为 40MW 的灯泡贯流式机组，总装机容量为 360MW，电站主接线采用扩大单元接线方式，配置了三台 SF11 - 150000/220 型油浸式主变压器（特变电工衡阳变压器有限公司），主变容量为 150MVA，电压等级 220kV，主变安装在电站尾水平台上面，变压器场地面高程为 38.65m。

5.5.2　主变消防的设计依据和原则

5.5.2.1　设置自动水喷雾消防依据

根据《建筑设计防火规范》（GB 50016—2006）8.5.4 条规定，下列场所应设置自动灭火系统，且宜采用水喷雾灭火系统：单台容量在 40MVA 及以上的厂矿企业油浸电力变压器、单台容量在 90MVA 及以上的油浸电厂电力变压器，或单台容量在 125MVA 及以上的独立变电所油浸电力变压器。

由于主变单台容量为 150MVA，故需对三台 SF11 - 150000/220kV 三相变压器设置自动水喷雾消防系统。

5.5.2.2　设计原则

（1）根据《水力发电厂高压电气设备选择及布置设计规范》（DL/T 5396—2007）、《水喷雾灭火系统设计规范》（GB 50219—1995）、《建筑设计防火规范》（GB 50016—2006）等规程规范的要求进行计算。

（2）喷头水喷雾范围应覆盖变压器外表面（除底部表面）和集油坑的投影面积的要求。

（3）喷头数量及喷雾强度应满足规范要求：油浸式电力变压器设计喷雾强度不小于

20L/(min·m²)，油浸式电力变压器集油坑设计喷雾强度不小于 6L/(min·m²)。

5.5.3 主变消防具体设计

5.5.3.1 面积计算

1. 变压器水喷雾面积

主变压器外形尺寸详见图 5.5-1。

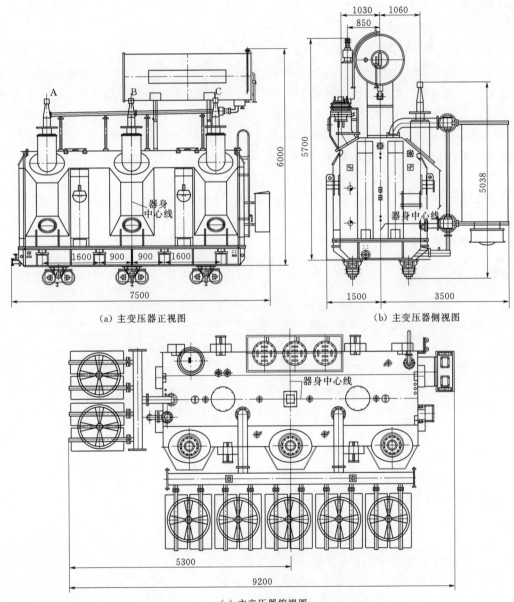

（a）主变压器正视图　　　　　　（b）主变压器侧视图

（c）主变压器俯视图

图 5.5-1　主变压器外形尺寸

$$S_1 = 2 \times 5 \times 5.7 + 9.2 \times 4.56 + 9.2 \times 5.7 + 9.2 \times 5 \approx 197 (\text{m}^2)$$

2. 集油坑水喷雾面积计算

$$S_2 = 7.25 \times 11.75 - 37.2 \approx 48(\text{m}^2)$$

5.5.3.2　水量计算

$$Q = K \times S_1 \times W_1 + K \times S_2 \times W_2 \qquad (5.5-1)$$

式中：K 为安全系数，应取 $1.05 \sim 1.10$；W 为保护对象的设计喷雾强度，$W_1 = 20\text{L}/$（$\text{min} \cdot \text{m}^2$），$W_2 = 6\text{L}/(\text{min} \cdot \text{m}^2)$。

$$Q = 1.1 \times 197 \times 20 + 1.1 \times 48 \times 6 \approx 4650(\text{L/min})$$

5.5.3.3　喷头数量计算

根据《水喷雾灭火系统设计规范》（GB 50129—1995）规定："扑救电气火灾应选用离心雾化型水雾喷头"的要求，结合上游水位和喷头布置位置情况，变压器本体水雾喷头消防选用 ZSTWB-80-90 型离心雾化喷头，水雾喷头基本参数为：流量系数 43，雾化角 90°，工作压力 0.35MPa；集油坑水雾喷头消防选用 ZSTWB-30-90 型离心雾化喷头，水雾喷头基本参数为：流量系数 16，雾化角 90°，工作压力 0.35MPa。

1. 变压器本体单个水雾喷头流量计算

$$q = K(10P)^{1/2} \qquad (5.5-2)$$

式中：q 为单个水雾喷头流量，L/min；K 为水雾喷头流量系数，由生产厂家提供，$K = 43$；P 为水雾喷头的工作压力，MPa。

$$q = 43 \times (10 \times 0.35)^{0.5} \approx 80.4(\text{L/min})$$

最少所需喷头数

$$N = Q/q = 1.1 \times 197 \times 20/80.4 \approx 54(\text{个})$$

2. 集油坑单个水雾喷头流量计算

$$q = 16 \times (10 \times 0.35)^{0.5} \approx 29.9(\text{L/min})$$

最少所需喷头数

$$N = Q/q = 1.1 \times 48 \times 6/29.9 \approx 11(\text{个})$$

根据布置，取 12 个喷头，总用水量：$Q_{总} = 54 \times 80.4 + 12 \times 29.9 = 4700.4(\text{L/min}) = 78.34(\text{L/s}) = 0.07834(\text{m}^3/\text{s})$。

5.5.3.4　水力损失计算

水力损失计算如下：

（1）带喇叭口的进口（DN300/DN200）1 个，$\zeta_1 = 0.1$。

$$\frac{V_1^2}{2g} = \frac{[Q/(3.14 \times 0.15^2)]^2}{2 \times 9.81} \approx 10.21Q^2 \qquad (5.5-3)$$

式中：Q 为两台水泵运行时的总流量。

（2）78°、DN200 弯头 1 个，$\zeta_2 = 0.6 \times 0.95 = 0.57$。

$$\frac{V_2^2}{2g} = \frac{[Q/(3.14 \times 0.1^2)]^2}{2 \times 9.81} \approx 51.69Q^2$$

（3）90°、DN200 弯头 14 个（V_2），$\zeta_3 = 14 \times 0.6 = 8.4$。

（4）90°、DN200 弯头 2 个（V_3），$\zeta_4 = 2 \times 0.6 = 1.2$。

$$\frac{V_3^2}{2g}=\frac{[0.5Q/(3.14\times0.1^2)]^2}{2\times9.81}\approx12.92Q^2$$

(5) DN200 橡胶接头 2 个 (V_2)，$\zeta_5=2\times0.21=0.42$。

(6) DN200 橡胶接头 2 个 (V_3)，$\zeta_6=2\times0.21=0.42$。

(7) DN200 止回阀 1 个 (V_3)，$\zeta_7=5.5$。

(8) DN200 雨淋阀 1 个 (V_2)，$\zeta_8=1$。

(9) DN200 滤水器 1 个，$h_9=0.5\text{m}$。

(10) DN200 钢管 230m (V_2)。

$$i=0.00107\frac{V_2^2}{d_j^{1.3}}=0.00107\frac{[Q/(3.14\times0.1^2)]^2}{0.2^{1.3}}\approx8.794Q^2$$

$$h_{10}=iL=8.794Q^2\times230=2022.62Q^2$$

(11) 据厂家资料，球阀损失系数约为 0。

(12) 其他损失忽略不计。

$$h_w=\zeta_1\frac{V_1^2}{2g}+(\zeta_2+\zeta_3+\zeta_5+\zeta_8)\frac{V_2^2}{2g}+(\zeta_4+\zeta_6+\zeta_7)\frac{V_2^2}{2g}+h_9+h_{10}$$

$$=0.1\times10.21Q^2+(0.57+8.4+0.42+1)\times51.69Q^2$$

$$+(1.2+0.42+5.5)\times12.92Q^2+0.5+2022.62Q^2$$

$$\approx2652.69Q^2+0.5$$

当 $Q=0.07834\text{m}^3/\text{s}$ 时，$h_w=16.8\text{m}$。

5.5.3.5 水雾喷头工作压力计算

按对一台变压器水喷雾灭火的要求计算工作压力，上游死水位 44.00m，变电站地面高程为 38.65m，喷头最高安装高程暂按 45.00m，消防总管管径为 DN200 的镀锌无缝钢管。

根据一台主变压器消防所需总水量、管路损失约为 16.8m、上游死水位及喷头的安装位置情况，消防泵初选用三台 XBD5.3/50-150 型多级消防泵，二用一备，其主要技术参数为：流量 $Q=50\text{L/s}$，扬程 $H=0.53\text{MPa}$，配用电机功率 $N=45\text{kW}$，电机转速 $n=1480\text{r/min}$。

工作压力为：

$$H=53+44-45-h_w=52-h_w \tag{5.5-4}$$

式中：h_w 为水力损失，m。

$H=52-(2652.69Q^2+0.5)=51.5-2652.69Q^2=51.5-2652.69\times0.07834^2\approx35.2(\text{m})$

根据水雾喷头标准工作压力，选择工作压力 0.35MPa 能满足压力要求。

5.5.3.6 主变消防供水系统

主变消防用水水源取自上游水库，为了确保水源的可靠性，设有双管取水，并在每个取水管的端部设有两个取水口，分别布置在 2 号、3 号机组上游流道中。由于上游水库的水压不能满足主变消防水压的要求，故需通过消防加压泵加压供水，主变消防供水系统图见图 5.5-2。

5.5.3.7 主变消防管路及喷头布置图

根据计算结果和规范有关规定的安全距离要求，对三台主变及其储油坑进行消防管路和喷头进行了详细布置，由于三台主变布置位置、消防进水管方位和主变进出线等不同，其周围的消防管路及喷头布置有所不同，下面仅列出 1 号主变消防水雾包络线示意图 5.5 - 3。

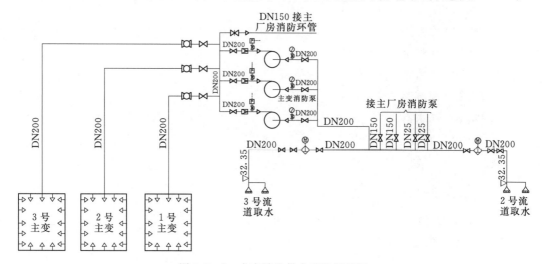

图 5.5 - 2　主变消防供水系统原理图

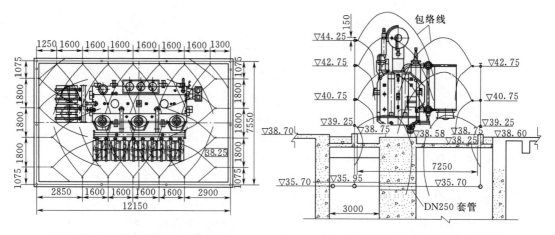

（a）1 号主变压器水雾平面包络线示意图　　　（b）1 号主变压器水雾立面包络线示意图

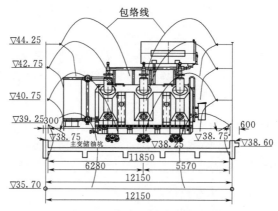

（c）1 号主变压器水雾侧面包络线示意图

图 5.5 - 3　1 号主变消防水雾包络线示意图

5.5.4 小结

对于电站主变采用水喷雾消防的，必须合理选择主变压器消防泵、水喷雾喷头型号及数量，要求所选设备能满足主变压器的消防用水量和包络整个变压器的要求，以保证变压器发生火灾时能及时扑灭，从而减少损失。

5.6 水力机械设备布置

5.6.1 机组安装高程确定

本电站采用 9 台灯泡贯流式机组，卧式布置，水轮机安装高程为 22.80m。峡江水电站机组由阿尔斯通和东电两家公司制造，水轮机安装高程确定原则为：①满足两家公司水轮机空化性能要求，水轮机在全部运行范围内无空化运行；②在任何情况下均淹没尾水管 0.5m 以上；③满足由于河床清水冲刷造成尾水下切影响。由于河床下切具有不确定性，在确定下切幅值时综合考虑了万安水电站实际下切量和石虎塘水电站的研究成果，万安水电站实际下切超过 0.7m，石虎塘水电站针对下切所做的研究成果超过 1.2m，峡江水利枢纽与石虎塘航电枢纽工程类似，但水头和下泄流量均超过石虎塘，虽然峡江电站下游河道相对狭窄，对尾水下切会有一定的缓解作用，但在枯水期机组按通航流量发电时是下切最不利工况，为保证机组运行安全，在确定机组安装高程时按尾水下切 1.2m 考虑，选取机组安装高程为 22.80m，比初步设计阶段降低了 0.2m。

5.6.2 设备进场方式和安装场位置

按照峡江水利枢纽工程总体布置，电站布置在枢纽的右侧，在设备进场方式选择上，前期结合枢纽布置方式，对垂直进场和水平进场方式进行了比较，垂直进场方式在船闸与电站布置在同一侧时采用较多，垂直进场方式可以减少进场道路土建开挖工程量，减少部分投资，但垂直进场需要二次倒运，增加了安装工作量，对外交通不畅通。结合工程枢纽布置，综合考虑峡江电站采用水平进场方式，交通便利，极大地方便了设备运输和卸货。

峡江水电站安装场布置在主厂房右侧，与运行层同一高程，峡江电站安装有 9 台灯泡贯流式机组，根据工期安排及满足今后大修需要，安装场的尺寸按照同时安装两台机组考虑，根据厂家提供的设备大件尺寸，确定安装场长度为 62.50m。

5.6.3 主要设备布置

峡江水电站机组进水口闸门至转轮中心的水平距离为 25.6m，转轮中心至尾水管出口的水平距离为 39.6m。根据机组流道控制尺寸以及有关专业设备布置要求，取机组中心距为 22.7m，主厂房机组段总长度为 211.8m，主厂房排架柱内侧净宽度为 24.0m。主厂房共分三层，依次为运行层（高程 38.75m）、管道层（高程 34.75m）、水轮机廊道层（高程 12.30m）。

主厂房运行层布置有水轮机吊物孔、发电机吊物孔、调速器油压装置、压力油罐以及电气屏柜等。发电机吊物孔最大起吊件为压力盖板，东电机组压力盖板尺寸为 4980mm×9630mm，四边各考虑一定的起吊间隙后设发电机吊物孔尺寸为 5450mm×10350mm。同理，设阿尔斯通发电机吊物孔尺寸为 6080mm×10860mm。水轮机吊物孔顺水流方向尺寸由导水机构上游面至尾水锥管上游面距离确定，垂直水流方向尺寸则由导水机构外缘确定，分别设东电机组水轮机吊物孔尺寸为 6520mm×16000mm、阿尔斯通机组水轮机吊物孔尺寸为 6300mm×16500mm。

管道层布置有调速器油压装置回油箱、事故配压阀等调速系统组合阀以及油气水管路等。在已建成的与峡江电站同类规模的电站中，事故配压阀、重锤关闭阀、单向阀等调速系统组合阀直接布置在调速器回油箱旁的地面上，加上阀间连接管，整体布置杂乱复杂，且占用了部分过道。峡江电站设计时对此进行了优化布置：在廊道梁底合适位置设置一个钢筋混凝土组合阀平台，各组合阀布置在此平台上，相关管路均沿梁底布置，从图 5.6-1 和图 5.6-2 可以看出，管道层的水机侧管路布置紧凑、简洁，管路或沿梁底或沿边墙有序布置，人行处无任何障碍物。

图 5.6-1　机组管道层管路布置（从上游侧看）　　图 5.6-2　机组管道层管路布置（从下游侧看）

水轮机廊道层布置有导叶接力器、轴承回油箱、高压油顶起装置以及调速器漏油装置等。另在该层设有密闭门通往检修、渗漏排水廊道，排水廊道纵向布置，底高程分别为 10.20m 和 8.30m。检修排水廊道在 3 号、4 号机组间设置检修集水井，尺寸为 3800mm×7000mm，底板高程为 6.80m；渗漏排水廊道在 1 号、2 号机组间设有渗漏集水井，尺寸为 5000mm×7000mm，底板高程为 5.30m。

另根据最大起吊件及吊具尺寸并考虑一定的离地高度和安全裕度，确定主厂房桥机轨道顶高程为 56.49m。高位油箱、高位水箱则布置在主厂房下游侧 46.10m 高程。

水力机械辅助系统的布置以安全、科学、经济、合理为目的，充分遵循以下原则：

（1）在工艺条件允许的前提下，使管路尽可能短，管件和阀门应尽可能少，以减少投资，使流体阻力减到最低。

（2）合理安排管路，使管路与墙壁、柱子或其他管路之间应有适当的距离（以容纳活接头或法兰等为度），以便于安装、操作、巡查与检修。

（3）管路排列时，小管在上，大管在下；输送气体的管路在上，输送液体的在下；不经常检修的在上，经常检修的在下；高压的在上，低压的在下；在水平方向上，通常使常温管路、大管路、振动大的管路及不经常检修的管路靠近墙或柱子。

（4）管路通过人行通道时高度不低于 2m。

（5）管道不挡门、挡窗；避免通过电动机、配电盘、仪表盘、母线电缆的上空；在有吊车的情况下，管道的布置不妨碍吊车工作。管路的布置不妨碍设备、管件、阀门、仪表的检修。管路不从人孔正前方通过，以免影响打开人孔。

（6）阀门仪表的安装高度主要考虑操作的安全和方便。

遵循上述原则后，在油气水系统管路安装完成后，功能分区科学合理、形象整齐美观。

5.7 同江河口电排站水力机械设计

5.7.1 工程概况及特征参数

同江防护区位于峡江库区赣江左岸、同江下游两岸，是峡江水利枢纽的配套工程，同江河口距峡江坝址约 15km（河道距离，下同），全流域面积为 972km²。同江河在上游堵口并建阜田堤、下游堵口沿赣江左岸建同赣堤，同江河改道沿右岸高地开挖同南河后，形成同江河防护区。开挖同北导托渠东、西支后，同江河防护区排涝面积 77.99km²，因此，在同赣堤桩号 0+750 处（同江河出口）建同江河口电排站，排除该区域涝水和渍水，调控地下水位。

泵站的特征水位、特征扬程及设计流量等参数见表 5.7－1。

表 5.7－1　　　　　泵站特征参数表

参　　数		同江河口电排站
设计排涝流量/(m³·s⁻¹)		66.70
内水位	最高水位/m	43.00
	最高运行水位/m	42.00
	设计水位/m	40.00
	最低运行水位/m	38.00
外水位	防洪水位/m	48.80
	最高运行水位/m	48.30
	设计水位/m	46.20
	最低运行水位/m	44.40
净扬程	最高净扬程/m	9.30
	设计净扬程/m	6.20
	平均净扬程/m	6.00
	最小净扬程/m	2.4

5.7.2 水泵及附属设备

5.7.2.1 水泵选型

根据表 5.7－1 所述数据，泵站等别属大（2）型，泵站的水位和扬程变幅较大。通过调查，目前国内大中型全调节轴流泵大多数净扬程在 7m 以下，而混流泵净扬程在 2～

10m 及以上均有广泛使用。轴流泵其特点是流量大、高效区较窄，效率受流量的变化影响较大。混流泵比转速较轴流泵低，适用于扬程相对较高的区域，其特点是高效区较宽、效率受流量变化的影响较小。

由于峡江水利枢纽工程的正常蓄水位为 46.00m，削落按 0.5m 考虑，而泵站起排水位为 40.00m，因此水泵启动扬程较高。混流泵在高扬程下的运行和启动性能要比轴流泵要好，且效率高于轴流泵方案，最后确定的水泵机组形式采用混流泵方案。

根据泵站扬程参数，通过方案比选，模型选用天津混流泵同台测试 TJ11-HL-03 模型泵，模型泵选定后，经过装机台数比较，原型泵采用四台 2100HLQ17.5-7.2 立式全调节混流泵，并对进、出水流道进行了数值仿真（CFD）计算，满足要求后，在天津中水北方勘测设计有限责任公司闭式模型泵试验台上进行了水泵装置模型试验。同江河口电排站的水泵装置模型最高效率为 78.7%，设计工况下的水泵装置模型效率为 78.0%，试验结果表明，水泵装置模型效率达到了国内同等水平，并达到预期目标。后续对水泵出水流道进行了优化，将原 60°等径弯管改为 60°渐扩管，水泵出水管直径由 2.4m 增加到 2.5m，以进一步提高水泵装置效率。转轮模型综合特性曲线见图 5.7-1，水泵装置模型综合特性曲线见图 5.7-2，水泵装置原型综合特性曲线见图 5.7-3。

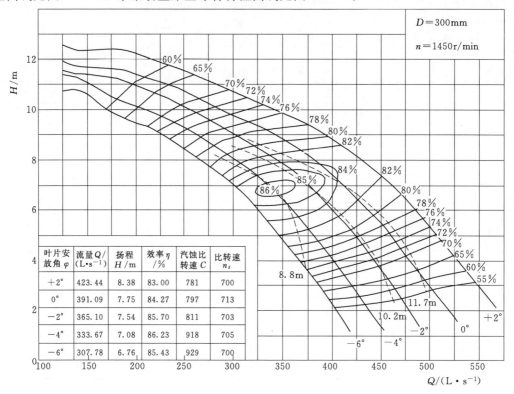

图 5.7-1 转轮模型综合特性曲线

5.7.2.2 水泵机组主要技术参数

1. 水泵

水泵型号：2100HLQ17.5-7.2；

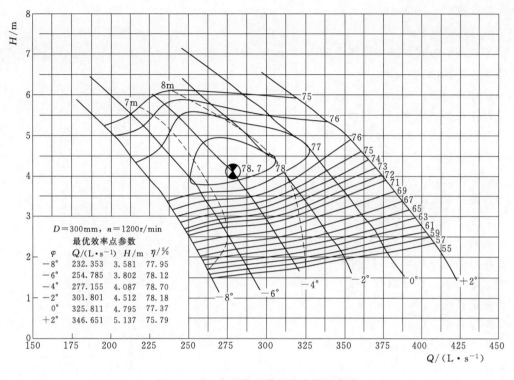

图 5.7-2　水泵装置模型综合特性曲线

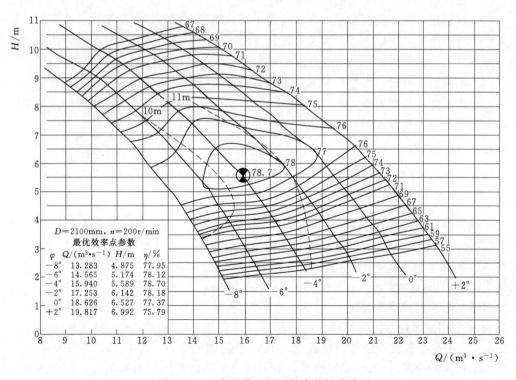

图 5.7-3　水泵装置原型综合特性曲线

叶轮直径：2099mm；

叶片数：4个；

叶片调节方式：液压操作全调节；

最大净扬程：9.3m；

设计净扬程：6.2m；

设计点装置效率：78%；

平均净扬程：6.0m；

设计流量：17.5m³/s；

额定转速：200r/min；

台数：4台。

2. 配套电机

配套电机型号：TL2000－30/3250；

额定电压：10kV；

额定功率：2000kW；

额定转速：200r/min；

额定效率：94%；

功率因数（cosφ）：0.9（超前）；

台数：4台。

5.7.2.3　附属设备

（1）水泵进、出水流道型式。进水流道采用成熟的肘型流道，肘型流道在我国已运行的大型排涝站中应用比较广泛，施工也比较方便，且肘型流道线性比较顺畅，水力损失较小，可提高机组的装置效率。由于外水位变幅不大，出水流道采用直管式出水方式。

（2）水泵断流方式。水泵断流方式采用双节液压缓闭浮箱拍门。

（3）水泵叶片角度调节器。2100HLQ17.5－7.2型全调节立式混流泵的叶片角度调节采用 MT－08 型免抬轴水泵叶片角度调节器进行调节。

5.7.2.4　辅助设备

为了泵站的安全稳定运行，设置了油、气、水、水力量测和机组振摆监测系统。

5.7.2.5　主要设备布置

本排涝站选用4台2000HDQ17.5－7.2型全调节立式混流泵，配套4台单机容量为2000kW的TL2000－28/2860型立式同步电机。机组进水流道采用在我国应用比较广泛、技术比较成熟的肘型流道，同时水泵采用单机单管水平直管出水方式，管路出口采用双节液压缓闭浮箱拍门断流。

根据水泵淹没深度要求，确定水泵安装高程为35.40m，相应时水流道底板高程为31.35m，根据水泵进水流道宽度和电机风道尺寸，并考虑场内交通，确定机组中心距为6.50m。根据设备布置、设备吊运及起重机标准跨度的要求，泵房跨度取10.70m（上、下游排架柱内侧净距），其中机组中心距进水侧排架柱内侧净距为4.70m，距出水侧排架柱净距为6.0m，出水侧为主通道。为了检修机组，设一长度为13.0m的安装场，与主泵房同宽，安装场高程与电机层同高，高程为 46.10m。安装场下层设有油库和空压机室，地面与密封层同高程，高程为 40.60m。泵房集水井设在水泵层下面，渗漏排水泵设在水泵层，高程为 36.40m。排涝站各主要高程如下：

进水池底板高程：31.35m；

水泵层地面高程：36.40m；

密封层地面高程：40.60m；

水泵出水管中心高程：40.90m；

电机层地面高程：46.10m；

轨道轨顶高程：56.90m；

泵房屋顶梁底高程：59.40m。

第6章 电气工程设计

6.1 电气一次

6.1.1 电站接入电力系统方式

6.1.1.1 峡江水电站接入系统方式

峡江水电站位于赣江中游的江西省峡江县巴邱镇，北距省会南昌为140km，西距新余市120km，南距吉安市50km，地理位置处于江西省220kV电网的中部。

峡江水库总库容11.87亿m³，为季调节水库。总装机容量9×40MW，多年平均年发电量为11.44亿kW·h，保证出力为44.09MW，装机年利用小时为3178h。电站在电力系统中主要担任基荷、腰荷并参与调峰。峡江水电站在满足江西省电力发展需求、缓解电网电量不足、改善电网电源结构中发挥了一定作用。

2004年1月，项目业主方曾委托江西省电力设计院编制了《峡江水电站接入系统规划方案论证》，经江西省电力公司审查并下发了赣电规函字〔2004〕第04号文件的评审意见。2009年6月，业主再次委托江西省电力设计院做《峡江水电站接入系统设计》，江西省电力公司以赣电发展〔2010〕1842号文件通过了对峡江水电站接入系统设计的审查，评审意见是：原则同意峡江水电站以220kV一级电压接入江西省电网，出线二回，全部电能送至规划建设中的峡江220kV变电站。输电线路长约22km，导线截面2×LGJ-300。

6.1.1.2 电力系统对峡江水电站的要求

（1）峡江水电站升压主变容量选用150MVA，抽头选用242±2×2.5%/13.8kV，采用无载调压升压变压器。

（2）峡江水电站机组功率因数要求大于0.85，要求水电站应具备进相0.95稳定运行能力和一定的调峰能力。

（3）为适应系统远景发展，峡江水电站的220kV短路电流水平按50kA设计。

6.1.2 电气主接线

6.1.2.1 基本情况

峡江水电站为河床式电站。推荐的枢纽布置方案主厂房靠右岸布置，主厂房安装9台单机容量40MW的灯泡贯流式机组。主变布置在尾水平台上，220kV GIS开关站布置在主厂房安装场对侧的下游平台。二回220kV出线，接入规划建设中的峡江变电站，与江西省220kV电网联网。

6.1.2.2 电气主接线方案

根据电力系统资料及本电站在电力系统中的地位、作用、机组容量及运行方式，按照供电可靠、接线简单、技术先进、经济合理的原则，结合工程枢纽总布置及河床式电站特点，综合考虑机组台数多、单机容量较大等因素，13.8kV发电机电压侧接线采用三机一变扩大单元接线方式，220kV侧接线采用双母线接线方式。峡江水电站电气主接线见图6.1-1。

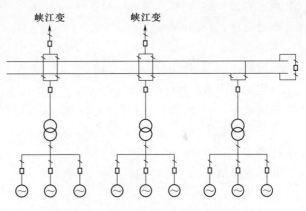

图6.1-1　峡江水电站电气主接线图

6.1.3 厂用电及坝区供电接线

根据枢纽布置、电气主接线、厂用电、坝区用电负荷情况和供电距离，厂用电和坝区供电采用10kV及0.4kV两级电压供电，厂用电和坝区配电变压器高压侧采用10kV，低压侧采用380/220V三相四线制中性点直接接地供电方案。

厂用电和坝区用电10kV母线分为两段，其中10kVⅠ段母线电源从13.8kV的Ⅰ段发电机母线上的厂用分支引来；10kVⅡ段母线电源从13.8kVⅢ段发电机母线上的厂用分支引来。另从保留下来的两路10kV施工用电的外来电源分别接至10kVⅠ段、Ⅱ段供电母线上，作为备用电源。厂用电和坝区用电均采用10kV双回供电，分别接至10kVⅠ段、Ⅱ段供电母线上。由于本工程大坝长约827m，泄水孔段长约350m，泄水闸和船闸距主副厂房较远。为减少低压线路供电压降，对泄水闸和船闸均采用10kV变电站靠近负荷中心供电。

厂用电、坝区泄水闸和船闸供电均采用2台变压器；0.4kV均为单母线分段，分段母线之间设置备用电源自动投入装置。正常运行时，厂用电和坝区用电的低压0.4kV单母线分断运行，由两台变压器分别供电，两台变压器之间互为备用。

机组自用电、中控室、消防、渗漏排水泵和泄洪闸、船闸等Ⅱ类重要负荷均采用单层双回路辐射式供电，在终端设置双电源切换装置；其他负荷采用双层辐射式供电的接线方式。

全厂停机时，厂用电和坝区用电均可从系统经主变压器倒送取得第二电源；并还可从保留下来的两路外来的10kV施工用电源处取得备用电源。另外设置一台600kW柴油发电机组作为全厂的保安电源。

6.1.4 电气一次设备选择

6.1.4.1 发电机主要技术参数选择

灯泡贯流式水轮发电机组主要技术参数如下。

型号：SFWG40-84/8700，9台（阿尔斯通5台、东电4台）；

相数：3；

额定频率：50Hz；

额定容量：44.4/40（MVA/MW）；

额定电压：13.8kV；

额定电流：1859.4A；

额定转速：71.4r/min；

额定功率因素：$\cos\varphi=0.90$；

额定效率：$\eta=97.82\%$（东电），$\eta=97.60\%$（阿尔斯通）；

绝缘等级：F级；

冷却方式：空冷；

并联支路数：1；

短路比：1.1；

纵轴同步电抗 X_d：1.1；

纵轴瞬变电抗 X_d'：0.36；

纵轴超瞬变电抗 X_d''：0.29；

励磁方式：静止可控硅自并励。

6.1.4.2　主变压器主要技术参数选择

主变压器主要技术参数如下。

型号：SFP10-150000/220，3台；

额定容量：150MVA；

额定电压：$242\pm2\times2.5\%/13.8$kV；

联结组标号：YN，d11；

绝缘等级：F级；

冷却方式：ODAF。

6.1.4.3　发电机出口断路器主要技术参数选择

根据短路电流计算结果，发电机电压13.8kV侧母线处三相短路电流为58.86kA，三相短路电流非周期分量为83.24kA。因此，本电站发电机出口断路器的额定短路开断电流选择63kA，可满足要求。

型号：3AF-15，9台；

额定电压：15kV；

额定电流：4000A；

额定短路开断电流：63kA；

直流分量额定开断值：75%。

6.1.4.4　220kV配电装置

主要技术参数如下。

1. 220kV GIS SF$_6$ 全封闭组合电器

额定电压：252kV；

额定电流：2500A；

额定短路开断电流：50kA；

220kV，出线间隔：2个；

220kV，进线间隔：3个；

220kV，母联断路器间隔：1个；

220kV，PT间隔：2个。

2．220kV SF₆管道母线

主要技术参数如下。

额定电压：252kV；

额定电流：2500A；

额定短路开断电流：50kA。

6.1.5　过电压保护及接地

（1）为防止直击雷，主、副厂房和中控楼屋顶均采用避雷带保护。

（2）发电机侧采用真空型发电机出口专用断路器。为抑制操作过电压，在每台真空断路器处设置一组过电压保护器。

（3）根据《水力发电厂过电压保护和绝缘配合设计技术导则》（DL/T 5090—1999），当发电机内部发生单相接地故障要求快速切机及单相接地故障电流超出要求时，中性点宜采用高电阻接地方式。经初步估算，本电站的对地电容电流值将超出规范要求2A的允许值，故对发电机单相接地故障保护采用经单相变压器的高电阻接地方式。单相变压器容量为50kVA，电阻器为0.25Ω。

（4）220kV GIS室和220kV出线架构采用避雷带和避雷线联合保护，防止直击雷。为防止雷电波沿线路侵入损坏电气设备，按绝缘配合原则在220kV线路侧及220kV GIS母线侧各设置一组氧化锌避雷器。

（5）由于3台主变布置在尾水平台超出了220kV开关站避雷器的保护范围，故在三台主变侧各增设一组氧化锌避雷器加以保护。

（6）本电站接地设计遵照《水力发电厂接地设计技术导则》（DL/T 5091—1999）和《交流电气装置的接地》（DL/T 621—1997）进行。水电站设置一总接地网，计算机监控系统、通信系统的接地均与本水电站接地共用一个总接地网。由于工程区域地质结构复杂，电站范围大，故接地设计较为复杂。经初步计算，水电站总接地网的接地电阻本设计阶段暂按0.3Ω（估算值）要求设计。

6.1.6　电气设备布置

6.1.6.1　主厂房设备布置

在38.78m高程的主厂房运行层下游侧排架柱之间，布置有机旁屏和励磁屏，按机组单元成一列布置；运行层上游侧布置调速器电源柜、机组油系统动力柜和发电机中性点电阻柜等设备。

6.1.6.2　副厂房设备布置

副厂房布置在主厂房尾水平台下方，电气设备分两层布置。底层33.35m高程上方为电缆层、SF_6 母线廊道、励磁变；第二层 38.78m 与主厂房运行层同一高程，布置有 13.8kV 发电机电压配电装置、发电机出口电压互感器柜、10kV 配电变和 10kV 高压配电柜、低压配电屏及厂用变等设备；10kV 配电变均采用户内型干式变压器。

6.1.6.3　中控楼布置

中控楼分三层布置。底层 34.55m 高程为电缆夹层；第一层 38.78m 高程布置有中控室、主机室、通信室、继保室、水情测报中心站、大坝监测室、蓄电池室、消防控制室等；第二层 44.10m 高程布置有办公室和资料室等。

6.1.6.4　升压站布置

三台主变布置在 38.65m 高程主、副厂房下游侧的尾水平台上，主变轨道敷设至主厂房安装场，并与进厂公路相连接。

6.1.6.5　220kV 开关站布置

采用户内 GIS 布置方式。开关站布置在主厂房安装场对侧的下游平台，高程为 38.78m，面积为 40m×14m。

6.2　电　气　二　次

峡江水利枢纽为大型灯泡贯流机组，台数多，转轮直径大，对于计算机监控、继电保护、直流系统、工业电视等电气二次设计都提出了更高要求，电站电气二次部分设计均采用当前主流设计，通过招投标，采用了一批技术能力强的厂商供货，运行效果良好。

6.2.1　计算机监控系统

电站按"无人值班"（少人值守）的原则进行设计，采用全分布开放式计算机监控系统，对电站的主要机电设备进行监视和控制，电站计算机监控系统由主控层、现地控制单元层、网络部分等组成。

电站主控层设置有：两台主机服务器、两台操作员工作站，一台工程师/培训工作站、两台调度通信工作站、一台厂内通信工作站、一台报表及语音报警服务器、一台生产信息查询服务器、一台微机"五防工作站"，一套 GPS 卫星时钟系统及打印机等。

现地控制单元层共设置机组 LCU 九套（LCU1～LCU9）、220kV 开关站 LCU 一套（LCU10）、公用及厂用电配电 LCU 一套（LCU11）、泄流闸监控 LCU 一套（LCU12）。现地控制单元采用高性能 PLC 为控制核心，具有冗余配置的 CPU 模块、电源模块、网络模块等，冗余模块的工作方式为在线热备用，切换无扰动。

电站设置有泄水闸监控系统，共有泄水闸 18 孔，泄水闸门控制系统为电站控制系统的重要组成部分。泄水闸液压启闭机采用手动和自动控制方式。其中手动控制方式分现地手动、集中手动、远方手动（中控室手动）；单门的自动控制由现地控制柜完成；泄水闸门的联合运行由闸门现地控制单元 LCU13 柜完成。

船闸自动控制系统采用"集中监视、分散控制"的多层分布式结构，既可以在船闸监控中心集中手/自动操作，也可在现地控制站进行手/自动操作。

全厂油、气、水系统以及现地公用设备的控制采用现地的 PLC 控制和中控室的公用

LCU 控制，其运行状态等信号送入计算机监控系统。

机组及其辅助设备按综合自动化要求设计，可实现以一个指令使机组自动开机、并网、正常停机，机组事故时自动紧急停机。在中控室能够以一个指令使快速事故闸门关闭。监控系统不设常规控制系统，保留简单常规机组辅助停机回路，并设计有在脱离计算机监控系统下的调速器紧急停机回路、机械过速保护以及紧急落快速事故闸门等安全防事故停机回路。

6.2.2 机组励磁系统

电站发电机励磁采用三相全控桥静止可控硅整流的自并激微机励磁装置。

励磁调节器选用工控机型，应具有两个自动电压通道，外加一个以励磁电流为反馈的手动调节通道，手动调压范围为（20%～130%）U_e，应能通过串行通信口与监控系统的机组 LCU 进行通信，实现对励磁系统的全部控制功能。励磁调节器设智能显示屏。正常停机时采用逆变灭磁，事故情况下用灭磁开关加非线性灭磁电阻灭磁。励磁系统带 PSS 电力系统稳定器。

起励采用残压起励和直流起励。励磁变压器采用三相环氧树脂浇注的干式变压器。

6.2.3 继电保护及自动装置

全厂主电气设备的继电保护均采用微机型。

发电机采用纵联差动、横差、带电流记忆的复合电压启动过电流、失磁、100%定子接地、转子一点接地、定子过电压、定子过负荷、逆功率、轴电流等保护。

励磁变压器采用电流速断及过电流保护。

主变压器采用双重化差动、复合过流、零序电流、带保护间隙的零序电流电压、过负荷等保护及主变本体（重瓦斯、轻瓦斯、温度过高、压力释放）保护。

220kV 母线采用双重化差动、充电、失灵等保护。

220kV 线路装设全线路速动（光纤纵差保护两套）、三段相间距离、四段式方向零序电流、过负荷等保护，装设综合重合闸。

220kV 断路器设置断路器失灵保护。

站变、坝区变采用电流速断、过电流、过负荷、零序电流等保护。

配置一套模块化的数字式低频自启动装置和故障录波装置。

配置一套继电保护和故障录波信息处理系统子站，该子站独立于综合自动化系统，并配备必要的分析软件，能方便地与各继电保护装置及故障录波装置进行数据通信。

6.2.4 电气测量与关口计量

电站所有需监测的电气量均引入计算机监控系统，由计算机监控系统显示，制表打印。

关口计量装置安装在电站 220kV 出线对侧吉安变电站，每个关口点配置 0.2s 级多功能电子电能表两块，共计 4 块。电量信息接入 220kV 峡江变内电量采集器，通过该电量采集器向江西中调发送。

峡江水电站 220kV 出线侧作为电能关口计量点的备用点设置。同时在各机组出口、主变压器高压侧设置智能式电子电度表，作为考核点。在本电站设置一台电量采集器，完成对电能表的数据采集，通过采集器将电量数据分别向江西省中调和地调采集主站传输发送。

6.2.5　同期系统

9 台发电机出口断路器、主变高压侧断路器、220kV 线路断路器设置为同期点。

发电机采用手动准同期与自动准同期两种同期方式，每台发电机设置一台单对象微机自动准同期装置。

开关站设置一台多对象的微机准同期装置，并设手动准同期装置。

6.2.6　直流系统

电站的控制、操作、保护电源为直流 220V，直流电源设置一套微机型高频开关直流电源系统。系统容量设置：两组 220V DC/180A 的整流装置，设置了两组 1250Ah 阀控式免维护铅酸蓄电池。

由于船闸距离厂房较远，在船闸控制室设置一套直流 220V 电源系统，系统容量设置：一组 220V DC/30A 的整流装置，设置一组 100Ah 阀控式免维护铅酸蓄电池。

配置 220V 逆变电源装置 2 套用于计算机监控系统主控层供电，逆变电源由电站220V 直流系统电源和厂用交流 380V 双供电。

6.2.7　工业电视系统

电站设置工业电视系统，将计算机监控系统反映不了的上游进水口、大坝、发电机组、开关站、电缆廊道、变压器、闸门等主要机电设备的现场环境、真实外貌等通过图像直观地反映出来，并将电视图像信息传送到总监控中心、分监控中心和监控终端，在中控室的大屏幕 DLP 上动态显示。为操作人员及管理人员提供电厂控制和管理必需的图像判断依据。

多媒体监控系统由电视实时监控子系统、防盗报警及电子门禁子系统组成。

电视实时监控子系统的监控目标：户内开关站、进厂大门、主厂房、18 孔泄水闸、上游监视区、下游监视区、透平油库、高压柜室、1～9 号机组灯泡头、灯泡体、水轮机廊道等，监控点约为 60 点。

电子门禁系统集中管理控制三扇门（通道），分别是坝区大门入口、厂区大门入口，开关站大门入口。

6.2.8　系统与厂内通信

电站与系统的调度通信采用光纤通信方式，满足话音、远动、工业电视图像、计算机监控系统信息传输的需要。设置两套光纤通信设备，与峡江 220kV 变电站建设两路架空光纤通道，两条光纤通道互为备用。

电站内部生产调度通信设置一台 160 门用户的多媒体数字程控交换机。用于厂内生产调度通信的交换机有数字中继接口，通过此接口进入电信公用数据网与防汛信息网络相连，除了可接收和发送水雨情数据、洪水预报成果外，还能与已建的江西省水利厅信息系统 IP 电话沟通。电站行政通信另设程控交换机。

电站设置两套 48V/40A 通信高频开关电源，与两组 200Ah 免维护蓄电池，共同组成通信不停电电源。

第7章 金属结构设计

7.1 概　述

峡江水利枢纽工程主要建筑物由拦河坝、泄水闸、电站、船闸、鱼道、灌溉渠首总进水闸及地面厂房等组成。峡江水利枢纽金属结构工程主要包括：泄水闸系统的工作闸门、鱼道系统及灌溉渠防洪闸门，船闸系统人字闸门、工作阀门，启闭设备为液压启闭机；泄水闸上下游检修闸门、电站进口检修闸门、出口事故检修闸门，启闭设备为单向门机；电站进口拦污栅及耙斗式清污机；鱼道系统检修闸门启闭设备为螺杆机，灌溉渠首总进水闸事故检修闸门、工作闸门启闭设备为卷扬式启闭机，拦污栅启闭设备为电动葫芦。累计有闸门、拦污栅96扇（其中拦污栅22扇、平面闸门56扇、弧形闸门18扇），门槽、栅槽及抓斗槽129孔，各类启闭机械及清污机60台（其中清污机2台），卷扬式启闭机4台，单向门机及台车5台，液压启闭机30台（套），螺杆机、电动葫芦等19台（套）。金属结构工程量约18836t，启闭设备1349t（不含液压机）。

7.2　金属结构设备设计

7.2.1　泄水闸系统金属结构设备

泄水闸位于枢纽坝体中部，共设18孔泄流表孔，采用平底宽顶堰，堰顶高程为30.00m，孔口宽度为16m，上游设计洪水位为49.00m（$P=0.05\%$），校核洪水位为49.00m（$P=0.2\%$），正常蓄水位为46.00m，死水位为44.00m，下游设计洪水位为46.62m（$P=0.2\%$），校核洪水位为47.41m（$P=0.05\%$），下游检修水位为36.63m，堰顶高程为30.00m，闸顶高程为51.20（53.00）m。

工作闸门比较了"弧形钢闸门＋液压启闭机"和"平面钢闸门＋卷扬式启闭机"两个方案，两个方案总体投资相差不大，但平面钢闸门需设宽而深的门槽，水力学条件差，且固定卷扬式启闭机至少需要20余米高的工作排架，施工难度较大，影响枢纽整体美观，而且启闭机检修困难。综合考虑，最终选择"弧形闸门＋液压启闭机"作为推荐实施方案。

工作闸门及启闭设备采用一门一机布置，启闭设备为18台（套）双吊点液压启闭机。泄水闸金属结构布置详见图7.2-1。

根据规范要求，泄水闸上下游各设两扇检修闸门，18孔共用，启闭设备为单向门机配液压自动抓梁，上下游各设一台。在泄水闸左侧设置一座门库，内设一台台车式启闭机用于门库内搬运闸门。

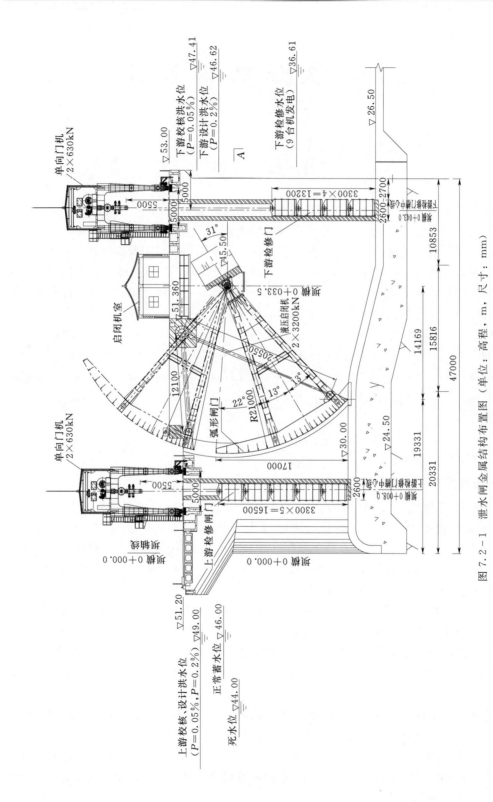

图 7.2－1　泄水闸金属结构布置图（单位：高程，m，尺寸：mm）

工作闸门主要承担泄洪和调节水位的任务，运行操作需动水启闭，且有局部开启泄流要求。

泄水闸工作闸门采用弧形钢闸门，主横梁斜支臂结构，闸门高 17.0m，弧门半径为 23.0m，总水压力约为 23870kN，泄水闸工作闸门属大（Ⅲ）型，接近超大型。弧门门叶主梁及支臂均采用箱形组合截面，门叶及支臂结构主要采用 Q345B、Q235B 型钢。支铰座材料采用 ZG310-570，铰轴直径约为 560mm，材料采用 40Cr，轴承采用维修方便、运行安全可靠的自润滑关节轴承。弧门侧止水采用 L 型橡胶止水，底止水采用 Ⅰ 型橡胶止水，侧向支承采用简支式侧轮。启闭设备为单作用活塞式液压启闭机，额定启门容量为 2×3200kN，靠自重闭门，为上端铰支式，闸门吊点距为 14.85m，最大行程为 8.8m，共设 18 台（套）。每台（套）均设有独立的液压动力控制站，启闭机可现地控制，亦可在电站中控室实现远程集中控制，配有可靠的备用电源。闸门全开位置利用电动推杆机械锁定，局部开度情况采用液压机阀组锁定。

上游检修闸门为露顶式平面叠梁钢闸门，孔口净宽为 16.0m，底板高程为 30.00m，设计水头为 16m，总水压力为 20992kN。闸门利用施工期厂房进口挡水闸门作为检修闸门，单节叠梁门高 3.30m，每节叠梁结构相同，共 5 节，可互换使用，单节启闭吊运，方便调度。闸门支承跨度为 17.2m，封水宽度 16.4m，总水压力约为 20992kN。闸门为后止水，门叶结构主要材料为 Q345B，次梁采用型钢，材料为 Q235B；闸门侧止水采用 P 型橡胶止水，底止水采用 Ⅰ 型橡胶止水；闸门主支承采用低磨阻、高承载的工程塑料合金滑道，闸门操作条件为静水启闭，采用动水提升顶节闸门充水平压，其余节闸门静水启门。启闭设备为单向门机，容量为 2×630kN，扬程为 33m，轨距为 5m，配设液压自动抓梁操作。

由于工作闸门下游侧水位较高，枯水期亦不具备检修条件，故在工作闸门下游侧亦设置了检修闸门。结构型式与上游检修闸门一致，为利用厂房进口施工挡水叠梁门，门高为 13.32m，设 2 扇检修闸门，18 孔共用，每扇 4 节。闸门操作条件为静水启闭，采用动水提升顶节闸门充水平压，其余节闸门静水启门。启闭设备亦为容量 2×630kN 单向门机，扬程 33m，设计参数均与上游门机相同。

检修闸门平时分节存放在位于泄水闸左侧、船闸右侧的 22m×52m 下沉式检修门库内，门库内设一台移动式台车启闭机，容量为 2×500kN，轨距为 21m，扬程为 8m，含轨道及自动抓梁重约 80t/套，埋件（含门槽）重约 50t，配设自动抓梁便于操作。

7.2.2 引水发电系统金属结构设备

引水发电系统布置在右岸，厂房共装有 9 台贯流式灯泡机组，单机容量为 40MW。每台机组各设独立的引水发电隧洞和尾水管道。顺水流方向依次设置有进水口拦污栅、检修闸门，尾水事故检修门。拦污栅 18 孔设 18 扇，启闭、清污设备为 2 台耙斗式清污机；检修闸门 9 孔设 3 扇，启闭设备为 1 台单向门机；尾水事故检修门 9 扇；启闭设备为 1 台单向门机。引水发电系统金属结构布置详见图 7.2-2。

为减小拦污栅跨度，每孔进水口前段设一中隔墩，将进水道一分为二，9 台机共设 18 孔拦污栅，栅体为表孔式平面滑动直栅，孔口尺寸为 8.6m×32.05m（宽×高，下同），设计水位差 3m。拦污栅高 33.0m，每扇分为 10 节，每节高 3.3m，每节拦污栅采用双主梁设计，主梁采用工字形组合截面，拦污栅主要材料采用 Q354B，正向支承采用了低磨

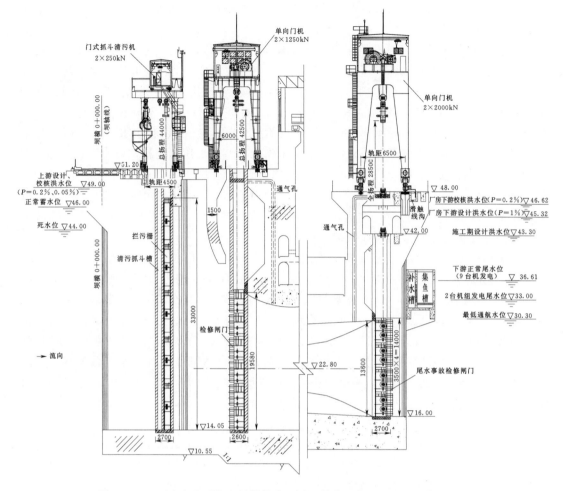

图 7.2-2　引水发电系统金属结构布置图（单位：高程，m；尺寸，mm）

阻、高承载的工程塑料合金滑道。拦污栅静水启闭，分节启闭吊运，由 $2 \times 250kN$ 液压耙斗门式清污机进行清污和启闭，清污机共设 2 台（套），可共同工作，亦互为备用，配设液压自动抓梁提栅，最大扬程 44.0m，轨距 4.5m，轨道长 $2 \times 210m$。

　　拦污栅后设检修闸门，型式为潜孔式平面滑动钢闸门，孔口尺寸为 $16.2m \times 19.58m$，设计水头 31.95m，总水压力约为 70656kN。9 孔共设 3 扇检修闸门（另设 6 扇施工期临时挡水闸门），闸门采用下游面板、下游止水，顶、侧止水采用 P 型橡胶止水，底止水采用 I 型橡胶止水。闸门总高 19.98m，考虑运输方便，同时也为降低启闭设备容量和轨上扬程，每扇闸门分为 6 节，每节高 3.33m，每两节锁定在一起启闭吊运。每节门叶结构均按三主梁同层结构布置设计，主梁均采用工字形组合截面，门叶结构主要材料为 Q345B，次梁采用型钢，材料为 Q235B，主支承采用低磨阻、高承载的工程塑料合金滑道。检修闸门运行方式为静水关闭，顶节闸门动水启门，其余节闸门待充水平压后静水启门。启闭设备为 $2 \times 1250kN$ 单向门机，扬程为 42.5m，门机轨距为 6m，配液压自动抓梁完成启闭。闸门平时分节锁定在闸墩顶槽内。

尾水事故检修闸门设在电站尾水出口处，由于灯泡机组采用导叶自关闭及重锤关闭等可靠的防飞逸措施，该闸门主要满足机组检修的需要，在机组发生事故时需动水关闭。闸门孔口尺寸为 16.2m×13.6m，最高挡水水位按下游设计洪水位 45.32m 设计，闸门事故闭门时上下游最大水头差为 13m，闸门的结构型式设计为潜孔式双向支承平面滑动定轮钢闸门。为满足施工期挡水和机组调试的需求，9 台机组共设 9 套钢闸门，检修时最大设计挡水头为 20.43m，施工期下游最大挡水位为 43.30m，最大总水压力约为 30512kN。闸门高 14.0m，共分 4 节，每节高 3.5m，闸门上游侧主支承采用低磨阻、高承载的工程塑料合金滑道，下游侧采用线接触简支轮，滚轮直径为 1000mm，材料为 ZG340-640，轴承采用自润滑关节轴承。闸门运行方式为动水关闭，静水开启，利用顶节小开度提升后节间充水平压，整扇启门水位差 $\Delta H \leqslant 1m$。启闭设备为 1 台单向门机配液压自动抓梁操作，9 孔共用，容量为 2×2000kN，门机轨距为 6.5m，总扬程为 28.5m。闸门平时整扇锁定在孔口上方，在尾水闸墩顶下设有闸门检修平台，闸门的检修可在上、下平台分别进行或同时进行，不仅增加了检修空间，便于操作，而且有效降低尾水门机高度，减小门机安装难度。

7.2.3　船闸系统金属结构设备

枢纽通航过坝建筑物为单级船闸，按Ⅲ级航道标准设计，通航船舶最大吨位为 1000t 级，船闸闸室有效尺寸为 174m×23m×3.5m（长×宽×槛上水深）。峡江水利枢纽工程船闸特征水位情况参照表 7.2-1。

表 7.2-1　　　　　　　　　　峡江水利枢纽工程设计水位

项　目	位置	水位/m	相应流量/(m³·s⁻¹)
校核洪水位	上游	49.00	32500m³/s，2000 年一遇流量
	下游	47.41	
设计洪水位	上游	49.00	29100m³/s，500 年一遇流量
	下游	46.62	
最高通航水位	上游	46.00	正常蓄水位
	下游	44.10	19700m³/s，20 年一遇流量
最低通航水位	上游	42.70	14800m³/s，5 年一遇，泄水闸敞泄
	下游	30.30	最小航运流量 221m³/s，保证率 $P=98\%$ 流量，下切 1.0m
检修水位	上游	46.00	库区正常水位
	下游	36.46	10 月至次年 2 月 5 年一遇流量
正常蓄水位	上游	46.00	

船闸上、下闸首各设一道检修闸门和一道工作闸门。上、下闸首挡水工作闸门选用人字门，采用卧式液压启闭机操作，检修闸门采用船吊临时设备启闭。船闸输水系统采用两侧廊道输水形式，输水闸门采用平面阀门，启闭设备采用立式液压启闭机，阀门两侧设检修闸门，采用电动葫芦启闭。

船闸上、下闸首闸室宽度均为 23m，门体为钢质焊接结构，人字闸门关闭时门轴线与闸首横轴线夹角取为 22.5°，闸门设计水位差 15.7m，上闸首人字门高 10.25m，下闸首门高 20.35m。人字闸门主要材料为 Q345B，面板设在上游迎水面。闸门门轴柱及斜接柱采用钢质承压条，兼作支承及止水，顶枢采用铰接框架式顶枢，通过焊接件与顶横梁焊接成整体，顶枢轴套采用低磨阻、高承载的自润滑复合材料，底枢为固定式底枢，底枢蘑菇头轴衬采用低磨阻、高承载的自润滑复合材料。人字闸门操作条件为静水启闭，启闭设备选择 QRWYⅡ 型液压启闭机，上、下闸首液压启闭机容量分别为 450kN、900kN，扬程均为 4.7m，启闭机布置在两侧边墩内，共设置四套液压泵站。

船闸检修闸门设计为叠梁桁架式钢闸门，上闸首检修门最大挡水深度 8.8m，门高 9.8m，门体共分 7 节。下闸首检修门最大挡水深度 9.66m，门高 11m，共分为 8 节。闸门采用后止水、后面板的结构型式，节间止水采用双 "P" 头止水橡皮。运行方式为静水关闭，启门时考虑顶节闸门动水启门，其余节闸门待平压后静水启门，启闭设备为临时船吊。检修闸门平时分别存放在上下引航道适当位置。

输水廊道工作阀门孔口尺寸为 3.5m×3.5m，上、下闸首共 4 扇，止水、面板设置在上游面。结构设计为平面滚动钢闸门，支承采用悬臂轮，轮轴套采用低磨阻、高承载的自润滑轴套，顶、侧止水采用 P 型橡胶复合水封。在闸首空箱内设置了阀门检修平台以便检修维护和更换零部件。启闭设备型式考虑事故动水关门工况需求，启闭设备选用 QPPYⅡ-900 型平面闸门液压启闭机，容量为 900kN，扬程为 3.7m，与临近的人字闸门液压启闭机共用一座液压泵站。

输水廊道检修阀门孔口尺寸为 3.5m×3.5m，共设 8 扇，止水、面板均设在背水面，低磨阻、高承载的复合材料滑道。运行方式为静水启闭，利用门顶的充水阀充水平压，启闭设备采用电动葫芦启闭，容量为 160kN。

7.2.4　鱼道系统金属结构设备

鱼道系统位于发电厂房右侧，其进、出口靠近电站厂房右侧布置。根据鱼道运行要求，进、出口分别设置检修闸门，检修闸门内侧设防洪闸门，集鱼区补水渠设置检修闸门、防洪闸门。

在鱼道上游出口处设检修闸门，检修闸门外侧设有拦污栅拦截污物。检修闸孔口宽为 3.0m，采用露顶式平面滑动钢闸门，主支承采用低磨阻、高承载的工程塑料合金滑道。检修闸门静水关门，动水启门，由手电两用螺杆式启闭机操作，容量为 2×150kN。拦污栅为平面滑动钢栅，设计水头为 2m，为方便过鱼，栅条净距取 300mm，运行方式为静水启闭，由容量约 5t 的临时设备启闭。在检修闸门两侧各设一扇副出口工作闸门，孔口尺寸均为 0.8m×3.0m，闸门型式均设计为平面铸铁闸门，运行方式为动水启闭，均由手电两用螺杆启闭机操作，容量为 100kN。

为防止泄洪期鱼道参与泄洪冲毁鱼道，在鱼道过坝处设一道防洪闸门，孔口尺寸为 3.0m×3.5m，共 1 孔，总水压力约为 1278kN。闸门采用潜孔式平面滑动钢闸门，主支承采用低磨阻、高承载的工程塑料合金滑道。闸门动水启闭，启闭设备为 QPPYD-250kN 倒挂式液压启闭机，扬程为 4m，为保持坝面整洁美观，泵站采用下沉式设计。

鱼道下游设置两扇防洪闸门，孔口尺寸均为 1.0m×3.5m。闸门设计为平面滑动钢闸门，止水、面板均位于下游侧，主支承采用工程塑料合金滑道。运行方式为动水启闭，启闭设备为 QPPYD-200kN 倒挂式液压启闭机，一门一机布置，扬程为 4.0m，泵站采用下沉式设计。

为方便鱼道的检修，在鱼道下游进口处设一道检修闸门，1 孔 1 扇，闸门孔口尺寸为 1.0m×3.5m。闸门设计为平面滑动钢闸门，主支承采用工程塑料合金滑道。运行方式为静水关门，动水启门，由 1 台 MD-5-18D 型电动葫芦操作。

鱼道补水渠位于电站进水口右边墩内，在过坝处设一道防洪闸门，孔口尺寸为 1.5m×1.5m，1 孔 1 扇，采用潜孔式平面滑动钢闸门，主支承采用工程塑料合金滑道。运行方式为动水启闭，由 1 台 QL-100SD 型手电两用螺杆式启闭机操作，容量为 100kN，扬程 3m。防洪闸门前设置 1 扇检修闸门，孔口尺寸为设计为 1.5m×1.5m，结构型式为潜孔式平面滑动钢闸门，止水、面板设在上游侧，主支承采用工程塑料合金滑道。闸门静水闭门，动水启门，由 1 台 MD-5-9 型固定式电动葫芦操作。

7.2.5　灌溉渠金属结构设备

拦河坝左右两侧各设置一座灌溉渠首总进水闸，两座进水闸布置型式相同，均为顺水流方向依次设置拦污栅、事故检修闸门和工作闸门。进水闸共设置拦污栅 2 扇，闸门 5 扇，门（栅）槽 7 套，卷扬式启闭机 4 台（套），电动葫芦 4 台（套），液压启闭机 1 台（套），金属结构设备工程量约 66t。

闸室底槛高程 41.50m，闸顶高程 53.00m，拦污栅孔口尺寸为 4.0m×5m，采用平面滑动式钢栅，栅体主要材料为 Q235B，栅体重 4t/扇，埋件重 2t/孔。拦污栅静水启闭，启闭设备选用两台 MD-5-9 的电动葫芦。事故检修闸门与工作闸门孔口尺寸均为 4.0m×3.0m，设计成相同的结构型式，采用露顶式平面滑动钢闸门，闸门支承跨度 4.5m，封水宽度 4.1m。闸门采用三主梁同层结构布置，面板位于上游侧，止水位于下游侧，主梁采用工字形组合截面，门叶结构主要材料为 Q235-B；闸门侧止水采用 P 型橡胶止水，底止水采用 I 型橡胶止水；主支承采用复合材料滑道，闸门重约 5t/扇，埋件重约 3t/孔。操作条件均为动水启闭，启闭设备均为 QP-1×250kN 型卷扬式启闭机，自重为 3t/台，扬程 8m，闸门平时锁定在孔口上方。

为防止汛期下游水位淹没厂房，在右岸灌溉渠靠近鱼道下游防洪闸处设置一道防洪闸门，孔口尺寸为 4.0m×3.0m，闸门采用平面滑动钢闸门，三根主梁同层布置结构，面板、止水均位于下游侧，主梁采用工字形组合截面，门叶结构主要材料为 Q235B，主支承采用复合材料滑道，闸门重约 5t/扇，埋件重约 3t/孔。闸门动水启闭，启闭设备选择 1 台 QPPYD-2×100kN 液压启闭机操作，扬程 4m，闸门平时锁定在孔口上方。

7.3　金属结构设备布置和选型优化

7.3.1　清污设备布置优化

随着我国社会经济的发展和环保意识的提高，水电站清污问题日益突出，需要根据电站的布置特点和污物构成进行分析，结合工程投资、管理、运行、维护等多方面进行比较，确定合适的拦污、清污方案。根据上游石虎塘航运枢纽运行经验，污物经过石虎塘航运枢纽的拦截，库区污物不多。初设阶段曾考虑在电站进水口上游设置一道拦污浮排用于拦、导排漂浮污物，这是目前国内水电站，尤其低水头贯流式灯泡机组水电站应用较多的布置方案，通过拦污浮排拦截污物并导排泄流，以减轻栅前清污压力。但一方面浮排布置轴线较长，约700m，固定拦污栅长约70m；另一方面，浮排轴线与主流向夹角很大（约40°），总体造价较高；且浮排轴线与水流向夹角很大时拦污浮排无法导排漂浮污物，导致浮排前污物会越积越多，不仅增加浮排设计荷载，而且增加制造和运行管理成本。故在施工图阶段最终采用了增设一台清污机的设计方案，两台清污机可同时工作，也可互为备用。该方案较拦污浮排方案节省投资700余万元。清污机单机工作效率约35m³/h，两台清污机同时工作能够满足正常满荷发电且污物较多时的清污的强度要求。

7.3.2 门叶结构设计与布置优化

根据枢纽施工方案和发电要求，为尽早发挥电站发电效益，电站进水口共设9扇检修闸门，其中6扇为施工临时封堵闸门。为节省工程投资，闸门结构按一门多用途设计，采用平面叠梁式滑动钢闸门，闸门总高度为3.33m×6＝19.98m。临时挡水闸门可用于电站机组安装临时挡水，之后可用作泄水闸弧形工作闸门安装时的临时挡水闸门，还可用于泄水闸永久性检修闸门以及门库临时封堵门。泄水闸上下游检修闸门共计2孔，每孔上游5节叠梁闸门，下游4节叠梁闸门，合计18节；门库封堵闸门为4节。闸门吊耳与三种启闭机自动抓梁配套设计，闸门使用效率高，不考虑提前发电效益，单闸门一项就节省投资约1800多万元。

7.3.3 启闭设备的布置和选型优化

枢纽金属结构的总体布置注重美观，尽量保持坝面整洁。主要有以下几方面的优化设计：一是主要平面闸门、拦污栅的启闭设备均采用门式启闭机配液压自动抓梁操作，弧形闸门采用液压启闭机启闭操作，不仅自动化程度高，操作方便，且枢纽坝面无布置任何高排架；二是泄水闸检修闸门存放在坝内下沉式门库内，并设台车式启闭机操作方便调运摆放；三是电站进水口检修闸门和尾水事故检修闸门的锁定设计为便于操作且体形较小的手翻式锁定装置，并采用下沉式布置，闸门锁定时与闸顶平齐，不会露出闸墩平台。

7.4 小 结

峡江水利枢纽工程为我国转轮直径最大的灯泡贯流式机组，转轮直径为7.8m，电站系统拦污栅、闸门的孔口尺寸在河床式水电站中亦为较大者。金属结构设备总体布置充分优化、美观紧凑，选型更加合理，既缩短了工期、节约了大量投资，又能充分发挥设备性能，完全达到了设计预期效果，对河床式水电站的金属结构布置具有较强的借鉴意义。

第8章 施工导流设计及优化

8.1 导流标准及导流方案

8.1.1 导流标准

峡江水利枢纽工程等别为Ⅰ等，其船闸（上闸首）、泄水闸、重力坝、河床式厂房（挡水部分）为1级建筑物，根据《水利水电工程施工组织设计规范》（SL 303—2004），相应的临时建筑物为4级，对应土石类导流建筑物洪水标准为10～20年一遇、对应混凝土导流建筑物洪水标准为5～10年一遇。本工程导流标准采用10年一遇。

8.1.2 导流方案

1. 施工导流的特点和要求

（1）坝址河床地形、水文条件决定了枢纽工程施工导流宜采用分期导流方式。

（2）施工期应尽力减少和避免临时增加的淹没。

（3）枢纽工程位于赣江干流上。赣江为国家水运主通道之一，是国家高等级航道网的重要组成部分，施工期通航要求较高，因此在选定导流方案时，应妥善处理好施工期通航问题。

（4）由于库区来流与坝轴线不垂直，三期导流水力条件复杂，其计算成果的可靠性较差。

2. 施工导流方案

结合枢纽建筑物布置方案以及工程地质、水文特点，为满足枢纽工程施工导流要求，采取三期导流方案。

（1）一期导流。一期导流分为两个阶段，即一期枯水时段围堰挡水导流、一期厂房全年围堰挡水导流。2010年8月—2011年2月由一期枯水时段围堰挡水导流，主要施工厂房全年碾压混凝土纵向围堰和与厂房相连的18号泄水闸。2011年3月—2013年5月由一期厂房全年围堰挡水导流，施工厂房，第一台机组于2013年7月底具备发电条件。2013年8月—2014年11月，剩余8台厂房机组在临时闸门挡水保护下继续安装。

（2）二期导流：2011年8月—2012年2月由二期枯水围堰挡水导流，围护船闸、门库坝段及其相邻的1～6号孔泄水闸基坑，利用中间缩窄河床过流及通航。

（3）三期导流：三期导流分为两个阶段，即2012年9月—2013年2月和2013年9月—2014年2月，围护7～18号孔泄水闸施工基坑，利用左侧1～6号孔泄水闸和门库坝段过流，船闸临时通航。

施工导流总体布置示意见图8.1-1。

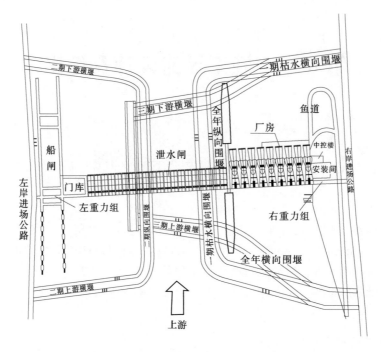

图 8.1-1 施工导流总体平面布置示意图

8.1.3 围堰结构设计

1. 围堰轴线布置原则

(1) 船闸上游引航道部分在围堰内施工，部分安排在一期截流前施工，不设围堰，预留土坎挡水。

(2) 一期厂房全年围堰和三期纵向围堰轴线：厂房全年纵向围堰轴线布置考虑纵堰与18号泄水闸边墩墙结合，三期混凝土纵向围堰轴线布置考虑与闸坝中隔墩结合。

(3) 船闸下游引航道长约1.5km，围堰规模比较大，下游引航道围堰可根据地形分段施工。

(4) 围堰轴线除应满足主体建筑物施工要求外，尽量使围堰轴线短，工程量小。

2. 一期枯水围堰

一期枯水围堰是保证厂房（含受厂房基坑开挖影响的相邻0.5孔泄水闸）的施工，按挡8月至次年2月的10年一遇枯期洪水标准设计，相应流量为 $Q=9980\text{m}^3/\text{s}$，相应上游水位40.80m，下游水位为39.90m，由此确定一期上、下游枯水围堰顶高程分别为42.60m及41.70m。纵向枯水围堰堰顶高程由上游枯水围堰堰顶高程过渡到下游枯水围堰顶高程。枯水围堰顶宽度均为8m，迎水坡为1:1.75～1:2.0，背水坡为1:1.5～1:1.75。堰体以黏土斜墙防渗，堰壳填筑料为石渣。纵向围堰、上游围堰桩号0+315～0+395以及下游围堰桩号0+000～0+045迎水侧采用0.5m厚格宾石笼护坡，背水侧均采用石渣护坡。上游围堰采用黏土截水槽和高喷防渗。一期枯水围堰剖面示意见图8.1-2。

3. 一期全年围堰

一期全年围堰主要是确保电站厂房全年施工，按挡10年一遇全年洪水标准设计，相

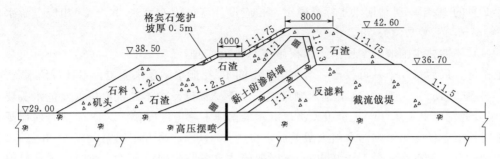

图 8.1-2 一期枯水围堰剖面示意图（单位：高程，m；尺寸，mm）

应流量为 $Q=17400\text{m}^3/\text{s}$，相应上游水位为 44.57m，下游水位为 43.26m，由此确定一期上、下游全年围堰顶高程分别为 46.37m 及 45.06m。纵向全年围堰顶高程上游段为 44.57m，下游段为 45.06m，考虑到三期截流以及三期泄水闸施工需要，上、下游全年围堰顶宽度均按 10.0m 设计，纵向全年围堰顶宽度按 4.0m 设计。土石围堰迎水坡为 1:1.75～1:2.0，背水坡为 1:1.75，碾压混凝土两侧边坡均为 1:0.35。上游全年围堰迎水侧与上游纵向围堰相交 50m 范围内采用厚 0.5m 格宾石笼护坡，背水侧采用石渣护坡。堰壳填筑料为石渣，堰体防渗采用黏土。围堰堰基防渗采用黏土截水槽。

4. 二期围堰结构设计

二期围堰主要是确保船闸、门库坝段以及相连的 6.5 孔泄水闸施工。二期围堰分为以下三段：

（1）二期船闸围堰挡 8 月至次年 2 月的 10 年一遇枯期洪水标准设计，相应流量为 $Q=9980\text{m}^3/\text{s}$，相应上游水位 43.80m，下游水位为 39.90m，由此确定二期上、下游枯水围堰顶高程分别为 45.60m 及 41.70m。纵向枯水围堰堰顶高程由上游枯水围堰顶高程过渡到下游枯水围堰顶高程。枯水围堰顶宽度均为 8m，迎水坡为 1:1.75～1:2.0，背水坡为 (1.5～1):1.75，堰体以黏土防渗，堰壳填筑料为石渣。上下游横堰及纵向围堰的迎水侧，截流水位以下采用厚 1.0m 钢筋石笼护坡，截流水位以上采用厚 0.5m 格宾石笼护坡，背水侧均采用石渣护坡。纵向围堰及与之相交的上游横堰 50m 范围内的迎水侧堰脚外 10m，采用厚 1.0m 钢筋石笼护脚，钢筋石笼下抛投 1.0 厚块石护底。围堰基防渗采用黏土截水槽。

（2）下游引航道 1 号围堰按挡 9 月至次年 2 月的 5 年一遇枯期洪水标准设计，相应流量为 $Q=5950\text{m}^3/\text{s}$，相应水位为 37.50m，围堰顶高程为 39.30m。堰顶宽度为 8m，迎水坡为 1:(1.75～2.0)，背水坡为 (1.5～1):1.75，堰体以黏土防渗，堰壳填筑料为石渣。围堰在透空导流隔墙突出段截流水位以下采用厚 1.0m 钢筋石笼护坡，截流水位以上采用厚 0.5m 格宾石笼护坡，其他段迎水侧采用石渣护坡。围堰堰基防渗采用黏土截水槽。

（3）下游引航道 2 号段围堰按挡 11 月至次年 2 月的 5 年一遇枯期洪水标准设计，相应流量为 $Q=4030\text{m}^3/\text{s}$，相应水位为 36.10m，围堰顶高程为 37.90m。堰顶宽度为 8m，迎水坡为 1:(1.75～2.0)，背水坡为 (1.5～1):1.75，堰体以黏土防渗，堰壳填筑料为石渣。围堰迎水侧采用石渣护坡。围堰堰基防渗采用黏土截水槽。

5. 三期枯水围堰

三期枯水围堰主要是确保三期泄水闸（11 孔泄水闸）土建工程的施工，按挡 9 月至次年 2 月的 10 年一遇枯期洪水标准确定，相应设计流量为 $Q=8490\text{m}^3/\text{s}$，相应上游水位为 44.57m，下游水位为 39.10m。

（1）三期枯水围堰方案比选。根据施工总进度安排，2014 年 7 月底第一台机组具备发电条件，以后每 3 个月可投产一台，由于中间 11 孔泄水闸还未完工，不具备挡水条件，2014 年和 2015 年 3—8 月 11 孔泄水闸敞泄，上下游水位差达不到机组最低发电水头要求（机组最低发电水头 3.0m），机组无法发电。根据施工总进度安排，2013 年 7 月底船闸具备临时通航条件，船闸临时通航上游最低水位为 40.70m，第五年和第六年 3—8 月 11 孔泄水闸敞泄，只有在流量大于 $9500\text{m}^3/\text{s}$ 时船闸才具备临时通航条件，该时段坝址段河道基本断航。为提高该时段发电效益以及保证该时段通航，三期枯水围堰可为部分过水型式。三期枯水围堰型式比较见表 8.1-1。

表 8.1-1　　　　　　　　　　　三期枯水围堰型式比较表　　　　　　　　　　单位：万元

围 堰 型 式	三期枯水部分过水围堰	三期枯水不过水围堰
围堰工程（含拆除以及截流）	4869.97	3753.13
发电效益	−1000（约 1 亿 kW·h 电）	
通航补偿		2400（每月 200 万）
临时淹没补偿	450	
门库坝段临时泄水附加工程	455.4	
合　计	4775.37	6153.13

经综合比较，三期枯水围堰选择部分过水型式为推荐设计方案。

（2）三期枯水围堰过水体顶高程的确定。根据施工进度安排，本工程于 2014 年 7 月底第一台机组安装完毕，并具备发电条件。为简化下一年 9 月河道再次截流，同时尽可能争取施工期发电效益以及提高施工期通航保证率，拟利用枯水围堰过水体临时挡水发电，同时三枯枯水围堰过水体顶高程的确定主要是从 2014 年和 2015 年汛期（全年 10 年一遇）库区壅高水位不超过库区永久征地线考虑，因此，三期枯水围堰过水体顶高程要从第五年和第六年汛期库区壅高水位、三期枯水围堰工程费用、施工期临时发电效益以及施工期通航保证率四方面进行技术经济比较。经比较三期枯水上游围堰过水体顶高程为 38.00m，下游围堰过水体顶高程为 36.40m。

（3）三期枯水围堰断面设计。三期围堰结构以 38.00m 高程（上游枯水围堰，下同）及 36.40m 高程（下游枯水围堰，下同）为界分成两部分，其中 38.00m 高程及 36.40m 高程以上堰体采用均质土堰型，迎水侧及背水侧边坡为 1:2.0 和 1:1.75，第五年 2 月底予以拆除；38.00m 高程及 36.40m 高程以下过水体在 2014 年 2 月底拆除上部围堰结构时予以保留。为确保 2014 年和 2015 年汛期上、下游枯水围堰 38.00m 高程及 36.40m 高程以下过水体能够得到保留。拟于三期上游枯水围堰 38.00m 高程以下采用 0.7m 厚 C20 混凝土护面，上游侧采用 1.0m 厚钢筋石笼进行护坡，下游侧采用 1.0m 厚格宾石笼进行护坡。拟于三期下游枯水围堰 36.40m 高程以下采用 0.7m 厚 C20 混凝土护面，上游侧采用 1.0m 厚格宾石笼进行护坡，下游侧采用 1.0m 厚格宾石笼和钢筋石笼进行护坡。

三期上游横向围堰结构见图 8.1-3。

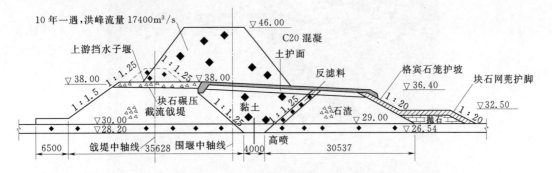

图 8.1-3　三期上游横向围堰剖面示意图（单位：高程，m；尺寸，mm）

8.2　导流水力学模型试验

大中型水利枢纽工程在施工导流过程中，其水力现象往往比完建后的永久性泄水建筑物的现象还要复杂，处理不当会发生工程事故。施工导流设计中的水力计算带有局限性和近似性，复杂问题需要靠水力模型试验来探索，因此导流设计应与水力学模型试验密切配合。

8.2.1　模型设计

模型采用正态整体模型，按重力相似原则进行设计。参照国内大工程的模型比尺参数（葛洲坝枢纽、江西万安枢纽、青海黄河茨哈峡水电站等工程的模型比尺寸均为 $L_r=100$，广西郁江西津水电站模型比尺寸为 $L_r=125$），并按照《水工（常规）模型试验规程》（SL 155—1995）整体模型不宜大于 1:120 的要求，综合考虑试验场地、供水、量水设备及精度要求，选定模型几何比尺为 10，相应流量比尺寸为 126905.9，流速比尺为 10.49，阻力重力比尺为 2.19，水流运动时间比尺为 10.49。

模型制作范围包括坝轴线上游 1700m、下游 1600m 地形及挡水坝、泄水闸、厂房、船闸、导流建筑物等建筑物。其中枢纽建筑物下游混凝土护坦后 350m 附近区域地形按动床制作，其他部分制成定床模型。模型试验全景见图 8.2-1。

8.2.2　一期导流模型试验

1. 一期枯水期导流试验

（1）泄流能力。下泄设计流量 9980m³/s 时，控制围堰下游河道水位为 39.89m，测得围堰上游河道水位为 40.69m（坝轴线上游 365m 处），比设计上游水位 40.80m 低 0.11m，上游横向围堰处水位为 41.25m，比围堰顶高程 42.60m 低 1.35m。

（2）流态与流速分布。上游围堰前水流平顺，当水流行至纵向围堰头部至其上 150m 时，水位开始明显下降，并由束窄河床下泄。束窄段最大面流速为 5.98m/s，位于坝轴线段河道中部，最大底流速为 5.41m/s，位于坝轴线上游 170m 处河道中右侧。上游围堰转角处最大底流速为 5.45m/s。

图 8.2-1 模型试验全景

2. 一期全年导流试验

(1) 泄流能力。下泄设计流量为 17400m³/s 时，上游河道水位为 44.00m，比设计值 43.90m 高 0.10m。上游横堰处水位为 44.54mm，比设计值 43.90m 高 0.64m，但比上游围堰顶高程 45.70m 低 1.16m。

(2) 流态与流速分布。17400m³/s 工况下，上游围堰转角处存在绕流分离现象。纵向围堰段水流较为平顺，未出现明显回流。束窄段最大面流速为 5.43m/s，位于坝轴线下游约 20m 过流断面的中部，最大底流速为 4.93m/s，位于坝轴线上游约 85m 过流断面的中部，碾压混凝土纵向围堰段堰脚附近流速小于 4m/s，上游土石围堰转角处最大底流速为 5.72m/s。下游围堰转角处几乎为静水区域，堰脚无须进行防护。

7000m³/s 工况下，上游围堰转角处存在轻度分离现象。纵向围堰段水流较为平顺，未出现回流。束窄段最大面流速为 3.63m/s，最大底流速为 2.65m/s，上游围堰转角处最大底流速为 2.98m/s。下游围堰转角处几乎为静水区域，堰脚无须进行防护。

8.2.3 二期导流模型试验

1. 泄流能力

在下泄设计流量 9980m³/s 时，上游河道水位为 43.50m，比设计值 43.80m 低 0.30m，上游横向围堰处水位为 43.54m，比设计值低 0.26m，上游设计围堰高程满足导流挡水要求。下游横向围堰处水位为 40.12m，比下游围堰顶高程 41.7m 低 1.58m，下游围堰高程满足导流要求。

2. 流态与流速分布

在 9980m³/s 流量下，上游两侧围堰转角绕流分离现象严重，水面经过转角急剧跌落。一期全年围堰侧转角处横堰与纵堰间水位跌落差达 1.98m，二期围堰侧转角处横堰与纵堰间水位跌落差为 1.42m。围堰纵堰段无回流，主流在河道缩窄段明显位于二期围堰侧，整个二期围堰纵堰侧水流湍急。两侧下游围堰转角横堰后，存在局部回流，回流值也极小。

缩窄段流速，特别是靠近二期纵向围堰侧的流速都较大，最大底流速为 8.72m/s，最大面流速为 9.59m/s，出现在坝轴线下游 280～460m 断面；上游二期围堰转角处最大底流速为 6.04m/s，一期纵向围堰侧底流速在 3.23～7.79m/s 间，最大底流速 7.79m/s 出现在坝轴线下游 286m 处。上游一期全年围堰转角处最大底流速为 5.55m/s；下游围堰转角处回流流速极小，几乎为静水。

8.2.4 三期导流模型试验

三期导流分枯水期导流和汛期导流，枯水期导流期为 2012 年 9 月—2013 年 2 月及 2013 年 9 月—2014 年 2 月，由已建成的左岸 6 孔泄水闸过流，由已建成的船闸通航。导流设计流量为施工时段（9 月至次年 2 月）10 年一遇的洪峰流量 8490m³/s。汛期导流期为 2013 年 3—8 月，由左岸 6 孔泄水闸及三期横向围堰 39.00m 高程以上过水导流，导流设计流量为汛期 10 年一遇的洪水泄量 17400m³/s。

1. 三期枯水期导流

下泄设计 8490m³/s 流量时，围堰上游河道水位为 45.32m，比设计值 42.90m 高 2.42m，上游横向围堰处水位为 45.46m，比设计值高 2.56m。上游设计围堰高程不能满足导流挡水要求，需要加高。

三期枯水导流围堰上游水位与设计计算值相差很大，其原因是河道主流在围堰上游从右岸折向左岸，受左岸顶住后，主流折向 2 号、3 号孔，水流在三期上游纵向围堰转角处产生明显的绕流分离现象，并在左侧 6 孔泄水闸的 5 号、6 号闸前形成回流（图 8.2-2）。由于 4～6 号三孔泄水闸水流流态差，泄量很小，大大减小了左 6 孔的总泄流能力。

图 8.2-2 三期枯水导流围堰 8490m³/s 流态

2. 三期汛期导流试验

在下泄 17400m³/s 流量时，围堰上游河道水位 46.75m，比水库正常蓄水位 46.00m 高 0.75m，比一期全年厂房围堰（此时段厂房未完工，围堰仍需挡水）设计水位 43.90m 高 2.85m，比三期上游纵堰设计水位 42.90m 高 3.85m。

试验观测了 $Q=17400$m³/s 及 $Q=10900$m³/s 两种工况的 6 孔泄水闸和过水围堰的分流比，结果见表 8.2-1。两种工况过水围堰的过流量均小于左 6 闸孔过流量。

表 8.2 - 1　　　　　三期围堰汛期导流左侧 6 孔与过水围堰过流分流比

过　流　比	工况：上游过水围堰堰顶高程：39.00m；下游过水围堰堰顶高程：37.40m	
	$Q=17400\text{m}^3/\text{s}$	$Q=10900\text{m}^3/\text{s}$
6 孔过流量/(m³·s⁻¹)	9283	6856
占百分比/%	53.35	62.89
过水围堰过流量/(m³·s⁻¹)	8117	4044
占比/%	46.65	37.11

8.2.5　上游水位公式计算成果与模型试验成果对比分析

通过模型试验可以得出原导流方案存在以下两个主要问题。

（1）二期枯水围堰时，上游二期围堰转角处最大底流速为 6.04m/s，上游一期全年围堰转角处最大底流速为 5.55m/s，缩窄段流速，特别是靠近二期纵向围堰侧的流速极大，最大底流速为 8.72m/s，最大面流速为 9.59m/s，出现在坝轴线下游 280~460m 断面，须采取有效的工程措施对堰脚及河床进行防护。

（2）三期枯水期导流左 6 孔的泄流流态极差，4~6 号三孔泄水闸泄量很小，在 $Q=8490\text{m}^3/\text{s}$ 流量时，围堰上游河道水位为 45.32m，比设计值 42.90m 高 2.42m，比一期全年上游围堰设计值 43.90m 高 1.42m，三期枯水及一期全年上游围堰设计顶高程均不能满足导流要求，应进行加高。

上游水位成果公式计算与模型试验对比见表 8.2 - 2。

表 8.2 - 2　　　　　上游水位成果公式计算与模型试验对比表

工程项目	导　流　标　准			公式计算设计水位		模型试验设计水位	
	频率/%	时段	流量/(m³·s⁻¹)	上游/m	下游/m	上游/m	下游/m
一期枯水围堰	10	2010 年 8 月—2011 年 2 月	9980	40.80	39.90	40.69	39.90
二期枯水围堰	10	2011 年 8 月—2012 年 2 月	9980	43.80	39.90	43.50	39.90
三期枯水围堰	10	2012 年 9 月—2013 年 2 月、2013 年 9 月—2014 年 2 月	8490	42.90	39.04	45.32	39.04
一期全年围堰	10	2011 年和 2012 年汛期	17400	43.90	43.19	44.00	43.19
		2013 年汛期	17400	43.90	43.19	46.23	43.19

8.3　导流方案的优化

8.3.1　优化的内容

鉴于原导流布置方案二期枯水导流围堰侧流速偏大，三期围堰上游水位偏高，提出了二期、三期导流布置调整方案，调整内容如下：

（1）二期枯水导流最大限度地减小束窄段顺水流方向的长度，以利于水流尽早扩散。

（2）三期导流把门库段改为临时过流闸孔，增加过流宽度 18m，同时纵向围堰缩短 16m。

8.3.2 优化后的模型试验成果

1. 二期导流试验

在流量为 9980m³/s 时，上游河道水位为 43.49m，与原布置方案基本相同，河道最大底流速为 6.04m/s，位于坝址下游 110m 断面二期纵堰侧，最大面流速为 7.46m/s，位于坝址下游 198m 断面二期纵堰侧。二期围堰上游转角处底部流速为 5.55m/s，一期全年围堰上游转角处底部流速为 5.44m/s。

2. 三期导流试验

汛期导流流量为 17400m³/s 时，上游河道水位为 45.39m，比原布置方案降低了 0.84m，但仍比一期厂房全年上游围堰设计水位 43.90m 高 1.48m；枯水期导流流量为 8490m³/s 时，上游河道水位为 44.57m，比原布置方案降低了 0.75m，但仍比三期上游围堰设计水位 42.90m 高 1.61m。

厂房全年围堰上游设计洪水位由 43.90m 调整为 45.39m，三期枯水围堰上游设计洪水位由 42.90m 调整为 44.57m。

3. 导流建筑物运行情况

从 2010 年 7 月 23 日一期枯水围堰合拢到所有围堰拆除完毕，历经了 4 个枯水期、三个汛期，各期导流建筑物均运行良好，特别是二期枯水围堰在 2012 年经历了 10600m³/s 流量的考验，为主体工程按期完工提供了保障。

第9章 库区防护工程设计

9.1 库区防护工程总体布置

峡江水利枢纽库区位于吉泰盆地，涉及峡江、吉水和吉安三县，以及吉州、青原两区。库区赣江两岸地势平坦，土地肥沃，水系众多，集水面积超过 1000km² 以上的有乌江、禾水、孤江；集水面积在 100～1000km² 的有同江、文石河（燕坊水）、柘塘水。此外，还有众多的小溪流。

赣江干流两岸阶地一般宽度为 600～1400m，地面高程一般在 45.00～48.00m，人口与耕地集中。沿赣江支流同江、文石河、乌江两岸冲积平原，其长度达 10～20km，阶地最大宽度可达 3.7km 以上，人口与耕地更为集中。沿江有少量堤防，防洪标准低，洪涝灾害严重，水库淹没损失大。据调查，在不设防护措施的情况下，水库正常蓄水位 46.00m 方案，库区淹没涉及吉安市辖区内的峡江县、吉水县、吉安县、青原区和吉州区共 5 个县、区的 19 个乡镇以及吉水县城区，水库淹没耕地达 10.13 万亩，需迁移人口 10.49 万人，拆迁房屋 592.8 万 m²。淹没影响范围和淹没损失之大，是峡江水利枢纽工程建设中需要解决的关键问题。

峡江库区防护工程措施分为以下两大部分：

（1）对库区人口密集、土地集中的临时淹没区、浅淹没区、淹没影响区以及人口多、耕地面积大、淹没补偿投资大，但具备防护条件的淹没区，采取修筑堤防的防护工程措施，使防护区内的村镇和耕地在遭遇设计标准的洪水时，免受洪涝灾害，防止土地淹没。

（2）对部分浅淹没区采取抬田防护措施，减轻因建库蓄水而造成的淹没影响。

库区设有同江河、吉水县城、上下陇洲、金滩、柘塘、樟山、槎滩共 7 个防护区；对沙坊、八都、桑园、水田、槎滩、金滩、南岸、醪桥、乌江、水南背（抬地）、葛山、砖门、吉州、禾水、潭西共 15 个浅淹没区进行抬田处理；对同江河、上下陇洲、槎滩、柘塘、樟山防护区内及其周边的个别区域进行抬田处理。

库区防护工程基本情况见表 9.1 - 1。

9.2 同江河防护工程

9.2.1 同江防护区概况

同江防护区位于峡江库区赣江左岸、同江下游，距峡江坝址约 15km。同江为赣江中游一级支流，发源于分宜县境铜岭村西下，流经分宜、吉安、吉水，在吉水县枫江镇水南

表 9.1-1　防护工程情况表

防护区名称	堤名	长度/km	设计洪水位/m	堤顶超高/m	堤顶宽度/m	名称	导托面积/km²	设计流量/(m³·s⁻¹)	长度/km	底宽/m 或孔口(宽×高)/(m×m)	站名	装机容量/kW	圩堤桩号
同江河	同赣堤	3.703	48.09~48.32	1.5	6	同南河	865.4	1070	16.385	45	同江河口	2000×4	同赣 0+750
同江河	万福堤	6.85	50.24~50.98	1.2	4	同北渠东支	15.7	23.2	7.041	4.3~6.0	坝尾	180×4	万福 4+500
同江河	阜田堤	3.84	50.24~50.53	1.5	5	同北渠西支	54.5	70.40	6.56	6.00	罗家	132×3	万福 1+856
吉水县城	南堤	3.2	51.38~51.07	1.5	6	城北排洪涵	13.9	19.0	0.65	3.0×3.0	城南	75×2	南堤 0+610
吉水县城	南北堤连接段	3.2	51.07~50.97	1.5	6	排洪涵				4×5 (2孔)	小江口	170×5	南堤 2+102
吉水县城	北堤	3.317	50.97~50.76	1.5	6	北堤					城北	180×4	北堤 1+612
上下陇洲	陇洲	4.48	46.92~46.54	1.5	5	陇洲导托渠	8.57	25.8	2.146	1.0~5.6	陇洲	155×3	2+900
拓塘	南堤	1.4	47.93~47.75	1.5	5	凌头水	33.95	49.5	2.8	10~15	拓口	250×3	南堤 0+550
拓塘						南导托渠	1.55	3.85	0.3	1.5			
拓塘	北堤	3.02	47.75~47.57	1.5	5	拓塘水	103	103	5.34	25~70	南园	560×4	北堤 1+800
拓塘						北导托渠	4.33	19.8	3.55	3~5			
金滩	金滩	4.44	48.62~47.78	1.5	5	金滩排洪涵	9.57	22.4	0.8	2.7×2.0 (2孔)	白鹭	155×3	5+400
樟山	樟山	8.86	49.46~49.92	1.2、1.5	5	文石河	356	457.00	2.644	35.0	舍边	280×4	樟 6+500
樟山	奶奶庙	4.44	49.75~51.25	1.20	4						庙前	65×3	奶 3+800
樟山	落虎岭	2.81	49.62~49.75	1.20	4						落虎岭	37×2	落 1+650
樟山	燕家坊	2.35	49.56~49.69	1.20	4						燕家坊	75×2	燕 1+650
槎滩	槎滩	3	47.73~47.16	1.2~1.5	5	下汉洲	54.1	98.5	1.285	10~30	窑背	355×4	2+256

村汇入赣江,全流域面积为972km²。同江流域地势西北高,逐渐向东南倾斜。同江顺地势由西北向东南流入油田,在油田由西北折向正南方向流入塘东,之后流向转为由西向东至河口。河源至油田为山区,油田至塘东为丘陵区,塘东至河口为平原与低岗相间区。山地面积350km²,占流域面积35.8%;丘陵、平原面积628km²,占流域面积64.2%。同江主河长原为105.3km,1975年在吉水县黄金湖至水南村实施裁弯取直工程后,比原河缩短10.75km,现主河长度为94.55km。河源高程为532.00m,河口水位为37.00m,总落差495m,河床平均比降为4.7‰,主要落差集中在中上游河段。同江流经吉安县万福镇境内长22km,在万福镇下游胡家村段河道弯曲、坡降较陡,且多急流险滩。同江阜田以下为低丘平原区,主河长14km,河道落差小,并在两岸修建有同江防洪堤(同左堤和同右堤),该堤是吉水县阜田、枫江、盘谷三个乡镇的防洪屏障,堤顶高程为47.40~50.00m。同江河出口赣江左岸现建有长约2.6km的同赣隔堤,堤顶高程为47.40~50.00m。现状防洪标准为5~10年一遇。同江下游耕地和村庄集中在40.00~52.00m高程之间,也有少量耕地高程低于40.00m,极易受洪涝灾害影响。

根据同江下游两岸的地形、地势情况,同江防护区的防护方案为:在同江上游堵口并新建阜田堤、万福堤;在同江下游堵口并沿赣江左岸布置有同赣堤,对原有的堤防进行加高加固,以防赣江洪水的侵袭;在原同江出口处布置有同江河口电排站,以排除同赣堤内低洼地的涝水;原同江在吉水县阜田镇坛下村南部的丘岗坡地山坳改道,在同江右岸的丘岗地带新开挖同南河,将同江中上游来水直接导入赣江,以减小同江河口电排站装机规模;在同江下游北侧布置同北导托渠,该渠以水边村至土塘村一带的低洼地为分界点,向东为同北导托渠东支,将较高的坡地来水导排入赣江,向西为同北导托渠西支,将较高的坡地来水导排入同江的小支流,再经同南河入赣江。

同江防护区内治涝采取导排与抽排相结合的形式进行。同江下游右岸(同南)采取开同南河导排客水(同江上游来水)及其边山来水,导排面积为865.4km²(包括部分往双山支流导排的同北导排面积);同江下游左岸(同北)开同北渠导排同江下游北面边山来水,分东西两边排,西边导排进入同南河,东边导排直接进入赣江,其中东边导排面积为11.7km²。除导排外,相对独立、地势较低的片区排涝采取抽排形式,总抽排面积为95.32km²。同时,对同江防护区内高程低于41.00m的耕地采取抬田工程措施,以减小或消除浸没影响。

同江防护区保护耕地面积3.16万亩、人口4.483万人、房屋面积246万m²。同江防护区防护效益见表9.2-1。

表9.2-1 同江防护区防护效益

项 目	保护耕地/亩	保护人口/人	保护房屋/万m²	备注
防护效益	31600	44830	246	

9.2.2 同江防护区工程布置及规模

同江防护区保护耕地面积3.16万亩、人口4.48万人、房屋面积246万m²,依据《防洪标准》(GB 50201—1994)第3.0.1条规定,同江防护区为乡村防护区,等级为Ⅳ

等，其防洪标准为 10～20 年；考虑到防护区内人口与耕地较为集中，水库淹没水深达 6m，且区内还有赣粤高速公路、西气东输天然气管道等重要设施，结合可行性研究阶段"同赣堤增设校核洪水标准，重现期为 50 年"，确定同赣堤设计洪水标准为 50 年。同南河上游万福堤、阜田堤及同南河两岸堤防设计防洪标准采用 20 年，设计水位采用同南河出口遭遇赣江 50 年一遇洪水推求。依据《堤防工程设计规范》（GB 50286—1998），同赣堤堤防级别为 2 级，其他堤防级别为 4 级。

防护区抽排排涝设计标准与导排设计洪水标准为：排涝标准采用 10 年一遇三日暴雨三日排至农作物耐淹水深；防护区内导排沟（截洪沟）设计洪水标准采用防护区相应的排涝重现期标准，采用 10 年一遇；防护区客水导排渠（夹堤）设计洪水标准采用防护区堤防相应的设计洪水标准。同江防护区设计洪水流量见表 9.2 - 2。

表 9.2 - 2　　　　　　　　　　同江防护区设计洪水流量表

区　　域		断面位置	设计流量/(m³·s⁻¹)	
			$P=5\%$	$P=10\%$
同江	同南河上游	磨场夹堤首	266	
		万福夹堤首	849	
		山背夹堤首	88.9	
		山背汇合口	867	
	同南河	同南河入口	987	
		南塘	1020	
		下院	1050	
		墙背	1070	
		钟家塘	1070	
		同南河出口	1070	
	同北渠（西支）	泥田		54.4
		盘岭		70.4
		西支出口		70.4
	同北渠（东支）	上塘		15.8
		江背坑		15.8
		路边		17.2
		东支出口		23.2

同江防护区工程布置有同赣堤、新开挖同南河、同北导托渠东支和西支、阜田堤、万福堤、同江河口电排站及麻塘、同江抬田等工程项目。

（1）同赣堤。设计同赣堤堤线位于赣江左岸，赣江支流同江出口两侧，堤线沿滩地布置，南起枫江镇西沙埠杨家塘村，经水南村东、同江河口、菜园村止于同江村北侧山地，堤线全长 3.703km，设计洪水位 48.09～48.32m。

（2）同南河。为缩短防护堤堤线，减少防护区浸没的范围，将同江改道，在同江上游阜田镇、下游出口同赣堤处分别堵口，沿右岸高地新开挖同南河。同江由坛下村以南起改道，沿南侧山坡开挖同南河，渠线经吉湖、南塘、洲桥、增坑、下院、白泥塘、毛家、丰山、螺坑等村，在西沙埠南汇入赣江，全长 16.385km。

（3）同北导托渠东、西支。为了导排同江下游左岸（同北）周边山区来水，在同江下游北侧布置同北导托渠，该渠以水边村至土塘村一带的低洼地为分界点，向东为同北导托渠东支，将较高的坡地来水导排入赣江；向西为同北导托渠西支，将较高的坡地来水导排入同江的小支流，再经同南河入赣江。

同北导托渠东支起于土塘村，沿老排水沟布置经山下村、田洲上村、江背坑、黎家、高速公路桥、路口、东头、同江村入赣江；同北导托渠西支起于水边村北接洪洞溪流，沿水边村东侧高地由北向南在冻边村附近由东向西经横岭村南、吴家村北流入溪流，经同南河入赣江。

（4）阜田堤。同南河在进口以上由左、右两支汇合而成，右支为万福支流，左支上游有中型水库双山水库，叫双山支流，双山支流下游左岸为同江防护区。为防止同南河水进入同江防护区，沿双山支流下游左岸修建阜田堤，麻堤线总长 3.84km，设计洪水位为 50.24～50.53m。

为避免同南河水渗入同江防护区，对阜田堤堤基采用射水造混凝土防渗墙进行垂直防渗处理，防渗起点为阜田 0+053 桩号位置，沿堤线布置，至阜田堤 3+840 桩号结束，总长 3.787km，防渗墙深入基岩 1.0m，防渗墙平均深度约为 10m。

为了满足同江防护区灌溉及环境用水要求，在同江进口堵口处布置阜田进水闸，进水闸为单孔布置，闸底板高程为 44.00m，孔口尺寸为 3m×3m。

（5）万福堤。万福堤位于同南河进口的万福、双山两支流之间，与阜田堤隔河相望。圩堤始于吉安县万福镇附近，经坝尾村、永春街、河下村终止于吉水县阜田镇肖家村西北的鲜溪山，堤线全长 6.85km，设计洪水位为 50.24～50.98m。地面较平坦，堤线地面高程一般均位于 46.00m 以上，局部堤段地面高程为 45.60m 左右。堤线地基主要为第四系全新统冲积层，为同江一级阶地，具二元结构，上部为壤土、黏土，下部为砂卵砾石。

为满足防护区排涝要求，设电排站 2 座，罗家电排站位于万福堤桩号 1+856 处，泵站总装机 396kW，设计排涝流量为 4.23m³/s，采用钢制井筒潜水轴流泵站；坝尾电排站位于万福堤桩号 5+500 处，泵站总装机容量为 720kW，设计排涝流量为 10.6m³/s，采用钢制井筒潜水轴流泵站。泵站设计规模及设计洪水标准见表 9.2-3。

表 9.2-3　　　　　　　同江防护区排涝泵站设计规模及设计洪水标准表

序号	防护堤名称	排涝站名称	设计排涝流量/(m³·s⁻¹)	装机容量/kW	工程规模	主要建筑物级别	设计洪水重现期/年
1	万福	罗家	4.23	396	小（1）	4	20
2		坝尾	10.6	720	中型	3	20
3	同赣堤	同江口	66.7	8000	大（2）型	2	50

（6）同江电排站。同江在上游堵口并建阜田堤、下游堵口沿赣江左岸建同赣堤，同江改道沿右岸高地开挖同南河后，形成同江防护区。开挖同北导托渠东、西支后，同江防护

区集雨面积为 77.99km²。因此，在同赣堤桩号 0＋750 处（同江出口）建同江电排站，排除该区域涝水和渍水，调控地下水位。同江下游河道自彭家村至同江口段，全长 12.95km，左右两岸分布的涵闸建筑物有 14 处，排灌渠系较完善，建防护区后，不改变原有排灌功能，基本可利用现有排水沟网调控地下水位。为减少排涝装机容量，可利用同江道作为调蓄区。

经水文分析计算，同江电排站装机总容量为 8000kW，设计排涝流量为 66.70m³/s。设计内水位为 40.00m，最高运行内水位为 42.00m，最高内水位为 43.00m，最低运行内水位为 38.00m。设计外水位为 46.20m，最高运行外水位为 48.30m，防洪外水位为 48.80m，最低运行外水位为 44.40m。选用 4 台 2000HDQ17.5－7.2 型混流泵，电机型号 TL2000－28/2860，单机容量 2000kW。泵站设计规模及设计洪水标准见表 9.2－3。

9.2.3 同江河防护工程主要建筑物

9.2.3.1 同赣堤

同赣堤堤线位于赣江左岸，赣江支流同江出口两侧，南起枫江镇西沙埠杨家塘村，经水南村东、同江河口、菜园村止于同江村北侧山地，堤线全长 3.703km，设计洪水位为 48.09～48.32m。

同江出口左侧现有土堤堤身土主要由黏土、壤土和砂壤土组成，呈浅黄色、棕黄色，较松散，多数填筑质量较差。利用老堤时，采用黏性土在迎水面加高加宽。同江出口右侧现状无防护，新建圩堤全部采用黏性土填筑，为均质土堤。

同赣堤设计堤顶高程为 49.50m，宽 6m，设计防浪墙顶高程为 50.20m，设宽 5m 混凝土路面。混凝土路面层厚为 220mm，设计强度等级为 C25，下设各 200mm 厚的水泥稳定碎石基层。峡江水库正常蓄水位 46.00m 时，同赣堤挡水高度达 6.0m，考虑到堤身较高，在堤身迎水面 46.50m 高程处设宽度为 3m 的马道。其中，49.50～46.50m、46.50～43.00m 高程之间的堤外坡边坡为 1∶3，采用混凝土预制块护坡；堤内边坡 1∶2.5，在 46.50m 设宽度为 2.0m 的马道，采用草皮护坡。外堤脚滩地 43.00m 高程以下采用开挖料回填至 43.00m 高程。

混凝土预制块护坡选用正六边形混凝土预制块，厚 12cm，边长 30cm，下设 10cm 厚砂卵石垫层，坡脚混凝土齿槽尺寸为 40cm×50cm，压顶尺寸为 0.5m×0.2m。坡面按 15m 间距分缝，缝内嵌沥青杉板，并按 2m×2m 间距梅花形布置 φ70 排水孔，底部外包 30cm×30cm 土工布反滤。

桩号 0＋850～1＋100 为同江口段，堤身高度高，挡水高度大，设计在堤外、内堤脚 46.50m、43.00m 高程各设一平台，宽 10m，进行固脚处理，以加强堤防的边坡稳定，回填料采用同南河开挖的风化料。

同赣堤堤后的水南村段、同江村段，有大量的鱼塘、深坑等，为了防止耕地出现沼泽化现象，设计抬田至 43.00m 高程，抬田宽度为 60m。

同赣堤内堤脚设排水沟，将堤身渗水和坡面雨水排至同江。排水沟采用厚 400mm 的干砌块石，下设厚度均为 150mm 的卵石和粗砂垫层。排水沟宽 500mm，最小深度不小于 500mm，沟底纵坡 1/5000，起始沟底高程均为 42.50m。

峡江水库正常蓄水位 46.00m 时，同赣堤挡水高度达 6.0m，库水可能透过砂卵石层堤基，对上部表土（黏土和壤土）产生顶穿破坏，为防止防护区内出现管涌和沼泽化，设计采用垂直防渗墙措施加以防止。

根据地形情况（现状地面高程 43.00～47.00m），考虑防渗墙施工场地平整的要求等，确定防渗墙顶高程采用 46.50m，高于水库正常蓄水位 0.5m。防渗墙底高程根据地质条件分段确定。0＋000～0＋460 段地质条件与同赣堤防渗延伸段防渗墙底高程伸入基岩 1.0m，深度约为 12.0m，采用射水法造混凝土防渗墙。

在同江口段（桩号 0＋980～1＋280），覆盖层深厚，同江口附近为一近东西向的构造剥蚀深槽，其宽度为 360m 左右，上部覆盖层厚度巨大，从赣江延伸到防护区内。该深槽表层分布有一层厚度较大透水性较强的砂壤土和细砂，其下揭露有四层黏性土层，呈多层结构：① 第一层黏性土（壤土、黏土）为全新统冲积层，厚度大，顶面高程为 37.38～39.94m，厚度为 4.5～5.7m，但局部缺失，其下为厚度 5.6～20.4m 强透水性砂砾石层；② 第二层黏性土（黏土、壤土）为中更新统冲积层，顶面高程为 13.35～26.48m，厚度为 7.8～13.1m，其下为透水性较大的砂砾石层；③ 第三层黏性土（黏土、含砾黏土、壤土）为中更新统冲积层，顶面高程为 －3.65～3.52m，厚度为 7.3～7.8m，但 ZK323 未揭露该层黏性土，局部缺失，其下为透水性较大的砂砾石层；④ 第四层黏性土（砾质土、薄层黏土）为中更新统冲积层，顶面高程为 －15.52～－23.46m，厚度为 20～28.1m，其下为透水性较大的砂砾石层。根据分析计算，设计防渗墙墙底高程应采用 －24.46m，防渗墙深度达 71m。根据国内同类防渗墙成墙经验，设计采用液压抓斗造混凝土防渗墙防渗，混凝土防渗墙厚度为 0.8m，伸入砾质土层深度 1.0m。

桩号 0＋460～0＋980、1＋280～3＋700 段堤基为二元结构，下伏基岩分别为粉砂岩和灰岩，基岩面高程为 34.80～－2.70m，设计混凝土防渗墙最大深度为 50.00m 左右，为与桩号 0＋980～1＋280 混凝土防渗墙相接，设计采用液压抓斗造混凝土防渗墙防渗，混凝土防渗墙厚度为 0.5m，深入砾质土层深度 1.0m。

同赣堤 1＋171～3＋218 段，下部基岩为灰岩，并有溶洞发育，已揭露溶洞大多埋深较大，多处于赣江侵蚀基准面下，溶洞大部分已被充填，充填物主要为砾质土、砂砾卵石等，由于溶洞可能存在未完全充填的空洞，考虑到充填物为砂砾石含泥量较少，其渗透系数较大，设计采用溶洞灌浆进行防渗处理。溶洞灌浆顶线为设计防渗墙底线，帷幕灌浆底线为二叠系（P）与石炭系（C）地层分界线。

9.2.3.2 同南河

新开挖同南河为同江由坛下村以南起改道，沿南侧山坡新开挖的河道，选定的渠线为：经吉湖、南塘、洲桥、增坑、下院、白泥塘、毛家、丰山、螺坑等村，于桩号 11＋300 处穿过赣粤高速公路，在西沙埠南汇入赣江，全长 16.385km。

河道断面设计按赣江与同南河同频率遭遇进行设计，即同南河 20 年一遇流量遭遇赣江 20 年一遇洪水位。对同南河两岸圩堤，按同南河 20 年一遇流量遭遇赣江 50 年一遇洪水位推算的水面线作为设计洪水位，进行加高。

同江上游除拟建的万福圩保护区外，在万福支流右岸（万福乡对岸）有井头、罗家等村庄和成片耕地，地面高程在 49.70～51.00m，除沿江一带地面高程低于 5 年一遇洪水位外，皆具有 5～10 年一遇的防洪能力。在万福支流左岸、万福乡上游有梅田、麻陂等村庄和耕地，地面高程在 51.60～53.00m，除沿江一带地面高程低于 5 年一遇洪水位外，一般具有 5～10 年一遇的防洪能力。为不降低该区域的防洪标准，新开同南河后，同频率情况下万福支流的水位应不高于天然水位，或有所降低，以此作为河道断面设计的总体原则之一。

同江由阜田至出口长约 14.4km，河道水面坡降平缓，水面比降约为 1/5000，同江各频率天然水面线见表 9.2-4。

表 9.2-4　　　　　　　　　　同江各频率天然水面线成果表

断面名称	断面位置	距离/km	间距/km	水位/m			备注
				$P=5\%$	$P=10\%$	$P=20\%$	
同 CS1	水南村（出口）	0		46.05	45.23	44.30	同江
同 CS2	人渡	1.94	1.94	46.14	45.31	44.36	
同 CS3	宋家都	3.44	1.50	46.22	45.39	44.43	
同 CS4	濠石村	5.24	1.80	46.37	45.52	44.54	
同 CS5	林桥村	7.01	1.77	46.52	45.64	44.65	
同 CS6	石浒头村	8.19	1.18	46.63	45.76	44.75	
同 CS7	燕窝里	9.90	1.71	47.08	46.21	45.22	
同 CS8	罗家	11.57	1.67	47.65	46.85	45.94	
同 CS9	下滩村（汇合口上）	13.13	1.56	48.10	47.31	46.46	
同 CS10	阜田（汇合口上）	14.39	1.26	48.49	47.73	46.93	
同 CS11	汗背头	17.54	3.15	49.82	49.17	48.43	万福支流
同 CS12	寮下村	18.89	1.35	50.52	49.97	49.27	
同 CS13	万福乡	20.39	1.50	51.10	50.57	49.98	
同 CS14	下塘村	23.49	3.10	53.16	52.65	52.07	

按照该原则，推算的同南河进口断面各频率水位控制见表 9.2-5，供选择同南河设计断面参考，断面位置图见同南河断面位置图 9.2-1。

表 9.2-5　　　　　　　　　　同南河进口断面各频率水位控制表

序号	断面	断面位置	距离/km	水位/m					
				$P=5\%$		$P=10\%$		$P=20\%$	
				天然	开河后	天然	开河后	天然	开河后
1	同 CS11	同南河进口	0	49.54	49.70	48.88	48.88	48.14	48.05
2	同 CS11	汗背头	1.00	49.82	49.98	49.17	49.17	48.43	48.34
3	同 CS12	寮下村	2.35	50.52	50.58	49.97	49.97	49.27	49.24
4	同 CS13	万福乡	3.85	51.10	51.14	50.57	50.57	49.98	49.97
5	同 CS14	下塘村	6.95	53.16	53.17	52.65	52.66	52.07	52.07

计算表明，为不抬高万福支流水位，同南河进口各频率控制水位为，$P=5\%$ 时，水位控制在 49.70m 左右；$P=10\%$ 时，水位为 48.88m；$P=20\%$ 时，水位为 48.14m。

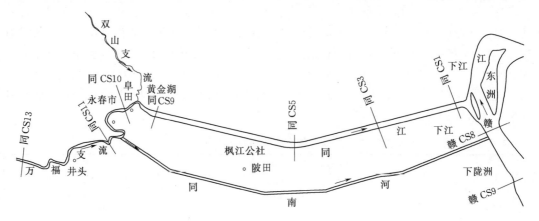

图 9.2-1　同南河断面位置图

同南河河道开挖边坡根据地质勘探报告建议值，按照不同地质情况参考类似工程拟定设计边坡，并满足边坡稳定要求。

桩号 0+000～3+200 段、桩号 8+050～11+900 段河道主要为黏性土开挖，渠顶高程以上开挖边坡采用 1:1.5，渠顶高程以下开挖边坡采用 1:2。渠道两侧土质边坡采用混凝土预制块护坡，护坡顶高程为设计洪水位以上 0.5m。

桩号 3+200～8+050 段、桩号 11+900～14+100 段，河道主要为泥质粉砂岩及黏性土开挖，渠顶高程以上土质开挖边坡为 1:1.5，渠顶高程以下土质开挖边坡为 1:2；泥质粉砂岩开挖边坡 1:1。渠顶以下土质边坡采用混凝土预制块护坡处理，护坡顶高程为设计洪水位以上 0.5m，岩石边坡采用喷混凝土衬砌处理。

桩号 14+100～16+385 段，河底大部分落在砂卵石层内，河道主要为黏性土及砂卵石以及部分泥质粉砂岩开挖。渠顶高程以上土质开挖边坡为 1:1.5，渠顶下 1:2；砂卵石层开挖边坡 1:2.25，岩石开挖边坡 1:1。渠顶以下土质及砂卵石开挖边坡均采用混凝土预制块护坡处理，护坡顶高程为设计洪水位以上 0.5m，岩石边坡采用喷混凝土衬砌处理。

根据水力计算、技术经济比较，选择河道上游水位与开河之前基本相同，工程投资相对较少的方案，即河底宽 45m，纵坡 $i=1/3000$，进口底高程为 42.46m、水位为 49.70m，出口底高程为 37.00m、水位为 46.49m。

对河道两岸地面高程低于设计洪水位的河段，均按堤防标准筑堤防护。为适当提高两岸防护能力，预留一定安全余度，河道设计洪水位采用同南河 20 年一遇流量遭遇赣江 50 年一遇洪水位确定，堤顶超高采用 1.5m。

由于同南河开挖，使得部分现有道路南北交通中断，为沟通两岸交通，方便居民生活，设计新建跨同南河（同江）桥梁 16 座，桥梁特性见表 9.2-6。

9.2.3.3　同北导托渠

同北导托渠渠线由东、西两支组成。东支起于土塘村，沿老沟布置经山下村、田洲上村、江背坑、黎家、高速公路桥、路口、东头、同江村入赣江；西支起于水边村北接洪洞溪流，沿水边村东侧高地由北向南在冻边村附近由东向西经横岭村南、吴家村北流入双山水库溪流，经同南河入赣江。

表 9.2-6　　　　　　　　　　　　　跨同南河桥梁特性表

桥　名	桥面宽度/m	桥长/m	板宽/m	预制板长/m	预制板高/m	预制板最大吊装重量/kN	搭板长/m
阜田万福桥	7.25	60	1.25	19.96	0.95		8
彭家桥	7.25	100	1.25	19.96	0.95		8
吉湖桥	7.25	100	1.25	19.96	0.95		8
南塘桥	7.25	100	1.25	19.96	0.95		8
洲桥	7.25	100	1.25	19.96	0.95		8
增坑桥	7.25	100	1.25	19.96	0.95		8
陈家桥	7.25	100	1.25	19.96	0.95		8
下院桥	7.25	100	1.25	19.96	0.95	边板 393 中板 313	8
栋下桥	7.25	100	1.25	19.96	0.95		8
枫江桥	10.0	100	1.25	19.96	0.95		8
枫江小学桥	7.25	100	1.25	19.96	0.95		8
毛家桥	7.25	100	1.25	19.96	0.95		8
丰山桥	7.25	100	1.25	19.96	0.95		8
东熊桥	7.25	100	1.25	19.96	0.95		8
七里坪桥	7.25	100	1.25	19.96	0.95		8
西沙埠桥	7.25	100	1.25	19.96	0.95		8

1. 同北导托渠东支

同北导托渠东支渠线布置始于吉水县盘谷镇土塘村西北侧约350m的小沟汇合处，沿现有排水沟布置至山下村，在山下村后沿冲沟开挖导托渠，出冲沟后，在江背坑村以南开挖导托渠，由西向东近直线布置，在江背坑村以下段，沿现有排水沟布置，于桩号2+800处与现有排水沟相接，至黎家村穿过赣粤高速公路，终止于吉水县盘谷镇同江村北部约0.1km处入赣江，渠尾与同赣堤北端相接。渠线布置时保持渠线平顺，渠道全长约7.04km。

导托渠东支渠道进口有一排水沟，沟底高程为55.00m，除进口两侧少量耕地地面高程为56.50m左右，一般均高于57.70m。因此确定渠道进口底高程应低于55.00m，但不能太低，否则，造成进口渠道开挖过深，设计水位应不高于57.70m。

由于导托渠在黎家村附近穿过赣粤高速公路，该桥涵建基面高程53.94m，高速公路在该段为高填方路基，为可节省工程投资，不另外新建导托渠与高速公路的交叉建筑物，导托渠穿过高速公路时，利用该桥涵作为交叉建筑物。导托渠进口沟底高程为55.00m左右，为加大该段渠道的底坡，以减少渠道开挖断面，在高速公路过水涵管处，应尽可能采用高速公路过水涵管现状建基面高程，因此渠道穿过高速公路处的底高程确定为53.94m（对应桩号为3+590）。

导托渠在同赣堤北端（对应同北渠桩号6+840）注入赣江，为防止水库水倒灌入渠道，对同江防护区产生浸没影响，在同赣堤保护范围内，渠道底板高程应高于同赣堤蓄水回水位 46.27m，根据地形情况底板高程采用 46.82m。渠道入赣江处（7＋041）高程与滩地高程基本相同，采用 42.72m。

最终确定导托渠东支渠底进口高程为 54.94m，穿过高速公路时，渠底高程采用 53.94m，在同赣堤北端（对应同北渠桩号 6＋950）注入赣江，渠道底为 46.82m，入赣江处底高程为 42.72m。

相应渠道纵坡为 0＋000～3＋590 段，渠道纵坡为 1/3600，桩号 3＋590～6＋840 桩号段渠道纵坡为 1/1500，桩号 6＋840～7＋041 段为出口段，渠道纵坡采用 1/50。

渠道土层主要为黏土、砾质土及壤土，设计边坡采用 1：1.5，填方渠道渠顶宽 2m。

根据拟定的边坡、纵坡、衬砌形式，经计算 0＋000～3＋590 段渠道底宽为 5.4m、水深为 2.7m、流速为 0.92m/s，3＋590～6＋840 段底宽 4.3m、水深 2.3m、流速为 1.30m/s，6＋840～7＋041 段底宽 6m、水深 0.7m、流速为 6.06m/s。

2. 同北导托渠西支

同北导托渠西支始于洪洞排洪渠上游的下居村西南侧约 250m 的水沟，经水边村、冻边村、上曾家村、盘岭村、坪坑村、高坡村、大溪坑村终止于同江防护区阜田堤的起点处，由东向西将该区域来水导排入同江支流双山水，汇入同南河后入赣江，全长约 6.56km。

导托渠渠道进口右岸地面高程约为 52.50m、左岸地面高程约为 52.70m，洪洞排洪渠在导托渠进口的河底高程根据实测资料约为 48.51m。因此，确定导托渠进口底高程为 48.51m，为防止进口两岸产生淹没，渠道进口水位应不超过两岸地面高程，水位不能高于 52.50m。

出口为同江的双山支流，河底高程为 45.50～46.00m。河道为二元结构，上部为黏性土层，下部为砂砾（卵）石层，左岸为同江防护区拟建的阜田堤，右岸为拟建的万福堤。渠道出口高程与出口河道河底高程基本相同，采用 45.50m，对河道进行少量的疏挖，出口段开挖至砂砾石层的底部。

最终确定导托渠底进口高程为 48.51m，渠道出口底高程为 45.50m。土质开挖段，底坡采用 1：2500，岩石开挖段底坡采用 1：1800。

渠道土质开挖边坡根据不同的地质条件采用，其中桩号 0＋000～1＋500、6＋350～6＋560 段开挖边坡为黏土、砾质土及砂砾石层，开挖边坡采用 1：2；桩号 1＋700～2＋300、4＋800～6＋150 段开挖边坡为岩石层，开挖边坡采用 1：0.75；桩号 1＋500～1＋700、6＋150～6＋350 段开挖边坡由 1：2 渐变为 1：0.75；其余渠段为黏土及砾质土层开挖边坡取 1：1.5，桩号 2＋300～2＋500、4＋650～4＋800 段开挖边坡由 1：1.5 渐变为 1：0.75。开挖高度大于 5.0m 时，渠道左右两侧各设 2m 宽马道。

渠道水深为 3.0～4.10m，黏土、砂砾石抗冲流速采用 1.2m/s，岩石取 4.5m/s，预制混凝土块衬砌渠道取 4.5m/s。根据计算结果，桩号 0＋000～1＋500、2＋500～4＋650、6＋350～6＋560 段渠道流速分别为 1.35m/s、1.32m/s、1.96m/s，大于抗冲流速，采用 C15 预制混凝土块衬砌。预制混凝土块护坡厚度 0.1m，下部铺设 50mm 砂砾石垫层，垫层下铺设 $250g/cm^2$ 土工布，预制混凝土块护坡高度比设计水位高 0.5m，顶部设 C15 现浇混凝土尺寸 0.5m×0.10m 的压顶。4＋200～4＋800 段渠道高边坡段，砾质土近

16.0m 高，且地下水位高程在砾质土之上，砾质土边坡防冲刷能力较差，容易被雨水和地下水冲刷，该段二级马道以上边坡全部采用人字形骨架护坡，岩石开挖段，其最大流速为 2.81m/s，满足不冲要求；为减少糙率，采用喷 C10 混凝土护坡，喷混凝土高度到一级马道顶部，并设喷混凝土压顶，压顶尺寸为 0.5m×0.10m。硬护坡外的边坡均采用草皮护坡。渠道底板采用 C15 现浇混凝土，厚度 0.1m。渠道底板两边坡脚设混凝土齿槽，尺寸为 20cm×40cm（宽×深）。

9.2.3.4　阜田堤

阜田堤位于同江下游左岸一级阶地上，起始于大溪坑村北，终止于坛下村南，由三部分组成：C 段为原阜田堤大溪坑村至阜田镇西段，堤线桩号 0+000～1+600；B 段为跨同江的堵口段，堤线桩号 1+600～1+740；A 段为原同右堤徐家至坛下段，堤线桩号 1+740～3+840。全长 3.84km。

阜田堤设计采用均质土堤，堤顶高程为 52.03～51.74m。A、C 两段圩堤的临水坡、背水坡坡比均为 1∶2.5，C 段临水坡采用混凝土预制块护坡，背水坡草皮护坡；A 段临水坡和背水坡均为草皮护坡；阜田堤 B 段堤身高度较大，临水坡和背水坡坡比均为 1∶3，临水坡采用混凝土预制块护坡，背水坡草皮护坡。阜田堤 1+740～2+440 段内堤脚设置排水沟，将积水导排至同江，排水沟断面设计与同赣堤相同，其他段堤段堤脚地形较高，不设排水沟。设计堤顶 B 段宽 6.0m，A、C 两段均为 5.0m，堤顶设混凝土防汛路面。

阜田堤堤基主要为第四系全新统冲积层，上部为黏土、壤土，厚度为 1.2～3.4m，下部砂卵砾石，厚度为 2.2～7.9m，渗透性较强。防护区内耕地高程在 42.00m 左右，低于水库正常蓄水位，为避免同江水渗入同江下游防护区产生浸没影响，对阜田堤堤基进行垂直防渗处理，防渗起点为阜田 0+053 桩号位置，沿堤轴线上游布置，至阜田堤 3+840 桩号结束，总长 3.787km。其他堤段堤基由黏性土组成，不需进行防渗处理。防渗墙深度较小，平均 10.00m 左右，结合江西省堤防工程防渗经验，采用射水法造混凝土防渗墙，混凝土防渗墙厚 22cm，防渗墙深入相对不透水层 1.0m，防渗墙平均深度为 10m。

9.2.3.5　万福堤

万福堤位于同南河进口的万福、双山两支流之间，与阜田堤隔河相望。圩堤始于吉安县万福镇附近，经坝尾村、永春街、河下村终止于吉水县阜田镇肖家村西北的鲜溪山。万福堤廖下村至坝尾村段因河道弯曲，在弯曲段起止点之间将堤线顺直，其余堤段均沿河岸布置。

万福堤设计采用均质土堤，堤线全长约 6.85km，堤顶高程为 51.44～52.18m，堤顶超高 1.2m，堤内、外边坡均为 1∶2.5，草皮护坡，设计堤顶宽 4m，设泥结碎石防汛路面。

修建万福堤后，为解决防护区内排涝问题，根据区内现有排水沟渠及地形条件，在万福堤内增设电排站 2 座。罗家电排站位于万福堤桩号 1+856 处，泵站总装机容量为 396kW，设计排涝流量为 4.23m³/s，采用钢制井筒潜水轴流泵站；坝尾电排站位于万福堤桩号 4+500 处，泵站总装机 720kW，设计排涝流量为 10.6m³/s，采用钢制井筒潜水轴流泵站。

9.2.3.6　同江河口电排站

同江河在上游堵口并建阜田堤、下游堵口沿赣江左岸建同赣堤，同江河改道沿右岸高地开挖同南河后，形成同江河防护区。开挖同北导托渠东、西支后，同江河防护区排涝面积 77.99km²，因此，在同赣堤桩号 0+750 处（同江河出口）建同江河电排站，排除该区域涝水和渍水，调控地下水位。

同江河电排站总装机容量为 8000kW，设计排涝流量为 66.7m³/s。设计内水位为 40.00m，最高运行内水位为 42.00m，最高内水位为 43.00m，最低运行内水位为 38.00m。设计外水位为 46.20m，最高运行外水位为 48.30m，防洪外水位为 48.80m，最低运行外水位为 44.40m。选用 4 台 2000HDQ17.5-7.2 型混流泵，电机型号 TL2000-28/2860，单机容量为 2000kW。电排站设计参数见表 9.2-7。

表 9.2-7　　　　　　　　　　　同江防护区电排站设计参数

序号	泵站名称	设计排涝流量 /(m³·s⁻¹)	装机容量 /kW	外 水 位/m				内 水 位/m			
				防洪水位	最高运行水位	设计水位	最低运行水位	最高水位	最高运行水位	设计水位	最低运行水位
1	同江	66.7	8000	48.80	48.30	46.20	44.40	43.00	42.00	40.00	38.00
2	罗家	4.23	396	50.75	50.23	48.13	46.03	48.00	46.80	46.00	44.00
3	坝尾	10.60	720	51.23	50.73	48.95	46.35	49.50	48.30	47.50	45.50

9.2.3.7　防护区抬田

同江下游地区属宽谷浅丘河段，两岸阶地发育，土地肥沃，农田水利设施较为完善，农业经济发达，人口密集。阜田镇下游同江两岸，自上而下分布有吉水县阜田镇、枫江镇、盘谷镇，是峡江库区人口最为密集、地势平坦低洼的地区。沿河两岸有洪洞、吉湖、尚贤、坪洲、钟家塘排洪渠；同江上段（阜田镇至下石濑村），现状地面高程一般均位于 45.00m 左右；同江高速公路以外耕地地面高程大部分在 40.00m 左右，在同江村附近少量耕地地面高程为 38.50m 左右。因此，同江高速公路以外保护区（以下称同江抬田区）需进行防浸没处理。

同江抬田区位于同江高速公路以外至赣江边，以同江两岸划分南、北两区，南区位于同江右岸，北区位于同江左岸。同江抬田总面积为 9584 亩。

同江抬田区南区，该地段位于同江下游右岸一级阶地上，地面高程一般为 40.30～45.70m。地层为第四系全新统冲积层，具二元结构，上部为黏土和壤土，厚度为 1.0～5.6m，下部为细砂、中砂、砾砂及砾卵石层，厚度为 1.2～7.4m。地下水埋深一般为 1.9～2.7m，高程为 33.86～38.19m。

同江抬田区北区，该地段位于同江下游左岸一级阶地上，地面高程一般为 39.20～45.70m。地层为第四系全新统冲积层，具二元结构，上部为黏土和壤土，厚度为 2.2～6.7m，下部为细砂、中砂、砾砂及砾卵石层，厚度为 1.9～14.6m。地下水埋深一般为 2.3～3.8m，高程为 34.44～43.04m。

同江抬田区现状低洼地形，北区主要分布在同江高速公路以下的中段，由南向北再向东。在小江村与同江村之间靠赣江处耕地高程最低，地面高程为 38.50m 左右；南区主要分布在同江右岸豪石村下游至赣江边，最低处耕地高程为 39.50m 左右。同江抬田区现状地面高程 40.50～41.00m 之间存在大量的耕地，为尽量减少对耕地的影响，同江口泵站设计排渍水位为 39.00m，最低内水位为 38.00m，且同江口泵站紧邻同江抬田区。因此，同江抬田区现状地面高程在 40.50～41.00m 的耕地不抬田，低于 40.50m 的耕地抬田至41.00m 高程。

9.3　上下陇洲防护工程

9.3.1　上下陇洲防护区概况

上下陇洲防护区地处峡江库区赣江左岸，距坝址上游 18km 左右，区内系河谷冲积平原地带，地势平坦，地形呈带状三角形阶地，东临赣江，南为山地，西、北为低丘，大部分耕地高程为 42.00～48.00m，局部耕地高程为 40.00m。防护区内 46.50m 高程以下现状耕地 3320 亩，47.00m 高程以下影响人口 5028 人。

防护区内现有沿赣江边防洪堤，堤顶高程为 47.60～49.50m，无排涝泵站，现有防洪标准约为 5 年一遇。

根据上下陇洲防护区现状，宜采取加高加固现有防洪堤进行防护；防护区内治涝采取导排与抽排相结合的形式进行，导排主要是导走边山来水。防护区总集雨面积为12.3km²，其中：导排集雨面积为 8.57km²，抽排集雨面积为 3.73km²。

9.3.2　上下陇洲防护工程布置

上下陇洲防护区设计洪水重现期为 20 年，相应水位为 46.92～46.54m。根据圩堤保护耕地面积、人口，按照《堤防工程设计规范》（GB 50286—1998），上下陇洲圩堤堤防等级为 4 级。根据有关规程规范，陇洲导托渠排水标准采用重现期为 10 年。

上下陇洲区域的防护方案为：上陇洲村上游区域的耕地进行抬田，抬至 46.50m 高程，上陇洲村及其下游区域建陇洲防护堤进行防护。陇洲堤起于下符山村西部的低山丘岗，经上、下陇洲，止于西沙埠丘岗坡地。导托渠起于下桥下村西南处，出口位于陇洲堤起点上首，通过一水塘入赣江。在下陇洲村附近设下陇洲电排站，对防护区内耕地抬田至44.00m 高程。

9.3.3　上下陇洲防护工程主要建筑物

9.3.3.1　堤防

（1）堤线布置。设计陇洲堤起点位于上陇洲村西部的低山丘岗，经上、下陇洲，与同南河右堤相接，堤线全长 4.48km。桩号 0+000～0+560、1+160～1+540 段为新建圩堤段，设计采用均质土堤，其余堤段采用沿现有圩堤外坡加高培厚布置。

（2）堤防断面。设计堤顶高程为 48.42～48.04m，堤顶宽为 5.0m，堤顶超高 1.5m，堤顶设 4.0m 宽的泥结石防汛公路。设计堤外边坡为 1:3，采用预制混凝土块护坡，厚度为 12cm，下设砂卵石垫层厚 10cm；内边坡为 1:2.5，采用草皮护坡，并在堤脚设排水沟，排水沟沟深 1.0m，底宽 0.5m，结构自上而下依次为块石 40cm、砾石 15cm、粗砂

15cm。堤身填土含水量按最优含水量控制，压实度要求不小于 0.94。

（3）堤身堤基防渗处理。堤身防渗结合土堤加高培厚进行，通过将防渗性较好的土料填至现状堤身迎水侧，达到防渗效果。新建土堤为均质土堤，采用黏性土填筑。

根据实测地质断面资料，对地表黏性土层较薄或堤基表层为砂壤土的堤段结合堤后抬田工程，进行堤内压盖的堤基防渗处理方案，设计对桩号 1＋160～1＋680、3＋600～4＋480 段堤后采用黏土填筑至 44.00m 高程，堤基采用射水法造混凝土防渗墙处理，其他堤段对堤后坑塘进行填塘固基。

（4）岸坡防护。根据实测地形资料，现状圩堤桩号 1＋570～2＋650、2＋800～4＋480 段堤外无河岸或河岸较窄，迎流顶冲、深泓逼岸，对堤身安全造成隐患。拟利用同南河开挖弃料对其进行堤岸填筑处理，使堤岸宽度达到不小于 10m，有利于堤岸及堤身的稳定，设计处理桩号 1＋570～2＋650、2＋800～4＋480，共长 2.76km。填筑体顶高程为44.00m，顶宽 7.5～23.3m，填筑体外边坡为 1：2。

9.3.3.2 排水建筑物

1. 导托渠

（1）断面选择。设计最大导排流量为 22.30m³/s。导托渠在 1＋783 处与陇洲堤相交，该处地面高程为 46.60m 左右，为防止水库蓄水后，库水向导托渠内倒灌，导托渠底高程与水库正常蓄水位相同，高程采用 46.00m。导托渠进口现有一排水沟，沟底高程为48.00m 左右，为充分利用该排水沟拦截丘地来水，导托渠进口底高程采用 47.69m。1＋783～1＋883 段现状地面坡度较陡，约 1：90，渠道底坡与地面坡度基本相同，采用 1：87.8，出口段渠道坡度与地面相同，采用 1：2000。

根据水力计算，渠道水深 1.4～2.2m，开挖、回填边坡以黏土为主，按照《灌溉与排水工程设计规范》（GB 50288—1999），渠道边坡取 1：1.5。渠道岸顶超高按上述规范中式（6.1.23-1）计算，取 $F_b=0.7$m。

不衬砌的渠道糙率 $n=0.025$，经水力计算，0＋000～0＋270 段底宽为 1.0m，0＋270～1＋470 段底宽为 3.6m，1＋470～1＋783 段底宽为 5.6m，流速为 0.76～1.14m/s，小于允许不冲流速。但 1＋783～1＋883 段由于底坡较陡，若采用开挖原边坡的方式，则流速过大，不满足不冲流速要求，故设计对其边坡进行预制混凝土块衬砌，混凝土块厚度采用8cm，下铺 8cm 厚砂卵石垫层。

（2）交叉建筑物布置。为满足防护区内交通要求，不破坏其现有交通网络，分别于导托渠 0＋864、1＋692 两处布置机耕桥，并于导托渠 1＋305 处布置一座人行桥。机耕桥桥面宽度为 5.0m，0＋864 处跨度为 13.0m，1＋692 处跨度为 15.0m；人行桥桥面宽度2.0m，跨度为 13.0m。为满足防护区内灌溉需要，既不破坏区内现有灌溉系统，又不影响导托渠发挥其防洪功能，考虑在导托渠 0＋270、1＋468 设置节制闸，在导托渠 1＋108、1＋113 设置灌溉闸，闸孔尺寸分别为 3m、2m、3m 和 3.6m。

2. 排水泵站

根据上下陇洲防护区的地形条件，在地势较低的陇洲防护堤桩号 2＋900 原水塘处设置下陇洲泵站。泵站采用 3 台 155kW 钢制井筒式潜水轴流泵，设计流量为 4.56m³/s，特征水位见表 9.3 - 1。

表 9.3 - 1　　　　　　　　　上下陇洲防护区排涝泵站设计特征参数表

设计排涝流量/(m³·s⁻¹)	装机容量/kW	外 水 位/m			内 水 位/m				
		防洪水位	最高运行水位	设计水位	最低运行水位	最高水位	最高运行水位	设计水位	最低运行水位
4.56	465	46.86	46.56	46.26	44.70	44.20	43.50	42.50	40.50

9.3.3.3　防护区抬田

上下陇洲防护区内大部分耕地高程低于 46.00m，局部耕地高程为 40.00m，为狭长带状地形。依据渗流计算成果，为满足圩堤渗透稳定要求，堤内需压盖至 44.00m 高程，综合圩堤防洪及区内耕地防浸没要求，对堤内低于 44.00m 高程的耕地进行抬田处理，抬田至 44.00m 高程，对防护区外下符山村侧耕地抬田至 46.50m 高程。上下陇洲防护区抬田区域面积为 1406 亩，工程完成后可获得耕地 1351 亩。

（1）防护区内抬田。防护区内抬田片区域面积为 950 亩，整块抬田由北往南从高到低布置，抬田共分为 26 个抬田区，高程从 44.40m 降至 43.20m。为满足堤内抬田造地灌溉需要，设计从防护区北面同南河取水灌溉（于取水口设陇洲灌溉闸），沿堤内西侧山脚布置灌溉支渠，总长 750m，再经斗渠、农渠自西向东灌溉。抬田区内布置排水网络，将涝水和地下水排至下陇洲电排站（桩号 2＋900），由电排站抽排入赣江。田间工程原则上按沟、渠相邻布置，沟、渠间布设生产路或田间道，农渠（沟）间距为 100.0m。

（2）防护区外抬田。防护区外抬田片区域包括陇洲堤上首、上陇洲村上游区域及上陇洲节制闸右侧的一块洼地，共分为 8 个田块，面积总计 456 亩，除上陇洲节制闸处洼地需抬至高程 48.80m 外，其余地块高程为 46.50～47.00m。灌溉水源取自陇洲导托渠或防护区现有灌溉系统，排水则经排水沟排至下符山村北侧水塘。

（3）防护区排水设计。通过堤防、导托渠的设置，陇洲防护区设计为一封闭的防护区。区内现有水系需进行调整，并统一排向电排站，由下陇洲电排站排出。

（4）抬田工程结构。抬田工程由耕作层、保水层、垫高层组成。抬田时先剥离耕作层，厚度 30cm，待保水层、垫高层施工完成后，再将耕作层回填复耕，抬田后的耕地高程指田面高程。耕作层以下为保水层，厚度 50cm，采用黏性土填筑。保水层以下为垫高层，厚度根据抬田高程、原地面高程确定，采用同南河、导托渠开挖料填筑。

9.3.3.4　防浸没处理

（1）浸没范围。防护区位于赣江冲积阶地上，地层为第四系冲积层，具二元结构，上部为粉质黏土（黏土）、壤土等相对不透水层；下部为含（透）水性较好的砂类土及砾（卵）石层，地下水多具承压性质，与赣江水力联系紧密。水库正常蓄水位 46.00m，根据地质勘探资料对二元结构农田浸没范围的预测，把水库正常蓄水位线以上 1.0m 以内定为浸没范围，因此确定防护区高程低于 47.00m 的耕地为浸没范围，需采取防浸没措施。

（2）浸没标准。本工程地处亚热带地区，降雨频繁，水量多，地下水为低矿化度淡水，不存在土地盐碱化问题。防浸没标准按防止农作物产生渍害的最小地下水埋深（耐渍

213

深度）确定，依据《灌溉与排水工程设计规范》（GB 50288—1999），水稻田设计排渍深度为 0.4～0.6m，旱田为 0.8～1.3m，水稻田能在晒田期内 3～5d 将地下水位降至设计排渍深度。防护区农田以种植水稻为主，农田位于地势低平地带，旱作物较少或高于水稻田块，村庄房屋建筑地基均会垫高于周边地面 1.0m 左右，当按水稻田区控制地下水临街水深时，村庄房屋建筑、旱地等浸没问题不大，因此，浸没标准按水稻田控制，为允许地下水埋深 0.6m。

（3）防浸没措施。在防护区内设置明沟排水系统进行防浸没处理，在排渍期，地下水通过排水沟排入电排站，由电排站抽排入赣江。田间地下水位主要由农沟进行调控，依据《灌溉排水工程设计规范》（GB 50288—1999）条文说明表8 推荐的排水沟规格，确定农沟间距为 100m，沟深为 1.5m，底宽为 0.5m，边坡为 1∶1.5～1∶2.0。

9.4 柘塘防护工程

9.4.1 柘塘防护区概况

柘塘防护区位于峡江库区赣江左岸，距坝址上游 30km 左右。防护区位于柘塘水下游，由两条带状盆地及赣江边汇合盆地组成。防护区东临赣江，其余盆地四周均为山地，大部分耕地高程为 42.20～47.60m，防护区内 46.50m 高程以下现状耕地 5652 亩，47.00m 高程以下影响人口 4411 人。柘塘防护区内目前无防洪排涝设施。

柘塘水由两小支流汇合而成，根据防护区地形，宜采取沿河修建堤防进行防护，并新建排涝站排除堤内涝水，支流汇合前采取单边堤导排上游来水，两支流汇合后采取夹堤形式导排上游来水；防护区北面部分边山来水采取截洪沟形式直接导排入赣江。防护区总面积为 120km²，其中：导排集雨面积为 107.1km²（包括北导排渠 4.33km²），抽排集雨面积为 12.49km²。

9.4.2 柘塘防护工程布置

柘塘防护区位于赣江左岸，距坝址上游 30km，属吉水县金滩镇管辖，为水库常水位淹没区。柘塘防护区包括北防护区和南防护区，北防护区由北堤、柘塘水导排渠、北导托渠组成；南防护区由南堤、凌头水导排渠、南导托渠组成。各堤、渠线布置情况如下：

柘塘水经三元老居村后由西向东，经曾家村、大水田村、柘塘村后，由北向南再由南向北与凌头水汇合后入赣江。为了使柘塘水导排入赣江，在三元老居村下游改道，沿南侧山地边缘开挖导排河渠。为避免柘塘水穿越曾家村、大水田村，在曾家村南侧穿越高地，经檀桥寺村、大水田村南的山坳后，沿柘塘水老河道到养猪场入赣江。在养猪场以下柘塘水新河道，由南、北两堤的夹河堤方式，把柘塘水排入赣江。

凌头水流经午岗村后由南向北偏东，经养猪场后与柘塘水汇合。为了导排芹子塘南侧山坳来水，在凌头水与南导托渠衔接后，沿北侧山地边缘开挖导排渠，在穿越白竹溪村北高地后与柘塘水汇合。

南堤始于柘口村高地，沿赣江江岸布置，在新开柘塘水的出口处拐向养猪场高地结束。北堤始于大水田下游 1km 处高地，沿新开柘塘水的左岸布置，在新开柘塘水的出口处沿赣江江岸布置，在下码头村以北的高地结束。

北导托渠位于北防护区的北侧高地，由西向东布置，拦截 62.00m 高程以上来水，长 3.4km。为了导排芹子塘南侧山坳的山地来水，在芹子塘南侧山坳的西侧开南导托渠，长 0.3km。

9.4.3 柘塘防护工程主要建筑物

9.4.3.1 圩堤

柘塘圩堤工程主要包括南、北堤及其相应的护岸工程。

1. 南、北堤堤线布置

（1）南堤堤线布置。南堤根据新开挖的凌头水、柘塘水河道布置，起点位于柘口村高地，结束于养猪场高地，总长 1.4km。圩堤由两段组成，桩号 0+000～0+800 段位于赣江段，始于柘口村，沿赣江江岸布置；桩号 0+800～1+400 段位于柘塘水入赣江口段的右岸，与临赣江堤相接，止于养猪场高地。因南堤保护区内农田高程局部为 42.00m 左右，堤防挡水较深，为防止对农田产生浸没影响，将离南堤 100m 内、高程 42.0m 左右农田抬高至 44.00m，共抬田 160.62 亩。为解决该抬田区的灌溉问题，在南堤 1+150 处设柘口灌溉闸，闸底板高程为 44.00m，孔口尺寸 1m×1.2m，沿堤脚设灌溉渠道，渠道长 1300m，采用 UD80 U 形槽衬砌。在桩号 0+550 布置柘口电排站，承担南片区域的排水。

（2）北堤工程布置。北堤根据新开挖的柘塘水河道布置，起点位于养猪场对面河岸高地，止于下码头村附近高地，总长 3.02km。圩堤由两段组成，桩号 0+000～1+400 段位于塘水入赣江口段的左岸，始于柘塘水左岸高地，与临赣江堤相接；桩号 1+400～3+020 段沿赣江江岸布置，止于下码头村高地。因北堤保护区内农田高程局部约为 42.00m，堤防挡水较深，为防止对农田产生浸没影响，将离北堤 100m 内高程 42.00m 左右农田抬高至 44.00m，共抬田 134.91 亩。为解决该抬田区的灌溉问题，在北堤 0+050 处设南园水灌溉闸，闸底板高程为 44.00m，孔口尺寸 1m×1.2m，沿堤脚设灌溉渠道，渠道长 1000m，采用 UD80U 形槽衬砌。临赣江段在桩号 1+800 布置南园电排站，承担北片区域的排水。

2. 圩堤工程结构设计

（1）堤身断面设计。南堤、北堤临赣江段及临柘塘水出口段，桩号分别为南堤 0+000～1+400、北堤 0+000～3+020，堤身断面为均质土堤，堤顶宽度 5m，堤顶超高 1.5m，外坡取 1∶3，背水坡取 1∶2.5。南堤 0+800～1+400，北堤 0+000～1+400 在 46.5m 高程处设一个 10m 宽平台。堤顶设泥结石路面，路面宽 4m。临水坡采用混凝土预制块护坡，厚度为 12cm，下设砂卵石垫层，厚 10cm。背水坡采用草皮护坡，并在堤脚设排水沟，排水沟沟深为 1.0m 左右，底宽为 0.5m，结构为干砌块石 40cm。凌头水右岸填方段桩号 0+000～2+100（简称凌头水右堤）、柘塘水左岸填方段桩号 0+000～1+500 和 2+400～3+050（简称柘塘水左堤），按堤身断面进行设计，堤身断面为均质土堤，堤顶宽度 4m，堤顶超高 1.2m，外坡取 1∶2.5，背水坡取 1∶2.5。堤顶设泥结石路面，路面宽 3.5m。临水坡、背水坡采用草皮护坡。

（2）堤身、堤基防渗处理。堤身采用均质土堤，满足防渗要求。南堤桩号 0+700～

1+400 堤基采用高喷灌浆进行防渗处理，临近堤脚的老河道全部填平至高程 43.30m。北堤桩号 0+000～1+500 堤基采用射水法造混凝土防渗墙进行防渗处理，临近堤脚的老河道全部填平至高程 44.35m。凌头水右堤、0+000～2+100 柘塘水左堤 0+000～1+733 段，堤基表层黏性土层薄或砂卵石层出露，为防止库水沿砂卵石层渗入防护区，产生浸没，堤基采用射水法造混凝土防渗墙防渗。

（3）岸坡处理。北堤赣江段岸坡较陡，对其进行抛石护岸处理，桩号为 1+800～3+020。抛石体顶高程为设计枯水位以上 0.5m。坡度缓于 1∶2 的陡岸，按原坡抛护，厚 1m，抛到缓于 1∶3 平缓处或河深泓。岸坡陡于 1∶2 的抛石体顶宽 1.5m，边坡 1∶2，再外抛厚 0.9～1.2m，宽 2～6m 的水平护脚，具体宽度与厚度视流速的大小和冲刷程度而定。

9.4.3.2　排水建筑物

柘塘防护区由于导排柘塘水及其支流凌头水，使柘塘防护工程分隔为南区和北区。南区排水建筑物由新开凌头水河道、南导托渠、排水干沟、柘口电排站组成；北区排水建筑物由新开柘塘水河道、北导托渠、排水干沟、南园电排站组成。

1. 凌头水

（1）工程布置。新开凌头水起点在午岗村附近接原凌头水，沿山脚北上至白竹溪村后左拐，穿越山地后东接柘塘水，总长 2.8km。凌头水左岸农田与村庄，村庄高程满足防洪要求，部分农田地面高程较低，进行抬田处理，抬田高程按 5 年一遇洪水标准。经计算桩号 0+000～1+100 段抬田高程为 46.80m，桩号 1+100～2+800 段抬田高程为 46.46m。凌头水右岸为防护区的农田，桩号 0+000～2+100 为填方渠道段，按堤身断面进行设计，堤顶宽 4m，内边坡取 1∶2.5，外边坡取 1∶2.5，采用草皮护坡。外坡在 46.50m 高程处设一条 5m 宽的马道。为满足灌溉要求，在南堤 1+100 处设凌头水灌溉闸，孔口尺寸为 1m×1.2m，底板高程为 44.00m。为恢复交通，在凌头水 1+200、1+700、2+360 处各设公路桥 1 座。

（2）河道断面设计。凌头水起点底高程为原河道底高程 44.72m，终点底高程为 43.00m，桩号 0+000～2+800 纵坡为 1/2000，0+000～1+100 渠底宽为 10m，1+100～2+800 渠底宽度为 15m。开挖边坡取 1∶2，在设计洪水位（$P=10\%$）1.0m 以上处设 4m 宽平台。

2. 南导托渠

（1）导托渠布置。南导托渠采用开挖形式，起点位于丘岗地带，接山上渠道来水，沿山而开，渠道终点接上凌头水。

（2）渠道断面设计。南导托渠起点底高程为 48.45m，终点底高程为 48.15m，纵坡 1/1000，渠底宽 1.4m，开挖边坡 1∶1.5。

3. 柘塘水

（1）工程布置。新开柘塘水起点在山原居村附近接原柘塘水，沿山脚往东至曾家村，穿越曾家村与大水田南面山头哑口，后接南北夹堤入赣江，总长 5.34km。柘塘水左岸分布的农田与村庄，村庄高程满足防洪要求，部分农田地面高程较低，进行筑堤保护，桩号为 0+000～1+500、2+400～3+050，堤顶宽 4m，内边坡取 1∶2.5，外边坡取 1∶2.5，采用草皮护坡。外坡在 46.50m 高程处设一条 5m 宽的马道。桩号 3＋850～5＋340，堤顶宽度为 5m，内外边坡取 1：2.5，外坡在 46.50m 高程处设一条 10m 宽的马道。为减少淹没损失，将柘塘水的右岸靠山侧部分地面较低农田采取抬田方法进行保护，抬田高程按 5 年一遇洪水标准。经计算桩号 0＋000～2＋850 抬田至 47.73m、桩号 2＋850～3＋850 抬田至 46.82m。为满足灌溉要求，在柘塘水 1＋275 处设柘塘水灌溉闸，底板高程为 44.34m，柘塘水 3＋950 处设南园灌溉闸，底板高程为 44.34m，柘塘水 4＋890 处设柘口灌溉闸，底板高程为 44.34m，孔口尺寸均为 1m×1.2m，为恢复交通，在柘塘水 1＋280、2＋200、2＋520、3＋300、4＋377 处各设公路桥 1 座。

（2）河道断面设计。柘塘水起点底高程为原渠道高程 44.78m，终点底高程为 43.00m，桩号 0＋000～5＋340 纵坡为 1/3000，0＋000～4＋377 渠底宽为 25m，4＋377～5＋340 渠底宽度为 70m。柘塘水开挖边坡取 1：2，在设计洪水位（$P=10\%$）1.0m 以上设 4m 宽平台。

4. 北导托渠

（1）导托渠布置。北导托渠西面高程落差比较平缓，起点周边高程约为 72.00m，2＋900 附近高程约为 61.00m，临赣江边上为低洼田地，平均高程为 46.00m，从 2＋900 至出口落差达到 15m，根据地形特点，分别设置 5 处跌水。

根据水文提供资料，在王坑的流量为 4.7m³/s，周坑后流量为 10.3m³/s，太湖山后流量为 14.7m³/s，焦太公后流量为 19.8m³/s，出口流量为 19.8m³/s。依据地形资料周坑位于 0＋400 处，太湖山位于 1＋650 处，焦太公位于 2＋900 处。

北导托渠起点接原渠入口，渠底高程为 71.15m，拉直与 0＋400 周坑附近渠道相接，后沿渠道贴山边开挖至 1＋650 太湖山村附近，顺地形沿山开挖至 2＋900 处与附近渠道相接，后拉直线出赣江，总长 3.55km。

在 0＋500 处设周坑灌溉闸，在 2＋500 处设焦太公灌溉闸，孔口尺寸均为 1m×1m，为恢复交通，在 0＋750 处设人行桥 1 座，在太湖村附近 1＋740 处设人行桥 1 座。

（2）渠道断面设计。北导托渠 0＋000～0＋400 段，渠底高程为 71.15～71.10m，纵坡为 1/1000，渠底宽 3m，水深 0.99m，并在 0＋400 处设置跌水，跌水深 2m；0＋400～1＋650 段渠底宽度为 4.5m，水深 1.41m，纵坡为 1/1000，在 1＋200、1＋400 及 1＋650 处设置跌水，跌水深为 3m。渠底高程分别为 69.10～68.30m、65.30～65.10m、62.10～61.85m。1＋650～2＋900 段渠底宽 5m，水深为 1.62m，纵坡为 1/1000，在 2＋900 处设置跌水，跌水深为 3m。渠底高程为 58.85～57.60m，2＋900～3＋550 段渠底宽为 5m，水深 1.83m，纵坡为 1/55，渠底高程为 54.60～42.78m，混凝土衬砌，厚 0.3m。

5. 电排站

防护区分为南、北两个排水区域，南片由柘口电排站、北片由南园电排站承担区内排水任务，经水文分析计算，两个站的设计特征参数见表 9.4-1。

9.4.3.3 防浸没处理

1. 浸没范围

防护区位于赣江冲积阶地上，地层为第四系冲积层，具二元结构，上部为粉质黏土

217

表 9.4－1 柘塘防护区排涝泵站设计特征参数表

序号	泵站名称	设计排涝流量/(m³·s⁻¹)	装机容量/kW	外 水 位/m				内 水 位/m			
				防洪水位	最高运行水位	设计水位	最低运行水位	最高水位	最高运行水位	设计水位	最低运行水位
1	柘口	8.12	750	48.59	47.79	46.99	46.06	44.00	42.80	42.00	40.60
2	南园	19.50	2240	48.53	47.71	46.93	46.05	43.00	41.80	41.00	39.50

（黏土），壤土等相对不透水层；下部为含（透）水性较好的砂类土及砾（卵）石层，地下水多具承压性质，与赣江水力联系紧密。水库正常蓄水位为 46.00m，根据地址勘探资料对二元结构农田浸没范围的预测，把水库正常蓄水位线以上 1.00m 以内定位浸没范围，因此确定防护区高程低于 47.00m 的耕地为浸没范围，需采取防浸没措施。

2. 浸没标准

本工程地处亚热带地区，降雨频繁，水量多，地下水为低矿化度淡水，不存在土地盐碱化问题。防浸没标准按防止农作物产生泽害的最小地下水埋深（耐泽深度）确定，依据《灌溉与排水工程设计规范》（GB 50288—1999），水稻田设计排渍深度为 0.4～0.6m，旱田为 0.8～1.3m，水稻田能在晒田期内 3～5d 将地下水位降至设计排泽深度。

防护区农田以种植水稻为主，农田位于地势低平地带，旱作物较少或高于水稻田块，村庄房屋建筑地基均会垫高于周边地面 1.0m 左右，当按水稻田区控制地下水临界水深时，村庄房屋建筑、旱地等浸没问题不大，因此，浸没标准按水稻田控制，为允许地下水埋深 0.6m。

3. 防浸没措施

（1）排水干沟。防护区分为南、北两个排水区，由电排站抽排调控地下水位。

（2）其他排水沟。田间地下水位主要由农沟进行调控，依据《灌溉与排水工程设计规范》（GB 50288—1999）条文说明表 8 推荐的排水沟规格，确定农沟间距为 100m，沟深为 1.5m，底宽为 0.3m，边坡为 1∶1.5～1∶2.0。

9.5　金滩防护工程设计

9.5.1　金滩防护区概况

金滩防护区位于峡江库区赣江左岸，距坝址上游 35km 左右，与柘塘防护区毗邻，为吉水县金滩镇政府所在地。防护区内耕地沿赣江呈带状分布，高程由南至北（由上而下）为 46.90～43.80m。46.50m 以下高程现状耕地 3174 亩，47.00m 以下高程影响人口 5042 人。

根据《吉水县城近期建设规划》，金滩防护区西侧山地为城西工业园，建设中城西工业园的城市建设构架已初具规模，道路网络、城市排水等已基本形成。但现有沿赣江边无防洪堤，未形成防洪体系。

根据城西工业园规划及防护区地形，宜采取新建防洪堤进行防护，防护区内治涝采取导排与抽排相结合的形式进行，导排主要为小支流金滩水上游来水。防护区总集雨面积为

13.38km²，其中，导排集雨面积为 9.57km²，抽排集雨面积为 3.81km²。

9.5.2 金滩防护工程布置

金滩防护区防洪标准洪水重现期为 10 年一遇，按照《堤防工程设计规范》（GB 50286—1998）有关规定，金滩圩堤堤防等级为 5 级。穿堤建筑物级别根据其规模按《堤防工程设计规范》（GB 50286—1998）、《泵站设计规范》（GB/T 50265—1997）和《水闸设计规范》（SL 265—2001）确定，白鹭电排站装机容量为 465kW，金滩排洪涵设计流量为 22.4m³/s，建筑物级别为 4 级，相应设计洪水标准为 10 年一遇，本阶段防护方案为沿赣江岸滩布置防护堤，将金滩镇政府至白鹭村纳入保护区，设导托涵管，从防护区内通过，穿过防护堤，将金滩水导入赣江。堤线起于金滩镇西部岭下村丘岗地带，至金滩镇政府所在地，再沿赣江设防白鹭村后延伸至柘口村，堤线长 5.594km。

在桩号 1+433 处布置有排洪涵管出口，桩号 5+400 处设白鹭电排站。

9.5.3 金滩防护工程主要建筑物

9.5.3.1 圩堤

1. 堤线布置

堤线起于金滩镇西部岭下村丘岗地带，至金滩镇政府所在地，再沿赣江设防白鹭村后延伸至柘口村，堤线长 5.594km。

在桩号 1+433 处布置有排洪涵管出口，在桩号 5+400 处设白鹭电排站承担防护区域的排水。

2. 圩堤工程结构设计

（1）堤身断面设计。桩号 0+000～0+320、1+346～3+383、3+613～5+303 设计采用均质土堤，堤顶高程为 50.12～49.28m。堤内边坡为 1：2.5，外边坡为 1：3。临赣江堤段 1+346～3+383、3+613～5+303 外坡采用 C15 混凝土预制块护坡，其余为草皮护坡。堤顶宽 5.0m，设泥结碎石防汛路面，宽 4.0m。非临赣江段 0+000～0+320、5+303～5+594 内外边坡均采用草皮护坡，堤顶宽度 5.0m，设泥结碎石防汛路面，宽 4.0m，堤顶超高 1.5m。

（2）堤身、堤基防渗处理。土堤堤身采用黏土填筑，为均质土堤，满足防渗要求。对 0+000～0+320、1+620～5+594 堤段范围的堤基础进行防渗处理，采用射水造混凝土防渗墙防渗。

（3）岸坡处理。金滩临赣江堤段，堤岸大部分陡峭，坡度达 1：0.5，岸坡稳定性差，因此，对以下堤外岸坡陡峭堤段的堤岸进行防护处理：1+489～1+545、1+590～1+827、1+898～2+056、2+110～2+140、2+209～2+236、2+455～2+630、2+700～3+020、3+088～3+225，共计 1140m，对 40.50m 高程以上陡于 1：2 的边坡进行削坡至 1：2，并采用预制混凝土护坡，对 40.50m 高程以下进行抛石固脚以利于堤岸稳定。

9.5.3.2 排水建筑物

1. 金滩排洪涵

金滩排洪涵设计排涝流量为 22.4m³/s，主要由支涵管段、拦污栅段、进水渠、集水前池、涵管段、检修闸段、消力池及出水护坦等部分组成。

拦污栅段长 4.0m；集水前池段长 10.0m，底高程为 42.40m；拦污栅上接原渠道，下接进水渠，进水渠后接集水前池，涵管处于农田内，为了不占用农田需涵管达到一定的埋深，根据涵管尺寸确定进口集水井井底高程为 42.40m。集水前池段后接穿堤涵管段，涵管为 2 孔，孔口尺寸为 2.0m×2.7m，涵管段进出口底板高程分别为 42.40m、41.60m，箱涵共 78 节，每节长 10.0m。涵管段后衔接检修闸段，长 8.0m，两孔，孔口尺寸为 2.0m×2.7m；闸底板高程为 41.60m，边墩厚 0.8m，闸顶高程为 46.54m，闸门启闭台高程为 49.94m。消力池底板高程为 41.10m，长 10.0m。消力池外设长 12.0m、宽 10.4m、厚 0.3m 的干砌块石护坦。

2. 白鹭电排站

位于金滩堤桩号 5+400 处，采用 3 台 155kW 钢制井筒式潜水轴流泵，设计流量为 4.57m³/s，主要由引水渠、进水闸、前池、泵房、压力水箱、穿堤箱涵、防洪闸、消力池等部分组成，设计特征参数见表 9.5-1。

表 9.5-1　　　　　　　　金滩防护区排涝泵站设计特征参数表

泵站名称	设计排涝流量/(m³·s⁻¹)	装机容量/kW	外 水 位/m				内 水 位/m			
			防洪水位	最高运行水位	设计水位	最低运行水位	最高水位	最高运行水位	设计水位	最低运行水位
白鹭	4.57	465	48.67	47.86	47.07	46.06	45.00	43.30	42.50	41.0

9.5.3.3　防浸没处理

1. 浸没范围

防护区位于赣江冲积阶地上，地层为第四系冲积层，具二元结构，上部为粉质黏土（黏土）、壤土等相对不透水层；下部为含（透）水性较好的砂类土及砾（卵）石层，地下水多具承压性质，与赣江水力联系紧密。水库正常蓄水位 46.00m，根据地址勘探资料对二元结构农田浸没范围的预测，将水库正常蓄水位线以上 1.00m 以内定位浸没范围，因此确定防护区高程低于 47.00m 的耕地为浸没范围，需采取防浸没措施。

2. 浸没标准

本工程地处亚热带地区，降雨频繁，水量多，地下水为低矿化度淡水，不存在土地盐碱化问题。防浸没标准按防止农作物产生泽害的最小地下水埋深（耐泽深度）确定，依据《灌溉与排水工程设计规范》（GB 50288—1999），水稻田设计排渍深度为 0.4~0.6m，旱田为 0.8~1.3m，水稻田能在晒田期内 3~5d 将地下水位降至设计排泽深度。

防护区农田以种植水稻为主，农田位于地势低平地带，旱作物较少或高于水稻田块，村庄房屋建筑地基均会垫高于周边地面 1.0m 左右，当按水稻田区控制地下水临界水深时，村庄房屋建筑、旱地等浸没问题不大，因此，浸没标准按水稻田控制，为允许地下水埋深 0.6m。

3. 防浸没措施

金滩排水干渠主要布置有两条，均为南北方向平行赣江布置，支沟 1 利用原有一条贯穿整条防护区的排水沟，上游连通金滩镇政府上游洼地，下游进入泵站边水塘；支沟 2 靠近防护堤平行设置，主要目的防止靠江岸房屋密集区产生浸没影响。

9.6 樟山防护工程设计

9.6.1 樟山防护区概况

樟山防护区位于峡江库区赣江左岸，文石河下游，距坝址上游43km左右。根据樟山防护区地形条件，本防护区分四片进行防护，分别为樟山防护堤、燕家坊堤、落虎岭堤、奶奶庙堤。樟山堤防护片内耕地高程为43.50～50.00m；燕家坊堤防护片内耕地高程为45.30m左右，部分耕地高程为47.70m以上；落虎岭堤防护片内耕地高程为45.70～46.70m；奶奶庙堤防护片内耕地高程为46.80～47.70m，靠山处耕地高程为47.70m以上。整个樟山防护区内46.50m高程以下现状耕地6947亩，47.00m高程以下影响人口6061人。

樟山堤防护片现状无防洪堤，燕家坊堤、落虎岭堤、奶奶庙堤防护片现状仅有一些间断不连续的低矮堤防，末形成防洪保护圈，现状防洪标准不足5年一遇。各防护片现状均无排涝设施。

根据樟山防护区各防护片不同的地形条件，宜采取分片筑堤进行防护，形成单边堤或夹堤导排文石河及其小支流来水，樟山防护区总导排面积为340.56km^2，抽排面积为20.03km^2。

9.6.2 樟山防护工程布置

樟山防护区防护堤设计防洪标准为10年一遇，堤防等级为5级。樟山防护工程分布在文石河两岸，在桥头村下游，文石河右岸为樟山防护堤，左岸有四条小沟汇入，采用沿河建堤方式导排小沟来水，分成三片防护区。防护堤自下而上为燕家坊堤、落虎岭堤、奶奶庙堤，其中燕家坊堤归吉水县金滩镇管辖，其余归吉州区樟山乡管辖。

樟山防护区由樟山堤、燕家坊堤、落虎岭堤、奶奶庙堤组成，文石河右岸为樟山防护堤，其余均位于文石河左岸。燕家坊堤、落虎岭堤、奶奶庙堤为导排文石河左岸四条小溪，沿小溪建堤，各防护区堤线平面布置呈U形。樟山堤上接奶奶庙公路桥，沿文石河右岸而下，经井头村南沿赣江而上，穿越文石村后拐向西侧山地结束，在临近赣江处堤线离江岸约200m。

9.6.3 樟山防护工程主要建筑物

9.6.3.1 圩堤

樟山防护区由樟山堤、落虎岭堤、奶奶庙堤、燕家坊堤组成。

1. 堤线布置

（1）樟山堤堤线布置。樟山堤按所在地段分为公路堤路堤结合段、临文石河堤、临赣江堤。公路堤堤段桩号为0+000～2+120，临文石河堤堤段桩号为2+120～5+250，临赣江堤堤段桩号为5+250～10+880。设计新建樟山堤为公路桥以下至临赣江堤段，堤线总长8.76km。为避免樟山堤堤线过于弯曲，桩号5+600以下文石河河道采取裁弯取直的方式开挖新河道。河道开挖底宽35m，开挖边坡采用1:3，进口河底高程为42.00m，出口河底高程为 41m，河底纵向坡降为 1/2644，新开河道总长为 2.644km。5＋600 以下临河堤沿新开河道右岸布置，在桩号 7＋800 处沿赣江左岸拐向南，经江口村、文石村后拐向西侧山地结束。

在桩号 6＋500 处设舍边电排站，承担区内排捞和调控地下水位的任务。

（2）落虎岭堤工程布置。落虎岭堤沿文石河左岸而下，经钱岗支流口沿支流而上，在钱岗村旁的县级公路结束，堤线总长 2.81km。

在桩号 1＋600 处设落虎岭电排站，承担区内排涝和调控地下水位的任务。

1＋600～3＋350 段堤脚低于 46.50m，在水位变化范围为保堤坡安全，迎水面堤坡采用预制块护坡。

（3）奶奶庙堤工程布置。奶奶庙堤起点位于上头村，经庙前村旁拐到文石河，沿文石河左岸而下，经下泸田支流口沿支流而上，到下泸田村旁的县级公路结束，堤线总长 4.44km。

在桩号 3＋800 处设庙前电排站，承担区内排涝和调控地下水位的任务。

奶奶庙堤起点上头村至奶奶庙村堤内有三处排水小渠汇入陈家塘支流，为减少庙前电排站的排涝流量，在排水渠出口设排水涵，排水涵的桩号分别为 0＋300、0＋700、1＋350，排水涵孔口尺寸为 0.8m×0.8m。

（4）燕家坊堤工程布置。燕家坊堤上接钱岗村旁的县级公路，沿钱岗燕家坊而下，经钱岗支流口，沿文石河而下，在燕家坊支流口沿燕家坊支流而上，到燕坊村左侧山地结束，堤线总长 2.35km。

在桩号 1＋650 处设燕家坊电排站，承担区内排涝和调控地下水位的任务。

2．圩堤工程结构设计

（1）堤身断面设计。樟山堤临文石河段桩号（2＋120～5＋250）设计采用均质土堤，堤顶高程为 50.76～51.13m。圩堤的临水坡为 1：3，背水坡为 1：2.5，内、外坡均为草皮护坡；内堤脚设置排水沟；设计堤顶宽 5.0m，设泥结碎石防汛路面宽 4.5m。设计堤顶超高为 1.2m。樟山堤临赣江段（桩号 5＋250～10＋880）设计采用均质土堤，堤顶高程为 50.76～51.25m。圩堤的临水坡为 1：3，采用 C15 混凝土预制块护坡，背水坡为 1：2.5，为草皮护坡；设计堤顶宽 5.0m，设泥结碎石防汛路面宽 4.5m。桩号 5＋600～7＋800 由于堤后耕地高程较低，设排水沟。设计堤顶超高为 1.5m。

落虎岭堤桩号 0＋980～1＋600 与奶奶庙堤共同形成夹河堤，设计堤顶高程为 50.95m。1＋600～2＋540 位于文石河段，与樟山堤共同形成夹河堤，设计堤顶高程为 50.95～50.82m。2＋540～3＋790 与燕家坊堤共同形成夹河堤，设计堤顶高程为 50.82～50.87m。圩堤的堤段的临水坡及背水坡均为 1：2.5，设计堤顶宽 4.0m，设泥结碎石防汛路面宽 3.5m，内、外坡为草皮护坡。设计堤顶超高为 1.2m。

奶奶庙堤桩号 0＋000～1＋850 位于陈家塘支流，设计堤顶高程为 52.45～51.30m。桩号 1＋850～3＋800 位于文石河段与樟山堤共同形成夹河堤，设计堤顶高程为 51.30～50.95m。桩号 3＋800～4＋440 与落虎岭堤共同形成夹河堤，设计堤顶高程为 50.95m。圩堤的堤段的临水坡及背水坡均为 1：2.5，设计堤顶宽 4.0m，设泥结碎石防汛路面宽 3.5m，内、外坡均为草皮护坡。设计堤顶超高为 1.2m。

桩号1+780～2+240位于奶奶庙村旁，是陈家塘支流与文石河的汇流处，河岸迎流顶冲。该处房屋密集且临近文石河边建造，为减少房屋拆迁，保护河岸，该段设计采用防洪墙。防洪墙基础底面坐落在黏土、壤土层上，墙高3.5m，底宽3.20m，总长460m。

燕家坊堤桩号0+000～1+270与落虎岭堤共同形成夹河堤，设计堤顶高程为50.89～50.82m。1+270～2+080位于文石河段，与樟山堤共同形成夹河堤，设计堤顶高程为50.82～50.76m，2+080～2+350与下游抬田区相邻，设计堤顶高程为50.76m。圩堤的临水坡及背水坡均为1：2.5，设计堤顶宽4.0m，设泥结碎石防汛路面宽3.5m，内、外坡均为草皮护坡。设计堤顶超高为1.2m。

0+045～2+250段堤脚高程低于46.50m；在水位变化范围内，为保护堤坡安全，迎水面堤坡采用预制块护坡。

（2）堤身、堤基防渗处理。樟山堤在桩号3+880～4+580及8+000～8+800段设计采用射水法造混凝土防渗墙，墙厚220mm，墙底伸入相对不透水层不小于0.5m，墙顶高程伸入堤身1.0m。

（3）岸坡处理。樟山堤临文石河段（桩号2+120～5+400）、临赣江段（桩号8+800～10+000段）岸坡坡度陡，坡比为1：1～1：1.5，局部陡于1：1，其他堤段坡度较平缓，不会产生岸坡稳定。奶奶庙桩号1+800～2+800段临文石河，岸坡坡度较陡，局部陡于1：1.0，需采取护岸措施，其他堤段岸坡平缓，不存在岸坡稳定问题。

落虎岭1+600～2+540段临文石河，岸坡坡度较陡，坡比为1：1～1：1.5，局部陡于1：1.0，需采取护岸处理，其他堤段岸坡平缓。

燕家坊1+300～2+100段临文石河，岸坡坡度陡于1：1.0，土质为壤土、黏土，需采取护岸处理，其他堤段岸坡较缓，不存在岸坡稳定。

预制混凝土护岸将岸坡削坡至1：2.0，采用预制混凝土块护岸，厚度10cm，混凝土护坡下设10cm砂砾石垫层，顶部设压顶，底部设现浇混凝土齿槽，混凝土护岸结构与混凝土护坡相同。枯水位以下抛石护岸按原坡抛护，厚度为60cm，要求大小搭配，抛石单块重量不小于30kg。

9.6.3.2 排水建筑物

1. 排水涵

奶奶庙堤起点上头村至奶奶庙村堤内地面高程高于设计洪水位，河床高程也较高，堤内原有三处排水小渠汇入陈家塘支流，为减少庙前电排站的排涝流量，在该段（桩号0+000～1+850）范围内设三座排水涵，排水涵的桩号分别为0+300、0+700、1+350。

排水涵设计包括外河混凝土泄槽、穿堤涵管和进水池三部分。进水池结构尺寸2.8m×2.4m×1.95m（长×宽×高）；穿堤箱涵1孔，每节长6.0m，孔径为0.8m×0.8m（宽×高）；外河混凝土泄槽结构尺寸为2.0m×1.23m（宽×高）。

2. 文石河整治

新开河设计全长2664m，行洪设计流量为457m³/s，底宽为35m，河底纵向坡降采用1/2644，上游入口设计河底高程42.00m，下游出口设计河底高程41.00m，设计河道边坡为1：3。桩号5+600以下樟山堤沿新开河道右岸布置，新开河岸到樟山堤脚的距离大于

5.0m，樟山堤在桩号 7+800 处沿赣江左岸拐向南，新开河岸与樟山堤相邻的河岸安全。桩号 5+600 以下新开河道左岸为抬田区，新开河左岸的高程均提高到 47.00m，有利于水流通畅。

桩号 0+700～0+900 两岸岸坡有部分在细砂层上，为防止冲刷该处采用预制块混凝土护岸。

3. 电排站

樟山防护区排涝泵站有樟山堤的舍边泵站、燕家坊堤的燕家坊泵站、落虎岭堤的落虎岭泵站、奶奶庙堤的庙前泵站。泵站总装机容量为 1539kW，设计排涝流量为 16.44m³/s。

庙前泵站位于奶奶庙堤桩号 3+800，采用三台 65kW 钢制井筒式潜水轴流泵，设计排涝流量为 2.29m³/s。落虎岭泵站位于落虎岭堤桩号 1+650，泵站采用两台 37kW 钢制井筒式潜水轴流泵，设计流量为 2.29m³/s。燕家坊泵站位于燕家坊堤桩号 1+650，泵站采用两台 75kW 钢制井筒式潜水轴流泵，设计流量为 1.26m³/s。舍边泵站位于樟山堤桩号 6+500，泵站采用四台 280kW 钢制井筒式潜水轴流泵，设计流量为 12.30m³/s。设计特征参数见表 9.6-1。

表 9.6-1　　　　　　　　樟山防护区排涝泵站设计特征参数表

序号	泵站名称	设计排涝流量/(m³·s⁻¹)	装机容量/kW	外水位/m				内水位/m			
				防洪水位	最高运行水位	设计水位	最低运行水位	最高水位	最高运行水位	设计水位	最低运行水位
1	庙前	2.29	195	50.59	49.78	48.95	46.13	48.50	47.30	46.50	44.50
2	落虎岭	0.59	74	50.47	49.65	48.82	46.12	47.50	46.30	45.50	43.50
3	燕家坊	1.26	150	40.39	49.56	48.73	46.12	46.80	45.60	44.80	42.80
4	舍边	12.3	1120	50.31	49.50	48.67	46.12	46.20	45.00	44.20	42.20

9.6.3.3 防浸没处理

1. 浸没范围

防护区位于赣江冲积阶地上，地层为第四系冲积层，具二元结构，上部为粉质黏土（黏土）、壤土等相对不透水层；下部为含（透）水性较好的砂类土及砾（卵）石层，地下水多具承压性质，与赣江水力联系紧密。水库正常蓄水位 46.00m，根据地址勘探资料对二元结构农田浸没范围的预测，把水库正常蓄水位线以上 1.00m 以内定位浸没范围，因此确定防护区高程低于 47.00m 的耕地为浸没范围，需采取防浸没措施。

2. 浸没标准

本工程地处亚热带地区，降雨频繁，水量多，地下水为低矿化度淡水，不存在土地盐碱化问题。防浸没标准按防止农作物产生泽害的最小地下水埋深（耐泽深度）确定，依据《灌溉与排水工程设计规范》（GB 50288—1999），水稻田设计排渍深度为 0.4～0.6m，旱田为 0.8～1.3m，水稻田能在晒田期内 3～5d 将地下水位降至设计排泽深度。

防护区农田以种植水稻为主，农田位于地势低平地带，旱作物较少或高于水稻田块，村庄房屋建筑地基均会垫高于周边地面 1.0m 左右，当按水稻田区控制地下水临界水深时，村庄房屋建筑、旱地等浸没问题不大。因此，浸没标准按水稻田控制，允许地下水埋深为 0.6m。

3. 防浸没措施

（1）排水干沟。樟山堤防护区地形条件为：东西方向长达 5.2km，南北方向宽达 1.5km；泵站设计排涝流量为 12.3m³/s，汇水方向主要有东西方向排水干沟（以下称渠 1）和沿赣江边排水干沟（以下称渠 2）。两渠会合后流入泵站总干渠（以下称渠 3）。

渠 1 总长为 1.46km，底宽 3.0m，沟底纵向坡降采用 1/1600，上游开挖河底高程为 43.96m，下游开挖河底高程为 43.05m，两边开挖边坡为 1∶1.5。渠 2 总长 2.04km，底宽 3.0m，沟底纵向坡降采用 1/1600，上游开挖河底高程为 44.21m，下游开挖河底高程为 43.05m，两边开挖边坡为 1∶1.5。渠 3 总长为 0.56km，底宽为 6.0m，沟底纵向坡降采用 1/1600，上游开挖河底高程为 43.05m，下游开挖河底高程为 42.70m，两边开挖边坡为 1∶1.5。

（2）其他排水沟。田间地下水位主要由农沟进行调控，依据《灌溉与排水工程设计规范》（GB 50288—1999）条文说明表 8 推荐的排水沟规格，确定农沟间距为 100m，沟深为 1.5m，底宽为 0.3m，边坡为 1∶（1.5～2.0）。

9.7 吉水县城防护工程设计

9.7.1 吉水县城防护区概况

吉水县城位于峡江库区赣江右岸，距坝址上游约 40km，是吉水县政府和文峰镇政府所在地。吉水县城区傍赣江和乌江而建，县城防护区地势东高西低，地面高程多在 46.00～50.00m 之间，总集雨面积为 20.61km²。防护区内 46.50m 高程以下现状耕地 2327 亩，47.00m 高程以下影响人口 1.84 万人。

老城区已基本形成了防洪和治涝体系：主要防洪屏障为吉水县城防护堤（老城区的文峰堤），堤长 4.05km，现状防洪标准约 15 年一遇；现有主要排涝设施有小江口排涝泵站和城北导托渠，导排面积为 13.94km²，抽排面积为 3.29km²，装机容量为 310kW。

根据吉水县城现有防洪治涝体系，对县城防洪堤进行加高加固，改扩建小江口排涝泵站。根据老城区地形和现状排水情况，在小江口排涝片区增设城南排涝泵站，分出排涝面积 0.71km²；并新建城北排涝泵站，排涝面积为 3.38km²，以完善吉水县城防护区的防洪治涝工程体系。

9.7.2 吉水县城防护工程布置

吉水县城防护标准为 50 年一遇，排涝标准为 10 年一遇一日暴雨一日排至不淹主要建筑物高程。设计方案沿赣江设南堤、北堤，南北堤连接段。南堤始于南门大桥附近，沿赣江北上止于城北排洪渠附近，堤线长 3.2km。北堤始于新城区已开发与未开发段分界处，接于 105 国道，在 0+550 处北拐后沿赣江北上，经吉水大桥、泥家洲村、吉水县污水处理厂（在建）于朱山桥东拐至 105 国道结束，堤线长 3.317km。南北堤连接段起点为南堤终点，沿赣江水上至北堤赣江北段起点，堤线长 1.045km，防护堤总长 7.01km。依地质条件，对南堤进行高喷灌浆处理，形成城北老区封闭圈。结合城市发展需求，对城北老区南门大桥至七里大桥段按建设用地进行抬高，抬高至50.00m，并对水南背按建设用地进行抬高，抬高至49.50m。

结合吉水县城市景观要求，设计堤顶仍为防20年一遇洪水，堤顶设防洪墙，结构型式为悬臂式，墙厚30cm，底板厚0.5m，底板长1.5m，墙高1.5m，埋入圩堤1m，墙上设花岗岩栏杆70cm，设计堤顶宽度为6m，设混凝土路面，路面宽6m。内坡取1：2.5，采用草皮护坡，外边坡取1：3，混凝土预制块护坡，厚度为10cm，下设砂卵石垫层，厚10cm。在47.00m高程设一亲水平台，平台宽10m，平台以下边坡取1：2.5，采用混凝土预制块护坡，厚度为10cm，下设砂卵石垫层，厚10cm。当地面高程高于47.00m时，亲水平台高程为原地面高程。

设城北排洪涵管导托山间来水，起点接105国道涵洞，向西穿北堤将水导排至赣江，总长650m。

将县城排洪渠改成城南排洪涵管，总长为745m。

设小江口电排站、城北电排站及城南电排站排城市内涝，装机容量分别为850kW、720kW和150kW。

9.7.3　吉水县城防护工程主要建筑物

9.7.3.1　堤防建筑物

吉水县城防护区由南堤、北堤组成，堤线总长为6.517km。

1. 南堤

（1）工程布置。南堤主要利用现有圩堤加高加宽，始于南门大桥附近，沿赣江北上止于城北排洪渠附近，堤线总长3.2km。在桩号0+050～0+200、0+900～2+000处因原江岸较陡、外滩较窄，为满足堤岸稳定要求，在堤外脚设抛石棱体，抛石棱体顶高程为40.00m，顶宽为1m，外边坡为1：2，内边坡为1：1.5。在桩号2+000～2+300段老堤内凹，堤外地势开阔，将堤线取直并适当外移。2+800～3+200段地势平坦，岸坡平缓，且地面高程高于47.00m，利用现有岸坡作亲水平台。吉水县城老城区地形低洼处，主要位于原小江口泵站及烟草专卖局西侧水塘，为排除老城区雨水，在桩号0+610处设城南电排站，桩号2+102处设有小江口电排站。

（2）堤身断面设计。南堤利用现有圩堤在外坡加高加宽，堤顶高程为51.69～51.37m，设计堤顶宽度为6m，设泥结石路面，路面宽5m。内坡取1：2.5，采用草皮护坡，外边坡取1：3，混凝土预制块护坡，厚度为10cm，下设砂卵石垫层，厚10cm。在47.00m高程设一亲水平台，平台宽6m，平台以下边坡取1：2.5，采用混凝土预制块护坡，厚度为10cm，下设砂卵石垫层，厚10cm。当地面高程高于47.00m时，亲水平台高程为原地面高程。圩堤加宽时，内坡基本维持现状，向堤处侧加宽，同时兼顾堤线平顺。

（3）堤身、堤基防渗处理。堤身加宽土料采用黏土，且填筑在外河侧，可起防渗作用，堤身不再采取防渗其他措施。老城区有部分地面高程较低，文峰中大道两侧地势平坦，地面高程约为45.50～47.00m、山路两侧地面高程约为46.30m、鑑湖以北部分地面高程为 45.40m 左右，且城区房屋密集。为防止浸没影响，采用高喷灌浆对老城区进行防渗处理，防渗墙起点位于南门大桥旁，沿防护堤布置，于桩号 3＋200 城北排洪渠处结束，防渗总长为 3.2km，孔距为 1.4m。防渗深度平均为 15.8m，深入基岩 1m。

（4）岸坡处理。0＋050～0＋200、0＋900～2＋000 段江岸岸坡较陡，在堤脚采用抛石护岸处理，抛石体顶高程为 40.00m，顶宽为 1.0m，边坡为 1：2.0。

2. 北堤

（1）工程布置。北堤始于新城区已开发与未开发段分界处，接于 105 国道，在 0＋550 处北拐后沿赣江北上，经吉水大桥、泥家洲村、吉水县污水处理厂（在建）于朱山桥东拐至 105 国道结束，堤线总长为 3.317km。在 1＋712 处设排洪涵管，1＋612 处设城北排涝站。

（2）堤身断面设计。北堤为均质土堤，堤顶高程为 49.77～49.55m，设计堤顶宽度为 6m，设泥结石路面，路面宽为 5m。内坡取 1：2.5，采用草皮护坡，外边坡取 1：3，临赣江侧外坡采用混凝土预制块护坡，厚度为 10cm，下设砂卵石垫层，厚为 10cm。

（3）堤身、堤基防渗处理。堤身采用黏土填筑，为均质土堤，满足防渗要求。堤基表层分布有一定厚度的黏性土层，厚度为 3.0～5.0m，现状地面高程为 45.00m 左右，低于水库正常蓄水位 1.0m，低于圩堤设计洪水位约 4.6m，经选择 1＋705 断面计算，渗透稳定满足要求，同时考虑新城区的发展，部分新区地面高程已填至 50.00m 左右，故不需对北堤进行防渗处理。

（4）岸坡处理。0＋550～1＋800、2＋300～2＋600 段江岸岸坡较陡，对其进行 C15 预制块护岸处理，护岸结构与护坡工程相同。

9.7.3.2　排水建筑物

根据吉水县城地形地质情况，依据"高水高排，低水抽排"的原则，采取工程措施为：南堤保护区现有县城排洪渠，对北堤 105 国道以东高处来水设排洪涵管导排入赣江，对北堤、南堤保护区内分设城北和小江口泵站，抽排控制城区水位。

1. 城北排洪涵

城北排洪涵管起点接 105 国道涵洞，向西穿北堤将水导排至赣江，总长为 650m。城北排洪涵管进口底高程为 45.50m，出口底高程为 44.70m，纵坡 $i＝0.13\%$。城北排洪涵管内径尺寸为 3m×3m（宽×高），壁厚为 0.4m，每 10m 进行分缝，缝内设止水铜片，共 62 节。涵管进口设拦污栅段及进水前池段，拦污栅段长为 8.2m，进水前池长为 4.8m，闸顶高程为 52.80m。涵管出口设防洪闸及消力池，防洪闸底板高程为 44.70m，防洪闸长 7m，宽 5m，闸墩厚 1m，闸顶高程为 49.50m，上设启闭排架闸房。防洪闸出口接"八"字形消力池，池长 6m，池深 0.5m，后接出水渠。

2. 排水管渠

（1）南堤保护区。因老城区房屋密集，且地面高程较低，为控制地下水，防止浸没，利用老城区的鉴湖控制地下水，水位为 45.00m，排水管始于鉴湖，向北沿道路经文化路、文峰中路，在文峰税务分局旁接原渠道汇入小江口泵站，总长为 840m。排水管纵坡为 1/800，终点高程为 44.00m，管径为 1m。

（2）北堤保护区。原北堤防护区有一渠道，现将渠道顺直、整修，长 2.2km，并在垂直主渠方向设支渠，每隔500m设一条，总长为3km。支渠水汇入主渠，主渠水引入城北泵站排入赣江。

3. 泵站

为排除城市涝水，根据吉水县城地形条件分别南堤、北堤保护区的低洼处设小江口泵站、城南泵站、城北排泵站。小江口泵站位于南堤桩号2+102，为原泵站易址重建；城南泵站位于南堤桩号0+610，负责排出现城区涝水。城北排涝泵站位于北堤桩号1+612赣江大桥上游侧，负责排出城北规划区域内的涝水。

小江口泵站设计采用排涝流量按城市排水要求为7.3m³/s，采用五台170kW钢制井筒式潜水轴流泵。城南泵站设计排涝流量为1.26m³/s，采用两台75kW钢制井筒式潜水轴流泵，负责排出吉水县城区地表涝水。城北排涝泵站设计流量为5.92m³/s，采用四台180kW钢制井筒式潜水轴流泵。

各排涝泵站设计特征参数见表9.7-1。

表9.7-1　　　　　　　　　吉水县城防护区排涝泵站设计特征参数表

序号	泵站名称	设计排涝流量/(m³·s⁻¹)	装机容量/kW	外　水　位/m				内　水　位/m			
				防洪水位	最高运行水位	设计水位	最低运行水位	最高水位	最高运行水位	设计水位	最低运行水位
1	小江口	7.3	850	51.77	51.27	49.26	46.11	46.5	44.5	44.5	43.0
2	城北	5.92	720	51.26	50.76	48.77	46.09	45.5	43.5	43.5	42.0
3	城南	1.26	150	51.83	51.33	49.32	46.12	46.80	45.60	44.80	42.80

4. 防浸没处理

(1) 浸没范围。防护区位于赣江冲积阶地上，地层为第四系冲积层，具二元结构，上部为粉质黏土（黏土）、壤土等相对不透水层；下部为含（透）水性较好的砂类土及砾（卵）石层，地下水多具承压性质，与赣江水力联系紧密。水库正常蓄水位为46.00m，根据地质勘探资料对二元结构农田浸没范围的预测，把水库正常蓄水位线以上1.0m以内定位浸没范围，因此确定防护区高程低于47.00m的耕地为浸没范围，需采取防浸没措施。

南堤保护区文峰中大道两侧地势平坦、地面高程为45.50~47.00m，东山路两侧地面高程为46.30m左右，鑑湖以北部分地面高程为45.40m左右，以南47.00m以下仍有较多房屋，其他区域地势较高，均高于47.00m，将上述区域列为防浸没区。

北堤保护区在105国道以东的区域地面高程普遍低于47.00m，在吉水大桥上下游高程相对较低，为42.70~44.00m，105国道与北堤之间低于47.00m的区域为防浸没区，该区域现状以耕地为主。

(2) 浸没标准。本工程地和亚热带地区，降雨频繁，水量多，地下水为低矿化度淡水，不存在土地盐碱化问题。防浸没标准按防止农作物产生渍害的最小地下水埋深（耐渍深度）确定，依据《灌溉与排水工程设计规范》（GB 50288—1999），水稻田设计排渍深度为0.4~0.6m，旱地为0.8~1.3m，水稻田能在晒田期内3~5d将地下水位降至设计排渍深度。防护区农田以种植水稻为主，浸没标准按水稻田控制，允许地下水埋深为0.6m；城区建筑允许地下水埋深为1.8m。

（3）防浸没措施。

1）南堤保护区。采用高压摆喷对老城区进行防渗处理，高压摆喷起点位于乌江大桥往南 400m 京九铁路旁，沿防护堤布置，防止地下水渗入。利用鑑湖作为调蓄区，通过小江口泵站、城南泵站抽排，调控地下水位，防止产生浸没。

2）北堤保护区。在防护区内设置明沟排水系统进行防浸没处理，在排渍期，地下水通过排水沟排入城北电排站，由电排站抽排入赣江。田间地下水位主要由农沟进行调控，依据《灌溉与排水工程设计规范》（GB 50288—1999）条文说明表 8 推荐的排水沟规格，确定农沟间距为 100m，沟深为 1.5m，底宽为 0.5m，边坡 1:2.0。

防护区地形平坦，末级固定渠道（农渠）与排水沟（农沟）采用平行相间布置为主。斗沟与农沟相互垂直，斗沟间距按 800m 控制，长度按 1000m 控制，农沟长度为 400m，间距为 100m，各级排水沟低高程、水位满足排水的要求。斗沟底宽为 0.8m，边坡为 1:2.0。

田间工程除上述排水沟布置外，还涉及渠道、道路、村庄等布置，为一综合整治工程，工作量大，涉及范围较广，实施时，可与新农村建设、小农水建设、土地平整、园田化建设等工程结合进行，多渠道筹措资金。设计仅将排水沟开挖和部分交叉建筑投资列入本工程概算。

9.8 槎滩防护工程设计

9.8.1 槎滩防护区概况

槎滩防护区位于峡江库区赣江右岸，距坝址上游 26km 左右，防护区内系河谷冲积平原地带，耕地高程差异较大，靠赣江处窑背村下游防护区内耕地高程为 40.00m 左右，沿小溪而上 1km 处及进窑背村公路两侧耕地高程为 43.00m 左右，山头村以南耕地高程为 43.00～50.00m。防护区内 46.50m 高程以下现状耕地为 2720 亩，47.00m 高程以下影响人口 1098 人。槎滩防护区内目前无防洪排涝设施。

根据防护区地形，宜采取新建防洪堤进行防护，防护区内治涝采取导排与抽排相结合的形式进行，导排集雨面积为 54.1km²，抽排集雨面积为 7.40km²。

9.8.2 槎滩防护工程布置

槎滩防护区防洪标准设计洪水重现期为 10 年，堤防等级为 5 级。

槎滩堤起点位于窑背村东北部低山丘岗，向东延伸至公路桥，与导托渠左堤相接，组成槎滩堤，全长为 3.0km，其中桩号 2＋465～0＋800 为临库岸段，堤线长度为 1.665km；桩号 0＋800～0－535 为临导托渠堤，堤线长度为 1.335km。在桩号 2＋256 处设窑背电排站。

9.8.3 槎滩防护工程主要建筑物

9.8.3.1 圩堤

1. 堤线布置

槎滩堤起点位于窑背村东北部低山丘岗，向东延伸至公路桥，与导托渠左堤相接，组成槎滩堤，全长 3.0km。

在桩号 2+256 设窑背电排站承担防护区域的排水。

2. 圩堤工程结构设计

（1）堤身断面设计。槎滩堤桩号 0+800～2+465 为临库岸段，堤身采用均质土堤，堤顶高程为 48.66m，堤顶宽为 5.0m，堤顶超高 1.5m，堤顶设 4.0m 宽的泥结石防汛公路。设计砂砾石垫层厚 10cm；堤内坡 1：2.5，草皮护坡。圩堤内坡堤脚设贴坡排水沟，沟深为 1.0m，排水沟底宽 0.5m，结构自上而下依次为块石 40cm、砾石 15cm、粗砂 15cm。

槎滩堤桩号 0－535～0+800 段为临导托渠堤，堤顶高程为 48.66～48.93m，堤顶宽为 5m，堤顶超高 1.2m，堤顶设 3.0m 宽的泥结石防汛公路。设计堤外边坡为 1：2.5，采用预制混凝土护坡，厚度为 10cm，下设砂砾石垫层厚 10cm；堤内坡为 1：2.5，采用草皮护坡。

（2）堤身、堤基防渗处理。新建圩堤为均质土堤，采用黏性土填筑，满足防渗要求。槎滩堤堤基表层主要分布有黏土、壤土及淤泥质黏土层，层厚为 1.1～5.6m，局部老河道处缺失。堤基防渗主要针对老河道黏土、壤土缺失处以及桩号 0+720～1+440、1+750～2+300 段低洼处进行处理。设计对桩号 0+720～1+440、1+750～2+300 堤后低于 44.00m 范围的低洼地进行抬田。对桩号 0+830～1+450、1+710～2+310 段堤前老河道全部采用黏土铺盖，延长渗径。经计算满足渗透稳定要求。

9.8.3.2 排水建筑物

1. 槎滩导托渠

槎滩导托渠入口为下汗洲北光缆线下游老水沟，为一来水交汇口，导托渠在桩号 0+080 处与磨下村东北部老沟汇合，而后通过单边堤导排，出口经道路小桥与赣江相接，全长为 1.285km，设计最大导排流量为 98.5m³/s。渠道进口渠底高程为 45.89m，出口渠底高程为 44.60m，纵坡为 1：1000，设计渠底宽度为 10～30m，水深为 1.85～2.56m，安全超高为 0.66～0.84m，导托渠进口段为开挖渠，两侧边坡采用 1：1.5。

为满足防护区内交通要求，分别于槎滩导托渠 0+480、槎滩堤 0+930 两处布置交通桥，桥面宽度为 5.0m。

为满足防护区内灌溉需要，不破坏区内现有灌溉系统，又不影响导托渠发挥其防洪功能，考虑在导托渠渠首设置一灌溉引水闸。

2. 窑背电排站

窑背电排站位于槎滩防护堤桩号 2+256，采用四台 1200QZB－100 混凝土井筒式潜水轴流泵，总装机容量为 4×355kW，主要由引水渠、进水闸、前池、泵房、压力水箱、穿堤箱涵、防洪闸、消力池等部分组成。设计特征参数见表 9.8－1。

表 9.8－1　　　　　　　　　槎滩防护区排涝泵站特征参数表

泵站名称	设计排涝流量 /(m³·s⁻¹)	装机容量 /kW	外 水 位/m				内 水 位/m			
			防洪水位	最高运行水位	设计水位	最低运行水位	最高水位	最高运行水位	设计水位	最低运行水位
窑背	13.5	1420	47.99	47.14	46.57	45.91	44.50	43.00	42.00	41.00

9.8.3.3 防护区内抬田设计

槎滩防护区内大部分耕地高程低于 46.00m，局部耕地高程为 40.00m，为狭长带状地形。依据渗流计算成果，为满足圩堤渗透稳定要求，堤内需压盖至 44.00m 高程，综合圩堤防洪及区内耕地防浸没要求，对堤内低于 44.00m 高程的耕地进行抬田处理，抬田至 44.00m 高程，抬田面积 499 亩。

（1）防护区内抬田。防护区内抬田片区域面积为 499 亩，抬田共分为两个抬田区。为满足堤内抬田造地灌溉需要，设计从防护区东面老河道取水灌溉（于取水口设一灌溉闸），沿堤脚由东往西布置灌溉斗渠，总长 1518m，再经农渠自北向南灌溉。抬田区内布置排水网络，将涝水和地下水排至槎滩电排站（桩号 2+256），由电排站抽排入赣江。田间工程原则上按沟、渠相邻布置，沟、渠间布设生产路或田间道，农渠（沟）间距为 100m。

（2）防护区排水设计。通过堤防、导托渠的设置，槎滩防护区设计为一封闭的防护区。区内现有水系需进行调整，并统一排向电排站，由窑背电排站排出。设计在窑背电排站前设排水干沟，长为 438m，底宽为 10.0m，边坡为 1：2.0。边坡采用厚 10cm 预制混凝土块衬砌。

（3）抬田工程结构。抬田工程由耕作层、保水层、垫高层组成。抬田时先剥离耕作层，厚度 30cm，待保水层、垫高层施工完成后，再将耕作层回填复耕，抬田后的耕地高程指田面高程。耕作层以下为保水层，厚度为 50cm，采用黏性土填筑。保水层以下为垫高层，厚度根据抬田高程、原地面高程确定，采用料场开挖料填筑。

9.8.3.4 防浸没处理

1. 浸没范围

防护区位于赣江冲积阶地上，地层为第四系冲积层，具二元结构，上部为粉质黏土（黏土）、壤土等相对不透水层；下部为含（透）水性较好的砂类土及砾（卵）石层，地下水多具承压性质，与赣江水力联系紧密。水库正常蓄水位 46.00m，根据地址勘探资料对二元结构农田浸没范围的预测，将水库正常蓄水位线以上 1.00m 以内定位浸没范围，因此确定防护区高程低于 47.00m 的耕地为浸没范围，需采取防浸没措施。

2. 浸没标准

本工程地处亚热带地区，降雨频繁，水量多，地下水为低矿化度淡水，不存在土地盐碱化问题。防浸没标准按防止农作物产生泽害的最小地下水埋深（耐泽深度）确定，依据《灌溉与排水工程设计规范》（GB 50288—1999），水稻田设计排渍深度为 0.4～0.6m，旱田为 0.8～1.3m，水稻田能在晒田期内 3～5d 将地下水位降至设计排泽深度。

防护区农田以种植水稻为主，农田位于地势低平地带，旱作物较少或高于水稻田块，村庄房屋建筑地基均会垫高于周边地面 1.0m 左右，当按水稻田区控制地下水临界水深时，村庄房屋建筑、旱地等浸没问题不大，因此，浸没标准按水稻田控制，为允许地下水埋深 0.6m。

3. 防浸没措施

田间地下水位主要由农沟进行调控，依据《灌溉与排水工程设计规范》（GB 50288—1999）条文说明表 8 推荐的排水沟规格，确定农沟间距 100m，沟深为 1.5m，底宽为

0.3m，边坡为 $1:1.5\sim2.0$。

9.9　库区抬田工程设计

9.9.1　库区抬田工程概况

峡江库区是吉泰盆地的组成部分，近年来，该区域经济社会发展较快。为最大限度地降低水库淹没对当地国民经济和生态环境的影响，减少土地淹没和人口迁移的数量，对峡江库区涉及的峡江县、吉水县、吉州区、青原区及吉安县的浅淹没区进行抬田工程。抬田工程分为防护区外抬田和防护区内抬田工程。防护区外抬田按抬田后的耕地高程不低于各断面在坝前水位 46.00m 相应 $5000\text{m}^3/\text{s}$ 时的水面线高程，即抬田后最低田块耕地高程不低于 46.50m；防护区内抬田工程，主要依据各防护区内的耕地高程、工程地质条件及堤基防渗处理方式确定，同江防护区采取全封闭防渗处理，抬田后最低田块耕地高程不低于 41.00m。

上下陇洲防护区堤基未做防渗处理，堤后填塘及抬田后最低田块耕地高程不低于 43.00m；柘塘防护区堤基做防渗处理，但考虑到老河道处耕地高程较低，防护堤附近耕地高程抬高至 44.00m，对防护堤外的耕地高程抬高至 46.80m 和 47.80m；樟山防护区对防护堤外的耕地高程抬高至 47.00m；槎滩防护区对老河道处耕地高程较低，防护堤附近耕地高程抬高至 44.00m，对防护堤外的耕地高程抬高至 46.80m。峡江库区抬田工程主要分布在沙坊、八都、桑园、水田、槎滩、金滩、南岸、醪桥、乌江、水南背、葛山、砖门、吉州、禾水、潭西，同江防护区、上下陇洲防护区、柘塘防护区、樟山防护区、槎滩防护区，共 20 个区域。此项防护措施共减少淹没耕地面积 37791 亩，林地面积 3678 亩，提高防护区受浸没影响的耕地面积 13547 亩（根据吉水县城城市规划，水南背抬田区域为城南新区，抬田工程改为抬地，设计洪水标准采用 10 年一遇洪水位，抬地地面高程抬至 49.50m）。

库区抬田工程明细见表 9.9-1。

9.9.2　抬田工程布置

1. 沙坊抬田区

沙坊抬田区位于赣江左岸的支流黄金江，距黄金江出口约 5km 处，属峡江县罗田乡管辖。该区域地面高程基本处于 44.00m 以上，属淹地不淹房的区域，采取抬田措施后，可消除因该片耕地淹没而产生的影响搬迁人口。

沙坊抬田区最低抬田高程为 46.60m。抬田区域面积为 1778 亩，按河流分割为四块，根据其附近村庄命名为古井张家抬田片、稠溪村抬田片、黄家村抬田片和堤洲村抬田片。工程完成后将获得耕地约 1672 亩。

2. 八都抬田区

八都抬田区位于赣江右岸支流曲岭河，距曲岭河出口约 3km 处，属吉水县八都镇管辖。该区涉及吉水县八都镇的下白沙及中村，地面高程处于 44.00m 以上，其中太垅自然村（需搬迁人口 86 人）地面高约为 45.50m，采取抬田措施后，可满足该村移民就近后

表 9.9-1

拾田工程明细表

序号	拾田区	位置 县区	位置 乡镇	位置 距坝距离	淹没区 拾田区域总面积/亩	淹没区 耕地面积/亩	淹没区 林地/亩	淹没区 其他/亩	淹没区 拾田后得到的耕地面积/亩	防护工程区 拾田区域总面积/亩	防护工程区 拾田后得到的耕地面积/亩
1	沙坊	峡江	罗田	约3km处左岸的支流黄金江	1778	1660.5		117.5	1672		
2	八都	吉水	八都	约3km右岸的支流曲岭河	1062	919.3		142.7	1011		
3	桑园	吉水	水田	约5km处赣江右岸台地	1263	1167		96	1175		
4	水田	吉水	水田	约18km处赣江右岸台地	5387	4451.7		935.3	5021		
5	槎滩	吉水	醪桥	约28km处赣江右岸台地	2222	1854.3		367.7	2015		
6	金滩	吉水	金滩	约38km处赣江右岸台地	665	601.7		63.3	615		
7	南岸	吉水	金滩	约39km处赣江左岸台地	381	381		0	351		
8	醪桥	吉水	醪桥	约38km处赣江右岸台地	2911	2584.8		326.2	2717		
9	乌江	吉水	乌江 文峰	约43km处赣江右岸乌江支流	660	597		63	603		
10	水南青	吉水	文峰	约43km处赣江右岸台地	1383						
11	恩江	吉水	文峰	约45km处赣江右岸台地	248						
12	葛山	吉水	文峰	乌江支流葛山水汇合口两岸	2593	2322.4		270.6	2405		
13	砖门1	吉水	文峰	约48km处赣江右岸台地	2324	191	2133		191		
14	砖门2	青原	天玉	约49km处赣江右岸台地	550	128	422		128		
15	吉州区	吉州区	白糖	约54km处赣江左岸台地	144	125			130		
16	禾埠	吉州区	禾埠	约64km处赣江左岸滩地	357	357			336		
17	潭西	吉水	枫江	约23km处赣江左岸台地	466	462			436		
18	陇洲外	吉水	枫江	约20km处赣江左岸陇洲堤外	286	259			267		
19	同江防护区	吉水	枫江	约15km处赣江左岸同江堤内						9835	9279
20	陇洲防护区	吉水	枫江	约18km处赣江左岸陇洲堤内						1406	1324
21	柘塘防护区	吉水	金滩	约29km处赣江右岸台地						596	561
22	樟山防护区	吉水、吉州区	金滩	约42km处赣江右岸台地						1211	1141
23	槎滩防护区	吉水	醪桥	约25km处赣江右岸台地						499	485
	合计				24680	18061.7	2555	2382.3	19073	13547	12790

注　淹没耕地面积是指防护区外拾田区淹没的原有耕地面积。

靠安置的容量需求。八都抬田最低抬出高程为 46.80m。抬田区域面积为 1062 亩，区域分割六块，根据其附近村庄命名为八都太垅村抬田片、八都墅溪陂村抬田片、八都抬田片1、八都抬田片 2 和中村抬田片。工程完成后将获得耕地约为 1011 亩。

3. 桑园抬田区

桑园抬田区位于赣江右岸，距坝址约 5km 左右，属水田乡管辖范围，距水田乡较近，交通十分便利。抬田区耕地高程范围约为 43.50～46.50m，大部分高于 44.00m，该区涉及水田乡的桑园村、丰陂村以及岭头村三个行政村。抬田区内无房屋拆迁，抬田总面积为 1219 亩，其中桑园 949 亩，岭头 270 亩。因桑园村淹地不淹房，抬田后，可避免桑园村因耕地淹没而产生影响人口，同时，可减少丰陂村、岭头村因耕地淹没而产生的影响人口数量。

桑园抬田区最低抬田高程为 46.80m。抬田区域面积为 1219 亩，分为两块，根据其附近村庄命名为桑园村抬田片和岭头村抬田片。工程完成后将获得耕地约 1158 亩。

4. 水田抬田区

水田抬田区位于赣江右岸，距坝址上游约 18km 处，属吉水县水田乡管辖。水田乡孔巷、水田、富口村和西田村房屋均被淹没、耕地高程大部分处于 43.50～46.00m 之间，淹没线以下人口 5121 人，通过对该片土地采取抬高措施后，可满足上述五个村移民就近后靠安置的容量需求。

水田抬田区最低抬田高程为 46.80m。抬田区域面积为 5356 亩，分为两块，根据其附近村庄命名为孔家巷抬田片和西田抬田片。工程完成后将获得耕地约 4953 亩。

5. 槎滩抬田区（包括槎滩防护区内抬田）

槎滩抬田区位于赣江右岸，属水库常水位淹没区，距离坝址约 25km，属吉水县醪桥镇管辖。区内系河谷冲积平原地带，耕地落差较大，靠赣江处窑背村下游耕地高程为 40.00m 左右，沿小溪而上 1km 处耕地高程为 43.00m 左右，山头村以南耕地高程为 43.00～50.00m，房屋地坪高程在 45.50～51.00m。

槎滩抬田区分为堤外抬田和堤内抬田两部分，槎滩堤外抬田最低抬田高程为 46.80m，在槎滩堤桩号 0+720～1+440 堤内有少量抬田，抬田高程为 44.00m。槎滩抬田区域总面积为 2262 亩，其中堤内抬田面积为 499 亩，工程完成后将获得耕地 499 亩。堤外抬田区域面积为 2131 亩。槎滩堤外抬田区域分为四块，根据其附近村庄命名为东源村抬田片、管少村抬田片、窑背新村抬田片和陈家村抬田片。工程完成后将获得耕地约 2024 亩。

6. 金滩抬田区

金滩抬田区距坝址约 38km，位于赣江左岸一级台地，濒临赣江。抬田区上游端为吉水赣江大桥，下游端为吉水县金滩圩镇，该抬田区长约 1.8km，平均宽约 0.25km，面积 631 亩，该区呈西高东低之势，区内平均高程约为 45.50m。由于该区紧邻吉水县金滩开发区，土地资源十分宝贵，抬田后，为金滩防护堤的搬迁移民就地安置创造了条件。

金滩抬田区最低抬田高程为 46.80m。抬田区域面积为 631 亩，工程完成后将获得耕地约 615 亩。由于整块抬田呈长条形分布，故全部未按标准田块布置，而是从东面水源取水，直接设农渠灌溉，农沟直接排水至库区，靠库区处采用坡降为 1：2 的草皮护坡。在区域边界东面设一条田间道，田块之间设生产路。

7. 南岸抬田区

南岸抬田区距坝址约 39km，位于赣江右岸，下游端隔吉水赣江大桥紧接金滩抬田区，属金滩镇南岸村境内，呈三面丘陵环抱的冲积洲地。抬田区面积 381 亩，抬田区地势自西南向东北由高到低分布，区内最低高程为 44.80m，平均高程约为 45.70m。该区内无房屋拆迁，抬田后可避免南岸村因耕地淹没而产生影响人口。

南岸抬田区最低抬田高程为 46.80m，靠库区处采用坡降为 1：2 的草皮护坡。抬田区域面积为 381 亩，工程完成后将获得耕地 381 亩。抬田布置从南西面水源取水，由南西方往东北方布置斗渠，再由农渠从西北方向东南方灌溉。斗渠上侧布置田间道，通至南岸村。农渠上侧布置生产路，生产路连接田间道，生产路上侧布置农沟，汇集成斗沟排水至库区。

8. 醪桥抬田区

醪桥抬田区位于赣江干流右岸，距坝址上游 32km、吉水县城下游 5km 处，抬田区范围为：背靠 105 国道，面向赣江，上起朱山桥，下止醪桥乡杏里村北面山坳，为一长梯形状。区内主要有醪桥水及官田水通过。醪桥水发源有二：其一源于大坡山；另一源于大东山，于元石村注入赣江。河流总长 15.5km。醪桥防护区溪流汇水面积 47.0km²。

防护区阶地宽度下游为 2000m，上游约为 600m，沿江长度达 5km，且房屋靠岸边分布较为密集，房屋地坪高程为 45.40～48.30m，现有沿赣江边无防洪堤，江岸顶高程为 45.40～48.40m，局部地面高程为 41.00m，未形成防洪体系。采取抬田措施后，可满足元石、山头、固洲等村移民就近后靠安置的容量需求。

醪桥抬田区最低抬田高程为 46.80m。抬田区域面积为 2901 亩，区域分割为三大块，根据其附近村庄命名为醪桥元石村抬田片、醪桥下坝溪村抬田片和醪桥黄土塘村抬田片。工程完成后将获得耕地约 2733 亩。

9. 乌江抬田

乌江抬田区位于赣江支流乌江的两岸，属文峰镇管辖。乌江右岸有炉下、鱼梁、枫坪防护堤，左岸为井头堤，防护区依山傍水。炉下、鱼梁、枫坪堤内吉水至永丰公路由东向西，把三个防护堤连接，公路北侧山上有几条小沟流下，称江边溪汇入乌江。

炉下堤系河谷冲积平原地带，耕地落差较大，靠公路处耕地高程为 49.00～58.00m，在西南侧有一些低洼地方，耕地高程为 44.00m 左右，房屋地坪高程为 49.20m 以上。

鱼梁堤系河谷冲积平原地带，耕地落差较大，耕地高程为 47.20～55.20m，房屋地坪高程为 50.10m 以上。

枫坪堤河谷冲积平原地带，耕地落差较大，靠乌江耕地高程为 52.00m，有一些低洼地方，耕地高程为 49.60m 左右；在枫坪村与坪下村之间，有一些低洼地方，耕地高程为 47.00m 左右，房屋地坪高程为 49.90m 以上。

井头堤系河谷冲积平原地带，耕地较平坦，耕地高程为 49.50m 左右，房屋地坪高程为 49.50m 左右，局部低洼地方房屋为 48.50m。

乌江抬田区最低抬田高程为 46.80m。抬田区域面积为 841 亩，工程完成后将获得耕地约 800 亩。其内各抬田块位置都处于低洼地，四周都是高于 46.80m 高程。所以抬田后完全利用原有灌溉系统灌溉排水。

10. 水南背抬田区

水南背抬田区距坝址约 43km，位于吉水县城南郊赣江左岸，赣江和乌江的交汇处，紧临 105 国道。该区濒临赣江，地势西低东高，长约 1.4km，宽约 0.38km，抬地区内平均高程为 45.50m 左右。由于该区位于吉水县城南开发区内，土地资源十分宝贵，抬地后，既可避免因淹没而影响人口，又可为吉水县城的发展保留珍贵的土地资源。

水南背抬田区最低抬地高程为 49.50m。抬地面积为 831 亩。

11. 葛山抬田区

葛山抬田区位于乌江下游末端左岸，距坝址上游约 43km，区内汇水面积 155km²，塔里岭东侧为主河槽，西侧为阶地，主河槽汇水面积为 148km²，西侧阶地汇水面积 6.51km²，主河槽两岸地面高程在 45.00～48.50m，河槽及两岸阶地宽在 300m 左右，河槽长度约 5.0km，设计排洪流量 98.7m³/s。主河槽上游耕地高程 49.20m。

为减轻对上游 46.8m 农田的淹没影响，采用开挖葛山导排渠，抬高导排渠两侧洼地高程，导排渠进口底高程 42.10m，出口底高程 40.20m，渠底宽 30m，渠道开挖边坡为 1:1.5，纵向坡降为 0.0005，渠线全长 3.812km。

在葛山导托渠两岸采取抬田措施后，可满足塔里岭、下坑村、东螺村移民就近后靠安置的容量需求。

葛山抬田区最低抬田高程为 46.80m。抬田区域面积为 2515 亩，被葛山导托渠分割为左右岸两大块，根据其附近村庄命名为葛山塔里岭村抬田片和葛山下坑村抬田片。工程完成后将获得耕地约 2369 亩。

12. 砖门抬田区

砖门抬田区位于赣江干流右岸，距坝址约 48km，地处吉水县与吉安市交界处，为吉水县文峰镇和青原区天王乡管辖。区内主要有杨坑水源于青原区天王乡杨坑水库，流经桥上、下新塘、庙沙、压塘等村，在科家坊汇入赣江，河长约为 10km，流域面积约为 30km²，下游肖家坊处有三条小溪，统称肖家水，流域面积为 10km²。

防护区内有临江、邱家、低坪等村庄。地势外高内低，内靠 105 国道，外临赣江，为长 6.5km、宽约 1km 的长方形状，属赣江带状冲积平原，地面较平坦，房屋地坪高程为 47.70～50.70m，耕地高程为 46.20～49.20m，有一些低洼地方，如村头及下游端各通过小河一条，地面较低，河底高程约 42.00～43.00m；大洲上上游因受河岸冲刷，地形也较低，其高程为 43.00m 左右，修有防冲堤，长 840m，堤顶高程为 51.70m 左右。

砖门抬田区最低抬田高程为 46.50m，抬田区域面积为 3708 亩。整块抬田大部分为林地，少部分为耕地，其中林地为 3379 亩，耕为 329 亩。工程完成后将获得耕地 329 亩。

13. 吉州区抬田区

吉州区抬田区距坝址约 54km，位于赣江左岸，属吉州区白糖镇管辖，属白糖镇的林家村和捕鱼村。区内最低高程为 45.70m，平均高程为 46.10m 左右，该区紧邻吉安市城区，耕地相对匮乏，土地资源十分宝贵，抬田后，既可避免因耕地淹没产生影响人口，又可减少征用城区附近土地而带来的复杂社会问题。

吉州区抬田区最低抬田高程为 46.80m。抬田区域面积为 173 亩，工程完成后将获得耕地 173 亩。整块抬田分成不规则的两块，而且面积都达不到一个标准田块面积，未在上面详细布置沟路渠。施工时，按实际情况对其实施田间工程。

14. 禾水抬田区

禾水抬田区距坝址64km，位于赣江左岸，禾水与赣江汇合口上游的滩地上，属禾埠镇管辖。该区抬田总面积为357亩，区内最低高程为45.00m，平均高程为45.80m左右，地势较为平坦，十分适合耕作。抬田后可相应保护这部分耕地资源。

禾水抬田区最低抬田高程为46.80m，抬田区域面积为357亩，工程完成后将获得耕地357亩。整块抬田分为两个田块：第一块田块占大部分面积350.66亩，抬田布置从南西面水源取水，由南西方往东北方布置农渠灌溉。农渠上侧布置生产路，农沟排水至库区；第二块田块由于面积太小，只是抬到46.80m高程。靠库区处采用坡降为1∶2的草皮护坡。

15. 潭西抬田区

潭西抬田区位于赣江左岸，属枫江镇坝头、江头村委会境内。该区分为六个小抬田片，分布于潭西、岭上和形排上三个自然村范围内，抬田总面积为381亩。抬田后，既保护了耕地资源，又可使原规划外迁潭西村的淹没移民就近后靠安置，相应地减少了地方政府安置移民的压力。

潭西抬田区最低抬田高程为46.80m，抬田区域面积为462亩，工程完成后将获得耕地462亩。整块抬田分成不规则的六块，而且面积都达不到一个标准田块面积，未在上面详细布置沟路渠。施工时，按实际情况对其实施田间工程。

9.9.3 抬田工程灌溉水源及其骨干渠系

根据《江西省灌溉工程规划报告》，多数抬田工程位于规划灌区，少数抬田区没有进入规划灌区。进入规划灌区的，其灌溉水源及骨干渠系可利用规划的灌溉水源及骨干渠系工程，其工程投资在江西省灌溉工程规划中解决，不列入本工程。

对未列入灌区规划的沙坊、槎滩、南岸、水南背、潭西及樟山防护区等6个抬田区，其灌溉水源拟从峡江水库提水灌溉，在抬田区修建骨干灌溉渠道，其中，沙坊抬田区设两条干渠，每条长1000m，渠首设15kW提灌设备一台；槎滩抬田区布置三条干渠，每条长1500m，渠首设30kW提灌设备一台；南岸抬田区布置一条干渠，长800m，渠首设15kW提灌设备一台；樟山抬田区布置两条干渠，每条长1500m，渠首设30kW提灌设备一台；渠道采用UD60U形槽衬砌。

9.10 库岸防护设计

9.10.1 库岸防护工程概况

峡江水利枢纽库区位于吉泰盆地东部，属吉泰盆地的组成部分。枢纽工程建成后，在正常蓄水位46.00m时，20年一遇人口迁移线在CS11（距坝址24.81km）断面（垂直斩断尖灭），高程为47.81m；5年一遇耕地征用线在CS13（距坝址28.91km）断面垂直斩断，高程为46.79m；防洪与兴利运行分界流量（5000m³/s）在CS32（距坝址63.91km，吉安市神岗山）断面垂直斩断尖灭，高程为46.77m。水库蓄水后，峡江库区赣江两岸以及支流黄金江、同江、柘塘水、文石河、乌江等两岸阶地，由于地质条件差异以及水流冲刷，局部阶地易产生水下塌岸险情。

9.10.2 库岸防护工程范围

由于在库区范围内赣江干流左岸已设有同江、上下陇洲、柘塘、金滩、樟山防护工程，各防护工程已对其范围内的库岸进行了防护处理，各防护区以外岸坡基本为水库淹没区或抬田区，所以库区范围内赣江干流左岸库岸稳定基本无问题。

库区范围内赣江干流右岸水田抬田区以下为水库淹没区，水田抬田区以上设有吉水县城、槎滩防护工程和槎滩、醪桥、砖门抬田区。防护工程区域库岸坍塌在防护工程中予以设计处理，水田、醪桥抬田区近邻赣江，水下塌岸对本区稳定有一定影响，其余抬田区离赣江江岸较远，水下塌岸对抬田工程区影响不大。

赣江支流同江在库区工程实施后，自坛下起改道至新开同南河，因此同江塌岸问题主要存在于坛下以上同江老河道，需采用抛石固脚及护坡等工程措施，解决库岸坍塌问题。

赣江支流文石河距坝址上游42.63km，水库蓄水后水库回水水位淹至吉州区樟山镇镇政府所在地附近。文石河在奶奶庙及以下的河道弯曲，河岸一级阶地阶面高程44.00～49.00m，土层为粉质黏土、重壤土，局部为砂壤土或粉细砂等，底部一般为砂砾石，存在库岸塌岸问题，需采取抛石固脚及护坡等工程措施，解决库岸坍塌问题。

赣江支流乌江距坝址上游41km，水库蓄水后正常蓄水位已接近河岸一级阶地高程，对迎流顶冲堤段存在库岸坍塌问题，需对乌江河两岸的炉下、井头、鱼梁等防护堤迎流顶冲堤段，采取抛石固脚及护坡等工程措施，解决库岸坍塌问题。

9.10.3 库岸防护工程设计

1. 处理范围

水库库岸基本由一级、二级阶地组成，具二元结构，上部为粉质黏土、壤土、砂壤土或粉细砂等，为组成岸坡的主要土层，底部一般为砾卵石。岸坡一般高出常年河水位5.00～7.00m，水上坡角为60°～75°，局部直立，常年水位以下坡角为15°～30°。水库蓄水后，由一级阶地构成的水流顶冲或急流傍岸的库岸，将产生塌岸险情。影响库岸稳定区域，主要分布于同赣堤、万福堤，上下陇洲堤、金滩堤、柘塘防护区、吉水县城防护区，樟山防护区、水田抬田区、醪桥抬田区以及砖门、沙芜、乌江片区等。防护工程区库岸稳定已列入防护工程内，防护工程以外的区域库岸防护为本节处理范围，为了全面了解本库区库岸防护情况，全库区护岸工程整治范围及工程量见表9.10-1。

2. 护岸工程布置

峡江库区防护工程区域的护岸工程布置及设计详见9.2～9.9节相关内容，防护工程以外护岸工程布置如下：

（1）水田抬田区。水田抬田区位于赣江干流右岸，受水库淹没影响，该区域房屋拆除后为农田，对紧邻江岸陡坎处进行削坡，并按水土保持的要求进行植树护坡。

（2）醪桥抬田区。醪桥抬田区位于赣江干流右岸，沿江岸自上而下分布有上坝溪、中坝溪、下坝溪、固洲、元石村。水库蓄水后受淹没影响的为元石村，其余沿江岸各村庄地面高程未受水库淹没，但紧邻江岸陡坎，为保护上坝溪、中坝溪、下坝溪、固洲各村庄的

表 9.10－1　　　　　　　　　　护岸工程整治范围及工程量表

堤　名		桩　号	护岸长度/m	处 理 措 施
同江	同赣堤	3＋240～3＋510	270	已列入防护工程内
	万福堤	5＋477～6＋322	845	
吉水县城		0＋050～0＋200 0＋900～2＋000	1250	已列入防护工程内
陇洲堤		1＋570～2＋650 2＋800～4＋480	2760	利用料抛石
柘塘堤		1＋800～3＋020	1220	已列入防护工程内
金滩堤		2＋000～2＋950	950	已列入防护工程内
樟山防护区		樟山堤 2＋120～2＋750	3080	已列入防护工程内
		3＋150～5＋600		
		8＋750～10＋100	1350	已列入防护工程内
		燕家坊 1＋300～2＋100	800	已列入防护工程内
		落虎岭 1＋600～2＋600	1000	已列入防护工程内
		奶奶庙 1＋780～2＋800	1020	已列入防护工程内
		新开河 0＋700～0＋900	200	已列入防护工程内
水田抬田区		沿赣江江岸	4900	抛石、草皮
醪桥抬田区		1＋200～2＋225 3＋340～3＋930	1615	抛石、草皮
		沿赣江江岸农田段	3585	抛石、草皮
金滩抬田区		沿赣江江岸	2018	抛石、草皮
砖门抬田区		上洲 2＋300～2＋800 村头 4＋050～4＋300 洋家 5＋000～5＋100 王家 6＋000～6＋300	1150	抛石、草皮， 护坡高程 45.00～47.00m
沙芜		秦家村 1＋500～1＋700 杨家村 3＋200～3＋400	400	抛石、草皮， 护坡高程 45.00～47.00m
乌江		炉下堤 0＋200～0＋900 鱼梁堤 1＋000～1＋900 枫坪堤 0＋000～0＋370 井头堤 2＋600～3＋800	3170	抛石、草皮

房屋安全，需在上述各村江岸抛石固脚后浇注混凝土重力式挡墙。在江岸农田区域则采用削坡，并按水土保持的要求进行植树护坡。

（3）金滩抬田区。金滩抬田区位于金滩镇上游，该区域为农田，受水库淹没影响，对紧邻江岸陡坎处进行削坡，并按水土保持的要求进行植树护坡。

（4）砖门、沙芜片。砖门、沙芜位于赣江右岸，上起吉安市井岗山大桥，止于吉水县文峰镇肖家坊，房屋地面高程较高，在紧邻江岸处自上而下有秦家、杨家、上洲、村头、洋家村，江岸上部存在陡坎，为避免水库蓄水后，风浪对江岸淘刷，采用混凝土预制块护坡。

（5）乌江片。乌江片位于乌江下游的上端，乌江两岸有炉下、鱼梁、井头、下王堤，乌江右岸有炉下、鱼梁、枫坪（无堤防）。乌江穿越上述地段呈多个S形走向，致使急流傍岸的库岸稳定性差，为增加库岸稳定，在迎流顶冲堤段，设计采用抛石固脚及原坡顶树木保留的护岸方式。

3. 护岸断面结构型式

根据本工程库岸地形条件、保护的对象、地理位置，护岸断面结构型式主要采用以下四种方式：抛石固脚、抛石基床建混凝土防洪墙、混凝土预制块护坡、削坡植树护坡。各种护岸断面结构型式分述如下：

（1）抛石固脚。岸坡多年平均枯水位以下部分采用抛石固脚，抛石顶高程为多年平均枯水位以上0.5m，抛石坡度为1∶2，最小厚度为1.0m，防冲压脚石宽为2m，厚度为1m。

（2）抛石基床建混凝土防洪墙。抛石基床顶高程为43.00m，抛石坡度为1∶2，防洪墙墙趾外宽度为2.0m；混凝土防洪墙为重力式挡墙，迎水面边坡为1∶0.1，背水面边坡为1∶0.3，墙顶高程与保护对象地面高程一致。

（3）混凝土预制块护坡。岸滩下部边坡较缓，上部岸坡削坡至1∶2后采用混凝土预制块护坡，护坡顶高程为47.00m，底高程为47.00m，预制混凝土块厚10cm，下设10cm砂卵石垫层，坡脚混凝土齿槽尺寸为30cm×50cm；坡面按15m间距设置伸缩缝，缝间嵌缝沥青杉板，按2.0m×2.0m间距梅花形布设φ50排水孔，下设30cm×30cm土工布。

（4）削坡植树护坡。削坡的边坡根据土质条件确定，植树品种主要满足耐淹要求，建议可采用柳树、榕树等，具体要求可按水土保持的有关要求进行。

第10章 建设征地移民设计

10.1 建设征地处理标准及范围

10.1.1 水库淹没影响区

10.1.1.1 水库淹没处理设计洪水标准

水库淹没处理设计洪水标准主要根据水库调节性能、淹没对象的重要性和其原有防洪标准来确定，根据《水利水电工程建设征地移民安置规划设计规范》（SL 290—2009）的有关规定，本工程不同淹没对象的设计洪水采用如下标准：

(1) 吉水县城城区、集镇和农村居民点，按20年一遇洪水标准，即 $P=5\%$。

(2) 耕地和园地，按5年一遇洪水标准，即 $P=20\%$。

(3) 林地，按正常蓄水位。

(4) 专项设施，按20年一遇洪水标准，即 $P=5\%$。

10.1.1.2 水面线计算

1. 水库调度运用规则

水库的运用调度遵循先考虑坝址上下游及大坝本身的防洪安全，再满足发电、航运、灌溉等用水要求的原则进行。按照工程的开发任务顺序及其取水特点，充分考虑该工程的综合利用功能，拟定其水库调度运用规则为：当坝址流量不大于防洪与兴利运行分界流量时，水库在正常蓄水位至死水位之间运行，进行径流调节；当坝址流量大于防洪与兴利运行分界流量且不大于防洪控泄起始流量时，水库降低水位运行，减少库区淹没；当坝址流量大于防洪控泄起始流量且库水位低于防洪高水位时，水库下闸拦蓄洪水，控制下泄流量为下游防洪；当库水位达到防洪高水位且洪水继续上涨时，泄洪闸门全部开启，敞泄洪水，以保闸坝安全，但应控制其下泄流量小于本次洪水的洪峰流量。

2. 泥沙淤积

赣江属少沙河流，河流泥沙主要来源于雨洪对表土的侵蚀，其流域内植被良好，水土流失较轻。近年来，我国各级政府对水土保持高度重视，广大人民群众的水土保持意识不断增强，而且赣江上游又被列入了国家级水土流失重点治理区，在流域内正逐步进行水土流失治理，使赣江流域中上游的水土流失减轻，加上万安水库运行的拦沙作用，近几年赣江中游断面的输沙量有明显减少的趋势。

峡江水利枢纽工程的泄流（洪）闸底高程为30.00m，几乎与原河床相同，枢纽工程的泄洪闸的布置有利于排沙。

经分析计算得峡江坝址多年平均年悬移质输沙量为563.4万t，多年平均年推移质输沙量为 30.8 万 t，汛期来沙占全年沙量的 84.4%。据多年平均排沙比法分析估算，峡江水库运行 50 年泥沙在库内的淤积量为 2.08 亿 t，若泥沙容重取 1.3t/m³，则可得 50 年泥沙在库内的淤积体积为 1.60 亿 m³。

峡江水库为河道形水库，水库在洪水期采用降低库水位的运行方式，因而水流形态尤其是洪水来沙期较天然情况变化相对较小，而且本河流的泥沙颗粒较细，泥沙不易在水库末端落淤。但峡江水库回水长，运行到坝前的泥沙又因枢纽工程的泄流闸底高程低、有利于排沙而被水流带往坝下。因此，水库末端和坝前泥沙淤积较少。

综上所述，泥沙在峡江水库库内的淤积，对工程的运行影响较小，故水面线计算未考虑泥沙淤积的影响。

10.1.1.3　水库浸没、塌岸

1. 水库浸没

库区各防护区均位于赣江干流及其支流冲积阶地上，地层为第四系冲积层，上部多为黏土、壤土等相对隔水层，局部少量缺失；下部为含透水性较好的砂类土及砾卵石层，与赣江干流及其支流水力联系紧密。设立防护区之外的其他江岸地带，除零星分布有小块冲积阶地、滩地外，属淹没范围外一般库区赣江两岸基本为地形高矮起伏变化较大的丘岗坡地，基本不存在浸没问题。赣江干流及其支流同江河、文石河、乌江三条支流防护区上游（回水尾部）局部低矮，农田及少量旱地存在一定的浸没问题，但范围较小。

部分防护区内地面高程低于水库正常蓄水位，水库蓄水后，将产生浸没影响。在防护工程设计中已采取措施降低地下水位，或将低洼地抬高以减少浸没影响。

2. 库岸稳定

在赣江主流及支流部分河段存在一定的库岸稳定问题，工程设计中均相应采取了护岸或固脚措施处理。

3. 水库诱发地震评价

库区分布地层较全，晚古生代以来泥盆系至第三系地层均有发育，以震旦系、寒武系地层为基底。地层岩性主要以浅变质岩、砾岩、砂岩、粉砂岩和泥岩等为主，石炭系、二叠系碳酸盐岩和印支-华力西晚期侵入岩基本无分布；控块断裂活动不甚明显，库区无活动性断裂，不存在孕震或发震构造；水库建成运行后，抬升水头低，地应力改变极小。据以上地质背景分析，水库建成后诱发地震的可能性极小。

10.1.1.4　水库淹没处理范围

根据《水利水电工程建设征地移民安置规划设计规范》（SL 290—2009）的规定和可研阶段设计成果的审查意见，峡江水库淹没处理范围按 20 年一遇、5 年一遇及小流量分别取其尖灭点的位置垂直斩断确定。

由于正常蓄水位持续时间较长，在回水影响不显著的坝前段和受正常蓄水位影响的其他河段，考虑风浪和船行波的影响。

风浪爬高计算采用以下经验公式计算：

$$h_p = 3.2Kh\tan\alpha \qquad (10.1-1)$$

其中
$$h = 0.0208V^{5/4}D^{1/3} \qquad (10.1-2)$$

式中：h_p 为风浪爬高，m；h 为岸坡前波浪高度，m；α 为岸坡坡度（即坡面与水平面所成角度），取 $\alpha=15°$；V 为岸坡垂向库面风速，m/s；D 为岸坡迎风面波浪吹程，km，取 $D=3.5$；K 为与岸坡粗糙情况有关的系数，取 $K=0.6$。

经计算，风浪爬高 $h_p=0.48\text{m}$。

根据峡江水利枢纽工程建设任务，通航过坝设施按Ⅲ级航道过 1000t 级船舶的单线单级船闸考虑，闸室尺寸为 180m×23m×3.5m（长×宽×门槛水深）。赣江航道为内河航道，航行的一般为单体马达船，船行波按内河慢速船舶船行波计算，计算公式采用荷兰 Delft 水工试验所公式，即：

$$H_m=\alpha d(L/d)^{-0.33}\left[V_m/(gd)^{(1/2)}\right]^{2.67} \tag{10.1-3}$$

式中：α 为船型修正系数，内河马达船取 $\alpha=1$；L 为船舷到河道岸边的距离，m，取 $L=40\text{m}$；d 为航道水深，m，取 $d=8\text{m}$；V_m 为船舶航行速度，m/s，取 $V_m=3\text{m/s}$；H_m 为船行波。

船行波爬高为：

$$R_u=K_\Delta\times(0.5H_m+0.1m)/(1-0.05m) \tag{10.1-4}$$

式中：K_Δ 为护面修正系数，取 $K_\Delta=0.6$；m 为斜坡坡度，$m=\cot\alpha$。

经计算，船行波爬高 $R_u=0.37\text{m}$。

因此，在回水影响不显著的坝前段和受正常蓄水位影响的其他河段，考虑风浪和船行波的影响，人口迁移线取高于正常蓄水位 1.0m、土地征用线取高于正常蓄水位 0.5m，以保证安全。

根据上述水库调度原则计算的水面线成果，峡江水库 20 年一遇人口迁移线在 CS11（距坝址 24.81km）断面垂直斩断尖灭，高程为 47.81m；5 年一遇耕地征用线在 CS13（距坝址 28.91km）断面垂直斩断，高程为 46.79m；运行分界流量（5000m³/s）在 CS32（距坝址 63.91km）断面垂直斩断尖灭，高程为 46.77m。

根据水面线计算成果，考虑风浪和浸没影响，人口迁移线沿程高程基本上为 47.00m，建库后 20 年一遇洪水水面线仅在 CS10～CS11 断面河段高于 47.0m；耕地征用线沿程高程基本上为 46.50m，建库后 5 年一遇洪水水面线仅在 CS11～CS13 断面和 CS29～CS32 断面河段高于 46.50m。综上所述，根据水库调度运行方式，峡江水库淹没处理范围主要受正常蓄水位的控制。

10.1.2 枢纽工程建设区

枢纽工程占地主要包括大坝厂房、生产、工程管理区及永久公路、生活用地等。

枢纽工程建设场地布置中，枢纽建筑物、进场道路、电站建设及管理办公生活设施为永久性项目，其占地为永久占地；料场、弃渣场、施工临时用房及辅助设施占地为临时用地。

根据枢纽工程总布置图，对于枢纽工程永久占地与库区淹没范围重叠的部分，计入枢纽工程永久占地范围。

10.2 实 物 调 查

10.2.1 调查组织

工程建设征地实物调查，主要根据 2006 年颁布的《大中型水利水电工程建设征地补偿和移民安置条例》（国务院令第 471 号）和有关规范的技术要求进行。

2004 年 2 月，为减少峡江库区居民和单位的淹没损失，江西省人民政府办公厅发布了《关于在峡江水利枢纽工程库区范围内停建永久性设施的通知》（赣府厅〔2004〕20 号）。

调查工作开展前，设计单位对峡江库区施测了 1∶2000 地类地形图，编制了《峡江水利枢纽工程可行性研究征地移民实物调查细则》，并拟定了相应的表格，以此作为调查工作的依据。

2008 年 4—11 月，江西院组织调查组，在吉安市水务局及吉安市的峡江县、吉水县、吉安县、青原区、吉州区 5 个县（区）水务局、相关部门和当地人民政府的协调下，深入库区实地，对峡江水库淹没实物进行了全面调查。2009 年 1—2 月，针对可研阶段专家审查意见又进行了补充调查，调查成果于 2009 年 2 月进行了公示。

2009 年 4—7 月，针对公示中移民提出的错登、漏登情况，江西院组织调查组，会同各县区、乡镇、村以及各地峡江项目办有关人员，深入库区，共同对移民提出的问题逐一进行了复核调查，同时对各专业项目设施进行了全面复核调查。

2010 年 12 月，针对局部堤线调整导致征地拆迁范围发生了调整变化的区域，重新进行了补充和复核调查，调查成果同时得到了权属人的签字认可。

10.2.2　调查内容和方法

10.2.2.1　人口调查

对于水库淹没区的被调查人口，主要以其实际居住房屋地面高程为判别条件，分农业人口和非农业人口逐户调查统计。各防护区内的人口按村组统计登记，被调查户数以调查时的户籍为准。

在人口登记时应调查登记行政单位名称〔县、乡（镇）、村（或居委会）、村民小组〕、门牌号、户主、家庭成员的姓名、性别、年龄、民族、文化程度、与户主关系、户口类型等。

1. 农村人口调查

（1）居住在调查范围内，有住房和户籍的人口计为调查人口。

（2）长期居住在调查范围内，有户籍和生产资料的无住房人口计为调查人口。

（3）上述家庭中超计划出生人口和已结婚嫁入（或入赘）的无户籍人口计为调查人口。

（4）暂时不在调查范围内居住，但有户籍、住房在调查范围内的人口（如升学后户口留在原籍的学生、外出打工人员等）计为调查人口。

（5）在调查范围内有住房和生产资料，户口临时转出的义务兵、学生、劳改劳教人员计为调查人口。

（6）户籍在调查搬迁范围内，但无产权房屋和生产资料，且居住在搬迁范围外的人口，不作为调查人口。

（7）户籍在调查范围内，未注销户籍的死亡人口，不作为调查人口。

在人口调查时，被调查对象需提供户口本或暂住证等有关证明材料，调查人员应认真核对，保证不重不漏。

2. 城镇人口调查

（1）以长期居住的房屋为基础，以户口簿、房产证为依据，进行调查登记。无户籍的超计划出生人口，户口临时转出需回原籍的义务兵、学生、劳改劳教人员，在提交相关证明材料后，可纳入搬迁人口调查登记。

（2）有户籍、无房产的租房常住户，可纳入搬迁人口调查登记。

（3）无户籍但与上述家庭房主常住的配偶、子女及父母，在查明原户口所在地情况，提交相关证明材料后可按寄居人口登记。

（4）具有住房产权的常住无户籍人口和无户籍但常住调查范围内的行政、事业单位正式职工，在查明原户口所在地情况，提交相关证明材料后，可纳入搬迁人口调查登记。

（5）无户籍、无房产的流动人口和有户籍无房产且无租住地的空挂户以及无户籍的单位、企业合同工不列入搬迁人口调查。

调查人员应查看被调查户（人）的房屋产权证、户口簿，按照户口册上的姓名，结合房屋产权证进行核对。户籍不在调查范围内的已婚嫁入（或入赘）人口，应查看结婚证、身份证后予以登记；对超计划出生无户籍人口应在出具出生证明和乡级人民政府证明后才予以登记。

10.2.2.2 房屋调查

1. 农村房屋调查

按房屋产权可分为居民私有房屋、农村经济组织集体所有房屋。

按房屋结构可分为以下四类：

（1）框架结构。以钢筋混凝土浇捣成承重梁柱，再用预制的加气混凝土、膨胀珍珠岩、浮石、蛭石、陶柱等轻隔墙分户装配而成的房屋。

（2）砖混结构。砖或石质墙身，有钢筋混凝土承重梁或钢筋混凝土屋顶的房屋。

（3）砖木结构。砖或石质墙身，木楼板或房梁，瓦屋面房屋。

（4）土木结构，木或土质打垒土质墙身，瓦或草屋面，素土地面房屋。

依据承重构件材料，将农村房屋结构区分为上述四类，相似结构应尽量合并，对于特殊结构不能合并的可在此基础上增加分类。

按房屋用途可分为主房和杂房，层高（屋面与墙体的接触点至地面平均距离）不小于2.0m，楼板、四壁、门窗完整者称主房；拖檐房、偏厦房、吊脚楼底层等楼板、四壁、门窗完整，层高小于2.0m的附属房屋称为杂房。

房屋面积按下列标准计算：房屋建筑面积系指房屋外墙（柱）勒脚以上各层的外围水平投影面积，包括阳台、挑廊、地下室、室外楼梯等，且具备上盖，结构牢固，层高2.0m以上（含2.0m）的永久性建筑物。除参照《房产测量规范》（GB/T 17986.1—2000）中的规定外，考虑农村房屋的实际情况补充规定如下：

房屋建筑面积按房屋勒脚以上外墙的边缘所围的建筑水平投影面积（不以屋檐或滴水线为界）计算，以m^2为单位，取至$0.01m^2$。

楼层面积计算：楼层层高（楼板至屋面与外墙的接触点）不小于2.0m，楼板、四壁、门窗完整者，按该层的整层面积计算。对于不规则的楼层，视以下具体条件计入楼层面积：楼层完整，但层高2.0～1.8m（含）者，按该层面积的80%计算；层高1.8～1.5m

（含）者，按该层面积的 60％计算；层高 1.5～1.2m（含）者，按该层面积的 40％计算；层高 1.2m 以下的不计算该层面积。

屋内的天井，无柱的屋檐、雨篷、遮盖体以及室外简易无基础楼梯均不计入房屋面积。有基础的楼梯计算其一半面积。

没有柱子的室外走廊不计算面积；有柱子的，以外柱所围面积的一半计算，并计入该幢房屋面积。

封闭的室外阳台计算其全部面积，不封闭的计算其一半面积。

房屋的附属设施包括围墙、门楼、水井、晒场、粪池、地窖、玉米楼、沼气池、禽舍、畜圈、厕所、堆货棚等，不同项目以反映其特征的相应单位计量，如 m²、个、处等。

房屋内外装饰分内、外墙，调查登记其水泥抹面、瓷砖铺设等装饰情况。

2. 城镇房屋调查

房屋建筑面积测量按国家标准《房产测量规范》（GB/T 17986.1—2000）的有关规定执行。

房屋建筑面积是指房屋外墙（柱）勒脚以上各层的外围水平投影面积，包括阳台、挑廊、地下室、室外楼梯等，且具备上盖，结构牢固，层高 2.2m 以上（含 2.2m）的永久性建筑。

（1）计算全部建筑面积的房屋和附属建（构）筑物如下：

1）永久性结构的单层房屋，应按一层建筑面积计算；多层房屋应按各层建筑面积总和计算。

2）房屋内的夹层、插层、技术层及楼梯间、电梯间等，高度在 2.2m 以上部位，均应计算建筑面积。

3）穿过房屋的通道，房屋内的门厅、大厅，均应按一层计算建筑面积。门厅、大厅内的回廊部分，层高在 2.2m 以上（含 2.2m）的，应按其水平投影面积计算。

4）楼梯间、电梯（观光梯）井、垃圾道、管道井等均应按房屋自然层计算建筑面积。

5）在房屋屋面以上、属永久性建筑且层高在 2.2m 以上（含 2.2m）的楼梯间、水箱间、电梯机房及斜面结构屋顶高度在 2.2m 以上（含 2.2m）的部位，应按其外围水平投影面积计算。

6）挑楼、全封闭的阳台应按其外围水平投影面积计算。

7）属永久性结构有上盖的室外楼梯，应按各层水平投影面积计算。

8）与房屋相连的有柱走廊，两房屋间有上盖和柱的走廊，均应按其柱的外围水平投影面积计算。

9）房屋间永久性的封闭的架空通廊，应按外围水平投影面积计算。

10）地下室、半地下室及其相应出入口，层高在 2.2m 以上（含 2.2m）的，应按其外墙（不包括采光井、防潮层及保护墙）的外围水平投影面积计算。

11）有柱或有围护结构的门廊、门斗，均应按其柱或围护结构的外围水平投影面积计算。

12）玻璃幕墙等作为房屋外墙的，应按其外围水平投影面积计算。

13）属永久性建筑的有柱的车棚、货棚等，应按柱的外围水平投影面积计算。

14）依坡地建筑的房屋，利用吊脚做架空层、有围护结构，且高度在 2.2m（含 2.2m）以上部位，应按其外围水平面积计算。

15）与房屋室内相通的伸缩缝，应计入建筑面积。

（2）计算一半建筑面积的附属建（构）筑物如下：

1）与房屋相连有上盖无柱的走廊、檐廊，应按其围护结构外围水平投影面积的一半计算。

2）独立柱、单排的门廊、车棚、货棚等属永久性建筑的，应按其上盖水平投影面积的一半计算。

3）未封闭的阳台、挑廊，应按其围墙结构外围水平投影面积的一半计算。

4）无顶盖的室外楼梯，应按各层水平投影面积的一半计算。

5）有顶盖、不封闭的永久性的架空通廊，应按其外围水平投影面积的一半计算。

（3）不计算建筑面积的附属建（构）筑物如下：

1）层高小于 2.2m 的夹层、插层、技术层和层高小于 2.2m 的地下室和半地下室。

2）突出房屋墙面的构件、配件、装饰柱、装饰性的玻璃幕墙、垛、勒脚、台阶、无柱雨篷等。

3）房屋之间无上盖的架空通廊。

4）房屋的天面、挑台、天面上的花园、泳池。

5）建筑物内的操作平台、上料平台及利用建筑物的空间安置箱、罐的平台。

6）骑楼、过街楼的底层用作道路街巷通行的部分。

7）利用引桥、高架路、高架桥、路面作为顶盖建造的房屋。

8）活动房屋、临时房屋、简易房屋。

9）独立烟囱、亭、塔、罐、池、地下人防干（支）线。

10）与房屋室内不相通的房屋间伸缩缝。

房屋调查均以户为单位逐户逐栋进行丈量。

10.2.2.3 土地调查

根据 1∶2000 地类地形图对建设征地内的各类土地按调查细则进行调查登记，各防护区内的各类土地根据 1∶2000 地类地形图分别单独量算计列。

1. 土地分类

按《中华人民共和国土地管理法》将土地分为农用地、建设用地和未利用地。农用地是指直接用于农业生产的土地，包括耕地、园地、林地、牧草地、农田水利用地、养殖水面等；建设用地是指建造建筑物、构筑物土地，包括城乡住宅和公共设施用地、工矿用地、交通水利设施用地、旅游用地、军事设施用地等；未利用地是指农用地和建设用地以外的土地。

土地分类参照《土地利用现状分类标准》（GB/T 21010—2007）的规定，结合峡江水库淹没影响区的具体情况确定。

2. 调查方法

（1）耕地、园地、林地和牧草地的调查方法。

1）土地类型的核定。用施测的 1∶2000 地类地形图，以村为单位逐块核实地类；在土地调查时，库区县（区）的土地和林业主管部门要配合参与。

如发现 1∶2000 地类地形图中的地类定性错误，由水库调查人员现场改正；但当图斑形状明显与实际不符或面积误差超过 5％或出现漏测时，水库调查人员应提出书面意见，填写补测地点通知单。

2）行政界线的勾绘。在 1∶2000 地类地形上标注县、乡（镇）、村、组的行政界线。如多级行政界线重合时，仅勾绘最高级别的行政界线。

（2）其他土地的调查。其他农用地、交通用地、居民点和未利用地，持 1∶2000 地类地形图在现场调查核实。

（3）土地面积的量算。将测量和实地调查工作完成的图纸重新清绘后扫描到计算机内，采用电脑软件量算面积并分级统计汇总。分村组逐级汇总后，以县为单位进行书面确认。

10.2.2.4 零星树木调查

对水库淹没影响区居民点用地范围内和田边地头的零星果树进行分户调查，逐株（兜）分户进行调查登记。对需外迁人口线上的零星果树，均逐户调查登记。

10.2.2.5 水利和副业设施调查

水利水电设施包括提灌站、水轮泵站、水库、山塘、引水坝（有正规水渠的）、渠道（三面光的）、水车等，逐个调查登记其名称、地点、所有制形式、规模、效益、主要建筑物地面高程等各项技术经济指标。

副业设施包括石灰窑、砖瓦窑、水碾、打米机、榨油机等，逐个调查登记其所有者名称。

10.2.2.6 交通设施调查

对等级公路和大车道（能通行汽车的农村道路）、机耕道（不能通行汽车仅能通行小型农用车辆的农村道路），根据 1∶2000 地类地形图和主管部门提供的资料先逐条实地调查登记名称、等级、起讫地点、路面宽度、路面材料，并量算受淹长度（包括大、中型桥梁名称及其长度、宽度、桥面高程和桥型）。

逐个调查登记汽车渡口，具有专用货场的码头专门登记，其他码头按处登记。

10.2.2.7 电力设施调查

对小水电站根据其主管部门提供的资料，逐个调查登记其名称、地点、建设时间及投资、所有制形式、规模、效益、主要建筑物地面高程等各项技术经济指标（含电站尾水位）；再根据测设的淹没线和 1∶2000 地类地形图进行核实。

输变电设施：对 10kV 及其以上输配电线路，根据电力部门提供的有关设计资料（包括线路走向示意图），先逐条（个）调查登记淹没范围内线路的名称、走向、等级、长度以及线路的质量（线质、线径）、供电范围（村庄）、负荷区变电站和变压器容量、台数；再根据测设的淹没线和 1∶2000 地类地形图进行核实。

10.2.2.8 通信设施调查

通信设施根据其主管部门提供的资料（包括线路走向示意图），先逐条（个）调查登记其名称、淹没等级、长度、线路的质量（线质、线径、杆质）、通话对数、交换机地点和容量、已开通电话机门数等；再根据测设的淹没线和 1∶2000 地类地形图进行核实。

10.2.2.9 广播、电视设施

根据其主管部门提供的资料（包括线路走向示意图），先逐条调查登记其线路名称、长度、线路的质量，逐处调查地面接收站的处数，有线电视网调查其服务用户数；再根据测设的淹没线和 1∶2000 地类地形图进行核实。

10.2.2.10 企业调查

对淹没影响范围内的具有营业执照和税务登记证的工矿企业逐个调查登记以下内容：

（1）企业名称、注册资金、建厂投产时间，厂区用地面积，生产用房和非生产用房，主要设备名称；从业人数。

（2）对已停产、倒闭或按国家有关规定应关闭的工矿企业，应单独登记说明。

（3）对于淹没影响范围内的具有营业执照和税务登记证的商业企业和小型加工企业可简化登记，登记企业名称、注册资金、从业人数、营业面积等。

10.2.2.11 文物古迹和矿产资源

按照有关规定，委托专业部门进行调查。

10.2.2.12 坟墓

以村组为单位全面调查登记淹没坟墓数量。

10.2.3 实物指标公示

调查组在调查过程中，本着认真负责的态度，严格按照有关规定和调查细则的要求进行，符合规范的要求，调查成果均由移民签字认可。

水库淹没实物调查成果通过网站、地方报纸、乡村张榜等三种方式进行了公示，调查成果均得到了移民和各有关县区政府的书面确认。

10.2.4 建设征地主要实物调查成果

1. 库区

根据调查统计，不设防护条件下，库区淹没涉及吉安市辖区内的峡江县、吉水县、吉安县、青原区和吉州区共 5 个县（区）的 19 个乡镇以及吉水县城区，水库淹没耕地达 10.13 万亩，需迁移人口 10.27 万人。

为减少水库淹没损失和影响，拟对库区人口密集、耕地集中、具有防护条件的临时淹没区或浅水淹没区以及同江河区采取防护工程措施，同时，对其他部分浅水淹没区、临时淹没区采取抬高防护的防护措施（防护面积共 2.15 万亩）。共设置吉水县城、柘塘、金滩、樟山、槎滩、同江河以及上下陇洲共 7 个堤防防护片区，同时，对沙坊、八都、桑园、水田、槎滩、醪桥、水南背、乌江、葛山、砖门、金滩、南岸、白塘街办、禾水等 15 片浅水淹没区或临时淹没区中部分相对集中分布的区域采取抬高防护措施。

采取新建或加固堤防及抬田措施后，水库淹没及防护工程压占共涉及吉安市的峡江县、吉水县、吉安县、青原区和吉州区共 5 个县（区）的 18 个乡镇（街办）、73 个行政村，需搬迁人口 24911 人，拆迁房屋面积 128.0 万 m²；占用耕地 29275 亩（其中水田 22267 亩、旱地 7008 亩）；园地 317 亩；退耕还林地 4059 亩，其他林地 5078 亩；淹没乡

村公路共计 65.5km（其中水泥路面公路 35.38km，沙石路面公路 30.12km，未淹没等级公路）；通信光缆 102.5km；10kV 输电线路 121.5km，电灌站 153 台共 3862.5kW；影响码头 3 座、渡口（人渡）7 对；水库蓄水将对吉安水文站的水文情势产生一定影响，对峡江至吉安河段采砂造成一定影响，涉及采砂抓机 40 台以及部分其他设施。

库区及防护工程建设征地主要实物汇总见表 10.2－1。

表 10.2－1　　　　　　　　库区及防护工程建设征地主要实物汇总表

县（区）	永久占地面积/亩										搬迁人口/人	拆迁房屋/万 m²
	水田	旱地	园地	退耕还林	林地	村庄用地	沟渠	荒地	交通用地	水塘		
吉水县	17823.1	6018.3	281.7	3309.6	3348.4	1363.0	491.1	7102.0	295.9	1923.6	22823	115.7
吉州区	613.1	319.5	26.1	105.8	27.7	21.4	7.5	406.7	0.9	162.2	2	0.3
青原区	25.0	12.9		131.0	0.3		1.8	74.2		1.6		
吉安县	326.6	255.0			133.0	13.7	2.0	53.6	9.0	1.2	109	0.7
峡江县	3478.8	402.1	9.1	513.1	1569.0	375.7	95.7	419.4	50.3	89.3	1977	11.3

2. 枢纽工程建设区

根据枢纽工程总布置，对于枢纽工程永久占地与库区淹没范围重叠的部分，计入枢纽工程永久占地范围。经调查，枢纽工程区需搬迁农村居民 42 人（均为进厂公路压占拆迁），拆迁房屋面积 2178m²，枢纽工程永久征用土地总面积为 1447.92 亩，其中进厂道路用地 254.28 亩、枢纽工程建设管理区 967.09 亩、水保试验区 226.55 亩。枢纽工程永久征用土地中：耕地 98.89 亩（水田 63.93 亩，旱地 34.96 亩），园地 16.38 亩，退耕还林地 24.78 亩，其他林地 1205.78 亩，水塘 22.91 亩，交通用地 27.51 亩，荒地 42.38 亩。涉及 10kV 输电线路 0.72km、通信线路共 4.43km 及部分其他设施。

此外，库区管理处分别在有关县（区）、乡（镇）设立 3 个堤防管理站，需征地共 19 亩，后方基地设在南昌，征地 10 亩。

10.2.5　库区矿产、文物

经调查，采取防护工程措施后，建设征地区未发现具有开采价值的重要矿产资源。

根据 2009 年 3 月江西省文物考古研究所、江西省文物保护中心会同地方文物部门对水库淹没区范围的文物资源的初步调查成果，建设征地区大部分是赣江干支流两岸较为平缓的宽阔台地，建设征地涉及县级以上文物保护单位 10 处，以及部分其他文物古迹。江西省文物考古研究所和江西省文物保护中心编制了《江西省峡江水利枢纽工程文物资源初步调查与评估报告书》。

10.2.6　建设征地对区域社会经济影响分析

峡江水库淹没及防护工程共占用耕地 2.9 万亩，占涉及各乡镇总耕地面积的 7.3%，农业人口人均减少耕地 0.13 亩；占涉及各村总耕地面积的 20.8%，涉及各村农业人口人均减少耕地 0.33 亩。总体上工程占用耕地占涉及乡镇和各村耕地的比例都不大。水库淹没对当地生态环境及社会经济环境将带来一定压力，但通过制定切实可行的移民安置规划，其不利影响可以最大限度予以减免。同时，通过移民新村的建设，库区移民的生活环境将得到较大改善。

防护工程的建设对耕地进行了保护，符合国家有关耕地保护政策精神和要求，在保证土地资源的充分利用的同时，具有缓解政府实施耕地占补平衡的压力、减轻移民安置压力等众多优点，大大减轻了工程建设对库区社会经济造成的不利影响。

10.3　移民安置规划

10.3.1　移民安置规划设计依据

本工程移民安置规划主要依据如下：

（1）《中华人民共和国土地管理法》（2004 年修正）。

（2）《大中型水利水电工程建设征地补偿和移民安置条例》（国务院令第 471 号）。

（3）国土资源部、国家经贸委、水利部联合发布的《关于水利水电工程建设用地有关问题的通知》（国土资发〔2001〕355 号）。

（4）《江西省实施〈中华人民共和国土地管理法〉的办法》（2001 年修正）。

（5）《水利水电工程建设征地移民设计规范》（SL 290—2003）。

（6）国家和地方政府其他有关政策和规定。

（7）本工程有关专题报告和建设征地移民实物调查成果。

10.3.2　移民安置指导思想和原则

根据项目区人口结构、土地资源承载能力、社会经济发展状况，确定本工程农村移民安置规划指导思想是：遵循开发性移民安置方针，从项目区自然环境、资源条件以及社会经济发展特点与现状出发，以土地为依托，大农业安置为主，第二、第三产业安置为辅，少部分有一技之长的农村移民可考虑采取自谋职业的安置方式，使库区移民能够迁得出、稳得住，逐步发展致富。对淹地不淹房的农业居民，若能就地调整耕地和改变农业生产结构或安排其他生产有出路者，房屋不予搬迁，仅作生产安置；对就地无法调整耕地和农业生产结构，又无其他生产出路安排者，才考虑其拆迁安置。

农村移民安置原则如下：

（1）全面考虑、统筹兼顾，正确处理国家、集体、个人三者之间的关系，从国家利益出发，兼顾各方面利益。

（2）通过前期补偿、后期扶持的办法，使移民的生活达到或超过原有生活水平。

（3）移民安置按照"有利生产、方便生活"的原则。

（4）移民生产安置按照由近及远的原则调剂耕地，即按照由本组、本村、相邻村组、本乡（镇）、本县范围内由近及远的方式进行耕地调剂，以进行生产安置。

（5）安置点（包括就地后靠）选择，应具备发展生产的基本条件和经济收入水平，居住条件应有所提高和改善。

（6）规划水平年。根据工程施工进度安排，2013 年为下闸蓄水年，因此以 2013 年为规划水平年。

10.3.3　生产安置人口计算

库区工程建设永久征收耕地 29275 亩，共涉及吉安市的峡江县、吉水县、吉安县、青原区和吉州区共 5 个县（区）的 18 个乡镇、96 个行政村。由于峡江库区农民主要以耕地为生产对象，因此，农村移民安置规划以村民小组为基本单元，以被占用的耕地除以其被淹没前人均耕地数量，推算出水库生产安置人口。

经计算，本工程需生产安置的人口基准年为 16838 人，根据国家有关计划生育政策和项目区统计年报资料，确定项目区人口自然增长率取 8‰，推算至 2013 年为 17447 人。

10.3.4　农村移民安置目标

移民安置的目标是到规划水平年使移民的生活水平达到或超过原有水平。本次移民安置规划尽可能以调整耕地和林地或恢复耕地的方式（如抬田）恢复生产，根据江西省人民政府《关于印发江西省峡江水利枢纽工程移民安置实施意见》的有关规定，外迁安置的移民调整耕地 1.2 亩/人，调整林地 0.3 亩/人。同时，少量部分土地受淹的移民有故土难离的情结，经地方政府有关人员多次沟通后，在保证拥有一定的基本口粮田的前提下，选择就近后靠安置，将生产开发的重点放在种植业上。移民安置规划在保证农民基本收入的前提下，利用库区和安置区条件，发展经济作物种植，并适度发展养殖业，以尽快使移民达到其在淹没前的生活水平。

据统计年报资料，项目区农民人均收入结构见表 10.3-1，从表 10.3-1 可以看出，家庭经营收入是项目区农民家庭收入的主要来源。

表 10.3-1　　　　　　　　　项目区农民人均收入结构表

农民人均收入/元		占全年纯收入比例/%
工资性收入	1808.14	38.98
家庭经营收入	2444.83	52.71
财产性收入	136.95	2.96
转移性收入	248.26	5.35
全年纯收入	4638.18	

10.3.5　环境容量分析

项目建成运行后，农民打工环境和条件将得到一定改善，打工收入变化不大，因种植业为当地农业人口的重要收入来源之一，因此环境容量分析采用耕地人口容量进行分析。

据统计年报资料，工程建设征地涉及吉安市峡江县、吉水县、吉安县、青原区和吉州区共 5 个县（区），总人口为 1659335 人，其中农业人口为 1163676 人；耕地 1769115 亩，农业人口人均耕地 1.52 亩，人均产粮 1091kg，粮食作物播种面积占总耕地面积比重为 75.6%，经济作物播种面积占总耕地面积比重为 24.4%。库区淹没涉及各村组农业人口 125452 人，耕地 183052 亩，人均耕地 1.46 亩。工程永久征收耕地 29275 亩，占涉及各乡镇总耕地面积的 6.7%；占涉及各村组总耕地面积的 16%，涉及各村组农业人口人均减少耕地 0.23 亩。总体上，工程占用耕地占涉及乡镇和各村组耕地的比例都不大。

由于本工程永久征收耕地面积较大，造成部分移民不可避免需外迁安置，因此，移民安置环境容量分析按建设征地涉及区和外迁安置区分别进行分析。

1. 建设征地区后靠安置环境容量分析

当某村组人均面积大于 1.0 亩时，视为该村组可以采取调剂耕地的方式接受部分移民，为了减少对安置区人口的影响，规划调剂耕地的比例控制在剩余耕地的 15% 以内，这样即可算出调整后的人均面积。当人均面积不足 1.0 亩时，不作调剂。用剩余耕地面积除以调整后的人均面积，即可算出该村可容纳人口，从而可进一步推算出可容纳人口与规划水平年该村组农业人口的差值。此差值为负数，即表明该环境容量不足、移民不能全部在本村组内进行安置。若该村组出现的负值的绝对值比生产安置人口还大，将生产安置人口数值修正成该值。

经分析计算，规划水平年建设征地区有 11517 人不宜在本村组以土地资源进行安置，需考虑外迁或从临近村组调剂土地等其他方式安置。

建设征地区移民安置环境容量分析计算见表 10.3-2。

表 10.3-2　　　　　　　　　建设征地区移民安置环境容量分析计算表

县区	乡镇	行政村	组	现状人口/人	现状耕地/亩	规划年人口/人	规划年人均耕地/亩	可调整耕地后	工程占用耕地/亩	剩余耕地/亩	可容纳人口/人	(可容纳人口-规划年人口)/人	评价
吉安县	万福	井头	胡家	220	207.9	228	0.91		46.67	161.2	176	-50	不够
吉安县	万福	井头	枧下	876	865.7	911	0.95		11.60	854.1	898	-11	不够
吉安县	万福	井头	太屋	517	491.7	538	0.91		43.27	448.4	490	-46	不够
吉安县	万福	万福	坝尾	363	278.4	377	0.74		33.79	244.6	331	-45	不够
吉安县	万福	万福	疗下	1232	894.9	1282	0.70		120.10	774.8	1109	-171	不够
吉安县	万福	永春	罗家、河下	348	266.0	362	0.73		83.67	182.3	248	-113	不够
吉安县	万福	永春	上居	516	520.0	536	0.97		75.34	444.7	458	-77	不够
吉安县	万福	永春	下居	183	182.6	190	0.96		18.85	163.8	170	-18	不够
吉安县	万福	永春	永春街	243	225.0	252	0.89		148.36	76.7	85	-166	不够
吉水县	八都	金塘	3	350	896.5	364	2.46	2.09	644.32	252.2	120	-244	不够
吉水县	八都	金塘	4	125	342.0	130	2.63	2.24	283.52	58.5	26	-104	不够
吉水县	八都	金塘	鹄山	315	798.9	327	2.44	2.08	761.12	37.8	18	-309	不够
吉水县	八都	金塘	1~2	790	1217.2	822	1.48	1.26	729.31	487.8	387	-435	不够
吉水县	八都	中村	5	320	544.1	333	1.63	1.39	119.91	424.2	305	-28	不够
吉水县	八都	中村	6	350	764.1	364	2.10	1.78	213.30	550.8	308	-56	不够
吉水县	八都	中村	1~3	726	1416.4	755	1.88	1.59	317.14	1099.3	689	-66	不够
吉水县	八都	中村	水北4	248	471.4	258	1.83	1.55	417.22	54.2	34	-224	不够
吉水县	八都	住歧	1	288	777.6	299	2.60	2.21	384.76	392.8	177	-122	不够
吉水县	八都	住歧	2	240	648.0	249	2.60	2.21	296.19	351.8	159	-90	不够
吉水县	八都	住歧	3	240	648.0	249	2.60	2.21	377.87	270.1	122	-127	不够
吉水县	八都	住歧	4	280	756.0	291	2.60	2.21	131.82	624.2	282	-9	不够
吉水县	八都	住歧	5	280	756.0	291	2.60	2.21	177.63	578.4	261	-30	不够

续表

县区	乡镇	行政村	组	现状人口/人	现状耕地/亩	规划年人口/人	规划年人均耕地/亩	可调整耕地后	工程占用耕地/亩	剩余耕地/亩	可容纳人口/人	(可容纳人口−规划年人口)/人	评价
吉水县	枫江	垇头	岭上	231	285.0	240	1.19	1.01	172.47	112.5	111	−129	不够
吉水县	枫江	垇头	上坑	160	243.0	166	1.46	1.24	76.74	166.3	133	−33	不够
吉水县	枫江	垇头	潭西	440	736.0	457	1.61	1.37	624.72	111.3	81	−376	不够
吉水县	枫江	陂田	陂田	1351	1470.0	1405	1.05	0.89	23.38	1446.6	1626		够
吉水县	枫江	栋下	栋下	2100	2363.0	2185	1.08	0.92	312.27	2050.7	2230		够
吉水县	枫江	毫石	毫石	890	1367.0	926	1.48	1.25	84.00	1283.0	1022		够
吉水县	枫江	浒江	浒江	1242	1340.0	1292	1.04	0.88	244.44	1095.6	1242		够
吉水县	枫江	积富	积富	734	1005.0	763	1.32	1.12	124.51	880.5	786		够
吉水县	枫江	江头	官桥	186	465.0	193	2.41	2.05	64.75	400.2	195		够
吉水县	枫江	江头	排行上	41	118.0	42	2.81	2.39	16.18	101.8	42		够
吉水县	枫江	联合	上桥下	114	142.5	118	1.21	1.03	8.72	133.8	130		够
吉水县	枫江	联合	老屋、新屋、陂下	356	565.2	370	1.53	1.30	25.70	539.5	415		够
吉水县	枫江	上陇洲	上陇洲	1480	1921.3	1540	1.25		257.39	1663.9	1333	−206	不够
吉水县	枫江	下陇洲	下陇洲	1409	1470.0	1466	1.00	0.85	247.13	1222.9	1434	−32	不够
吉水县	枫江	杨家塘	杨家塘	1573	1732.0	1636	1.06	0.90	324.54	1407.5	1564	−72	不够
吉水县	枫江	坪洲	坪洲	2434	2449.0	2532	0.97		154.87	2294.1	2371	−159	不够
吉水县	枫江	钟家塘	钟家塘	1098	2000.0	1142	1.75	1.49	100.74	1899.3	1275		够
吉水县	枫江	洲桥	洲桥	1311	1362.0	1364	1.00	0.85	135.41	1226.6	1445		够
吉水县	阜田	汉前	汉前	1506	1155.0	1567	0.74		25.24	1129.8	1532	−33	不够
吉水县	阜田	马山	马山	2819	2813.5	2933	0.96		387.59	2425.9	2528	−403	不够
吉水县	阜田	南塘	南塘	1934	2055.0	2012	1.02	0.87	240.95	1814.1	2089		够
吉水县	阜田	彭家	彭家	2432	1905.0	2530	0.75		346.62	1558.4	2069	−459	不够
吉水县	黄桥	江南	江南	926	1502.5	963	1.56	1.33	61.87	1440.6	1086		够
吉水县	黄桥	肖家	肖家	1315	2035.0	1368	1.49	1.26	48.93	1986.1	1570		够
吉水县	黄桥	山原	山原老居	1210	1874.5	1259	1.49	1.27	15.73	1858.8	1468		够
吉水县	金滩	白鹭	白鹭	649	919.9	675	1.36		3.62	916.3	672	−2	不够
吉水县	金滩	白石	坊牌	282	349.8	293	1.19	1.01	36.77	313.0	308		够
吉水县	金滩	白石	南院	89	134.2	92	1.46		16.41	117.8	80	−10	不够
吉水县	金滩	白石	上屋	382	424.6	397	1.07		88.81	335.8	313	−82	不够
吉水县	金滩	白石	下码头	282	388.3	293	1.33	1.13	136.29	252.0	223	−70	不够
吉水县	金滩	白石	窑里	51	126.5	53	2.39	2.03	9.61	116.9	57		够
吉水县	金滩	阁上	阁上	1154	1851.5	1200	1.54	1.31	253.63	1597.8	1218		够
吉水县	金滩	荷塘	荷塘	1118	1807.7	1163	1.55	1.32	19.67	1788.0	1353		够

续表

县区	乡镇	行政村	组	现状人口/人	现状耕地/亩	规划年人口/人	规划年人均耕地/亩	可调整耕地后	工程占用耕地/亩	剩余耕地/亩	可容纳人口/人	(可容纳人口－规划年人口)/人	评价
吉水县	金滩	金滩	金滩	1857	1535.0	1932	0.79		12.85	1522.1	1915	－15	不够
吉水县	金滩	井头	井头	830	1949.5	863	2.26	1.92	216.57	1732.9	902		够
吉水县	金滩	南岸	南岸	1343	2439.2	1397	1.75	1.48	40.04	2399.2	1616		够
吉水县	金滩	前进	白竹溪自然村	458	779.0	476	1.64	1.39	30.07	748.9	538		够
吉水县	金滩	前进	栀口	579	1260.0	602	2.09	1.78	276.58	983.4	552	－50	不够
吉水县	金滩	双园	双园	1195	1307.0	1243	1.05	0.89	85.35	1221.6	1366		够
吉水县	金滩	午岗	午岗	1700	1912.0	1769	1.08	0.92	191.76	1720.2	1872		够
吉水县	金滩	燕坊	燕坊	896	1492.7	932	1.60	1.36	271.69	1221.0	896	－36	不够
吉水县	金滩	曾山	曾山	1288	1868.0	1340	1.39	1.18	87.16	1780.8	1502		够
吉水县	金滩	栢塘	栢塘	1265	1720.6	1316	1.31	1.11	160.13	1560.5	1404		够
吉水县	醪桥	坝溪	黄土塘	208	303.9	216	1.41	1.20	45.62	258.3	215	－1	不够
吉水县	醪桥	坝溪	上坝溪	291	517.0	302	1.71	1.46	34.18	482.8	331		够
吉水县	醪桥	坝溪	下坝溪	367	596.8	381	1.57	1.33	14.85	581.9	437		够
吉水县	醪桥	槎滩	刘家组	244	491.7	253	1.94	1.65	144.46	347.2	210	－43	不够
吉水县	醪桥	槎滩	上肖家组	332	446.6	345	1.29	1.10	356.15	90.4	82	－263	不够
吉水县	醪桥	槎滩	窑背组	356	541.2	370	1.46	1.24	176.82	364.4	293	－77	不够
吉水县	醪桥	槎滩	陈家、袁家、下肖家	254	562.1	264	2.13	1.81	216.09	346.0	191	－73	不够
吉水县	醪桥	槎滩	面前村	233	451.0	242	1.86	1.58	196.95	254.1	160	－82	不够
吉水县	醪桥	东源	东源组	380	673.2	395	1.70	1.45	185.69	487.5	336	－59	不够
吉水县	醪桥	东源	管少组	190	310.2	197	1.57	1.34	266.68	43.5	32	－165	不够
吉水县	醪桥	东源	江口组	460	776.6	478	1.62	1.38	46.43	730.2	528		够
吉水县	醪桥	山头	山头	1739	2864.7	1809	1.58	1.35	392.53	2472.2	1836		够
吉水县	醪桥	固洲	上丰山	323	553.1	336	1.65	1.40	48.12	505.0	360		够
吉水县	醪桥	固洲	上固洲1237组	761	940.8	791	1.19	1.01	198.59	742.2	734	－57	不够
吉水县	醪桥	固洲	新屋下6组	182	288.6	189	1.53	1.30	24.12	264.5	203		够
吉水县	醪桥	日岗	日岗	908	1938.7	944	2.05	1.75	54.05	1884.7	1079		够
吉水县	醪桥	元石村	塘边	111	193.2	115	1.68	1.43	122.97	70.2	49	－66	不够
吉水县	醪桥	元石村	杏里	225	165.3	234	0.71		18.12	147.2	208	－24	不够
吉水县	醪桥	元石村	元石3、4组	493	683.1	513	1.33	1.13	56.99	626.1	553		够
吉水县	盘谷	老屋	老屋自然村	2550	3472.0	2653	1.31	1.11	5.65	3466.3	3116		够
吉水县	盘谷	岭头	岭头	1065	1353.0	1108	1.22	1.04	50.84	1302.2	1254		够
吉水县	盘谷	泥田	泥田	1750	2443.0	1821	1.34	1.14	32.91	2410.1	2113		够
吉水县	盘谷	上曾家	上曾家	1318	2289.1	1371	1.67	1.42	114.85	2174.3	1532		够

续表

县区	乡镇	行政村	组	现状人口/人	现状耕地/亩	规划年人口/人	规划年人均耕地/亩	可调整耕地后/亩	工程占用耕地/亩	剩余耕地/亩	可容纳人口/人	(可容纳人口－规划年人口)/人	评价
吉水县	盘谷	坛山园	坛山园	2101	3528.8	2186	1.61	1.37	39.62	3489.2	2542		够
吉水县	盘谷	菜园	菜园	895	1043.4	931	1.12	0.95	91.37	952.0	999		够
吉水县	盘谷	小江	小江	1067	1099.1	1110	0.99		307.74	791.4	799	−310	不够
吉水县	盘谷	同江	东头自然村	125	142.1	130	1.09	0.93	61.20	80.9	87	−43	不够
吉水县	盘谷	同江	郭家自然村	157	273.9	163	1.68	1.43	15.54	258.4	180		够
吉水县	盘谷	同江	路口自然村	95	148.0	98	1.51	1.28	12.00	135.9	105		够
吉水县	盘谷	同江	同江自然村	198	323.4	206	1.57	1.33	18.45	304.9	228		够
吉水县	盘谷	同江	西头自然村	151	258.5	157	1.65	1.40	14.88	243.6	174		够
吉水县	盘谷	下居	下居	1828	2723.6	1902	1.43	1.22	62.34	2661.3	2186		够
吉水县	盘谷	杨家边	杨家边	1370	2285.8	1425	1.60	1.36	20.03	2265.8	1661		够
吉水县	盘谷	友联	友联	1431	2270.4	1489	1.52	1.30	26.87	2243.5	1731		够
吉水县	盘谷	下石濑	下石濑	1831	2165.9	1905	1.14	0.97	18.00	2147.9	2222		够
吉水县	盘谷	松城	松城	1866	1708.3	1941	0.88		20.00	1688.3	1918	−21	不够
吉水县	盘谷	湛溪	湛溪	2762	3173.5	2874	1.10	0.94	21.00	3152.5	3358		够
吉水县	盘谷	老屋	老屋	2550	3819.2	2653	1.44	1.22	20.00	3799.2	3104		够
吉水县	盘谷	小祠下	小祠下	2489	3921.5	2590	1.51	1.29	18.00	3903.5	3033		够
吉水县	盘谷	太元	太元	1470	2272.6	1529	1.49	1.26	16.00	2256.6	1786		够
吉水县	水田	丰陂	案头4	168	636.0	174	3.66	3.11	539.86	96.1	30	−144	不够
吉水县	水田	丰陂	陂头1、陂头2	498	1124.2	518	2.17	1.84	715.42	408.8	221	−297	不够
吉水县	水田	丰陂	丰陂3	250	540.1	260	2.08	1.77	422.85	117.3	66	−194	不够
吉水县	水田	岭头	江口、朱家窝	387	1575.5	402	3.92	3.33	1554.36	21.2	6	−396	不够
吉水县	水田	岭头	老窑下	117	242.0	121	2.00	1.70	14.46	227.5	133		够
吉水县	水田	岭头	岭头	137	228.8	142	1.61	1.37	27.18	201.6	147		够
吉水县	水田	岭头	南坑	272	504.9	283	1.78	1.52	155.74	349.2	230	−53	不够
吉水县	水田	桑园	桑园	2019	3205.0	2101	1.53	1.30	189.30	3015.7	2325		够
吉水县	水田	沙上	沙上(1~4、6)	1057	1649.0	1099	1.50	1.28	483.71	1165.3	913	−186	不够
吉水县	水田	沙上	梧家5	260	623.0	270	2.31	1.96	396.91	226.1	115	−155	不够
吉水县	水田	五星	廖的	160	145.0	166	0.87		58.32	86.7	99	−66	不够
吉水县	水田	西流村	1~3组	752	940.0	782	1.20	1.02	529.64	410.4	401	−381	不够
吉水县	水田	孔巷	孔巷	1608	1753.0	1673	1.05		84.19	1668.8	1592	−80	不够
吉水县	水田	西田村	西田	1240	932.0	1290	0.72		423.45	508.5	703	−585	不够
吉水县	水田	富口	富口	690	769.0	718	1.07		181.48	587.5	548	−168	不够
吉水县	水田	新市	杜的4老屋5	282	1114.4	293	3.80	3.23	1072.98	41.4	12	−281	不够

续表

县区	乡镇	行政村	组	现状人口/人	现状耕地/亩	规划年人口/人	规划年人均耕地/亩	可调整耕地后/亩	工程占用耕地/亩	剩余耕地/亩	可容纳人口/人	(可容纳人口-规划年人口)/人	评价
吉水县	水田	新市	观塘1	187	308.0	194	1.59	1.35	241.91	66.1	48	−146	不够
吉水县	水田	新市	三房3	336	655.2	349	1.88	1.60	628.05	27.1	17	−332	不够
吉水县	水田	新市	上尹家2	236	435.0	245	1.78	1.51	393.14	41.9	27	−218	不够
吉水县	文峰	城东居委会	城东居委会	648	775.5	674	1.15	0.98	39.56	735.9	752		够
吉水县	文峰	低坪	肖家	148	323.7	154	2.10	1.79	34.87	288.9	161		够
吉水县	文峰	井头	井头	1639	4059.0	1705	2.38	2.02	72.41	3986.6	1970		够
吉水县	文峰	炉下	炉下	1052	2887.5	1094	2.64	2.24	65.00	2822.5	1258		够
吉水县	乌江	枫坪	枫坪	2532	5709.0	2634	2.17	1.84	70.00	5639.0	3060		够
吉水县	文峰	水南	水南	697	990.0	725	1.37	1.16	136.84	853.2	735		够
吉水县	文峰	文水	文水	344	158.4	357	0.44		71.02	87.4	196	−160	不够
吉水县	文峰	朱山	朱山	1148	1270.5	1194	1.06	0.90	221.77	1048.7	1159	−35	不够
吉州区	白塘	高丰	高丰	1085	1365.7	1129	1.21	1.03	42.28	1323.4	1287		够
吉州区	樟山	陂上	陂上	1500	2486.0	1560	1.59	1.35	118.48	2367.5	1747		够
吉州区	樟山	赤塘	赤塘	1450	2761.0	1508	1.83	1.56	259.17	2501.8	1607		够
吉州区	樟山	官垅	官垅	1296	1799.6	1348	1.34	1.13	104.79	1694.8	1493		够
吉州区	樟山	泸田	泸田	1826	2194.5	1900	1.16	0.98	107.46	2087.0	2125		够
吉州区	樟山	桥头	桥头	1225	1614.8	1274	1.27	1.08	24.99	1589.8	1475		够
吉州区	樟山	曲沙	曲沙	1031	1034.4	1072	0.96		36.02	998.4	1034	−36	不够
吉州区	樟山	文石	文石村	1276	2118.1	1327	1.60	1.36	90.88	2027.2	1494		够
吉州区	樟山	文石	江口	388	586.9	403	1.46	1.24	53.01	533.8	431		够
吉州区	樟山	文石	舍边	290	626.5	301	2.08	1.77	430.06	196.4	111	−190	不够
吉州区	樟山	樟山	樟山	1822	2078.5	1896	1.10	0.93	20.64	2057.8	2208		够
青原区	天玉	临江	临江	238	275.0	247	1.11	0.95	27.43	247.6	261		够
峡江县	巴邱	蒋沙	胡家	78	286.7	81	3.54	3.01	257.92	28.8	9	−72	不够
峡江县	巴邱	蒋沙	蒋沙自然村	586	1442.5	609	2.37	2.01	1154.61	287.9	143	−466	不够
峡江县	巴邱	蒋沙	马坑	85	145.8	88	1.66	1.41	20.66	125.1	88		够
峡江县	罗田	沙坊	万台	96	277.0	99	2.80	2.38	176.91	100.1	42	−57	不够
峡江县	罗田	江口	稠溪	362	871.9	376	2.32	1.97	180.21	691.7	350	−26	不够
峡江县	罗田	江口	邓家	83	289.1	86	3.36	2.86	93.01	196.1	68	−18	不够
峡江县	罗田	江口	仙石下	386	1274.4	401	3.18	2.70	1242.53	31.8	11	−390	不够
峡江县	罗田	江口	袁家	210	445.2	218	2.04	1.74	314.29	130.9	75	−143	不够
峡江县	罗田	江口	朱家	389	903.6	404	2.24	1.90	610.45	293.2	154	−250	不够
		合计		125452	183052	130473	1.40	1.19	29275	153777	128519	−11517	

2. 征地区外环境容量分析

由于移民安置采取以土地为依托、大农业安置为主的安置原则和方式，结合各县区希望在本县区内妥善安置本县区移民的要求，设计单位会同各县区地方人民政府，对库区各县区范围内可利用资源进行了详细的调查，并对安置区的交通条件等方面进行了调查分析。进行安置容量分析时，为了减少对安置区原居民的影响，当某村人均耕地面积大于2.0亩时，规划调剂耕地的比例控制在15%以内，当某村人均耕地面积大于1.0亩且小于2.0亩时，规划调剂耕地的比例控制在10%以内。规划可以调剂耕地23411亩，可安置移民18593人。从安置容量分析结果看，本工程生产安置人口可以通过后靠和本县近迁的方式得到安置。征地区外环境容量分析计算见表10.3-3。

表 10.3-3　　　　　　　　　　征地区外环境容量分析计算表

县区	权　属		安置区基本情况								
	所属乡镇	行政村	现有农业人口/人	现有耕地/亩	现状人均耕地/亩	可调整耕地/亩	调整后人均耕地/亩	可接收移民人数/人	交通条件	人、畜饮水条件	用电情况
									好、一般、差	地表、地下	好、一般、差
吉水	螺田	亿田村	1157	2880	2.49	432	2.12	360	好	地表	好
吉水	螺田	山陂	1259	2343	1.86	234	1.67	195	好	地表	好
吉水	螺田	连坑	684	1372	2.01	206	1.70	171	好	地表	好
吉水	螺田	丰树陂	993	2131	2.15	320	1.82	266	好	地表	好
吉水	螺田	沙吊	765	1588	2.08	238	1.76	198	好	地表	好
吉水	螺田	老山	833	1647	1.98	165	1.78	137	好	地表	好
吉水	丁江	上坑	976	2165	2.22	325	1.89	270	好	地表	好
吉水	丁江	双橹	877	2370	2.70	356	2.30	296	好	地表	好
吉水	丁江	塘边	1725	4135	2.40	620	2.04	516	一般	地表	一般
吉水	乌江	前江	857	2793	3.26	419	2.77	349	好	地表	好
吉水	乌江	段上	1414	3395	2.40	509	2.04	424	好	地表	好
吉水	乌江	余江	796	1981	2.49	297	2.12	247	好	地表	好
吉水	丁江	铝坊	1261	3936	3.12	590	2.65	492	一般	地表	一般
吉水	丁江	袁家	591	1363	2.31	204	1.96	170	一般	地表	一般
吉水	丁江	五背	959	2101	2.19	315	1.86	262	一般	地表	好
吉水	丁江	汉背	1062	2895	2.73	434	2.32	361	一般	地表	好
吉水	丁江	丁江	2484	4112	1.66	411	1.49	342	一般	地表	好
吉水	乌江	大巷	811	2548	3.14	382	2.67	318	好	地表	好
吉水	乌江	枫坪	2487	5712	2.30	857	1.95	714	好	地表	好
吉水	乌江	大巷	811	2548	3.14	382	2.67	318	好	地表	好
吉水	乌江	新田	1719	4247	2.47	637	2.10	530	好	地表	好
吉水	乌江	栋头	812	2677	3.30	402	2.80	334	好	地表	好

权 属			安 置 区 基 本 情 况								
县区	所属乡镇	行政村	现有农业人口/人	现有耕地/亩	现状人均耕地/亩	可调整耕地/亩	调整后人均耕地/亩	可接收移民人数/人	交通条件 好、一般、差	人、畜饮水条件 地表、地下	用电情况 好、一般、差
吉水	乌江	东村	1398	3678	2.63	552	2.24	459	好	地表	好
吉水	乌江	凫冲	1310	4436	3.39	665	2.88	554	好	地表	好
吉水	水南	西团	1323	2866	2.17	430	1.84	358	好	地表	好
吉水	水南	店背	1257	2323	1.85	232	1.66	193	好	地表	好
吉水	水南	水南	1486	2399	1.61	240	1.45	199	好	地表	好
吉水	八都	龙城	1680	2703	1.61	270	1.45	225	好	地表	好
吉水	八都	太山	1328	3692	2.78	554	2.36	461	好	地表	好
吉水	八都	兰花	1036	1849	1.78	185	1.61	154	好	地表	好
吉水	八都	江背	1026	1779	1.73	178	1.56	148	好	地表	好
吉水	八都	白竹坪	757	1721	2.27	258	1.93	215	好	地表	好
吉水	水南	高中	1893	3326	1.76	333	1.58	277	好	地表	好
吉水	水南	邱陂	1738	3382	1.95	338	1.75	281	好	地表	好
吉水	八都	下白沙	1169	1757	1.50	176	1.35	146	好	地表	好
吉水	黄桥	江南	926	1502	1.62	150	1.46	125	一般	地下	好
吉水	黄桥	小陂	1120	2166	1.93	217	1.74	180	一般	地下	好
吉水	枫江	江头	1422	3292	2.32	494	1.97	411	一般	地下	好
吉水	醪桥	坝溪	1907	2738	1.44	274	1.29	228	好	地表	好
吉水	醪桥	固洲	1573	1645	1.05	165	0.94	137	好	地表	好
吉水	醪桥	元石	1457	1513	1.04	151	0.93	126	好	地表	好
吉水	双村	曲岭	967	2025	2.09	304	1.78	253	一般	地表	好
吉水	双村	马田	1667	3330	2.00	333	1.80	277	一般	地表	好
吉水	文峰	龙华	1483	3615	2.44	542	2.07	451	好	地表	好
吉水	文峰	低坪	1043	1740	1.67	174	1.50	145	好	地表	好
峡江	水边	分界	1410	3187	2.26	478	1.92	341	好	地表	好
峡江	桐林	流源	1320	2838	2.15	426	1.83	304	一般	地表	一般
峡江	马埠	夏塘	1408	3069	2.18	460	1.85	328	一般	地表	一般
峡江	戈坪	白沙	1683	3416	2.03	512	1.73	366	好	地表	好
峡江	金江	新溪	1203	2201	1.83	220	1.65	157	好	地表	好
峡江	罗田	店前	1678	5100	3.04	765	2.58	546	好	地表	好
峡江	福民	郭下	1025	2378	2.32	357	1.97	254	一般	地表	好
峡江	罗田	沙坊	1690	4532	2.68	680	2.28	485	好	地表	好
峡江	罗田	安山	1399	3000	2.14	450	1.82	321	好	地表	好

县区	权属		安置区基本情况								
	所属乡镇	行政村	现有农业人口/人	现有耕地/亩	现状人均耕地/亩	可调整耕地/亩	调整后人均耕地/亩	可接收移民人数/人	交通条件 好、一般、差	人、畜饮水条件 地表、地下	用电情况 好、一般、差
峡江	仁和	大里	1176	2593	2.20	389	1.87	277	好	地表	好
峡江	砚溪	步溪	1020	1986	1.95	199	1.75	141	好	地表	好
峡江	砚溪	觉溪	1080	2235	2.07	335	1.76	239	好	地表	好
峡江	砚溪	坪头	1362	2632	1.93	263	1.74	188	好	地表	好
峡江	仁和	刁田	1328	2866	2.16	430	1.83	307	一般	地表	差
峡江	罗田	峡里	840	2500	2.98	375	2.53	267	一般	地表	好
峡江	罗田	新江	1100	1860	1.69	186	1.52	132	一般	地表	好
峡江	马埠	固山	960	2256	2.35	338	2.00	241	一般	地表	好
峡江	水边	北龙	1253	2318	1.85	232	1.67	165	一般	地表	好
峡江	金江	金滩	1034	2440	2.36	366	2.01	261	一般	地表	好
合计			80268	173821	2.17	23411	1.87	18593			

10.3.6　移民搬迁安置

10.3.6.1　移民搬迁安置任务

移民搬迁安置主要包括以下部分：

（1）水库淹没线以下直接淹没人口以及孤岛影响区需搬迁人口。

（2）淹地不淹房，后靠安置难以调整耕地，需异地搬迁的影响人口。

（3）防护区工程压占需搬迁的人口。

根据实物调查及移民安置成果，库区基准年需搬迁安置总人口为 24911 人，其中直接淹没需搬迁 19197 人，孤岛影响区搬迁 389 人，淹地不淹房需搬迁 557 人，防护工程压占搬迁 4768 人。按 8‰的人口自然增长率推算至规划水平年 2013 年搬迁人口为 25889 人。

10.3.6.2　移民搬迁安置

1. 安置点选择

结合项目区实际，为使移民搬得出、稳得住，移民安置点选择遵循以下标准：

（1）移民安置环境容量宽裕，土地资源落实，当地经济比较繁荣，就业机会较多，吸收移民劳动力能力强。

（2）安置地原有居民愿意接受移民。

（3）交通便利，基础设施较完善，社会服务网络比较健全。

（4）移民生产便利，在安置点所在村或在耕种距离一般不超过 2km 范围内能调整和安排生产用地。

（5）安置区现状农业人口人均耕地不低于 1.2 亩，安置的移民数量须满足建一个村民小组。

2. 移民安置去向

为减少耕地资源的淹没损失，通过水库调度运行方式的调整和采取抬田等工程措施，使大部分淹没区移民具备了就地后靠安置的条件，大大减少了峡江水库移民安置的压力。

峡江水库移民主要集中在吉水县和峡江县，根据对部分移民安置意愿调查的结果，结合地方政府提出的有关安置移民的意见，除个别移民选择投亲靠友外，各县区移民均可在其本县区内安置。

在征求移民、移民区和安置区地方政府意见的基础上，通过对有关县区各村土地资源基本情况的调查分析，确定移民安置去向为移民在其各县区内安置。

库区峡江县田多人少，并有成功接受安置移民的经验。从 20 世纪 50 年代起先后接收安置了上海垦民、越南"难民"、湖南韶山灌区移民、浙江"两江"移民和三峡移民共 1.6 万人，占全县总人口的近 10%，大部分移民经济收入已高于当地平均水平。因此，该县妥善安置移民的经验为安置峡江水库移民奠定了较好的基础。

3. 移民搬迁安置方式

本工程移民搬迁安置方式，按照当地实际情况及习惯，结合安置区环境容量及生产安置，主要有集中居民点安置（100 人以上）、分散安置两种方式。

（1）就近后靠、分散安置。根据移民安置的原则，结合各地的实际情况及移民意愿，确定就近后靠、分散安置的对象主要为具备后靠条件的安置点，安置范围为本村（组）行政区域内、距库岸 100m 或防洪堤脚 50m 以外的安全区域。对于就近后靠，分散安置的移民，其收入的恢复将基于继续从事搬迁前的工作（如种地、从事副业等）。如果失去了土地，就实施生产安置措施，调剂耕地、改造中低产田等，把土地补偿投资用在调剂耕地、农田水利设施建设、养殖业和发展第二、第三产业等。

就近后靠、分散安置的住宅由移民户自己负责重建，当地移民办（镇、村）及土地部门负责解决移民户新址的宅基地问题，不得另向移民户收取宅基地费用。后靠的基础设施主要依托已有的基础设施和社会服务系统，除按"三原"（原规模、原标准、恢复原功能）的原则进行复建外，可根据经济发展状况及发展规划按"有利生产、方便生活"的原则，集中资金、合理布局、统一建设，使原有设施能得到一定的改善。

（2）集中安置。对于移民数量 100 人以上且较集中的村采取集中安置的方式，集中安置点根据有利生产、生活方便的原则，对地形、交通、电力、通信、水源等各种因素都予以考虑，统一对宅基地进行平整，建设集中安置点，并组织对基础设施和公共设施的建设。新村移民安置住宅形式均按各地规划和要求进行重建。

4. 移民安置点建设规划

（1）受淹农村居民点的现状。水库淹没的农村居民点都分布在赣江两岸较为开阔地段，规模一般为 80～1800 人。库区居民有聚居的习惯。农村居民点房屋均属自行建造，由于受地形限制，房屋布局零乱，不够规整。房屋以砖木、砖混结构为主，砖木结构房屋占农村受淹房屋总面积的 63.0%、砖混结构房屋占农村受淹房屋总面积的 31.1%、其他结构房屋占农村受淹房屋总面积的 5.9%。受淹区农村居民人均房屋面积为 51.73m²/人。

库区受淹村组大部分居民点的生活饮用水主要依靠井水，净水及储水设施较少。近年来，随着国家加大对农村人畜安全饮水工程的投入，库区居民点供水方式逐渐向集中供水方式转变。各居民点排水方式为雨污合流自流排水，基本无排水设施。

库区现有交通总体情况较发达，105 国道、赣粤高速公路、京九铁路从库区通过，县乡公路、乡村公路网已经基本建成，库区村庄基本实现村村通公路。

全库区电力农网改造基本完成，水库淹没区村组均通电，农村用电普及。各村已通电话，村庄已被移动网络覆盖。村组之间有线电视和广播网络不完善，淹没区内只有小部分的村组通有线电视。

随着社会经济的发展和国家政策的扶持，当地文教卫状况也相应提高，淹没区各村小学、医疗等服务网点基本配套，居民子女上学、就医较为方便。

从总体上看，库区道路交通较发达，农村居民点建筑物零散，缺乏紧凑的布局和统筹安排，公用设施和配套的服务设施还不齐全。

（2）规划原则与标准。本工程居民点规划依据《镇规划标准》（GB 50188—2007）、《中华人民共和国土地管理法》（2004 年）和《江西省实施〈中华人民共和国土地管理法〉的办法》（2001 年）等相关法规规定，遵循开发性移民的方针。

1）居民点建设要十分珍惜土地，严格控制占用耕地，尽可能利用荒地和其他未利用土地。

2）集中安置居民点选址要和生产开发相结合，一般宜在安置村内结合生产安置进行选址，新址与生产开发区的距离一般应控制在 2.0km 以内，按照有利生产、方便生活、节约用地、留有余地的原则确定。

3）新址应避开不良地质地段，选定新址要经地质专业人员查勘后确定。尽量选在坡度较缓、地形较平坦地段，避免大挖大填。

4）为确保日后水库蓄水安全，库区后靠安置的居民点尽量选择防护标准以上高程的台地。

5）规划中农村房屋应以砖混结构为主，并尽量少建平房，推广多层建筑，减少建房用地。

6）移民居民点新址人均用地标准根据《江西省实施〈中华人民共和国土地管理法〉的办法》控制，用水标准为 300L/（人·d），人均生活用电标准 200kW·h/（人·a）。

7）新址要有可靠的水源水质保证，交通、电力等基础设施要基本配套，且便于移民就医及其子女上学。

（3）集中安置居民点的选址。移民集中安置点的选址，根据移民居民点新址选择原则和技术规范要求，经设计单位技术人员、地方政府及当地移民共同参与，分外迁、后靠两类进行选址，初步选出基本符合安置要求的集中安置点。在充分征求地方干部和移民群众的意见基础上，依据交通方便、环境地质安全、基础设施容易配套、安置点基础工程建设土方量小、征地费用低、朝向好等多方面因素，对居民点新址进行多方面比较，从中选出最适宜的新址。

库区选定的集中安置 100 人以上的居民点迁建新址共 52 个，对选定的 52 个集中安置居民点迁建新址进行了地质调查，经地质专业人员实地查勘后，新址场地稳定性较好，各项条件能够满足要求，适宜作为移民集中安置的新址。对移民集中安置点编制了地质灾害评估专题报告，每个集中安置点都施测了 1:1000 地形图。

52 个安置人口 100 人以上的集中安置居民点共安置移民 15540 人，其中后靠安置点 23 个，安置移民 10789 人；外迁安置点 29 个，安置移民 4751 人。

（4）移民安置点基础设施规划。居民点基础设施规划主要包括场地平整、建房布局规划、供排水规划、输变电规划、道路交通规划、景观布置等方面。

5. 移民新村配套设施建设对口支援

移民新村基础设施建设标准、功能直接关系到移民新村群众的生活质量和生产开发水平，而按照"三原"原则思路进行的安置点规划其配套设施建设的标准较低。针对这一现象，江西省委省政府决定实施"对口支援"，即动员省直单位和省属企业对口支援峡江水利枢纽工程移民新村配套设施建设，以提升这些新村基础设施建设标准，进而推进移民新村建设水平上一个台阶。

对口支援对象为搬迁新建的所有移民新村，对口支援的原则主要有以下几点：

（1）解决当前问题与实现长远目标相结合的原则。既要解决移民群众当前最关心、最直接、最现实的生产和生活问题，又要立足长远，提高移民自我发展能力。

（2）面上支援与挂乡驻村扶持相结合的原则。省直单位和省属企业依据各自优势，或面上支援，或挂乡驻村对口支援，以项目为载体，从政策、资金等方面进行大力支援，加强基础设施建设、培育特色产业。

面上支援内容主要包括移民新村连接道路建设、电力设施建设、水利设施建设等方面。驻村支援主要集中在移民新村内部的基础设施配套建设方面，包括路面硬化、用电入户、饮用水设施、学校教育、村级医疗卫生所和环境绿化。

结合对口支援，项目所在地吉安市人民政府出台了《吉安市峡江水利枢纽工程移民新村建设实施方案》，对移民新村建设提出了具体要求。按照"基础设施完备、公共服务完善、村容村貌整洁、生产生活便利"的要求，完善村内外道路、供排水、电力、通信、广播电视等基本设施建设，以及文化、卫生、体育等配套服务建设，积极推进农村"清洁工程"建设，搞好村庄周围、道路两侧和村内绿化美化建设，让村民活动有场所、休闲有场地，创造生产方便、生活便利、环境优美、设施齐全的宜居环境。

10.3.7 移民生产开发规划

规划过程中以增加移民收入为中心，以增强农产品市场竞争力为导向，结合峡江库区实施了大规模抬田工程这一有利条件，通过实施生产方式的变革、产业性质的变革和管理组织方式的变革，大力发展集约农业，推进农业标准化、信息化、市场化、产业化进程；大力推动农业无公害生产，培育农产品绿色品牌。

结合库区剩余资源情况，根据项目区环境容量，规划在生产项目开发的选择上，重点放在粮食和水果生产方面，其他项目作为补充。种植业开发项目主要以调整耕地和调整、开发、改造果园为主。通过增加农业生产投入，搞好科学种田，改造部分中低产田，提高单位面积产量。

粮食不仅是满足移民生活的基本物质条件，而且是移民社会稳定与否的重要因素之一。因此，必须充分利用库区及安置区的有利条件，采取一切措施，尽可能地恢复库区及安置区的粮食生产，提高移民的粮食自给能力。通过调整耕地、抬田等措施，以及外迁移民人均耕地调剂不低于 1.2 亩等措施，使每个生产安置人口有了一份基本口粮田，为库区和移民安置区的稳定提供了保障。同时，工程采取的抬田措施不仅减少了水库淹没耕地损失，其对田间工程的规范化设计也将大大改善原有耕地的耕作环境和条件，既便于农民进行集约化经营，使更多的农民能外出务工，也可相应提高耕地的利用效率。

项目区地处亚热带湿润季风气候区，日照充足、雨量充沛，林果业发展具有良好的自然条件。同时，项目区交通便利，京九铁路和 105 国道贯穿而过，公路网络和运输业发达，充分利用未开发的宜茶、宜果土地资源，以及部分开发但未得到很好利用的果园，具有较大的经济价值。项目区农民历来有种植水果的习惯，各个不同的地方都形成了自己独特的品种，并对其有丰富的种植和管理的技术和经验，如库区峡江县一带的香梨、板栗等，都因品质优良而十分畅销。近年来，柑橘生产因各地种植面积较大，再加上其他水果对市场形成一定的冲击，导致市场价格下跌较快，因而种植的风险加大，但通过对市场的调查可以发现，一些品质佳而且比较独特的水果（如井冈蜜柚），其市场受影响程度较小，随着生活水平的提高，人们对优质水果的需求量会越来越大。据资料分析，林果业生产给农民带来的收入是比较可观的，规划发展部分优质水果品种种植，平均开发成本约为 1.2 万元/亩，年纯收益约为 2100 元/亩。

水库建成后，原有的部分陆地转换成水域，在保证移民有一部分耕地的前提下，在不断优化种植业结构取得最佳经济效益的同时，可充分开发利用库区水域资源，规划在部分小支流上发展库汊养鱼，把水产业作为调整库区产业结构的一部分。

近年来，新农村建设和城镇发展迅速，已有相当数量的农业人口进入集镇经商，特别是城镇附近乡村的农民进镇经商已形成相当规模。峡江水利枢纽工程多年平均年发电量约 11.4 亿 kW·h，为当地发展各种加工业及商贸业提供了可靠的电力保证，可增加移民在集镇和县城从事第三产业的就业机会，为其他产业市场的发展提供了有利条件。本着立足当地资源、发展优势的原则，鼓励部分移民从事当地农民熟悉的竹木加工业、餐饮、商业等，以利于安置农村移民剩余劳动力及增加收入。

10.4　专业项目复改建

10.4.1　建设征地影响专业项目情况

根据水库调度运行方式，峡江水库建成并采取防护工程后，水库淹没区主要位于赣江干流及支流的一级台地上。涉及的专业项目包括公路、电力、广电通信以及渡口码头、水文站、文物等。

淹没乡村公路共计 65.5km（其中水泥路面公路 35.38km，沙石路面公路 30.12km）；通信光缆 102.5km；10kV 输电线路 121.5km，电灌站 153 台共 3862.5kW；影响码头 3 座、渡口（人渡）7 对；水库蓄水将对 3 个水文站的水文情势产生一定影响，以及影响部分其他设施。

10.4.2　专业项目处理原则

（1）专业项目的淹没处理方案应符合国家的有关政策规定，遵循技术可行、经济合理的原则。

（2）对需恢复改建的项目，按"原规模、原标准或者恢复原功能"的原则进行规划设计，所需投资列入建设征地补偿投资概算。因扩大规模、提高标准（等级）或改变功能需增加的投资，不列入建设征地补偿投资概算。

（3）根据各专业项目的特点、受淹没影响的程度和移民安置的需要，结合专业项目的规划布局，提出处理方式。处理方式包括复建、改建、防护、一次性补偿等。

10.4.3 专业项目处理规划

10.4.3.1 通信广电线路规划

通信广电线路复建规划设计主要从安全性、可靠性、实用性、扩展性、经济性等方面考虑，既要保证通信设施安全可靠地畅通，满足今后扩容要求，又要本着经济合理的总体要求来满足用户群。对于不同位置区域的具体设计原则及方法如下。

1. 防护堤建设区域

影响的通信设施将采用各运营商原有方式（架空/直埋）横跨护堤进行割接；对于跨越防护堤直埋光缆恢复，在不影响堤坝的安全性前提下将采用地下顶管方式穿越防护堤；杆路跨越防护堤采用 10m 杆以上跨越。对于与防护堤平行方向的杆路，如在防护堤建设的区域内达不到安全效果的线路，都需要将线路迁移到离防护堤较远的地方。这种迁移要对线路进行割接，设计新建一条线路，待新线路敷设好后再对原线路进行复接式割接，然后拆除原线路。

2. 抬田片区域

采用各运营商原有（架空/直埋/硅管管道）方式进行。由于抬田表土剥离及土地填高将会影响到地下光缆通信设施的检修及安全，解决方案只有重建。解决方案是平行距离新建一排杆路进行缆线整改割接或采用将多条线路集中为一条缆线的办法，用一条大对数电缆代替多条小对数电缆，即用一个接头代替多个接头，减少热缩管的数量，提高施工效率。

3. 淹没区域及移民安置点

淹没区域居民将会外迁或后靠安置；对于后靠居民安置点将采用原规模缆线进行改接延伸，在无杆路到达的安置点将新建杆路；而外迁居民安置点必须结合运营商提供的原有网络资源，就近接入；将按原规模新设电缆先利用原有杆路进行附挂，在无杆路到达的安置点新建杆路，进入居民安置点后将采用墙壁敷设的方式进入至每家每户。

10.4.3.2 电力线路规划

项目涉及 10kV 线路的新建与改造规划坚持按原标准、原规模、恢复原功能原则的同时，按照江西省电网"十二五"总体规划和各县负荷预测适度超前考虑，坚持技术改造和新建相结合避免浪费和重复建设；优化电网结构和供电半径，提高电网经济效益。增大线路半径，减少供电半径，提高电压等级；提高农村电网的装备水平和科技含量，提高自动化、信息化、智能化管理水平；电网装备按典型设计要求标准化、规范化、系列化配置。

线路规划考虑库区移民安置点的需要改建和新建，根据水库周围地形条件和各移民安置点情况，新建住歧支线、朱家支线等 56 条线路，主要分别沿乡村公路架设。同时改建黄家支线、新固洲支线等 104 条位于库区抬田区的线路，保留其原有功能，主要复建措施为抬田后按原线路抬高复建。根据移民安置点与安置区原有村庄不同距离，供电方式采用新增变压器及外接 10kV 高压线方式进行规划。根据移民安置点安置人数确定新设相应的变压器容量。

380/220V 低压线路按各安置点实际需要复建，其投资在移民点基础设施投资中计列。

10.4.3.3　道路交通规划

1. 规划设计情况

峡江库区吉水县赣江大桥下游，赣江右岸主要是淹没区和抬田区，左岸主要是防护工程间断布置。水库形成后，左右两岸的交通将分别变成不连续的分段路。设计复建改造两条左右岸干线乡村公路 45.95km（路面宽 5m，混凝土路面）将主要对外道路进行连接，同时新修进村道路 64.14km（路面宽 4m，混凝土路面）作为连接支线或移民安置点的进村公路，抬田区恢复田间机耕道 99.82km，从而达到满足移民和库周居民出行的要求。

2. 地方政府结合规划实施

尽管规划的库周道路恢复方案能满足库周居民的出行要求，但限于"三原"原则，规划的标准并不高，功能上也仅出于满足出行要求。实施过程中，地方政府结合面上对口支援，多渠道筹措资金，结合报告规划的库周交通复建资金，考虑出行和库周旅游相结合，对库周交通主干线进行了线路调整贯通，修建了等级相应提高了的环湖公路。

环湖公路的修建，既满足了规划恢复库周交通的目标，又为库区移民发展特色农业和旅游业创造了有利条件。

10.4.3.4　水文设施规划

吉安水文站位于库区末端，距坝址 60.4km，峡江水库蓄水将对使该水文站的水文情势产生一定的变化，其代表性将受到影响。由于吉安水文站位于库区末端，水库蓄水不淹没站房，规划保留该水文站作为入库水文站功能。为保留此站，使资料不中断，须改变吉安水文站的测流方法。

目前由于天然河道水位流量关系较为稳定，吉安水文站现每年测流一般在 $100\sim120$ 次，而当受到水库蓄水影响时，已不能满足测流要求。为了不影响吉安水文站水文测验工作的开展，需增加一定的仪器设备和改造部分基本设施。

新田水文站位于坝址上游乌江支流，距坝址 65km，该站是赣江支流乌江的控制站，也是国家重要水文站，观测项目有水位、流量、含沙量、颗分、降水量、蒸发量，担负着向中央、水利部长江水利委员会、省市县防总的水情报汛任务。

水库蓄水后，新田水文站将也会受到一定的回水顶托影响，为了满足大坝建成后的推流要求，该站也必须改变测量方法，增加测量次数；为了能正常开展测流工作，新田水文站需进行仪器更新和设施改造。

峡江水文站在坝址下游 4km 处，常年驻测，主要测验方法为水文缆道流速仪法，缆道跨度为 530m，一次测流时间要 2h 左右，Z-Q 关系受洪水涨落影响，高水呈绳套状，中、低水为临时曲线，测验河段顺直，河床由岩石、细沙组成，两岸均为山地。峡江水利枢纽建成后，破坏了天然汇流规律及流态，峡江水文站测验河段水流将极为紊乱，水位变化频繁，水文缆道流速仪法测流精度无法满足规范要求，泥沙测验也无法进行。因此，必须改进测报方法，配备先进的水文测报仪器等。

依据《水文基础设施建设及技术装备标准》（SL 276—2002），计列影响水文站的仪器更新、部分设施改造费用。

10.5　库　底　清　理

根据《水利水电工程建设征地移民安置规划设计规范》（SL 290—2009）的要求，为保证峡江水利枢纽工程运行安全，保护库周及下游人群健康，并为水库水域开发利用创造条件，在水库蓄水前必须进行库底清理。

10.5.1　库底清理范围

库底清理项目主要包括建筑物和构筑物的拆除与清理、污染物的卫生清理、森林砍伐与林地清理以及为发展各项事业而必需的特殊清理。库底清理包括一般清理和特殊清理两部分：一般清理的范围和内容包括居民迁移线以下各种建筑物和构筑物的拆除与清理，水库正常蓄水位以下的林木砍伐、迹地清理与卫生防疫清理，正常蓄水位至死水位以下 2m范围内大体积建筑物和构筑物残留物（如桥墩、牌坊、线杆）和林地清理等；特殊清理的范围是各部门或单位专项设施所在区域，按部门的要求自行清理。

10.5.2　库底清理的内容及技术要求

1. 建筑物和构筑物清理

（1）清理范围内的房屋及附属建（构）筑物均应拆除，围墙、烟囱、墙壁应推倒摊平，不能利用、又易漂浮的废旧物应运出库外或就地烧毁。

（2）淹没区公路、输电、电信、工矿企业、水利电力工程等地面建筑物及其附属设施，凡妨碍水库运行和开发利用的必须拆除，设备与旧料应运出库外；桥墩、闸坝等较大障碍物要炸毁，其残留高度一般不得超过地面 0.5m。

（3）水库消落区内的地下建筑物，应根据地质情况和库区兴利要求，采取堵塞、封堵或其他措施处理。

2. 卫生清理

（1）库区内的污染源均应进行卫生清理。对厕所、粪坑、畜圈、垃圾等，应将其污染物尽量运出库外，如运出困难时，则应暴晒消毒处理；对其坑穴采用 $0.5\sim1kg/m^2$ 生石灰消毒处理；污水坑需用净土堵塞。

（2）有严重污染源的工矿企业、医院、兽医站等有毒物场地，以及埋葬因传染病死亡的人、畜场地，应在环境、卫生部门的指导下进行清理或处理。

（3）对埋葬 15 年以上的坟墓，根据当地习惯决定是否迁移库外，但对埋葬 15 年以内的坟墓，必须迁出库外或就地处理，每一坑穴用 $0.5\sim1kg$ 漂白粉消毒处理。

（4）灭鼠。对居民区、仓库、垃圾堆及其周围 200m 区域和耕作区鼠类采用毒饵毒杀。采用抗凝血剂毒饵杀鼠，禁止使用强毒急性鼠药。投放毒饵 $5\sim7d$ 后，应及时收集并妥善处理鼠尸和剩余毒饵。

（5）卫生清理验收应由县级以上卫生防疫部门提供检查验收报告。

3. 林地清理

（1）在清理范围内，特殊和价值高的树种以及能移植的幼树应尽量移栽到库外种植。

（2）不能移植的森林及零星树木，应尽可能齐地面砍伐并清理出库，残留树桩不得超出地面 0.3m。

（3）森林砍伐残余的树丫、枯木、灌木丛以及秸秆、泥炭等易漂浮物，在蓄水前运出库外或就地烧毁，林木清理残留量应不大于清理量的 1%。

第 11 章 环境保护与水土保持设计

11.1 环 境 保 护 设 计

11.1.1 项目环境影响评价及环保设施竣工验收

1. 项目环境影响评价及批复情况

2008 年 11 月，江西省水利厅峡江水利枢纽工程筹建办公室委托上海勘测设计研究院承担本工程的环境影响评价工作。2009 年 1 月，水规总院在北京对《江西省峡江水利枢纽工程环境影响报告书》（预审稿）进行了预审；根据预审意见和修改后的项目可研报告，评价单位于 2009 年 5 月编制完成了《江西省峡江水利枢纽工程环境影响报告书》（送审稿）；2009 年 6 月，环保部环境工程评估中心在江西省南昌市主持召开了《江西省峡江水利枢纽工程环境影响报告书》技术评估会。2009 年 10 月，环保部以环审〔2009〕466 号文批复本项目环评，批复中要求蓄水前进行阶段竣工环保验收。

2. 项目环保措施落实及验收情况

本工程于 2010 年 7 月开工建设，2013 年 7 月首台机组成功并网发电，2015 年 4 月全部机组并网发电。2015 年 4 月，项目的船闸、泄水闸、电站厂房、混凝土连接坝、鱼道、左右岸土坝、坝顶公路桥等主体工程和库区防护工程、导拖渠、电排站、枢纽管理区用房、进场公路等辅助工程均已基本完工。本项目环评批复的环保措施均已按要求进行了落实，重点突出了对水环境保护、古树名木保护、鱼类资源保护等措施的设计和落实，并取得了良好的生态保护效果。

2016 年 11 月，江西省环境保护厅主持进行了峡江水利枢纽工程蓄水阶段环境保护验收，以赣环评函〔2016〕87 号文通过了蓄水阶段验收；2017 年 2 月，江西省环境保护厅以赣环评函〔2017〕5 号文通过了峡江水利枢纽工程竣工阶段环境保护验收，同意该工程正式投入运营。

11.1.2 环评批复要求的环保措施

1. 水环境保护措施

（1）生产废水处理措施。

1）砂石骨料加工系统。本工程枢纽区左岸、右岸各设置一个砂石骨料加工系统；采用混凝沉淀法使砂石废水经处理后悬浮物浓度小于 70mg/L，废水处理能力为 200m³/h，实现废水循环利用。

2）混凝土拌和系统冲洗废水处理措施。枢纽区施工在左岸、右岸及防护区各设置一套混凝土拌和系统废水处理设备。

3）基坑排水处理措施。向基坑集水区投加絮凝剂，排水静置沉淀 2h，达到一级排放标准后间歇排放至赣江上游Ⅲ类水域（饮用水水源保护区外）。

4）修理系统含油废水处理措施。在枢纽施工区左、右岸及防护工程施工机械停放场的保养站中，洗车检修台下分别布置排水沟，保养站周边布置集水沟，收集排水沟内的机械清洗废水进行处理。

5）枢纽区生活污水处理措施。枢纽施工区左岸、右岸生活区各配备一套生活污水处理设施。

6）施工船舶舱底油污水。经船舶自备的油污水分离装置处理后分离水回用，油污上陆交有资质的单位回收处置，禁止排河。

（2）初期蓄水水质保护。合理制定初期蓄水计划，严格控制初期蓄水期间区域水污染物排放，加强水库初期蓄水期间河道渔政管理，加强初期蓄水前的库盆清理，加强下游水厂的保护措施。

（3）库区航道内船舶污水处理措施。在码头各设置一条船舶生活污水和船舶油污水接收管线。污水处理站除配备成套的生活污水处理装置外，还配备一套油水分离装置及相应的污水贮存池、隔油池等设施。含油废水经隔油处理后，其中废油渣由有资质的危险废物处理机构进行最终处理，污水与船舶生活污水一并进入枢纽管理处污水处理站处理。航道内禁止排放船舶生活污水和含油废水，船舶污水需由船舶自带的生活污水和含油废水收集装置收集，并送油污水接收船或码头船舶污水接收装置有偿接收，再交由海事部门指定的有资质的油污水接收单位处理，或由本工程枢纽管理处污水处理站处理，达到《污水综合排放标准》（GB 8978—1996）一级标准后回用，禁止排放至赣江。

（4）库区漂浮物打捞措施。发电机进口均设有两扇拦污栅，采用清污抓斗清污。对进口拦污栅应经常观察，随时清理淤堵物，保证发电机安全运行。

（5）饮用水源保护。划分水源保护区，治理水源保护区内排污口；加强水源地保护法律法规体系建设；制定水源地污染控制措施、水源地保护监管措施等。

（6）地下水环境保护措施。根据各防护区蓄水后雍高的地下水埋深和相应的浸没标准，对各防护区做详细的浸没影响调查，并根据调查成果对可能受到浸没影响的区域采取布置减压井、排渗沟等相应的防护处置措施。在运行期应加强防护区地下水位监测，并及时采取抽排地下雍水等措施，以避免防护区浸没影响的发生。

2．大气污染防治措施

在坝址工区左右岸各配备一台洒水车，非雨日每日对施工区进行洒水降尘，缩小粉尘影响时间与范围。砂石骨料加工采用低尘工艺，在初碎、预筛分、主筛分、中细碎车间配备除尘装置，控制粉尘污染。混凝土采用封闭式拌和楼生产，内设除尘器，控制混凝土拌和粉尘。

3．声环境污染防治措施

破碎机、制砂机、筛分楼、拌和楼、空压机、制冷压缩机等车间尽可能用多孔性吸声材料建立隔声屏障、隔声罩和隔声间；严格组织和控制施工时间，避免高噪声机械在夜间施工；在受施工影响居民集中区设限速标志牌。

4. 固体废弃物污染防治措施

生产垃圾如废弃的混凝土块体、设备外包装等应进行集中堆放，然后就近送城镇垃圾处理场填埋处置。在各施工生活区和主要办公区设置垃圾桶，定期运至垃圾处理场填埋处置。船舶生活垃圾不能随意抛入江中，收集船舶生活垃圾，并定期运至垃圾处理厂填埋处置。

5. 生态环境保护措施

（1）陆生生态环境保护措施。需迁地保护的古树共 115 株；就地保护共 63 株，建议移植的后备古树 117 株。

（2）水生生态环境保护措施。

1）最小下泄生态流量。赣江鱼类产卵繁殖期（每年 4—6 月），下泄流量不小于 1200m³/s；枯水期（每年 10 月至次年 3 月），下泄流量不小于 221m³/s；每年 7—9 月，下泄流量不小于 475m³/s。安装下泄流量在线监测设备。

2）鱼类繁殖洄游通道。设置导墙式鱼道，鱼道布置在发电站尾水处，穿坝绕岸布置，全长 860.4m。

3）鱼类增殖放流。从渔业资源保护角度出发，培育和购买各种鱼苗不少于 3000 万尾，其中人工放流规格为：3～5cm 的苗种 1000 万尾（每年 9～10 月），8～10cm 的苗种 500 万尾（每年 12 月），另 1500 万尾（每年 3—4 月）用于培养上述 14～18cm 大规格苗种 300 万尾后再人工放流。放流点为库区、库尾上游天然河段以及坝下天然河段缓流区。电站运行后，根据鱼类监测及库区鱼类资源情况，调整放流数量。同时规划建设增殖放流站。

4）鱼类栖息地。加强对坝址上游库区及较大一级支流（恩江、孤江、禾泸水等）的鱼类产卵情况监测，对新形成的产卵场及时建立产卵场保护区，维持库区范围内鱼类自然繁殖。对于产卵场保护区应划定禁渔区。开展评价江段的资源与生态监测，通过监测为科学放流、资源与生态环境的修复保护提供科学依据。

6. 移民安置环境保护措施

农村移民生活污水处理，初步确定每户或每两户设置一个约 4m³ 的厌氧沼气池。若不便发展沼气的，按户为单位建设化粪池。对于临水移民安置点，应对沼气池和化粪池采取严格的防渗措施，同时应设置挡雨措施，并在其周边设置导流沟，防止雨水进入沼气池或化粪池。对各户垃圾定点堆放处设挡雨措施，同时，根据农村垃圾的成分，对于易降解的垃圾应尽量用于沤肥；对于不易降解的垃圾应结合地方新农村建设规划，采取户集、村收、集镇运输、县处理的方式进行处理。对于人口较多的集中安置点，应规划必要的垃圾清运设施。

7. 库底环境清理

包括建筑物清理、卫生清理和林地清理。其中卫生清理包括坟墓 6296 座；林地清理包括树木 8469 株。

8. 文物保护措施

对于 6 处古墓葬群、古窑址等文物古迹，工程建设单位应报请省文物主管部门向国家文物局申请抢救性发掘，批准后由相关考古研究单位对上述文物古迹进行调查，并进行抢救性发掘；对 15 处古建筑类的可移动文物采取整体搬迁异地迁移保护措施。实行异地迁移保护的，应根据不同的保护级别，报请省人民政府、国务院文物行政主管部门批准。

9. 环境风险防范

主要措施有：设置航标灯，防止发生船舶事故风险；在生活饮用水取水口及保护区设置标示牌；设置助行标志；溢液拦截设备；溢液回收设备；工作船。建立事故风险应急预案和事故处理领导小组。

11.1.3 环境保护措施设计

11.1.3.1 水环境保护措施设计

1. 生产废水环境保护设计

（1）砂石料加工废水处理措施。在工程枢纽区左岸设置三处砂石骨料加工系统，右岸设置两处砂石骨料加工系统，左岸、右岸砂石骨料加工系统废水处理工艺相同，处理工艺均为絮凝沉淀法，废水先通过沉淀池去掉粗砂，然后加入絮凝剂，再通过二沉池进行沉淀。该工艺处理系统由沉砂池和两个并联运行的沉淀池组成。

（2）混凝土生产废水处理措施。在枢纽区混凝土拌和站附近设置混凝土拌和废水收集池，容积不小于一次的冲洗及养护量，一个班次的废水在其中静置，在下班废水进入前抽出，出水就地下渗或回用。对于防护工程区，针对其分布广、混凝土量少、冲洗时间短的特点，在拌和站附近各设废水收集池，容积不小于一次的冲洗废水量，利用换班时间集中将冲洗废水排入池内，静置至下次换班放出，就地下渗或回用，人工清砂后沥干送填。

（3）基坑废水的处理措施。本工程基坑排水主要由降水、渗水、混凝土浇筑及养护水、地下厂房开挖排水组成，混合液中活性污泥浓度（SS）、氢粒子活度（pH）为主要污染指标。对基坑排水不采用另外的处理设施，仅向基坑集水区投加絮凝剂，排水静置沉淀 2h，达到一级排放标准后抽出排放至赣江上游 1km 处，剩余污泥定时人工清除。

（4）含油废水处理措施。本项目中所产生的含油污水主要来源于枢纽区的机械修理和汽车保养系统，站内排水含油量较高，会在水体表面形成油膜，降低水体透光度和溶解氧含量，对水质产生不利影响，所以不可以直接排放。由于工程机修站不进行大修等工作，每天产生的污水量较小，经处理后对水体石油类污染物增量的贡献也比很小，因此拟采用隔油池。

2. 生活污水处理措施。

本项目枢纽区在左岸、右岸各设生活区一个，生活区高峰期人数分别为 2550 人。高峰日排水量分别为 367m³/d。生活污水最大的污染来自施工人员的粪便，其主要污染物为恶臭、BOD_5 和大肠杆菌等致病菌，因此必须经过处理达标才能排放。考虑施工期间人员分散，各阶段施工人数有较大区别，因此拟将其他生活污水和粪便进行合流处理，既可以调节 BOD_5 的负荷，又不会造成较大的水力冲击。

防护区工程施工管理及生活区比较分散，施工高峰期总人数可达 5000 人，按每人每日用水量按 0.18m³ 计算，污水排放系数为 0.8，则高峰期废水总排放量为 720m³/d，据三峡工程施工区生活污水监测资料，生活污水主要污染物为 BOD_5、SS 等。

在本工程中，拟采用成套污水处理系统处理枢纽区生活污水，在枢纽区左、右岸生活区各设置两套成套污水处理系统；防护区工程 21 个施工区各配备一套，共 21 套。

3. 施工期饮用水源区水质保护措施

（1）禁止在饮用水源区内设置排污口排放施工废水。

（2）坝址工区的左右岸施工码头禁止装卸垃圾、油类及其他有毒有害物品。

（3）禁止向饮用水源区内水体排放油类、酸液、碱液、剧毒废液及其他污染水体的废液。

（4）禁止在饮用水水源区内水体清洗装贮过油类或有毒污染物的车辆、容器。

（5）禁止将含有汞、镉、砷、铅、氰化物、黄磷等可溶性剧毒废渣向饮用水水源区内水体排放、倾倒或者直接埋入地下。

（6）禁止向饮用水水源区内水体排放、倾倒废渣、垃圾和其他废弃物。

（7）禁止在饮用水水源区最高水位线以下的滩地和岸坡堆放、存贮固体废弃物和其他污染物。

（8）禁止向饮用水源区内水体倾倒船舶垃圾或者排放船舶的残油、废油。

（9）工程施工前，应取得相关环境主管部门同意，并提前通知临近的水厂。工程施工期间应加强临近水厂取水口水质监测，一旦发现水质变差，应及时采取应急处理措施，可采取延长沉淀时间、加大絮凝剂的投加量等措施。

（10）工程施工期间，采用聚乙烯材质布料在施工工区附近河段进行围护，以最大限度地防止土石料洒落至水体。

4. 初期蓄水期下泄生态流量保护措施

初期蓄水期间要求下泄水量控制在 475m³/s，这样才能维持下游河道水生态系统处于"良好"状态，初期蓄水阶段分 4 个阶段：

（1）当水库水位在 39.00m 以下时，由门库段敞开向下游泄水，若门库段泄流能力小于 475m³/s，开启左侧一孔或两孔泄水闸，将下泄流量补足 475m³/s，左侧其余泄水闸闸门关闭，直至水库水位蓄至 39.00m。

（2）水库水位维持 39.00m 阶段（2013 年 8 月）。当入库流量小于门库段泄流能力加启动一台机组的最小流量（约为 730m³/s）时，门库段按泄流能力（流量为 547m³/s）泄流，剩余的流量开启左侧泄水闸下泄；当入库流量在 730~2500m³/s 之间时，门库段按泄流能力（流量为 547m³/s）泄流，机组开机发电，剩余的流量开启左侧泄水闸下泄；当入库流量大于 2500m³/s 时，电站停止发电，左侧 6 孔泄水闸全开泄流，库水位下降低于 39.00m，而后随着入库流量的增加库水位上升。

（3）水库水位由 39.00m 蓄水至 42.00m 阶段（2013 年 9 月）。门库段已下闸挡水，关闭左侧 6 孔泄水闸闸门，开一台机组发电，发电流量应不小于 475m³/s，水库蓄水至 42.00m 水位。

（4）水库水位维持 42.00m 阶段。当入库流量小于 2750m³/s 时，机组开机发电，剩余的流量开启左侧泄水闸下泄；当入库流量大于 2750m³/s 时，电站停止发电，左侧 6 孔泄水闸全开泄流，库水位下降低于 42.00m，而后随着入库流量的增加库水位上升。

11.1.3.2 大气环境保护措施设计

为保护拟建项目周围地区的大气环境质量以及工地生活区广大职工家属的身体健康，

应重视施工期的粉尘污染问题，采取有效的除尘措施，减少污染，并加强检测工作，保护大气环境。具体措施如下：

（1）开挖及骨料破碎除尘。坝基开挖、隧洞开挖和骨料破碎应按湿式除尘作业，该办法是水利水电工程施工中最有效、最经济简便易行的除尘方法。只要在施工中严格按湿式除尘作业，可有效地降低和控制粉尘浓度。

（2）水泥输送与拌和楼除尘。水泥的装运、拆包和混凝土拌和过程中粉尘浓度可能超过允许标准的 4～5 倍，也有高达 10 倍以上，不仅污染大气环境，也造成水泥的浪费。在施工中，可选择使用节能、无噪声、无粉尘污染、运行可靠的全自动水泥喷射泵管道输送。混凝土拌和应全程在工棚内进行，减少粉尘排放。

（3）运输车辆清洗轮胎。运输车辆出施工场地前，需对轮胎进行冲洗，以避免污染道路。

（4）运输道路定时清洁。建设单位定时派专人清扫运输道路，洒水降尘。洒水分时段进行，非雨天视天气干燥情况，每隔 2～3h 洒水一次。

11.1.3.3　声环境保护措施设计

加强施工管理，对施工期噪声污染源进行治理，使施工区符合《建筑施工场界噪声限值》（GB 12523—1990）中所规定的各阶段标准；工区周围的声环境质量达到《城市区域环境噪声标准》（GB 3096—1993）2 类标准；施工运输公路两侧居民区路边第一排建筑前的声环境达到 4 类标准。

1. 爆破噪声控制措施

（1）严格控制爆破时间，定时爆破，避免在 22：00 至次日 06：00 进行露天爆破。

（2）采用先进爆破技术，可降低爆破噪声，如采用微差挤压爆破技术，可使爆破噪声降低 3～10dB（A）。

（3）对于深孔台阶爆破，注意爆破投掷方向，尽量使投掷的正方向避开受影响的敏感点。

（4）减少预裂或光面爆破导爆索的用量。

（5）减少单孔炸药量。

2. 交通噪声控制措施

（1）合理安排施工车辆及船舶行驶线路和时间，注意限速行驶、禁止高音鸣号、尽量减少船舶鸣笛，以减小地区交通噪声。施工期应尽量减少 22：00 至次日 06：00 的水陆运输量，避开居民密集区及声环境敏感点行驶。对必须经居民区行驶的施工车辆及船舶，应制订合理的行驶计划，并加强与附近居民的协商与沟通，避免施工期噪声扰民。

（2）在敏感路段采取交通管制措施，在受施工交通噪声影响居民集中区设置标志牌，注明夜间时速小于 20km/h，禁止鸣笛。

（3）加强道路的养护和车辆的维护，降低噪声源。

（4）使用的车辆必须符合《汽车定置噪声限值》（GB 16170—1996）和《机动车辆允许噪声》（GB 1459—1979），尽量选择低噪声车辆。

3. 施工工区噪声控制措施

（1）合理安排生产施工计划，工程建设时间应尽量控制在 8：00—12：00 和 14：00—

20：00 之间进行，禁止高噪声设备夜间作业，尽量减少高噪声设备的使用。22：00 至次日 06：00 确需施工时，应向有关部门申报，获批准后方可进行，并告知附近居民，取得其谅解；同时应尽量缩短居民区附近的高强度噪声设备的施工时间，减少对居民的影响。针对施工过程中具有噪声突发、不规则、不连续、高强度等特点的施工活动，应合理安排施工工序加以缓解。

（2）防护堤、导排渠施工点与沿线集中居民点距离在 100m 以内的，严禁夜间（22：00 至次日 06：00）施工。

（3）施工场地布置时混凝土搅拌机等高噪声设备应尽量远离声环境敏感目标。合理布局施工现场，尽量不在同一地点安排大量动力机械设施，避免局部声级过高。

（4）必须使用符合环保要求的低噪声设备和工艺，降低源强。

（5）加强各设备的维护保养，设备发生故障时应及时维修，保持机械润滑，紧固各部件，降低运行振动噪声。

（6）整体设备应安放稳固，并与地面保持良好的接触，振动大的机械设备应使用减振机座降低噪声。

（7）加强施工管理、文明施工，杜绝施工机械在运行过程中因维护不当而产生的其他噪声。

（8）破碎机、制砂机、筛分楼、拌和楼、空压机、制冷压缩机等车间尽可能用多孔性吸声材料建立隔声屏障、隔声罩和隔声间。

（9）工程施工噪声主要受影响对象为场内施工人员，施工单位应合理安排工作人员轮流操作产生高强噪声的施工机械，减少接触高噪声的时间，或穿插安排高噪声和低噪声的工作。加强对施工人员的个人防护，对高噪声设备附近工作的施工人员，可采取配备、使用耳塞、耳机、防声头盔等防噪用具。

（10）提倡文明施工，建立控制人为噪声的管理制度，尽量减少人为大声喧哗。

11.1.3.4 陆生生态保护措施设计

1. 古树名木保护

本工程蓄水后，对工程区内的树木将产生一定的影响。经分析，古树中受影响较大的主要是位于淹没区内的古树。对于防护堤内的古树，在水位不超过防护堤时，原则上不受河水的影响，其影响因素是，堤坝附近古树在工程修筑施工中，在取土筑堤、搭建简易工棚、实施机械作业中有可能对古树的根系、树干或树冠产生直接的机械损伤。

工程淹没区内有古树 178 株，其中 Ⅰ 级保护的有 2 株；Ⅱ 级保护的有 17 株；Ⅲ 级保护的有 159 株，工程建成运行后对这部分古树将被淹没，需进行迁移保护。此外，该区段后备古树较多，宜开展后备古树移植保护。拟对高程为 46.00m 及 46.00m 以上的古树名木采取就地保护措施，46.00m 以下的采取就地后靠移植措施。

2. 野生动物保护

在水电站建设期间，应建立明确的管理制度，禁止施工人员捕猎野生动物。在施工区域内发现有国家级或省级保护动物、濒危动物时，应立即向工程环境监理部门报告，再由工程环境监理部门向当地林业野生动物保护工作站报告。

在工程建设前，工程环境监理单位与当地野生动物保护工作站联合建立野生动物保护应急机制，准备专门的场地和设备，配备人员。当发生误捕、误伤国家级或省级保护动物或濒危动物时，对其进行紧急救护，待其野外生存能力恢复后，在库尾处放生。

11.1.3.5　水生生态保护措施设计

主要包括生态流量保障、过鱼鱼道、鱼类人工增殖放流和栖息地建设等措施。

1. 最小下泄生态流量保障措施

（1）初期蓄水最小下泄流量保障措施。初期蓄水安排在 8 月鱼类的非主要繁殖季节，因而初期蓄水期间，可按下游河道生态维持在"良好"状态的所需流量 475m³/s 作为最小下泄控制流量，在水库蓄水的同时下泄流量必须不小于 475m³/s，即下泄流量必须控制在 8 月多年平均流量的 33.7% 以上，初期蓄水所需时间须大于 6d。在上游来水量大于 475m³/s 时，方可进行水库初期蓄水，在满足最小下泄控制流量的前提下，相应延长水库初期蓄水时间。

（2）正常运行期间最小下泄生态流量保障措施。工程正常运行期间，采用 9 台单机容量 40.0MW 的发电机组（型号 SFWG40 - 84/8400），每台机组额定过流量为 524.8m³/s，10 月至次年 3 月以基荷发电方式下泄不得小于 221m³/s 的流量，保证下游航道通航以及生产、生活、生态用水需求，当发电机组停机时，通过大坝泄水闸补足下泄流量至 221m³/s；4—6 月，下泄生态流量不得小于 1200m³/s，当机组发电下泄水量不能满足要求时，通过大坝泄水闸补足下泄流量至 1200m³/s；7—9 月下泄生态流量不能小于 475m³/s，单台机组保证机组负荷率为 90% 时，可满足最小下泄流量要求，当单台发电机组负荷低于 90% 时，通过泄水闸补足下泄流量至 475m³/s。

另外，在洪水期流量达到 5000m³/s 时电站停运，洪水全部通过闸门下泄。由于电站停运期为洪水期，其下泄流量完全可以保证下游航道通航以及生产、生活、生态用水需求。

在极端条件下，水电站各机组发生事故不能正常发电的情况下，本项目可通过泄水闸人工控制最小下泄生态流量，保障最小下泄生态流量不低于要求的相应下泄生态流量。

2. 鱼道设计

鱼道设计详见本书 4.9 节中的内容。

3. 人工增殖放流设计

（1）增殖放流对象的选择。增殖放流对象主要选择保护鱼类和地方特有鱼类，其次考虑主要经济鱼类。从技术角度考虑，增殖放流按先易后难的原则进行，同时根据鱼类资源监测结果及水库鱼类资源状况，逐步调整增殖放流对象。目前赣江峡江水利工程淹没区涉及的鱼类主要有鲤鱼、鲫鱼、青鱼、草鱼、鲢鱼、鳙鱼、鳊鱼等，其中产卵需流水刺激的青鱼、草鱼、鲢鱼、鳙鱼等鱼类受工程影响较大，因此应以四大家鱼为主要放流对象。

（2）增殖放流苗种的标准、数量与规格。

1）增殖放流苗种标准。参照《水产苗种管理办法》，增殖放流的苗种应为无伤残和病害、体格健壮、由野生亲本人工繁殖的子一代。

2）增殖放流苗种数量和规格：按照放流的数量主要从物种保护的角度出发，以增加鱼类种群数量，遏制鱼类资源衰退为目的。坝上坝下都必须放流。按照运行期造成评价区域内 7 个鱼类产卵场均消失这一不利情况考虑，评价区域的仔鱼损失量＝总卵量×孵化率

（10%）×成活率（10%），则运行期造成的仔鱼损失量为263万尾，其中库区181万尾，坝下82万尾。从物种保护角度出发，人工增殖放流数量每年应不少于300万尾以上，其中库区200万尾，坝下100万尾。由于无特有种，因此选择鱼类资源衰退的四大家鱼苗种作为物种保护的主要增殖放流对象。增殖放流苗种规格草鱼18cm、青鱼15cm、鳙鱼14cm、鲢鱼14cm，鱼龄宜控制在1龄左右。增殖放流的鱼种比例前期可选择为：鲢鱼：鳙鱼：草鱼：青鱼：其他洄游性鱼类（如鳤鱼等）＝3：3：2：1：1，后期根据增殖放流实际效果进行调整。

（3）增殖放流成活率、放流数量保证。综合考虑增殖放流站规模、运行成本、苗种成活率等因素，从渔业资源保护角度出发，应培育和购买各种鱼苗不少于3000万尾，其中人工放流规格为3～5cm的苗种1000万尾，8～10cm的苗种500万尾，另1500万尾用于培育上述300万尾大规格苗种后再人工放流。放流点为库区、库尾上游天然河段以及坝下天然河段缓流区。电站运行后，根据鱼类监测及库区鱼类资源情况，调整放流数量。

（4）增殖放流站布置。本项目的鱼类增殖站占地3.83hm²，在坝址右岸上游2.0km处。项目建筑物主要为养殖池塘、蓄水池、生产用房、繁育车间等。

1）生产用房。建筑面积拟建333.04m²，包括饲料储存库房、工具房及值班房、休息室、配电间等。

2）繁育车间。建筑面积为1593.95m²。

3）养殖池塘。亲鱼池4个，每个4.18亩；鱼种池8个，每个2.5亩。

4）催产池。4个，采用圆形，直径为5.0m。

5）蓄水池。1个，面积为3.5亩，蓄水5000m³。

4. 鱼类栖息地建设

（1）建设目的。为减缓工程对鱼类产卵的影响，通过人工营造的方式为产黏性卵鱼类（鲤、鲫、鳊、鲌等）提供产卵条件，以弥补因工程所造成的鱼卵和鱼类资源损失。根据适宜产卵江段的情况，拟在不同江段开展栖息地建设。

（2）建设地点。选择吉水县枫江镇上下陇洲、水田乡五星村廖里赣江河段、醪桥镇槎滩村赣江河段、金滩镇井头4处建设鱼类栖息地，其中枫江镇上下陇洲、水田乡五星村廖里赣江河段邻近小江产卵场，醪桥镇槎滩村赣江河段位于槎滩产卵场附近，井头鱼类栖息地位于吉水产卵场附近。

枫江镇上下陇洲栖息地位于赣江左岸的陇洲村赣江外滩地，该处原土地利用现状为赣江一级阶地，附近高程为39.00～48.70m，流速较缓。

水田乡五星村廖里赣江河段位于水田村五星村廖里处河段，对面为东洲，该江段水面较宽，水流相对平缓。

醪桥镇槎滩村赣江河段，该江段水面较宽，水流相对平缓。

金滩镇井头栖息地为文石河与赣江交汇处，附近高程为43.00～47.20m，天然饵料丰富，是鱼类生长繁殖的理想场所。

（3）建设方案。库区鱼类栖息地建设拟采漂浮式栖息地和水生植物栖息地相结合的方式。

1）漂浮式栖息地。

a. 安置地点：水田乡五星村廖里赣江河段、醪桥镇槎滩村赣江河段、金滩镇井头以及枫江镇西沙埠低于正常蓄水位 44.00m 以下的地方。安放距离距岸边约 3～10m 处的河面上，顺水流方向放排，用绳索或锚固定，设置时间一般在每年 3—7 月。

b. 框架支撑材料：青槁竹，规格为每条长度 6～7m、直径 5～6cm。

c. 固定材料：铁线或绳索，规格为铁线采用 12 号线，绳索分为草球和直径 8mm 的聚乙烯塑料绳。

d. 黏卵材料：芦苇草、生麻丝、大芒草、蕨叶等。

每 500m^2（50m×10m）为一个独立单元，用游草捆扎覆盖毛竹，每个单元用绳索卵石锚固。

2）水生植物栖息地。水生植物宜种植于正常蓄水位水深不超过 2.0m 的缓流区，经与征地专业、水文专业沟通、调查，库区适合水生植物种植的且面积较大的地方只有西沙埠和井头，故选择这两处地方种植水生植物，建立鱼类栖息地。

不同水深适合种植不同的水生植物，湿生植物种植于正常蓄水位以上的水分饱和区；挺水植物种植于正常蓄水位约 50cm 以内的地区；浮叶植物种植于正常蓄水位 50～100cm 的地区；沉水植物种植于正常蓄水位 200cm 以上的地区。

（4）建设规模。本工程鱼类栖息地建设规模如下：种植水生植物 114.58 亩，漂浮式人工栖息地 6000m^2。其中，枫江镇上下陇洲种植水生植物 77.34 亩，漂浮式人工栖息地 500m^2；水田乡五星村廖里赣江河段建设漂浮式人工栖息地 2500m^2；醪桥镇槎滩村赣江河段建设漂浮式人工栖息地 2500m^2；金滩镇井头种植水生植物 37.24 亩，漂浮式人工栖息地 500m^2。

11.1.3.6　固体废物处理措施设计

（1）固体废物分类和特性。施工区的固体废物主要有建筑弃渣、弃土、废弃建筑材料、水处理设施产生的污泥以及生活垃圾。除生活垃圾外，其他固体废物都是以无机物为主。而施工区的生活垃圾成分，根据其他已建水电工程施工区生活垃圾调查分析，煤渣、砖渣、金属等无机物含量较高，垃圾中有机物以厨余为主。

（2）收集与运输。施工过程中产生的弃土弃渣等，都必须有组织地集中运输到指定的弃渣场进行填埋；水处理设施中的污泥，应按照设计要求，定期清理，然后与建筑弃渣一同运送填埋。本工程枢纽区施工高峰人数为 2550 人，按每人每天产生 1kg 生活垃圾，可产生垃圾 2.55t/d；防护工程区施工期高峰人数约 5000 人，生活垃圾的产生量约为 5.0t/d。根据施工区生活垃圾的特性，必须在施工区以及生活营地合适位置设置固定的、数量合理的垃圾收集点，尽量分类堆放，并建立生活垃圾收运系统，以方便统一管理、清运和处理。建议施工期间各生活区设置生活垃圾分类桶，产生的垃圾集中堆放后就近送城镇垃圾处理场填埋处置。

11.1.3.7　人群健康保护

（1）施工人员进场前，施工单位应对施工人员进行全面健康检查和疫情建档。根据调查情况进行抽样检疫，按调查人数的 10％进行疫情抽查。

（2）在各生活区设立临时医疗点，并备用治疗感冒、痢疾、肝炎等常见病的药品，还应准备简易包扎止血等药品及器材。

（3）加强对施工人员集体食堂的卫生管理，对食堂周围的环境卫生进行监督、检查。工作人员定期体检，重点检查有无传染病如肝炎、结核病等。

（4）要千方百计地做到安全生产，做好排水、防尘、换气、采光、个人防护等工作。

11.1.3.8 移民安置区及库区环境保护措施设计

1. 农村移民生活污水处理

水库淹没涉及需选择新地址迁建，这些居民点的人数较多，且较分散，应对其产生的生活污水按户进行达标处理。居民生活污水排放采取厌氧池进行处理，结合发展利用沼气，初步确定每户设置 1 个约 4m³ 的厌氧沼气池。若不便发展沼气的，倡导按户为单位建设化粪池。

居民户排放的人畜污水进入厌氧池进行厌氧发酵，所产生的沼气可以作为居民生活燃料，经发酵处理后的废渣和废水比较清洁，产生的废渣可以作为农田肥料，而少量的废水也可以排进农田进行灌溉。这样既有效地避免了农村移民安置区的生活污水对水环境的影响，又给农村移民增加了宝贵的能源和肥料。

2. 生活垃圾处理措施

应对各户垃圾定点堆放处设挡雨措施，同时，根据农村垃圾的成分，易降解的垃圾应尽量用于沤肥；不易降解的垃圾应结合地方新农村建设规划，采取户集、村收、集镇运输、县处理的方式进行处理。对于人口较多的集中安置点，应规划必要的垃圾清运设施。

3. 移民安置区环境保护措施

（1）移民住居区要远离工矿企业，在工矿企业的上风向和上游选择，以免受废气、废水的影响。

（2）移民安置时，应充分利用荒山、荒坡，尽量减少占用林地建房或耕地，以少占耕地为原则，尽可能布置于地质条件好的丘陵坡地，搞好水土保持，在其开挖面上方要设置排水沟，减轻冲刷，保护住宅安全；开挖弃土要尽快回填植树种草，以防水土流失。

（3）移民居住区配套兴建的道路、排水设施等，要尽量减少对地貌、植被的破坏。工程竣工后，开挖面、裸露迹地等也应采取植树种草恢复景观。

（4）居民区内要特别注意猪栏、牛栏等牲畜用房建设，其排出的废水及生活污水要集中于水池处理，不能任之遍流，污染环境。

（5）居民点的房屋布置要有规划，这样有利于减少用地和采光。生活饮用水尽量采用自来水的方式，方便移民使用。

（6）库区有部分移民需要外迁，将会带来外迁移民对当地居民的影响。做好协调措施，尽量减少居民点重建对当地自然环境和社会环境造成的影响。设计时应考虑让当地居民在重建中得到好处，改善他们的生活环境，使安置区能健康发展，长治久安。

（7）居民区应有绿化规划，且逐步使林草覆盖率达到 30％以上。

4. 人群健康保护措施

在移民安置过程中，加强监督移民各项资金到位情况，了解移民生活状况，做好移民生活用水的水质监测工作。

加强爱国卫生宣传教育，动员广大群众开展大规模的灭鼠灭蚊活动，填平沟洼积水地带，把传染病传播媒介消灭在萌芽之中。

　　5. 库区清理环保方案

　　为保证枢纽的安全运行，防止水质污染，保障库周河下游人群健康，并为利用水库发展水产养殖、航运、旅游创造条件，必须根据库区具体情况，按《水库库底清理办法》在下闸蓄水 3 个月前完成库底清理，验收合格后方可蓄水。

　　库底清理项目主要包括：建筑物和构筑物的拆除与清理，污染物的卫生清理，森林砍伐与林地清理以及为发展各项事业而必需的特殊清理。库底清理包括一般清理和特殊清理两部分：一般清理的范围和内容包括居民迁移线以下各种建筑物和构筑物的拆除与清理，水库正常蓄水位以下的林木砍伐、迹地清理与卫生防疫清理，正常蓄水位至死水位以下 2m 范围内大体积建筑物和构筑物残留物（如桥墩、牌坊、线杆）和林地清理等；特殊清理的范围是各部门或单位专项设施所在区域，按部门的要求自行清理。

11.1.3.9　水库蓄水和运行调度环保方案

　　1. 初期蓄水阶段环保调度方案

　　环评阶段初期蓄水时间定为 8 月，根据河道天然流量及生态水量计算结果，初期蓄水期间要求下泄水量控制在 $475m^3/s$ 才能维持下游河道水生态系统处于"良好"状态。

　　本工程初期蓄水运行方式分四个阶段。

　　峡江水电站水轮机设计最小发电净水头为 4.25m。当水库水位为 39.00m 时，入库流量大于 $2500m^3/s$ 后坝址上下游水位差小于 4.30m，电站停止发电。当水库水位为 42.00m 时，入库流量需大于 $6000m^3/s$ 后坝址上下游水位差才小于 4.50m，电站不能发电；但初期蓄水期间库区还有部分工程和移民搬迁未完成，为了库区安全，当入库流量大于 $2750m^3/s$ 时，电站停止发电。

　　2013 年 8 月开始蓄水，峡江水库初期蓄水期间，运用方式如下。

　　（1）水库水位 39.00m 以下蓄水阶段。由门库段敞开向下游泄水，若门库段泄流能力小于 $475m^3/s$，开启左侧一孔或两孔泄水闸，将下泄流量补足 $475m^3/s$，左侧其余泄水闸闸门关闭，直至水库水位蓄至 39.00m。

　　（2）2013 年 8 月水库水位维持 39.00m 阶段：当入库流量小于门库段泄流能力加启动一台机组的最小流量（约为 $730m^3/s$）时，门库段按泄流能力（流量为 $547m^3/s$）泄流，剩余的流量开启左侧泄水闸下泄；当入库流量在 $730\sim2500m^3/s$ 之间时，门库段按泄流能力（流量为 $547m^3/s$）泄流，机组开机发电，剩余的流量开启左侧泄水闸下泄；当入库流量大于 $2500m^3/s$ 时，电站停止发电，左侧 6 孔泄水闸全开泄流，库水位下降低于 39.00m，而后随着入库流量的增加库水位上升。

　　（3）2013 年 9 月水库水位由 39.00m 蓄水至 42.00m 阶段，门库段已下闸挡水，关闭左侧 6 孔泄水闸闸门，开一台机组发电，发电流量应不小于 $475m^3/s$，水库蓄水至 42.00m 水位。

　　（4）水库水位维持 42.00m 阶段，当入库流量小于 $2750m^3/s$ 时，机组开机发电，剩余的流量开启左侧泄水闸下泄；当入库流量大于 $2750m^3/s$ 时，电站停止发电，左侧 6 孔泄水闸全开泄流，库水位下降低于 42.00m，而后随着入库流量的增加库水位上升。

峡江水库初期蓄水期间，均保证下泄流量不小于 475m³/s。

2. 运行阶段环保调度方案

本项目运行期按以下三种工况进行调度运行。

（1）洪水调度运行方式。当坝址流量大于 5000m³/s 时，峡江水库进入洪水调度运行方式。峡江水库洪水调度运行方式又分降低坝前水位运行方式、拦蓄洪水为下游防洪运行方式和敞泄洪水运行方式。

1）降低坝前水位运行方式。当峡江坝址来水流量介于 5000～20000m³/s 之间时，峡江水利枢纽采取降低坝前水位方式运行并对坝前水位进行动态控制的洪水调度运行方式进行调度。通过对水库淹没影响、机组发电效益以及涨洪水时预降水位和洪水消退时回蓄的协调分析，将坝址 5000～20000m³/s 之间流量分成四段，确定其各级降低水位运行分界流量及相应动态控制水位。

2）拦蓄洪水为下游防洪运行方式。当峡江水库水位低于防洪高水位 49.00m、坝址来水流量介于 20000～26600m³/s 之间时，峡江水库进入拦蓄洪水为下游防洪运行方式。该防洪运行方式采用固定泄量并分洪水主要来源按"大水多放、小水少放"（坝址上游来水为主）、"区间来水小多放、区间来水大少放"的泄洪原则进行。并依据坝前水位、上游来水流量和坝址至防洪控制断面区间流量三个判别指标进行拦蓄洪水，控制下泄流量为下游防洪的洪水调度运行方式进行调度。

3）敞泄洪水运行方式。当峡江水库水位达到防洪高水位 49.00m、坝址来水流量超过峡江水库的敞泄起始流量（200 年一遇洪水的设计洪峰流量 26600m³/s），且洪水继续上涨时，开启全部泄水闸敞泄洪水，以保闸坝安全，但应控制其下泄流量小于等于本次洪水的洪峰流量。

（2）兴利调度运行方式。当峡江坝址流量小于防洪与兴利运行分界流量 5000m³/s（吉安站流量为 4730m³/s）时，峡江水利枢纽坝前水位控制在正常蓄水位（46.00m）至死水位（44.00m）之间运行，按照江西电网的供电需求、坝址上游的航运要求和农田灌溉用水要求进行兴利调度。为了充分利用水力资源，在满足各部门的兴利用水要求的前提下，尽可能使库水位维持在较高水位上运行，以利多发电。本电站考虑坝址下游的航运、城镇居民生活和工农业用水要求，最小下泄流量不小于 221m³/s，相应的基荷出力为 27MW。

（3）水库运行环保调度方案。根据中华人民共和国环境保护部文件《关于江西省峡江水利枢纽工程环境影响报告书的批复》（环审〔2009〕466 号）要求，峡江水库运行调度环保方案如下：

1）在鱼类非繁殖季节，保证下游取水的基础上维护生态基流，即 10 月至次年 3 月下泄流量不小于 221m³/s，7～9 月下泄流量为不小于 475m³/s，以满足鱼类生长活动所需。

2）在鱼类繁殖季节（4—6 月），以保证鱼类繁殖为目标，下泄流量不小于 1200m³/s；并在洪峰来临时，水位上涨阶段实行生态泄洪，维持坝前流速不低于 0.5m/s，使库区的鱼卵仔鱼安全下泄。

3）电站参与调峰运行时各机组应逐步开启，调峰后应逐步关闭，以防止下游水文情势的突变，以利于下游鱼类等水生生物生存繁殖。

4）在电站运行调度可能的前提下，应适当延长调峰时间，并适时打开泄洪闸进行泄洪排沙，以满足鱼类繁殖对于流速、水位变幅及水体透明度的要求。

11.1.4　环保措施落实及效果

（1）生态环境。本项目陆生生态保护结合水土保持措施对各类施工迹地实施生态修复，大部分取、弃土场已恢复绿化，部分土料场交由地方使用或建房屋；采用迁地保护、就地保护方式对古树名木移植及保护，46.00m 高程以下水淹范围内需要移植的大树已完成抢救性移植及保护任务。项目基本落实了环境影响报告书及批复要求的水生生态保护措施，能够通过泄水闸人工控制保障最小下泄生态流量；鱼道已开通使用；已建成渔业增殖池及相应的厂房和配套设备，开展了鱼类人工增殖放流；划定并建设了四处鱼类栖息地。项目建设区生态环境及鱼类资源得到了有效恢复和保护。

（2）地表水环境。库区内污水处理设施及配套污水管网建设得到加强，已运行污水处理规模增加，进一步改善了入库水质。工程试运行期评价范围内地表水环境质量满足《地表水环境质量标准》（GB 3838—2002）等相关标准要求，对比环评阶段地表水环境质量情况，未因工程建设而出现明显变化。

（3）移民安置区环境。工程实际建设过程中涉及安置人口 25325 人，实际建设安置点113 处，总体来看所有搬迁户得到了妥善安置。在移民安置过程中，采取了相应的环境保护措施，有效地减轻了对移民安置区水环境、生态环境和社会环境的影响；农村人居环境比建库前得到了明显改善。

（4）环境风险应急措施。制定了《江西省峡江水利枢纽工程环境保护管理办法》《江西省峡江水利枢纽工程船闸环境保护管理办法》和《江西省峡江水利枢纽工程环境污染事故应急预案》等环境风险应急预案，同时配备了相应的环境风险应急物资。

综上所述，本工程实施过程中基本落实了环境影响评价文件及批复要求，落实了相应的环境保护措施，配套建设了相应的环境保护设施。项目建设对环境的不利影响得到了有效减免，生态环境特别是鱼类资源得到了有效保护和恢复，总体环境保护效果显著。

11.2　水 土 保 持 设 计

11.2.1　水土保持方案审批及水保设施竣工验收

（1）水土保持方案编制及批复情况。2008 年 4 月，江西省峡江水利枢纽工程筹建办委托江西省水土保持科学研究院承担本工程水土保持方案报告书的编制工作。2009 年 1月 18—19 日，水规总院主持对本工程水土保持方案报告书进行了审查。2009 年 3 月，江西省水土保持科学研究院完成了《江西省峡江水利枢纽工程水土保持方案报告书（报批稿）》。2009 年 8 月，水利部以《关于江西省峡江水利枢纽工程水土保持方案的批复》（水保〔2009〕415 号）批复了本工程水土保持方案报告书。

（2）水土保持方案报告书批复的防治措施。峡江水利枢纽工程防治区划分为枢纽工程区、库区防护工程区和移民安置区。

枢纽工程防治区防治重点为大坝、上坝道路边坡生态防护、料场和弃渣场的综合治理。大坝和进场道路边坡依据坡面地质条件不同，采取不同的防护形式，以生态护坡为主；枢纽弃渣场边坡采取拦挡和护坡措施，台面恢复植被；料场主要采取预防落石和植被恢复措施。库区防护工程重点为河渠边坡防护、料场治理和弃渣场，河渠常水位以下采取硬护坡，常水位以上采取生态护坡；库区料场以植被恢复为主；弃渣场采取拦挡、边坡防护及恢复植被。移民安置区主要是绿化及边坡的防护措施。

（3）水土保持措施落实及验收情况。本项目水土保持方案批复的水保措施重点是工程边坡、弃渣场、土料场等防治措施，均按"三同时"的要求进行了落实，并取得了良好的生态保护效果，达到了水土保持方案制定的防治目标。

2016年8月，江西省水利厅在峡江县组织召开了该项目水土保持设施竣工验收会。2016年9月，江西省水利厅以赣水水保存〔2016〕43号文通过了峡江水利枢纽工程水土保持设施验收。

11.2.2 枢纽工程区

11.2.2.1 防治范围及任务

水土流失防治范围包括：枢纽建设管理区，上坝道路边坡，大坝及上游引航道边坡，弃渣场、料场等，主要任务为控制水土流失，改善生态环境。

11.2.2.2 枢纽建设管理区

右岸工程管理站坚持人与自然和谐的理念，充分利用现有水体和生态绿地等自然条件进行布局，以植物造景为主，配置游憩设施，如花坛、座椅、林荫广场、亲水平台等，留有开阔的视野，便于游人欣赏水景。

11.2.2.3 工程边坡设计

工程开挖形成的边坡依据边坡岩性、坡比和坡面的稳定性，采取不同的防护措施，以生态护坡为主。边坡防护类型主要采取锚杆＋挂网＋喷播草灌、混凝土格埂（拱形及菱形状）＋喷播草灌护坡。弱风化岩存在潜在不稳定的岩面采，采取混凝土框格植草护坡、喷混凝土护坡。强风化岩石坡面依据风化程度以及植被生长需要有效土层的厚度，采取厚层基材喷播和薄层基材喷播恢复植被。生态护坡植被品种以灌草为主，生态护坡所采用的草种主要为狗牙根、白三叶、弯叶画眉草、百喜草、金鸡菊等，灌木树种包括伞房决明、马棘、截叶胡枝子等。工程边坡防护设计详见本书4.10节。

11.2.2.4 料场

（1）土料场。土质边坡控制在1∶1.0以内，边坡按3～5m高度分级，分级平台内侧设土质水平沟，调蓄坡面径流，并引导坡面外。开采面布置纵横向排水沟，排水沟间距为20～40m，防止地表径流汇集、形成浅沟侵蚀。坡面采取条播灌草护坡。裸露地表采取撒播种草，植树恢复植被。树种主要选择当地主要造林树种，如枫香（彩叶树种）、湿地松（松油含量高，具有经济价值）。

（2）石料场和风化料场。石料场和风化料场采取分层开采、边坡分级的方法，边坡控制在1∶0.75，分级作用主要是保障边坡的稳定和坡面形成后，便于植被恢复。清除坡面浮石，在边坡存在潜在滚石危险处，距坡脚5～10m设置拦滚石格宾挡墙。在坡脚和分级的台面，挖（砌）种植槽，栽植攀援性植物。种植槽规格为 0.6m×0.6m（宽×深），藤本植物品种主要为爬山虎、葛藤及常春藤等，藤本植物种植间距为 0.5m，苗木规格为主枝长 0.5~0.8m。采挖平台进行土地整治，撒播种草（两种以上混合草种），恢复植被。

11.2.2.5 弃渣场

弃渣场布置结合造地规划，施工过程中作为枢纽工程土石方的转运和堆渣场所；工程完工后，弃渣场作为建设单位的建设用地使用。右岸渣场堆渣高程为 51.00m，左岸渣场堆渣高程为 50.00~54.00m，弃渣堆放边坡控制在 1∶3，弃渣场与周边形成梯形槽，采用格宾垫护砌形成排水沟，弃渣场临水库侧，坡脚采用格宾石笼护脚，防流水冲刷。由于格宾护垫透水性好，坡面采用格宾护垫护坡，渣面渗透的雨水和渣面流失的沙土，分散在坡面石笼缝隙中，可自然恢复植被，并进行人工干预，播种观赏效果较好的花草种籽，丰富景观效果。渣面平整覆盖客土，客土可以充分利用库区土地资源，撒播种草，弃渣场平台边界四周栽植雷竹和柳树作为景观隔离带。

11.2.3 库区防护工程区

11.2.3.1 防治范围及任务

防治范围包括堤防工程、渠道工程、同江河改道、抬田工程、弃渣场、土料场等，防治任务主要为控制水土流失，恢复生态环境。

11.2.3.2 堤防工程区

堤防内、外边坡为 1∶2.5~1∶3.0，内边坡采用混凝土预制块护坡（设计洪水水位以下）和草皮护坡（设计洪水水位以上），外坡采用草皮护坡；堤防外侧护堤地采用种草绿化。

11.2.3.3 渠道工程区

导托渠内边坡设计洪水水位以下，采用混凝土预制块护坡。设计洪水水位以上采取植草皮（撒播种草、挂网喷播）护坡和混凝土骨架植草护坡。

11.2.3.4 同江河改道工程区

新开河道河底宽 45m，开挖边坡：土质 1∶2.0，砂砾石 1∶2.25，岩石（泥质粉砂岩为主）1∶1；分别采用预制混凝土块、喷混凝土衬砌、植草皮、撒播种草、挂网喷播种草护坡和混凝土骨架植草护坡等形式。

设计洪水水位以下，内边坡为土质边坡时采用混凝土预制块护坡，为岩石边坡时采用喷混凝土衬砌处理；设计洪水水位以上采取生态护坡，主要形式有植草皮（撒播种草、挂风喷播）护坡和混凝土骨架植草护坡。

11.2.3.5 抬田工程区

剥离和保存抬田工程区表层耕作土（30~50cm），临时堆放期间应采取覆盖措施，防治水土流失。抬田区形成的边坡控制在 1∶1 左右，采取种草护坡。

11.2.3.6 料场区

料场开挖形成的边坡控制在 1∶1.5 左右，边坡分级，坡面采用条播种草。开采面采取撒播种草、植树等方法恢复植被。

11.2.3.7 渣场区

根据弃渣堆放位置，库防工程弃渣场可分为填坑型、坡地型、滩地型等类型。弃渣主要以土石混合物为主。各类型弃渣场水土保持措施如下：

（1）填坑型弃渣场。填坑弃渣场以填平为原则，弃渣高度控制在河道堤顶高程以下，重点是做好弃渣结束后的土地整治，进行植被恢复。同江河在上游封堵后，沿堵口处弃渣，依次向下游堆放弃渣，弃渣以填平河道为原则，弃渣最终边坡控制在1：2左右，边坡以填土编织袋挡护。

（2）坡地弃渣场。坡地型弃渣场坡脚采取格宾石笼（浆砌石）挡渣墙，边坡采取降坡分级，按坡高3～5m分级，分级平台宽1.5～3m，坡比控制在1：2。渣场台面进行土地整治，植树种草恢复植被。

（3）滩地弃渣场。滩地渣场平均堆高4m，施工期不会受洪水影响，水库蓄水后，弃渣场被淹没。施工期采取装土袋进行拦挡，渣面撒草籽绿化，预防水土流失。

由于渣顶平台集雨面积大，为缓解弃渣场台面集中降水对弃渣场边坡的冲刷，台面整治为格田形式，筑地埂，蓄水保土，调蓄地表径流。田块的规格：长、宽为20～40m方形，四周土埂压实，高度为30～50cm，两侧边坡为1：1，台面设置纵横向各一条土路，路面压实，两侧设置排水沟。

11.2.4 移民安置区水保设计

集中安置点绿化设计按照城镇居住区的绿化标准，利用自然条件，进行景观绿化设计，大型集中安置区布置景观绿化区、休闲广场；小型安置点，行房前屋后居住区外围种植乔灌木绿化。安置区边坡设计浆砌石护坡、框格植草护坡和植草护坡，确定安置区的边坡稳定，为居民营造一个安静、卫生、舒适的生活环境。

11.2.5 水保措施落实及效果

（1）枢纽工程区水保措施。枢纽大坝两侧及上坝道路两侧高边坡采取生态护坡，目前边坡已全被花草植被覆盖。弃渣场台面已撒播种草，无明显水土流失，边坡落实格宾护垫护坡，格宾已被植被全面覆盖。弃渣场边坡稳定，无滑塌现象。料场边坡浮石已清除，距离坡脚5m的距离修筑防滚石的石笼挡土墙。开采台面已经覆盖植被，安全和水土流失方面都得到保障和控制。枢纽区水土流失基本得到控制，生态环境得到修复和改善。

（2）库区防护工程水保措施。库区堤防边坡、抬田边坡已种草护坡，河渠工程边坡采取了喷播种草、混凝土骨架种草护坡和草皮护坡等，水土流失得到控制，坡面稳定，形成了一条生态渠道。弃渣场弃土得到拦挡，未造成水土流失危害，施工迹植被已恢复，生态得到恢复。

（3）移民安置区水保措施。库区选定的集中安置100人以上的居民点迁建新址共52个，安置区采取了园林绿化，安置区边坡落实工程和植物措施护坡，有效地减轻了对移民安置生态环境影响，农村人居环境比建库前得到了明显改善。

各项水土保持措施实施后，至设计水平年（即2016年）水土流失防治效益指标具体为：扰动土地治理率达到 98％，水土流失总治理度达到 97.8％，拦渣率达到 97％，土壤流失控制比达到 1.0；项目区林草植被得到有效恢复，林草类植被恢复率达到 99.6％，林草植被覆盖率达到 36.97％。各项水土流失防治效益指标都达到或超过水土流失防治目标值，项目总体环境保护效果显著。

第12章 建筑方案设计

12.1 设计出发点

1949年中华人民共和国成立以来，我国众多的水利工程以其各自的功能执行着水资源治理、开发和利用的任务，为国民经济及社会的发展做出了巨大的贡献。21世纪要做好中国水利这件大事，就必须将社会、人与水之间的关系纳入水利科学研究之中，贯彻以人为本、人水和谐的治水思路，对以前不太为人们所重视的水利工程建筑艺术创作设计问题进行研究、探讨和尝试。

设计尊重自然、人文，通过创新性设计打造形象型水利枢纽建筑。以建筑服务于环境界面的属性作为设计的基本出发点，建筑设计首先考虑的问题是"如何在这一优质的山水环境中建造适合于项目用地属性并能满足项目功能的标志性建筑"。

12.2 建筑设计

峡江水利枢纽工程主要建筑物沿坝顶公路这条轴线从右至左依次为：主厂房（含安装间）、18孔泄水闸、东西侧船闸。枢纽上游实景图见12.2-1。

图12.2-1 枢纽上游实景图

12.2.1 主厂房

枢纽主厂房为平行水面方向的单层大空间线性建筑体，体量尺度巨大，是枢纽建筑中最为重要的主体建筑。在满足水工结构、水机、金属结构、电气等专业功能实现的前提下，主厂房成为枢纽建筑艺术创作设计中首要考虑的因素。为此进行了多轮方案的探讨和尝试，见图12.2-2。

（a）方案一

（b）方案二

（c）方案三

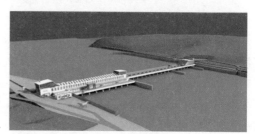

（d）方案四

（e）方案五

（f）最终版方案（日景）

（g）最终版方案（夜景）

图 12.2-2　枢纽下游鸟瞰图（一）

　　为体现现代大型水利工程的恢弘气势，主厂房建筑采用现代建筑风格进行设计；由于建筑体量较大，长度较长，高度较高，在建筑体块的设计考量上采取化繁为简的处理手法，连贯而完整的 BOX 建筑形态更能营造出整个枢纽建筑的宏伟规模。

主厂房的体量本身所表现出来的性格就是大度豪迈。设计中采取"粗中有细"的方式，尽量利用其本身大的体量，通过开窗方式、竖向线条、屋顶形式的变化等手法丰富其细部，使其看起来不那么单调。建筑内部为大跨度线性空间，为满足功能及工作业面的需要，对采光与通风有较高要求，建筑立面设计采用大面积竖向开窗形式，沿横向有韵律感地排列展开；建筑横向轮廓线则采用金属材料进行收边，配合竖向线条从顶部至底部的拉通处理突出线条层次感。

主厂房顶部设计为整体枢纽建筑的亮点与难点，方案阶段的最终方案中屋顶的两片象征水中波浪的弧形板也是从方案五的两片水中的帆船发展过来的，与左岸的弧形拱桥相呼应；最终实施方案只是两条彩色弧形网架，与雨后天空的彩虹一般。轻型钢结构网架结构不仅突破了传统水利建筑的结构型式，而且成功在建筑形态上塑造出了灵动飘逸的曲线动感，从不同角度营造出不一样的视觉体验，极具视觉冲击，见图 12.2-3。

图 12.2-3 枢纽下游鸟瞰图（二）

12.2.2 18 孔泄水闸、东西侧船闸

1. 18 孔泄水闸

18 孔泄水闸在整个坝区占有重要位置，为此进行了不同方案的推敲，有庐陵风格也有现代建筑风格，最终敲定带弧形屋面板的现代建筑风格。泄水闸弧形顶面与主厂房顶面弧线钢屋架进行有效地串接，使枢纽建筑各单体从形态和形式上都相互联系和相互统一，而 18 孔泄水闸宛如点点珍珠镶嵌在水面之上，见图 12.2-4。

2. 东西侧船闸

东西侧船闸位于左岸的下游与坝顶有一段距离，但从下游面看还是一个整体，因此方案设计时还是考虑与坝顶的主厂房、18 孔泄水闸相呼应，采用铝单板饰面弧形屋顶，局部采用了红色外墙漆，见图 12.2-5。

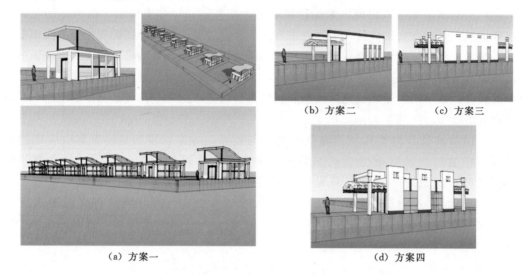

(b) 方案二　　　　　　　(c) 方案三

(a) 方案一　　　　　　　(d) 方案四

图 12.2-4　泄水闸效果图

方案一　　　　方案二　　　　方案三　　　　方案四

方案五　　　　　　　　　　方案六

图 12.2-5　船闸效果图

12.3　整体色彩方案设计

　　由于枢纽主厂房主体建筑以浅色外墙喷涂饰面，水工结构部分基本保持混凝土本色，尽管主体建筑在两岸山体与水面的映衬下较为突显，但整个枢纽在线性结构的色彩上无突出亮点与变化，单一乏味；因此，色彩设计在考虑在主体建筑屋顶构架及单体泄水闸弧面顶部形成有机的色彩联系，以过渡色彩的带状形式将整个枢纽的左右岸进行串联，在平面和立面均体现出色彩设计的精心考量（图 12.3-1），形成彩色景观飘带效果，主要选择氟碳喷涂对主体建筑钢结构屋架和泄水闸顶面进行着色，夜间色彩过渡效果则通过灯光照明得以实现。枢纽工程规模浩大，无论从左岸亦或右岸逐渐接近枢纽主体，随着视点和角度以及日照强度与高度角的变化，整体效果均呈现不一样的色彩感受。

图 12.3-1 枢纽主厂房上游效果图

整体色彩方案设计在实体形式上不仅联系了水利枢纽的左右岸，同时寓意着江西水利从过去单一目标的防洪治水理念到如今全方位生态治水理念的跨越所建立起来的时空纽带。枢纽建立在峡江河面之上，犹如雨后彩虹一般，整合着天、地、山、水、林、田、湖等万象生态资源与人类密不可分的自然关系；"彩色飘带"以其五彩斑斓的过渡色彩，体现着人类对美好事物的憧憬与向往，它是孩童眼里的一个温馨童话，它是年轻恋人眼里的七夕鹊桥，它是老者眼里的一曲人生乐谱，它更是江西水利人心中的无限感恩。

参 考 文 献

［1］ 潘家铮. 重力坝设计［M］. 北京：水利电力出版社，1987.

［2］ 周建平，钮新强，贾金生，等. 重力坝设计二十年［M］. 北京：中国水利水电出版社，2008.

［3］ GB 50201—1994 防洪标准［S］.

［4］ 胡进华，黄红飞，刘玉. 重力坝深层抗滑稳定分析研究［J］. 人民长江，2009，40（23）：18－19.

［5］ SL 191—2008 水工混凝土结构设计规范［S］.

［6］ SL 386—2007 水利水电工程边坡设计规范［S］.

［7］ SL 290—2003 水利水电工程建设征地移民设计规范［S］.

［8］ 中华人民共和国国务院. 大中型水利水电工程建设征地补偿和移民安置条例［M］. 北京：中国水利水电出版社，2006.

［9］ 王兴勇，郭军. 国内外鱼道研究与建设［J］. 中国水利水电科学研究学报，2005，3（3）：222－228.

［10］ 孙双科，张国强. 环境友好的近自然型鱼道［J］. 中国水利水电科学研究学报，2012，10（1）：41－47.

［11］ 王徭，杨文俊，陈辉. 生态水工建筑物——鱼道的建设及研究进展［J］. 人民长江，2013，44（9）88－92.

［12］ 詹寿根，汤志贤. 峡江水利枢纽工程洪水调度运行方式探讨［J］. 人民长江，2010，41（3）：19－21.

［13］ 詹寿根，汤志贤. 赣江峡江水库防洪库容研究［J］. 人民长江，2011，42（5）：11－14.

［14］ 詹寿根，汤志贤. 现代水利要求下防洪库容的设置与调度研究［J］. 人民长江，2012，43（15）：1－3.

［15］ 詹寿根，李峰. 石虎塘航电枢纽工程洪水调度运行方式探讨［J］. 人民长江，2008，39（8）：7－8.